江苏省海洋水产研究所

汤建华 施金金 黎 慧 王燕平 闫 欣 王储庆 吴 磊

著

江苏海洋
生物资源与栖息环境

JIANGSU HAIYANG

SHENGWU ZIYUAN YU QIXI HUANJING

上海科学技术出版社

图书在版编目（ＣＩＰ）数据

江苏海洋生物资源与栖息环境 / 汤建华等著. -- 上海：上海科学技术出版社，2024.2
ISBN 978-7-5478-6384-8

Ⅰ．①江… Ⅱ．①汤… Ⅲ．①海洋生物资源－研究－江苏②海洋生物－栖息环境－研究－江苏 Ⅳ．①P745②Q178.53

中国国家版本馆CIP数据核字(2023)第205007号

江苏海洋生物资源与栖息环境

江苏省海洋水产研究所

汤建华 施金金 黎 慧 王燕平 闫 欣 王储庆 吴 磊/著

上海世纪出版(集团)有限公司
上 海 科 学 技 术 出 版 社 出版、发行
(上海市闵行区号景路 159 弄 A 座 9F－10F)
邮政编码 201101   www.sstp.cn
上海展强印刷有限公司印刷
开本 889×1194   1/16   印张 28
字数：800 千字
2024 年 2 月第 1 版   2024 年 2 月第 1 次印刷
ISBN 978－7－5478－6384－8/S·272
定价：300.00 元

前　言

  2016年江苏省率先在全国启动了"江苏省水生生物资源重大专项暨首次水生野生动物资源普查"工作,是一项省情省力的全面调查,是贯彻落实生态文明建设任务的迫切需要,同时也是促进渔业可持续发展的内在需求。通过调查摸清江苏省水生野生动物资源家底,以期解决当前水生野生动物保护面临的各种问题。总体目标是全面掌握江苏省水生野生动物资源现状,为有效保护、依法管理、合理利用江苏省水生野生动物资源提供依据;通过调查数据的掌握客观评价江苏省水生野生动物资源总体水平和生物多样性,为水生野生动物资源养护和水域生态修复提供背景资料;兼顾开展渔业生物资源调查,为发展现代渔业、促进渔农增收提供基础支撑与技术服务。

  保护好水生野生动物资源对于促进社会经济发展、提升生态环境质量、推进生态文明建设具有十分重要的意义。水生野生动物是宝贵的种质资源和生物多样性的重要组成部分,是维护自然生态平衡不可或缺的物质基础。在加快推进生态文明建设新形势下,保护好水生野生动物及其栖息地,是生态文明建设对水生野生动物保护工作的本质要求。水生野生动物的状况处于不断变化中,只有准确掌握水生野生动物的实际状况,才能准确有效地实施保护管理措施。开展水生野生动物资源普查是实施水生野生动物保护的重要前提和基础。

  江苏海洋水生野生动物资源普查是其中调查重要内容之一,涵盖了江苏海域水质和沉积物环境、浮游动物、浮游植物、鱼卵仔稚鱼、底栖动物和游泳动物等内容。本次专项调查自2016年6月正式启动相关培训工作,2017年5月江苏省海洋水产研究所启动了第1航次春季野外调查,并陆续开展了夏季8月、秋季11月和2018年2月3个航次的野外调查任务,调查过程中得到了中国水产科学研究院淡水渔业研究中心和东海水产研究所的大力支持。在每个航次调查结束后立即着手样品分析与鉴定工作,用了大量的时间从事资料的整理与分析工作。项目历时5年时间,2018年9月由专项调查牵头单位中国水产科学研究院淡水渔业研究中心组织所有参加单位进行项目中期自查,2017~2019年各年度年底召集各参加单位对专项进行阶段总结,2020年12月专项顺利通过了由江苏省农业农村厅组织的专家验收。

  本书较为全面掌握了江苏海域浮游动植物、底栖动物、鱼类浮游生物和游泳动物的种类组成与密度分布以及栖息环境特征,对近海海洋水生野生动物资源进行较为系统的评价,并利用历史调查资料进行了相应的对比和分析,为建立近海海洋水生野生动物资源调查和监测体系奠定基础。

全书共分九个章节,其中第一章江苏海洋水生野生动物资源普查与监测方法由王燕平和汤建华编写,第二章海洋水质与沉积物环境由黎慧编写,第三章浮游植物和第五章底栖动物由施金金编写,第四章浮游动物由王储庆编写,第六章渔业资源中鱼类浮游生物由闫欣编写,游泳动物由王燕平和汤建华编写,第七章主要经济品种专项监测调查由汤建华和吴磊编写,第八章游泳动物综合评价由汤建华和王燕平编写,第九章资源可持续利用管理建议由汤建华和吴磊编写,全书由汤建华统稿和审定。葛慧、朱海晨、李子东参加资料整理、计算和部分资料编写工作,仲霞铭提出了修改意见。

本次调查涉及江苏全部海域,取得的资料丰富,内容翔实,在本次调查基础上结合江苏省历次开展的大型调查资料编写而成,为江苏省海洋渔业的可持续发展提供宝贵的基础数据资料。由于时间仓促报告中难免出现错误或不足之处,敬请批评和提出宝贵意见。

著 者

2023 年 8 月 12 日于南通

目　录

第一章　江苏海洋水生野生动物资源普查与监测方法　001

1.1　普查目的和意义　001
1.2　普查方法　001
1.2.1　调查时间　001
1.2.2　调查站位设置　001
1.2.3　调查内容　003
1.2.4　调查与分析方法　003

第二章　海洋水质与沉积物环境　009

2.1　水文调查　009
2.1.1　水温　009
2.1.2　盐度　010
2.1.3　水深　012
2.1.4　透明度　013
2.2　水质调查结果与评价　013
2.2.1　水质调查　013
2.2.2　水质质量评价　038
2.3　沉积物调查结果与评价　056
2.3.1　沉积物调查　056
2.3.2　沉积物现状评价　058

第三章　浮游植物　060

3.1　调查结果　060
3.1.1　种类组成和生态类型　060
3.1.2　密度分布　064
3.1.3　生物多样性指数　066
3.1.4　优势种　067
3.2　小结　068

第四章	浮游动物	069
4.1	大型浮游动物	069
4.1.1	种类组成和生态类型	069
4.1.2	密度分布	071
4.1.3	生物多样性指数	073
4.1.4	优势种	074
4.1.5	小结	075
4.2	中小型浮游动物	076
4.2.1	种类组成和生态类型	076
4.2.2	密度分布	078
4.2.3	生物多样性指数	080
4.2.4	优势种	081
4.2.5	小结	082
第五章	底栖动物	085
5.1	阿氏网定性调查	085
5.1.1	种类组成	085
5.1.2	优势种	087
5.1.3	小结	088
5.2	采泥器定量调查	089
5.2.1	种类组成	089
5.2.2	密度分布	091
5.2.3	生物多样性指数	094
5.2.4	优势种	096
5.2.5	小结	096
第六章	渔业资源	097
6.1	鱼类浮游生物	097
6.1.1	鱼卵	097
6.1.2	仔稚鱼	107
6.1.3	小结	119
6.2	游泳动物	120
6.2.1	种类组成和区系特征	120
6.2.2	资源量评估	124
6.2.3	资源密度分布	126
6.2.4	主要经济品种	135
第七章	主要经济品种专项监测调查	235
7.1	监测方法	235
7.2	监测区域	236

7.3　小黄鱼 237
 7.3.1　单锚张纲张网作业 237
 7.3.2　定置刺网作业 244
 7.3.3　单桩张纲张网作业 245
 7.3.4　双桩竖杆张网作业 251
 7.3.5　桁杆拖网作业 255
 7.3.6　小结 256

7.4　银鲳 257
 7.4.1　单锚张纲张网作业 257
 7.4.2　定置刺网作业 264
 7.4.3　单桩张纲张网作业 266
 7.4.4　双桩竖杆张网作业 273
 7.4.5　多锚单片张网作业 274

7.5　鮸 276
 7.5.1　单锚张纲张网作业 276
 7.5.2　定置刺网作业 278
 7.5.3　单桩张纲张网作业 281
 7.5.4　桁杆拖网作业 282
 7.5.5　多锚单片张网作业 284

7.6　带鱼 285
 7.6.1　单锚张纲张网作业 285
 7.6.2　单桩张纲张网作业 290
 7.6.3　多锚单片张网作业 292

7.7　灰鲳 294
 7.7.1　单锚张纲张网作业 294
 7.7.2　定置刺网作业 296
 7.7.3　单桩张纲张网作业 299
 7.7.4　双桩竖杆张网作业 301
 7.7.5　多锚单片张网作业 302

7.8　蓝点马鲛 304
 7.8.1　单锚张纲张网作业 304
 7.8.2　定置刺网作业 306
 7.8.3　单桩张纲张网作业 309
 7.8.4　双桩竖杆张网作业 311

7.9　大黄鱼 313
 7.9.1　单锚张纲张网作业 313
 7.9.2　定置刺网作业 316
 7.9.3　单桩张纲张网作业 317

7.10　海鳗 320
 7.10.1　单锚张纲张网作业 320
 7.10.2　单桩张纲张网作业 321
 7.10.3　桁杆拖网作业 322

　　　7.10.4　多锚单片张网作业　　323

第八章　游泳动物综合评价　325

8.1　资源总体状况　325
　8.1.1　种类数量中长期波动明显,珍稀野生动物难觅踪影　325
　8.1.2　小黄鱼个体小型化、低龄化和性早熟现象明显　326
　8.1.3　近岸海域总体资源量呈上升趋势　327
　8.1.4　主要经济种类中长期变动趋势　329
　8.1.5　主要经济品种拖网禁渔区线内外侧资源状况比较　343
8.2　江苏近岸海域鱼类相对重要性指数变化　356
　8.2.1　2006～2007 年相对重要性指数　356
　8.2.2　2017～2018 年相对重要性指数　356
　8.2.3　2006～2007 年与2017～2018 年调查鱼类相对重要性指数变化　357
8.3　鱼类生物多样性指数　357
　8.3.1　鱼类生物多样性指数年际变化　357
　8.3.2　江苏近海鱼类生物多样性指数季节分布　372
8.4　鱼类物种丰富度年际变化　387
　8.4.1　2006～2007 年　387
　8.4.2　2017～2018 年　388
8.5　江苏近海鱼类群落干扰度　390
　8.5.1　"江苏 908"专项调查鱼类群落状况　391
　8.5.2　"江苏海洋水野普查"鱼类群落状况　393
8.6　鱼类生物量粒径谱变化　394
　8.6.1　2006～2007 年调查 Sheldon 型鱼类生物量粒径谱　395
　8.6.2　"江苏 908"专项调查标准化型鱼类生物量粒径谱　397
　8.6.3　"江苏海洋水野普查"Sheldon 型鱼类生物量粒径谱　399
　8.6.4　"江苏海洋水野普查"标准化型鱼类生物量粒径谱　401
　8.6.5　Sheldon 型鱼类生物量粒径谱年代差异　402
　8.6.6　Sheldon 型鱼类生物量粒径谱年间对比　403
　8.6.7　标准化型鱼类生物量粒径谱年间参数对比　403

第九章　资源可持续利用管理建议　405

9.1　加大最小可捕标准执法力度　405
　9.1.1　小黄鱼　405
　9.1.2　银鲳　406
　9.1.3　带鱼　407
9.2　执行最小网目尺寸制度　408
9.3　伏休期间特殊经济品种实施专项捕捞　409
9.4　黄渤海区与东海区同步休渔,严禁跨省跨区作业　409
9.5　实施单品种限额捕捞制度　409
9.6　伏休期间加强普法宣传　409

9.7　禁止捕捞饵料生物资源　　　　　　　　　　　　　　410

附　录　　　　　　　　　　　　　　411

附表 1　2017~2018 年江苏海域浮游植物名录　　　　　411
附表 2　2017~2018 年江苏海域大型浮游动物名录　　　417
附表 3　2017~2018 年江苏海域中小型浮游动物名录　　419
附表 4　2017~2018 年江苏海域底栖动物名录　　　　　422
附表 5　2017~2018 年江苏海域鱼卵、仔稚鱼名录　　　427
附表 6　2017~2018 年江苏海域游泳动物种类名录　　　429

参考文献　　　　　　　　　　　　　　438

第一章

江苏海洋水生野生动物资源普查与监测方法

1.1 普查目的和意义

2016年启动的江苏省水生野生动物资源普查工作,是江苏省落实生态文明建设任务的迫切需要,旨在解决当前水生野生动物保护面临的各种问题,推进现代渔业可持续发展。

江苏省水生生物资源重大专项暨水生野生动物资源普查,主要是通过对江苏水域开展浮游动植物、底栖动物、游泳动物、鱼类浮游生物及水质等综合调查,以摸清水生野生动物资源的种类组成、资源量和时空分布动态等特征,为有效保护和合理利用水生野生动物资源提供行之有效的决策支撑。鉴于此次调查主要任务以水生野生动物为主,故简称为"水野普查"。海洋水生野生动物资源普查是其中的重要组成部分,简称"江苏海洋水野普查",通过周年普查以期掌握江苏海洋水生野生动物资源全面状况,客观评价资源总体水平,评估江苏海域总体资源密度、总体资源量,主要经济品种资源密度、资源量。此外,通过调查还将了解江苏海域鱼类、虾类、蟹类、头足类物种多样性现状,充实江苏省海洋生物标本数量。通过调查与掌握的历史资料进行对比,分析资源变化趋势,制订切实可行的渔业管理措施,为渔业管理和渔政管理提供技术支撑。

1.2 普查方法

1.2.1 调查时间

按照《海洋调查规范》(GB12763),分别在2017年5月(春季)、8月(夏季)、11月(秋季)和2018年2月(冬季)期间进行了4个航次的调查。

1.2.2 调查站位设置

在拖网禁渔区线以外设置39个调查站位,拖网禁渔区线以内设置29个调查站位,共68个调查站位(图1-1),各站位具体的经纬度见表1-1。

表1-1 江苏海洋水野普查站位经纬度

站位	经度	纬度	站位	经度	纬度
JS1	119°30′	35°0′	JS35	122°0′	33°30′
JS2	120°0′	35°0′	JS36	122°30′	33°30′
JS3	120°30′	35°0′	JS37	123°0′	33°30′
JS4	121°0′	35°0′	JS38	123°30′	33°30′

站位	经度	纬度	站位	经度	纬度
JS5	121°30′	35°0′	JS39	124°0′	33°30′
JS6	122°0′	35°0′	JS40	121°15′	33°15′
JS7	122°30′	35°0′	JS41	121°45′	33°15′
JS8	123°0′	35°0′	JS42	121°15′	33°0′
JS9	123°30′	35°0′	JS43	121°45′	33°0′
JS10	124°0′	35°0′	JS44	122°0′	33°0′
JS11	119°45′	34°45′	JS45	122°30′	33°0′
JS12	120°15′	34°45′	JS46	123°0′	33°0′
JS13	120°0′	34°30′	JS47	123°30′	33°0′
JS14	120°30′	34°30′	JS48	124°0′	33°0′
JS15	121°0′	34°30′	JS49	124°30′	33°0′
JS16	121°30′	34°30′	JS50	121°15′	32°45′
JS17	122°0′	34°30′	JS51	121°45′	32°45′
JS18	122°30′	34°30′	JS52	121°30′	32°30′
JS19	123°0′	34°30′	JS53	122°0′	32°30′
JS20	123°30′	34°30′	JS54	122°30′	32°30′
JS21	124°0′	34°30′	JS55	123°0′	32°30′
JS22	120°45′	34°15′	JS56	123°30′	32°30′
JS23	120°30′	34°0′	JS57	124°0′	32°30′
JS24	121°0′	34°0′	JS58	124°30′	32°30′
JS25	121°30′	34°0′	JS59	125°0′	32°30′
JS26	122°0′	34°0′	JS60	121°45′	32°15′
JS27	122°30′	34°0′	JS61	122°15′	32°15′
JS28	123°0′	34°0′	JS62	122°0′	32°0′
JS29	123°30′	34°0′	JS63	122°30′	32°0′
JS30	124°0′	34°0′	JS64	123°0′	32°0′
JS31	120°45′	33°45′	JS65	123°30′	32°0′
JS32	121°15′	33°45′	JS66	124°0′	32°0′
JS33	121°0′	33°30′	JS67	124°30′	32°0′
JS34	121°30′	33°30′	JS68	122°15′	31°45′

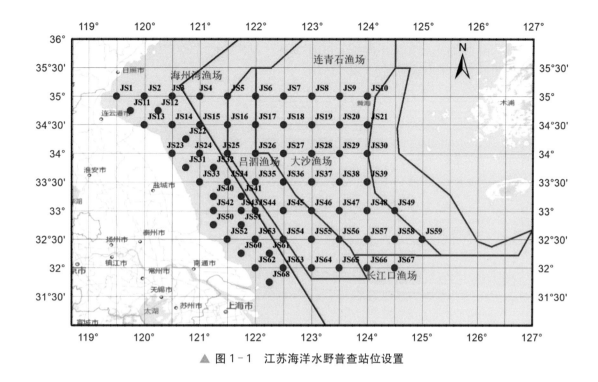

▲ 图 1-1 江苏海洋水野普查站位设置

1.2.3 调查内容

江苏海洋水野普查内容包括水文、水质、表层沉积物、生物生态和渔业资源（表 1-2）。

表 1-2 江苏海洋水野普查内容

调查内容	调 查 指 标	指标数量
水文	水温、盐度、水深、透明度	4
水质	叶绿素 a、pH、悬浮物、化学需氧量、硝酸盐氮、亚硝酸盐氮、氨氮、活性磷酸盐、油类、汞、铜、铅、镉、锌、铬、砷	16
表层沉积物	总汞、铜、铅、镉、锌、铬、砷、石油类	8
生物生态	浮游植物、大型浮游动物和中小型浮游动物、鱼类浮游生物（鱼卵仔稚鱼）、大型底栖动物	5
渔业资源	鱼类、虾类、蟹类、头足类	4

1.2.3.1 水文：包括水温、盐度、水深、透明度 4 项指标。

1.2.3.2 水质：包括叶绿素 a、pH、悬浮物、化学需氧量、硝酸盐氮、亚硝酸盐氮、氨氮、活性磷酸盐、油类、汞、铜、铅、镉、锌、铬、砷 16 项指标。

1.2.3.3 表层沉积物：包括总汞、铜、铅、镉、锌、铬、砷、石油类 8 项指标。

1.2.3.4 生物生态：包括浮游植物、大型浮游动物和中小型浮游动物、鱼类浮游生物（鱼卵仔稚鱼）和大型底栖动物 5 项指标。

1.2.3.5 渔业资源：包括鱼类、虾类、蟹类和头足类 4 项指标。

1.2.4 调查与分析方法

调查和分析方法（包括采样、现场与实验室分析）按照《海洋监测规范》(GB17378—2007)、《海洋调查规范》(GB12763—2007)和《海洋监测技术规程》(HY/T 147—2013)相关技术要求进行。

1.2.4.1 水文调查方法:采用美国海鸟公司的SEB37温盐深记录仪(CTD)测量温度、盐度和深度等海洋水文要素,透明度调查采用透明度盘(表1-3)。

表1-3 水文调查方法

调查内容	调查方法
温度	CTD
盐度	CTD
深度	CTD
透明度	透明度盘

1.2.4.2 水样采集及分析方法:采用采水器采集水样,现场固定,带回岸上实验室进行分析。水样采集表层和底层(表1-4),分析方法见表1-5。

表1-4 海水水样采集方法

水深	层次	采样方式
30 m以浅	表层和底层	采水器
30 m以深	表层和底层	采水器

表1-5 调查项目、分析方法及使用的仪器设备

序号	项目	分析方法	使用的仪器设备
1	pH	酸度计法	雷磁PHS-2F型酸度计
2	悬浮物	重量法	METTLER TOLEDO AB54-S型分析天平
3	化学需氧量	碱性高锰酸钾法	25 mL滴定管
4	活性磷酸盐	磷钼蓝分光光度法	Lachat 8500 S2型流动注射分析仪
5	亚硝酸盐氮	盐酸萘乙二胺比色法	Lachat 8500 S2型流动注射分析仪
6	硝酸盐氮	锌—镉还原法	Lachat 8500 S2型流动注射分析仪
7	氨氮	次溴酸钠氧化法	岛津UV-2450分光光度计
8	石油类	紫外分光光度法	岛津UV-2450分光光度计
9	铜	原子吸收分光光度法	Thermo M6型原子吸收分光光度计
10	铅	原子吸收分光光度法	Thermo M6型原子吸收分光光度计
11	镉	原子吸收分光光度法	Thermo M6型原子吸收分光光度计
12	锌	原子吸收分光光度法	Thermo M6型原子吸收分光光度计
13	铬	原子吸收分光光度法	Thermo M6型原子吸收分光光度计
14	汞	原子荧光法	AFS-9800型原子荧光光度计
15	砷	原子荧光法	AFS-9800型原子荧光光度计
16	叶绿素a	荧光分光光度法	岛津UV-2450型分光光度计

1.2.4.3　表层沉积物:表层沉积物采用箱式采泥器进行采集。

1.2.4.4　生物生态调查

(1) 浮游生物:浮游生物包括浮游动物(大型浮游动物和中小型浮游动物)、浮游植物,根据调查区域范围(禁渔区线内和禁渔区线外),采用的调查网具及规格见表1-6。

表1-6　浮游生物调查网具一览表

浮游生物	适用范围	调查区域	网具名称	网长 (cm)	网口内径 (cm)	网口面积 (m^2)	筛绢规格 (孔径/mm)
大型浮游动物	30 m以浅	禁渔区线内	浅水Ⅰ型浮游生物网	145	50	0.2	CQ14(0.505) JP12(0.507)
中小型浮游动物	30 m以浅	禁渔区线内	浅水Ⅱ型浮游生物网	140	31.6	0.08	CB36(0.160) JP36(0.169)
大型浮游动物	30 m以深	禁渔区线外	大型浮游生物网	280	80	0.5	CQ14(0.505) JP12(0.507)
中小型浮游动物	30 m以深	禁渔区线外	中型浮游生物网	280	50	0.2	CB36(0.160) JP36(0.169)
浮游植物	30 m以深	禁渔区线外	小型浮游生物网	280	37	0.1	JF62(0.077) JP80(0.077)
浮游植物	30 m以浅	禁渔区线内	浅水Ⅲ型浮游生物网	140	37	0.1	JF62(0.077) JP80(0.077)

注:网底管筛绢同网衣。

(2) 鱼类浮游生物(鱼卵仔稚鱼):大型浮游生物网:我国最常用的网具,适用于表层水平拖曳及深度介于30~200 m之间的垂直拖网,网口直径0.8 m,网口面积0.5 m^2,网目0.505 mm,网长2.8 m,在拖网禁渔区线外进行水平和垂直拖网,网口系有流量计。

浅水Ⅰ型浮游生物网:适宜近岸水深<30 m的垂直拖网调查,网口直径0.5 m,网口面积0.2 m,网目0.505 mm,网长1.45 m,在拖网禁渔区线内进行水平和垂直拖网,网口需系有流量计。以上采样,可采用停船迎流张网,或控制拖速在1~2节之间,船舷侧没有破碎浪花的情况下开展作业。详见表1-7。

表1-7　鱼类浮游生物采集方法

调查区域	水平与垂直采样	采样方法	调查网具
禁渔区线内	水平(定性)	拖网水层控制在0~3 m	浅水Ⅰ型浮游生物网
	垂直(定量)	由底层至表层垂直或斜拖	
禁渔区线外	水平(定性)	拖网水层控制在0~3 m	大型浮游生物网
	垂直(定量)	由底层至表层垂直或斜拖	

种类鉴定方法:在解剖镜下将采集到的仔、稚鱼标本鉴定到科、属、种,计数并按Kendall等的仔、稚鱼发育分期标准划分各发育阶段。

密度按照公式:$G_a = \dfrac{N_a}{S \cdot L \cdot C}$ 计算。

式中:G_a 是单位体积海水中鱼卵或者仔稚鱼个体数,单位为粒或者尾每立方米(ind./m^3);

N_a 是全网鱼卵或者仔稚鱼个体数,单位是粒或者尾(ind.);

S 是网口面积,单位平方米(m^2);

L 是流量计转数;

C 是流量计校正值,本次调查的校正值为0.3。

科名和学名参照伍汉霖的《拉汉世界鱼类系统名典》进行编排,同属的种名按英文字母进行排序。

（3）大型底栖动物:采用采泥器(定量)和阿氏网(定性)进行采样(表1-8),部分站位因底质属铁板沙,只能采用阿氏网采样。

表1-8 大型底栖动物采集方法

调查内容	采样方法	备注
大型底栖动物	采泥器	定量
大型底栖动物	阿氏网	定性

（4）游泳动物:游泳动物拖网调查和分析方法按《海洋监测规范》(GB17378.7)中的"近海污染生态调查和生物监测"及《海洋调查规程》(GB12763.6)中"海洋生物调查"的有关要求进行。拖网禁渔区线外采用双船有翼单囊拖网作业调查,禁渔区线内采用单船有翼单囊拖网作业调查(表1-9)。

表1-9 游泳动物调查方法

调查区域	调查网具	调查方法	调查船
禁渔区线内	单船有翼单囊拖网	单船有翼单囊拖网	苏通渔01026号
禁渔区线外	双船有翼单囊拖网	双船有翼单囊拖网	浙嵊渔10201号、浙嵊渔10243号

双船有翼单囊拖网:网具技术参数为网口网衣拉直周长×网衣纵向拉直总长(结附网衣的上纲长度),408.0 m×179.0 m(89.0 m)。网囊2a小于20 mm(符合网具选择性小)。

单船有翼单囊拖网:网具技术参数为125 m×59 m/36 m,囊网部2a小于20 mm(符合网具选择性小)。

游泳动物调查使用拖网渔船进行单拖网作业,单拖网渔船网口水平扩张17.5 m,双拖网渔船网口水平扩张35.0 m,拖速控制在1.5~2.5 kn之间。在距标准站位2~4 n mile位置时放网,每站拖曳1 h,正好到达标准站位置或附近。放网前准确定位,放网时间以曳纲着底开始受力时为准,航行尽可能保持方向朝着标准站位。渔获物全部倒在甲板上,记录估计的网次总重量。渔获物总重量在30~40 kg以下时,全部取样分析;大于40 kg时,从中挑出大型的和稀有的标本后,从渔获物中随机取出样品20 kg左右,然后把余下渔获物按品种和不同规格装箱,记录该站次准确渔获总重量,从其中再留取特殊需要的样品。

全部渔获带回实验室分析,对主要品种进行分品种生物学测定。本次江苏海域渔获物分为鱼类、虾类、蟹类和头足类四大类群。

渔业资源密度计算采用扫海面积法,各调查站位资源密度(重量和尾数)的计算式为:

$$D = C/(q \times a)$$

式中:D 为渔业资源密度,单位为尾/km^2 或 kg/km^2;

C 为平均每小时拖网渔获量,单位为尾/(网·h)或 kg/(网·h);

a 为每小时网具取样面积,单位为 km^2/(网·h);

q 为网具捕获率,其中,底层鱼类、虾蟹类 q 取0.8,近底层鱼类和头足类 q 取0.5,中上层鱼类取0.3。

1.2.4.5 生物多样性指数计算方法

（1）浮游植物、浮游动物、底栖动物:

Shannon-Wiener 多样性指数：$H' = -\sum_{i=1}^{S} \frac{n_i}{N} \log_2 \frac{n_i}{N}$

Margalef 丰富度指数：$D' = \dfrac{S-1}{\log_2 N}$

Pielou 均匀度指数：$J' = \dfrac{H'}{\log_2 S}$

Simpson 单纯度指数：$C = \sum_{i=1}^{s} \left(\dfrac{n_i}{N}\right)^2$

式中：S 为种类数；

N 为各站位所有种类的总丰度；

n_i 为第 i 种类在各个站位的丰度。

（2）游泳动物：香农威纳（Shannon-Wiener）物种多样性指数：Shannon-Wiener（H'）反映了群落中单品种鱼类丰度或生物量占全部鱼类的比重。

$$P_i = W_i/W，P_i = N_i/N$$

$$H' = -\sum_{i=1}^{s} P_i \log_2 P_i$$

Pielou 均匀度指数：均匀度（J'）反映了鱼类各物种个体数分布的均匀性，作为衡量群落中各种类个体丰度差异程度的一个指标。

$$J' = H'/\log_2 S$$

Margalef 丰富度指数：丰富度（D）反映了鱼类在不同区域中具有特定的组成种类，种类的变化导致的群落结构和功能的变化。D_1 为根据鱼类尾数计算的丰富度指数，D_2 为根据鱼类重量计算的丰富度指数。

$$D_1 = (S-1)/\log_2 N，D_2 = (S-1)/\log_2 W$$

Simpson 单纯度指数：单纯度（C）反映了调查站位 i 种鱼类数量或重量占该站位全部鱼类数量或重量的比例。C_1 为根据鱼类尾数计算的单纯度指数，C_2 为根据鱼类重量计算的单纯度指数。

$$C_1 = \sum_{i=1}^{s} (N_i/N)^2，C_2 = \sum_{i=1}^{s} (W_i/W)^2$$

W_i、N_i 为各站位第 i 种鱼类经标准化后的生物量和个体数，W、N 为各站位准化后全部鱼类的生物量和个体数，S 为鱼类种数，P_i 为 i 种鱼类占该站位全部鱼类的生物量和个体数比例。

1.2.4.6 物种丰富度：物种丰富度（Gleason，1992）与生物多样性中的 Margalef 指数有所区别，Gleason 的物种丰富度与鱼类物种种类数量及调查的拖网面积具有一定的关系。

$$d = s/\ln A$$

式中：d 为鱼类物种丰富度；

S 为鱼类物种数量；

A 为各拖网站位的样方面积（m^2）。

1.2.4.7 物种优势度指数：表示群落中某一物种在其中所占优势的程度。

$$Y = \frac{n_i}{N} f_i$$

式中：N 表示全部站位所有物种个体总数；

n_i 表示第 i 物种的个体总数;

f_i 表示 i 物种的站位出现频率,当 $Y_i > 0.02$ 时,该物种为群落中的优势种。

1.2.4.8 相对重要性指数:采用 Pinkas 的相对重要性指数(IRI)来研究鱼类群落优势种:

$$IRI = (N\% + W\%) \times F\% \times 10^4$$

式中:$N\%$ 为某一种类的个体数占总个体数的百分比;

$W\%$ 为某一种类的生物量占总生物量的百分比;

$F\%$ 为某一种类出现的站位数占调查总站位数的百分比(出现频率)。

在数量、生物量所占比例和出现频率 3 个方面进行综合评价相对重要性指数。

第二章

海洋水质与沉积物环境

2.1 水文调查

2.1.1 水温

　　江苏海域春季表层水温平均值为 17.9 ℃,最高温度为 21.8 ℃,最低温度为 12.7 ℃;夏季表层水温平均值为 27.9 ℃,最高温度为 30.8 ℃,最低温度为 25.1 ℃;秋季表层水温平均值为 15.6 ℃,最高温度为 20.9 ℃,最低温度为 9.2 ℃;冬季表层水温平均值为 7.7 ℃,最高温度为 13.7 ℃,最低温度为 2.8 ℃。各季节表层海水水温平面分布见图 2-1。

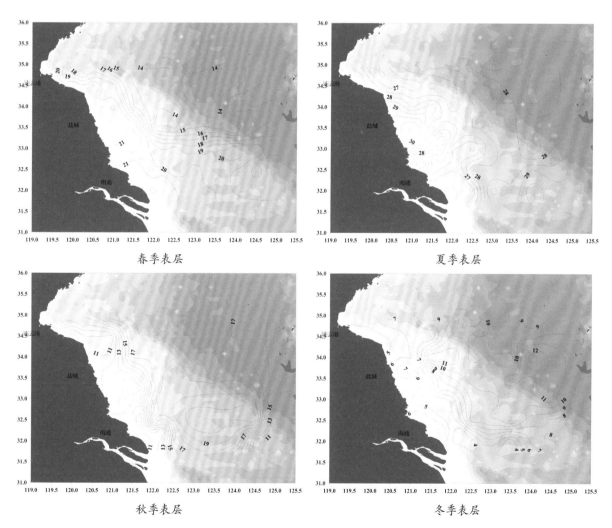

春季表层　　　　　　　　　　夏季表层

秋季表层　　　　　　　　　　冬季表层

▲ 图 2-1　江苏海域各季节表层海水水温平面分布

江苏海域春季底层水温平均值为 12.7℃,最高温度为 18.4℃,最低温度为 8.6℃;夏季底层水温平均值为 19.1℃,最高温度为 28.8℃,最低温度为 7.6℃;秋季底层水温平均值为 14.7℃,最高温度为 21.1℃,最低温度为 8.9℃;冬季底层水温平均值为 8.1℃,最高温度为 13.0℃,最低温度为 3.3℃。各季节底层海水水温平面分布见图 2-2。

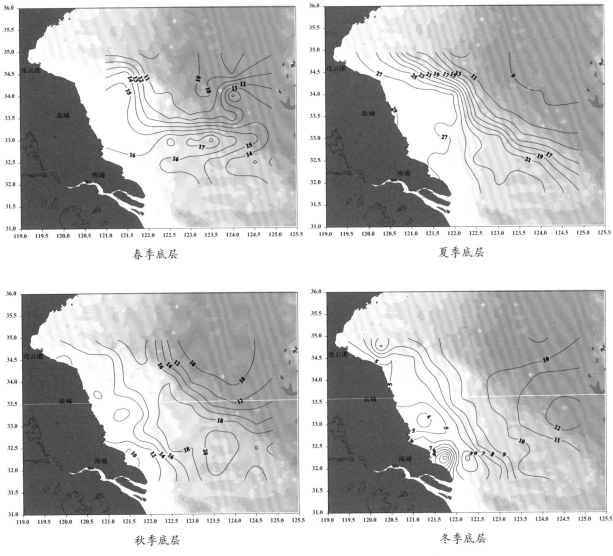

春季底层

夏季底层

秋季底层

冬季底层

▲ 图 2-2 江苏海域各季节底层海水水温平面分布

2.1.2 盐度

江苏海域春季表层盐度平均值为 29.8,最高为 33.7,最低为 13.7;夏季表层盐度平均值为 29.7,最高为 31.9,最低为 24.0;秋季表层盐度平均值为 27.0,最高为 33.4,最低为 13.3;冬季表层盐度平均值为 23.4,最高为 30.6,最低为 10.2。各季节表层海水盐度平面分布见图 2-3。

春季江苏海域底层盐度平均值为 32.9,最高为 30.9,最低为 34.1;夏季底层盐度平均值为 31.8,最高为 33.1,最低为 29.2;秋季底层盐度平均值为 31.1,最高为 33.4,最低为 9.3;冬季底层盐度平均值为 30.4,最高为 32.8,最低为 15.6。各季节底层海水盐度平面分布见图 2-4。

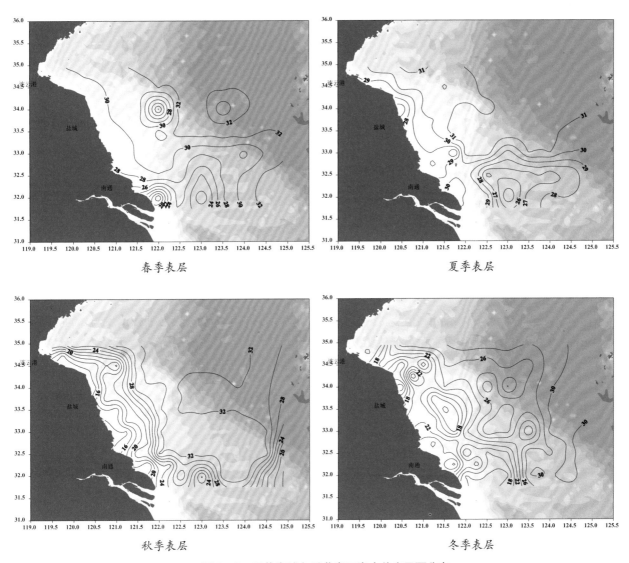

春季表层

夏季表层

秋季表层

冬季表层

▲ 图2-3 江苏海域各季节表层海水盐度平面分布

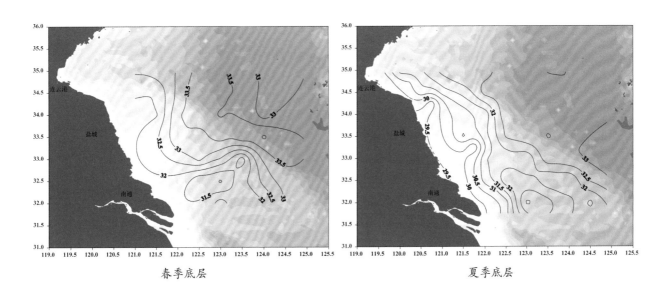

春季底层

夏季底层

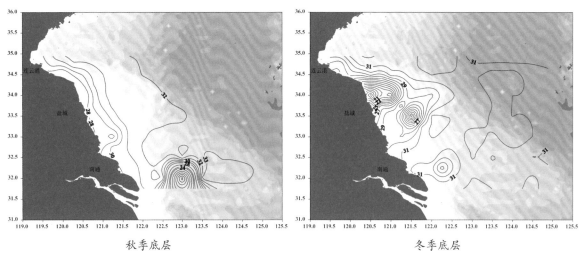

秋季底层　　　　　　　　　　　　　　　冬季底层

▲ 图2-4　江苏海域各季节底层海水盐度平面分布

2.1.3　水深

春季水深最低值为4.0 m,最高值为82.0 m,平均值为35.5 m;夏季水深最低值为3.0 m,最高值为82.7 m,平均值为34.9 m;秋季水深最低值为0.9 m,最高值为81.8 m,平均值为34.7 m;冬季水深最低值为1.0 m,最高值为80.7 m,平均值为34.3 m。各季节水深平面分布见图2-5。

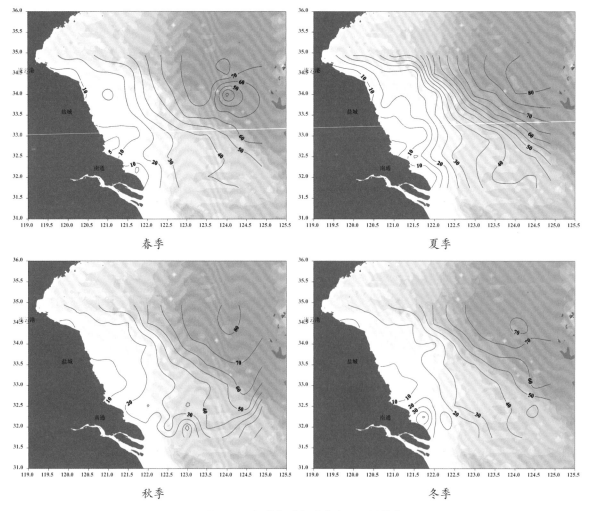

春季　　　　　　　　　　　　　　　　　夏季

秋季　　　　　　　　　　　　　　　　　冬季

▲ 图2-5　江苏海域各季节水深平面分布

2.1.4 透明度

江苏海域在沿岸海域透明度最低,随着向外延伸,透明度略有增加。

春季透明度最低值为 0.5 m,最高值为 6.0 m,平均值为 2.7 m;夏季透明度最低值为 0.1 m,最高值为 10.5 m,平均值为 3.3 m;秋季透明度最低值为 0.2 m,最高值为 11 m,平均值为 2.5 m;冬季透明度最低值为 0.5 m,最高值为 6.0 m,平均值为 2.7 m。各季节透明度平面分布见图 2-6。

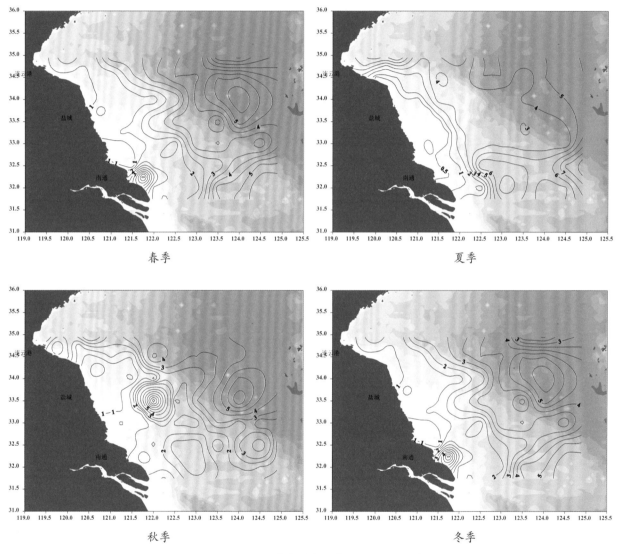

▲ 图 2-6 江苏海域各季节透明度平面分布

2.2 水质调查结果与评价

2.2.1 水质调查

2.2.1.1 pH:春季表层海水 pH 的变化范围在 7.83~8.54,平均值为 8.03,最低值出现在 JS36 号站位,最高值出现在 JS64 号站位;夏季 pH 的变化范围在 7.68~8.17,平均值为 7.91,最低值出现在 JS16 号站位,最高值出现在 JS34 号站位;秋季 pH 的变化范围在 7.05~8.03,平均值为 7.53,最低值出现在

JS10号站位,最高值出现在JS55号站位;冬季pH的变化范围在7.20～7.95,平均值为7.60,最低值出现在JS65号站位,最高值出现在JS62号站位。各季节表层海水pH平面分布见图2-7。

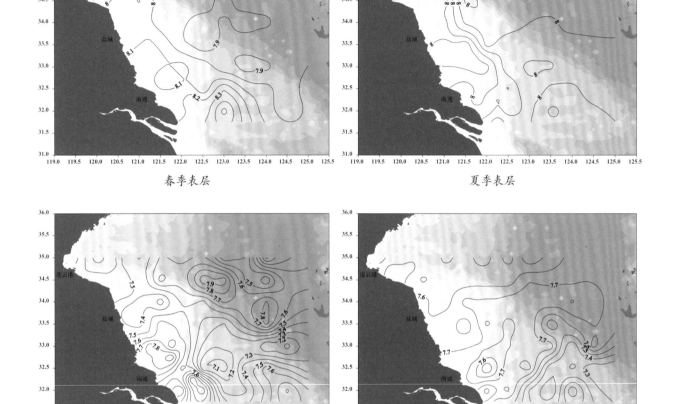

▲ 图2-7 江苏海域表层水体pH各季节平面分布

2.2.1.2 化学需氧量(COD):化学需氧量(COD)是指标水体有机污染的一项重要指标,能够反映出水体的污染程度,陆源有机物的注入是影响海水化学需氧量的主要因素。

春季表层COD含量的变化范围在0.20～4.97 mg/L之间,平均值为1.06 mg/L,最高值出现在JS60号站位,最低值出现在JS25号站位;夏季表层COD含量的变化范围在0.30～4.66 mg/L之间,平均值为1 mg/L,最高值出现在JS68号站位,最低值出现在JS41号站位;秋季表层COD含量的变化范围在0.016～3.28 mg/L之间,平均值为0.987 mg/L,最高值出现在JS21号站位,最低值出现在JS65号站位;冬季表层COD含量的变化范围在0.096～4.72 mg/L之间,平均值为0.711 mg/L,最高值出现在JS7号站位,最低值出现在JS59号站位。各季节表层海水COD平面分布见图2-8。

春季底层COD含量的变化范围在0.02～3.82 mg/L之间,平均值为1.10 mg/L,最高值出现在JS68号站位,最低值出现在JS25号站位;夏季底层COD含量的变化范围在0.19～3.74 mg/L之间,平均值为1.16 mg/L,最高值出现在JS45号站位,最低值出现在JS59号站位;秋季底层COD含量的变化范围在0.20～3.20 mg/L之间,最高值出现在JS44号站位,最低值出现在JS65号站位,平均值为1.17 mg/L;冬

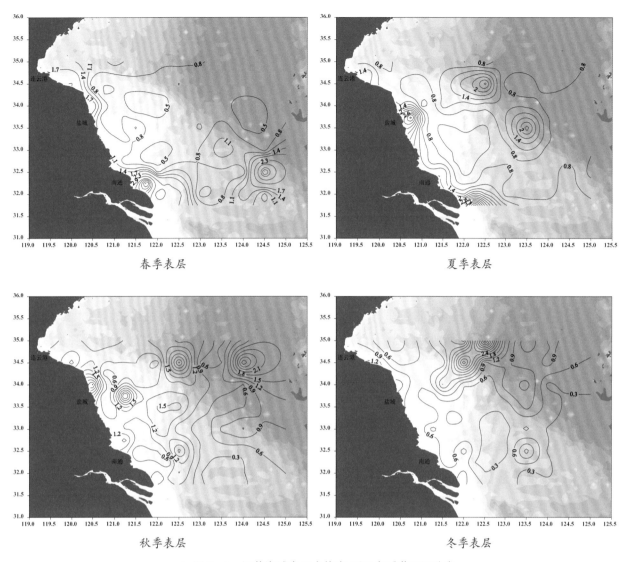

春季表层

夏季表层

秋季表层

冬季表层

▲ 图 2-8　江苏海域表层水体中 COD 各季节平面分布

季底层 COD 含量的变化范围在 $0.06\sim4.01\,\mathrm{mg/L}$ 之间,平均值为 $0.87\,\mathrm{mg/L}$,最高值出现在 JS37 号站位,最低值出现在 JS59 号站位。各季节底层海水 COD 平面分布见图 2-9。

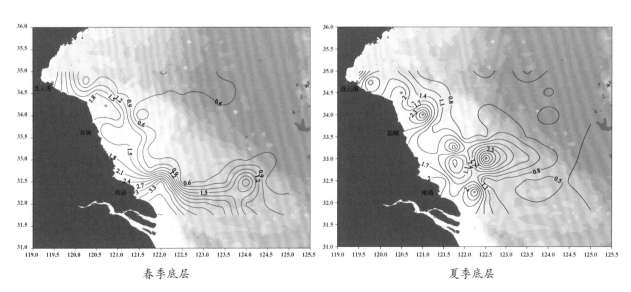

春季底层

夏季底层

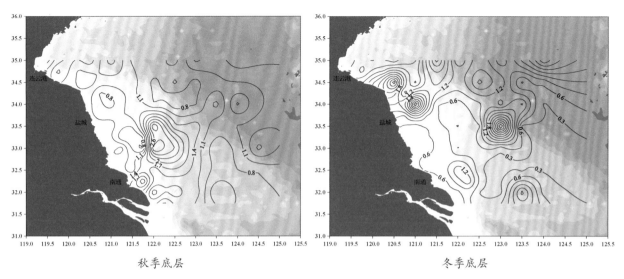

秋季底层　　　　　　　　　　　　　　　　冬季底层

▲ 图 2 - 9　江苏海域底层水体中 COD 各季节平面分布

2.2.1.3　悬浮物：春季表层海水悬浮物含量的变化范围在 1.20～1850 mg/L 之间，平均值为 80.64 mg/L，最高值出现在 JS23 号站位，最低值出现在 JS10 号站位；夏季（8 月份）表层悬浮物含量的变化范围在 3～536.67 mg/L 之间，平均值为 49.14 mg/L，最高值出现在 JS24 号站位，最低值出现在 JS4 号站位；秋季（11 月份）表层悬浮物含量的变化范围在 9.59～697.18 mg/L 之间，平均值为 98.6 mg/L，最高值出现在 JS41 号站位，最低值出现在 JS17 号站位；2018 年冬季（2 月份）表层悬浮物含量的变化范围在 11.26～1384.95 mg/L 之间，平均值为 158.2 mg/L，最高值出现在 JS23 号站位，最低值出现在 JS9 号站位。各季节表层海水悬浮物平面分布见图 2 - 10。

2.2.1.4　无机氮（DIN）：海水中的溶解性无机氮包括硝酸盐氮、亚硝酸盐氮和氨氮 3 种，是海水富营养化的重要指标之一。

春季表层海水中的无机氮含量平均值为 0.17 mg/L，最低值为 0.02 mg/L，出现在 JS52 号站位，最高值为 0.81 mg/L，出现在 JS68 号站位；夏季表层的无机氮含量平均值为 0.23 mg/L，最低值为 0.03 mg/L，出现在 JS37 号站位，最高值为 1.07 mg/L，出现在 JS1 号站位；秋季表层的无机氮含量平均值为 0.118 mg/L，最低值为 0.011 mg/L，出现在 JS20 号站位，最高值为 0.59 mg/L，出现在 JS68 号站位；冬季表层的无机氮含量平均值为 0.23 mg/L，最低值为 0.002 mg/L，出现在 JS34 号站位，最高值为 1.09 mg/L，出现在 JS23 号站位。各季节表层海水无机氮平面分布见图 2 - 11。

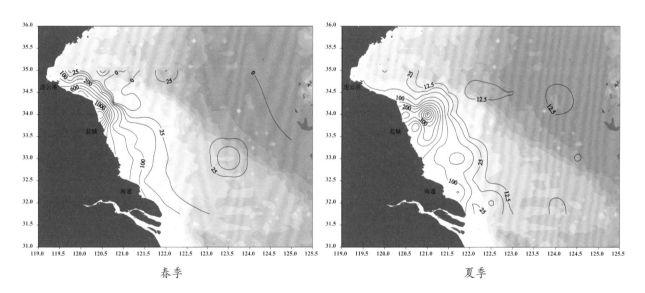

春季　　　　　　　　　　　　　　　　　　夏季

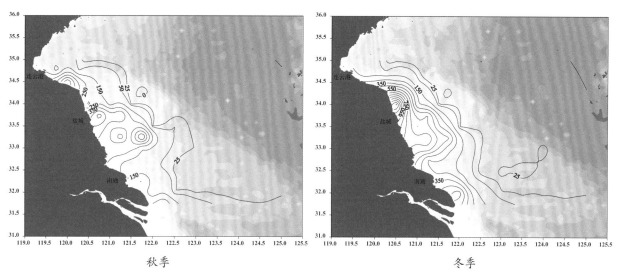

▲ 图 2‑10 江苏海域表层悬浮物各季节平面分布

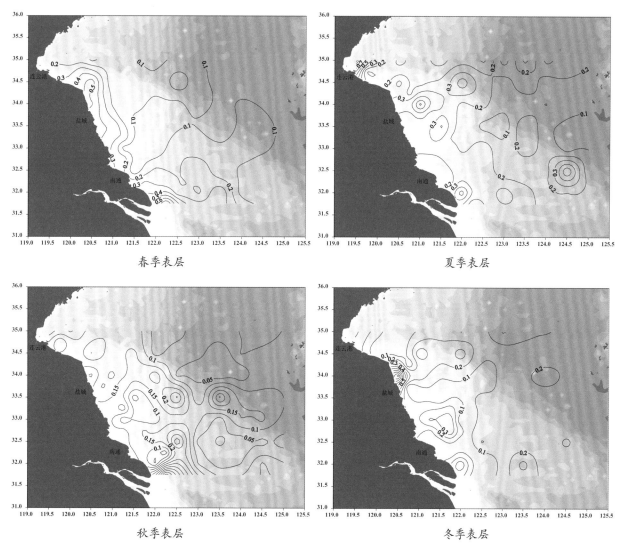

▲ 图 2‑11 江苏海域表层水体中无机氮各季节平面分布

　　春季底层海水中的无机氮含量平均值为 0.17 mg/L,最低值为 0.02 mg/L,出现在 JS26 号站位,最高值为 0.58 mg/L,出现在 JS18 号站位;夏季底层的无机氮含量平均值为 0.22 mg/L,最低值为 0.07 mg/L,出现在 JS49 号站位,最高值为 0.76 mg/L,出现在 JS46 号站位;秋季底层的无机氮含量平均值为 0.11 mg/L,最低值为 0.01 mg/L,出现在 JS59 号站位,最高值为 0.49 mg/L,出现在 JS68 号站位;冬季底层的无机氮含量平均值为 0.23 mg/L,最低值为 0.02 mg/L,出现在 JS49 号站位,最高值为 1.34 mg/L,出现在 JS1 号站位。各季节底层海水无机氮平面分布见图 2-12。

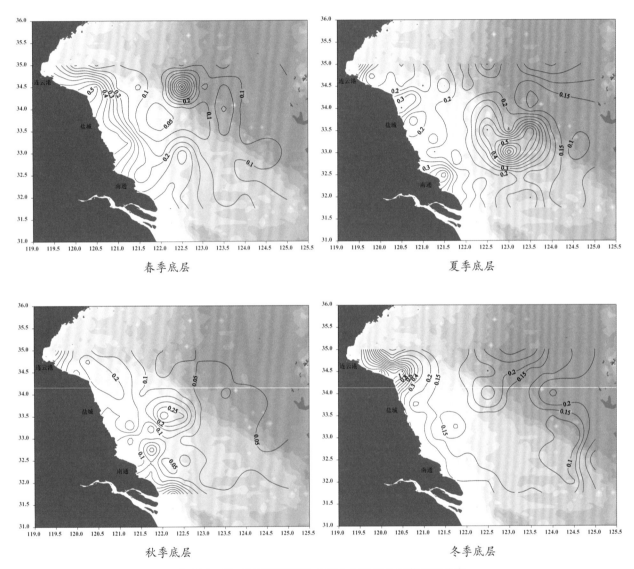

春季底层　　　　　　　　　夏季底层

秋季底层　　　　　　　　　冬季底层

▲ 图 2-12　江苏海域底层水体中无机氮各季节平面分布

　　(1) 硝酸盐氮:春季表层海水中的硝酸盐氮含量平均值为 0.17 mg/L,最高值为 0.78 mg/L,出现在 JS68 号站位,最低值未检测出;夏季表层的硝酸盐氮含量平均值为 0.10 mg/L,最高值为 0.56 mg/L,出现在 JS62 号站位,最低值未检测出;秋季表层的硝酸盐氮含量平均值为 0.06 mg/L,最高值为 0.29 mg/L,出现在 JS38 号站位,最低值未检测出;冬季表层的硝酸盐氮含量平均值为 0.14 mg/L,最高值为 0.45 mg/L,出现在 JS23 号站位,最低值未检测出。各季节表层海水硝酸盐氮平面分布见图 2-13。

　　春季底层海水中的硝酸盐氮含量平均值为 0.12 mg/L,最高值为 0.48 mg/L,出现在 JS14 号站位,最低值未检测出;夏季底层的硝酸盐氮含量平均值为 0.10 mg/L,最高值为 0.33 mg/L,出现在 JS23 号站位,最低值未检测出;秋季底层的硝酸盐氮含量平均值为 0.07 mg/L,最高值为 0.35 mg/L,出现在 JS1

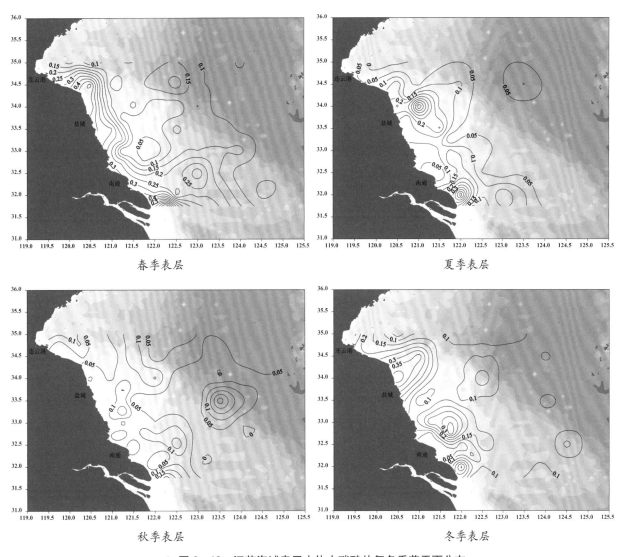

春季表层　　　　　　　　　　　　　　　夏季表层

秋季表层　　　　　　　　　　　　　　　冬季表层

▲ 图 2-13　江苏海域表层水体中硝酸盐氮各季节平面分布

号站位,最低值未检测出;冬季底层的硝酸盐氮含量平均值为 0.17 mg/L,最低值为 0.004 mg/L,出现在 JS29 号站位,最高值为 1.21 mg/L,出现在 JS13 号站位。各季节底层海水硝酸盐氮平面分布见图 2-14。

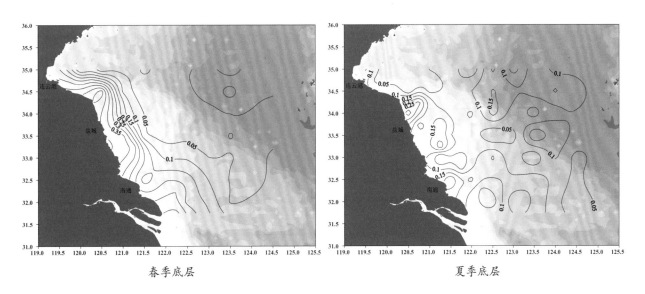

春季底层　　　　　　　　　　　　　　　夏季底层

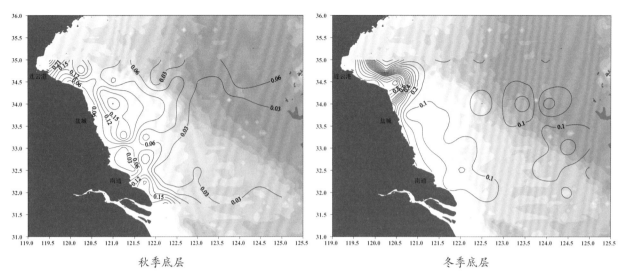

秋季底层　　　　　　　　　　　　　冬季底层

▲ 图 2 - 14　江苏海域底层水体中硝酸盐氮各季节平面分布

（2）亚硝酸盐氮：春季表层海水中的亚硝酸盐氮含量平均值为 0.003 mg/L，最高值为 0.01 mg/L，出现在 JS68 号站位，最低值未检测出；夏季表层的亚硝酸盐氮含量平均值为 0.02 mg/L，最高值为 0.1 mg/L，出现在 JS14 号站位，最低值未检测出；秋季表层的亚硝酸盐氮含量平均值为 0.02 mg/L，最低值为 0.003 mg/L，出现在 JS18 号站位，最高值为 0.28 mg/L，出现在 JS68 号站位；冬季表层的亚硝酸盐氮含量平均值为 0.03 mg/L，最高值为 0.64 mg/L，出现在 JS23 号站位，最低值未检测出。各季节表层海水亚硝酸盐氮平面分布见图 2 - 15。

春季底层海水中的亚硝酸盐氮含量平均值为 0.004 mg/L，最高值为 0.014 mg/L，出现在 JS53 号站位，最低值未检测出；夏季底层的亚硝酸盐氮含量平均值为 0.016 mg/L，最高值为 0.07 mg/L，出现在 JS25 号站位，最低值未检测出；秋季底层的亚硝酸盐氮含量平均值为 0.01 mg/L，最低值为 0.001 mg/L，出现在 JS23 号站位，最高值为 0.23 mg/L，出现在 JS68 号站位；冬季底层的亚硝酸盐氮含量平均值为 0.026 mg/L，最高值为 0.35 mg/L，出现在 JS59 号站位。各季节底层海水亚硝酸盐氮平面分布见图 2 - 16。

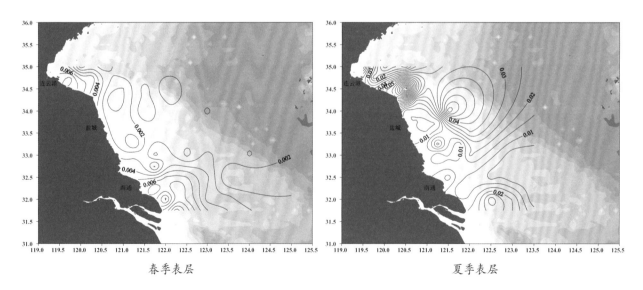

春季表层　　　　　　　　　　　　　夏季表层

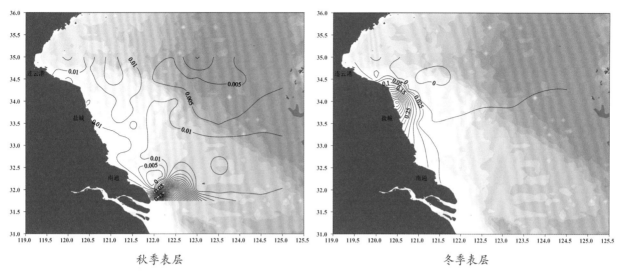

▲ 图 2-15 江苏海域表层水体亚硝酸盐氮各季节平面分布

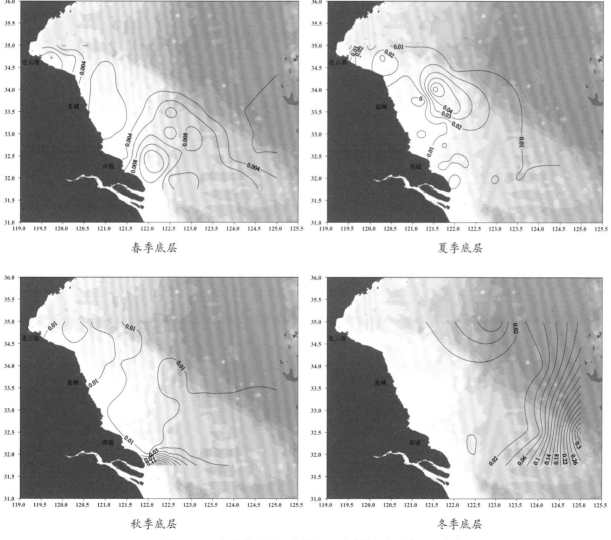

▲ 图 2-16 江苏海域底层水体中亚硝酸盐氮各季节平面分布

021

（3）氨氮：春季表层海水中的氨氮含量平均值为 0.06 mg/L，最低值为 0.005 mg/L，出现在 JS38 号站位，最高值为 0.27 mg/L，出现在 JS65 号站位；夏季表层的氨氮含量平均值为 0.14 mg/L，最高值为 0.91 mg/L，出现在 JS1 号站位，最低值未检测出；秋季表层的氨氮含量平均值为 0.04 mg/L，最低值为 0.002 mg/L，出现在 JS30 号站位，最高值为 0.30 mg/L，出现在 JS36 号站位；冬季表层的氨氮含量平均值为 0.03 mg/L，最高值为 0.25 mg/L，出现在 JS17 号站位，最低值未检测出。各季节表层海水氨氮平面分布见图 2 - 17。

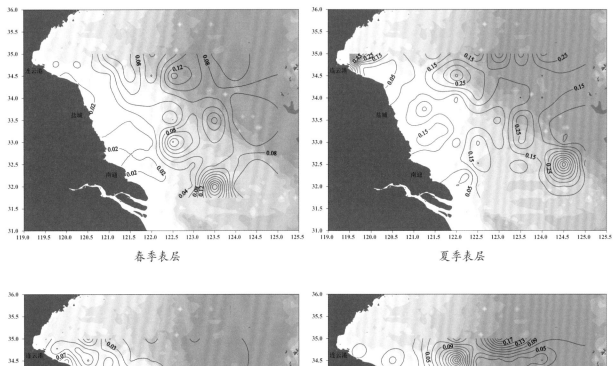

春季表层　　　　　　　　　　夏季表层

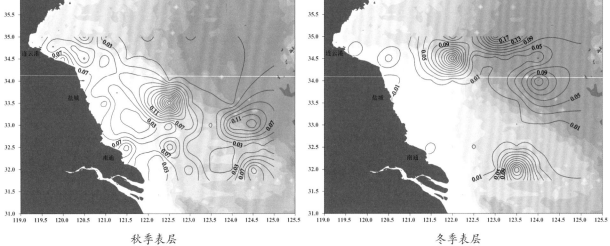

秋季表层　　　　　　　　　　冬季表层

▲ 图 2 - 17　江苏海域表层水体中氨氮各季节平面分布

　　春季底层海水中的氨氮含量平均值为 0.06 mg/L，最低值为 0.005 mg/L，出现在 JS19 号站位，最高值为 0.58 mg/L，出现在 JS18 号站位；夏季底层的氨氮含量平均值为 0.12 mg/L，最低值为 0 mg/L，出现在 JS20 号站位，最高值为 0.69 mg/L，出现在 JS46 号站位；秋季底层的氨氮含量平均值为 0.03 mg/L，最低值为 0.000 3 mg/L，出现在 JS34 号站位，最高值为 0.26 mg/L，出现在 JS35 号站位；冬季底层的氨氮含量平均值为 0.06 mg/L，最高值为 0.27 mg/L，出现在 JS9 号站位，最低值未检测出。各季节底层海水水体氨氮平面分布见图 2 - 18。

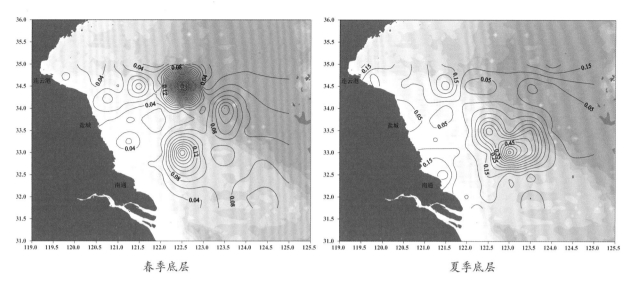

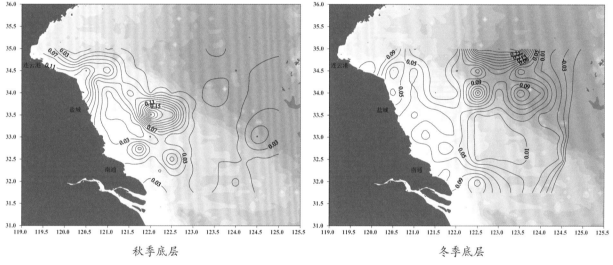

▲ 图 2－18　江苏海域底层水体中氨氮各季节平面分布

2.2.1.5　活性磷酸盐:春季表层海水的活性磷酸盐含量的变化范围在 0.02～0.65 mg/L 之间,平均值为 0.04 mg/L,最高值出现在 JS13 号站位,最低值出现在 JS68 号站位;夏季表层活性磷酸盐含量的变化范围在 0.01～0.07 mg/L 之间,平均值为 0.03 mg/L,最高值出现在 JS41 号站位,最低值出现在 JS57 号站位;秋季表层活性磷酸盐含量的变化范围在 0.02～0.04 mg/L 之间,平均值为 0.03 mg/L,最高值出现在 JS50 号站位,最低值出现在 JS58 号站位;冬季表层活性磷酸盐含量的变化范围在 0.01～5.66 mg/L 之间,平均值为 0.19 mg/L,最高值出现在 JS53 号站位,最低值出现在 JS50 号站位。各季节表层海水水体活性磷酸盐平面分布见图 2－19。

春季底层海水的活性磷酸盐含量的变化范围在 0.02～0.04 mg/L 之间,平均值为 0.037 mg/L,最高值出现在 JS29 号站位,最低值出现在 JS37 号站位;夏季底层活性磷酸盐含量的变化范围在 0.04～0.06 mg/L 之间,平均值为 0.03 mg/L,最高值出现在 JS52 号站位,最低值出现在 JS46 号站位;秋季底层活性磷酸盐含量的变化范围在 0.02 mg/L～0.10 mg/L 之间,最高值出现在 JS51 号站位,最低值出现在 JS65 号站位,平均值为 0.03 mg/L;冬季底层活性磷酸盐含量的变化范围在 0.007～1.12 mg/L 之间,平均值为 0.14 mg/L,最高值为出现在 JS14 号站位,最低值出现在 JS3 号站位。各季节底层海水水体活性磷酸盐平面分布见图 2－20。

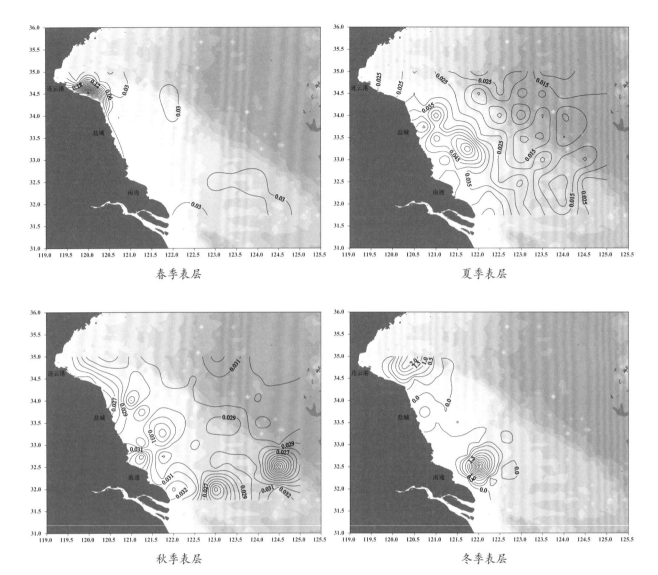

春季表层   夏季表层

秋季表层   冬季表层

▲ 图 2-19 江苏海域表层水体中活性磷酸盐各季节平面分布

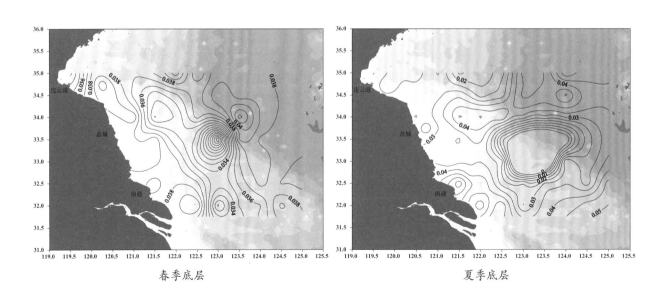

春季底层   夏季底层

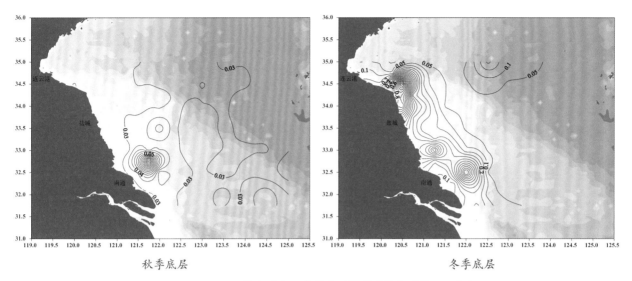

秋季底层　　　　　　　　　　　　冬季底层

▲ 图 2-20　江苏海域底层水体中活性磷酸盐各季节平面分布

2.2.1.6　铜:春季表层海水的铜含量的变化范围在 $0.66\sim34.54\,\mu g/L$ 之间,平均值为 $5.78\,\mu g/L$,最高值出现在 JS13 号站位,最低值出现在 JS48 号站位;夏季表层铜含量的变化范围在 $0.75\sim10.93\,\mu g/L$ 之间,平均值为 $3.05\,\mu g/L$,最高值出现在 JS23 号站位,最低值出现在 JS58 号站位;秋季表层铜含量的变化范围在 $0.86\sim6.59\,\mu g/L$ 之间,平均值为 $2.06\,\mu g/L$,最高值出现在 JS13 号站位,最低值出现在 JS46 号站位;冬季表层铜含量的平均值为 $2.20\,\mu g/L$,最高值为 $8.44\,\mu g/L$,出现在 JS1 号站位,最低值低于检出限。各季节表层海水水体铜平面分布见图 2-21。

春季底层海水的铜含量的变化范围在 $0.84\sim25.44\,\mu g/L$ 之间,平均值为 $5.13\,\mu g/L$,最高值出现在 JS23 号站位,最低值出现在 JS26 号站位;夏季底层铜含量的变化范围在 $1.13\sim21.19\,\mu g/L$ 之间,平均值为 $3.40\,\mu g/L$,最高值出现在 JS22 号站位,最低值出现在 JS66 号站位;秋季底层铜含量的变化范围在 $0.73\sim11.58\,\mu g/L$ 之间,最高值出现在 JS23 号站位,最低值出现在 JS65 号站位,平均值为 $2.42\,\mu g/L$;冬季底层铜含量的平均值为 $2.11\,\mu g/L$,最高值为 $12.70\,\mu g/L$,出现在 JS14 号站位,最低值低于检出限。各季节底层海水水体铜平面分布见图 2-22。

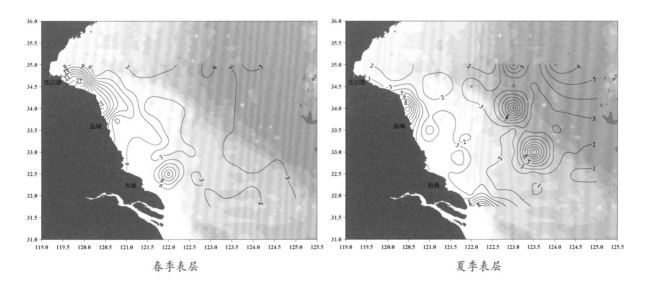

春季表层　　　　　　　　　　　　夏季表层

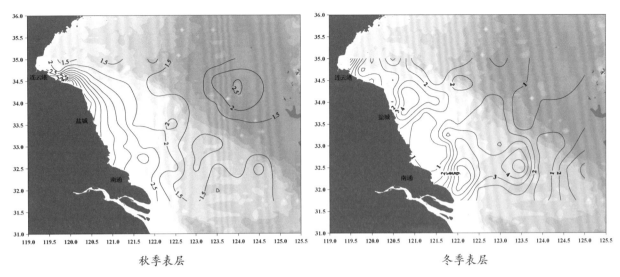

▲ 图 2-21 江苏海域表层水体中铜各季节平面分布

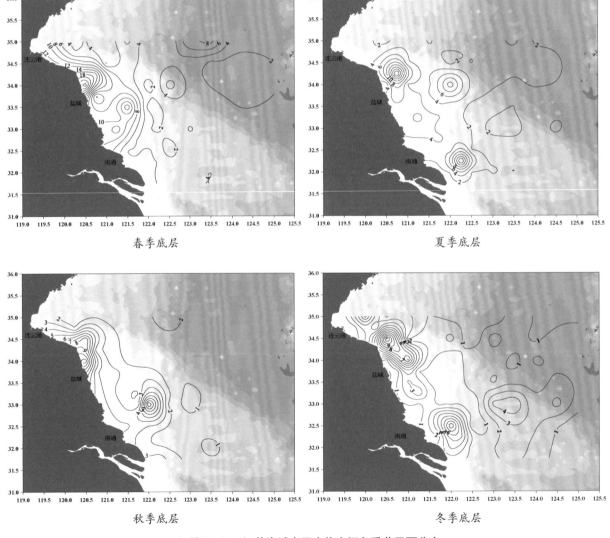

▲ 图 2-22 江苏海域底层水体中铜各季节平面分布

2.2.1.7　铅：春季表层海水的铅含量的变化范围在 0.24～8.38 μg/L 之间，平均值为 1.58 μg/L，最高值出现在 JS37 号站位，最低值出现在 JS35 号站位；夏季表层铅含量的变化范围在 0.05～4.43 μg/L 之间，平均值为 0.72 μg/L，最高值出现在 JS23 号站位，最低值出现在 JS58 号站位；秋季表层铅含量的变化范围在 0.43～12.27 μg/L 之间，平均值为 2.45 μg/L，最高值出现在 JS56 号站位，最低值出现在 JS26 和 JS46 号站位；冬季表层铅含量的平均值为 2.14 μg/L，最高值为 10.51 μg/L，出现在 JS37 号站位，最低值低于检出限。各季节表层海水水体铅平面分布见图 2 - 23。

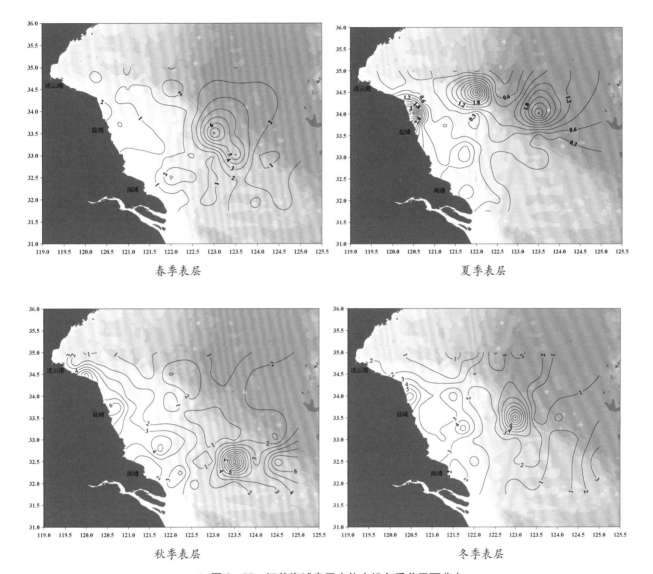

春季表层

夏季表层

秋季表层

冬季表层

▲ 图 2 - 23　江苏海域表层水体中铅各季节平面分布

春季底层海水的铅含量的变化范围在 0.11～6.71 μg/L 之间，平均值为 2.11 μg/L，最高值出现在 JS65 号站位，最低值出现在 JS35 号站位；夏季底层铅含量的变化范围在 0.09～8.65 μg/L 之间，平均值为 1.70 μg/L，最高值出现在 JS30 号站位，最低值出现在 JS45 号站位；秋季底层铅含量的变化范围在 0.07 μg/L～10.60 μg/L 之间，最高值出现在 JS59 号站位，最低值出现在 JS46 号站位，平均值 1.00 μg/L；冬季底层铅含量的平均值 2.68 μg/L，最高值为 10.53 μg/L，出现在 JS61 号站位，最低值低于检出限。各季节底层海水水体铅平面分布见图 2 - 24。

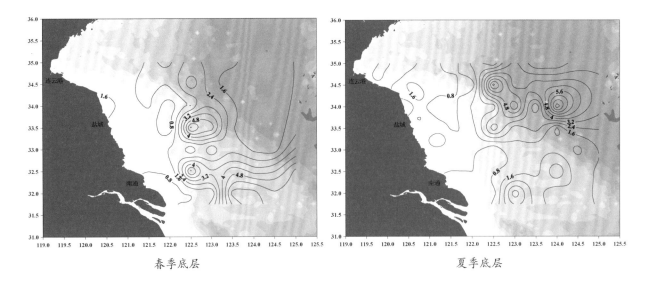

春季底层　　　　　　　　　　　　　　夏季底层

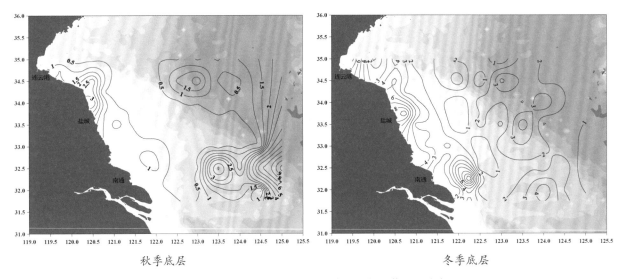

秋季底层　　　　　　　　　　　　　　冬季底层

▲ 图 2 - 24　江苏海域底层水体中铅各季节平面分布

2.2.1.8　镉：春季表层海水的镉含量的变化范围在 $0.01 \sim 0.72\,\mu g/L$ 之间，平均值为 $0.16\,\mu g/L$，最高值出现在 JS33 号站位，最低值出现在 JS56 号站位；夏季表层镉含量的变化范围在 $0.02 \sim 0.44\,\mu g/L$ 之间，平均值为 $0.16\,\mu g/L$，最高值出现在 JS26 号站位，最低值出现在 JS65 号站位；秋季表层镉含量的变化范围在 $0.02 \sim 0.28\,\mu g/L$ 之间，平均值为 $0.07\,\mu g/L$，最高值出现在 JS47 号站位，最低值出现在 JS18 号站位；冬季表层镉含量的平均值为 $0.22\,\mu g/L$，最高值为 $1.17\,\mu g/L$，出现在 JS14 号站位，最低值低于检出限。各季节表层海水水体镉含量平面分布见图 2 - 25。

春季底层海水的镉含量的变化范围在 $0.013 \sim 0.64\,\mu g/L$ 之间，平均值为 $0.14\,\mu g/L$，最高值出现在 JS24 号站位，最低值出现在 JS47 号站位；夏季底层镉含量的变化范围在 $0.02 \sim 0.55\,\mu g/L$ 之间，平均值为 $0.16\,\mu g/L$，最高值出现在 JS18 号站位，最低值出现在 JS65 号站位；秋季底层镉含量的变化范围在 $0.03 \sim 0.22\,\mu g/L$ 之间，最高值出现在 JS23 号站位，最低值出现在 JS66 号站位，平均值 $0.07\,\mu g/L$；冬季底层镉含量的平均值 $0.17\,\mu g/L$，最高值为 $1.06\,\mu g/L$，出现在 JS50 号站位，最低值低于检出限。各季节底层海水水体镉含量平面分布见图 2 - 26。

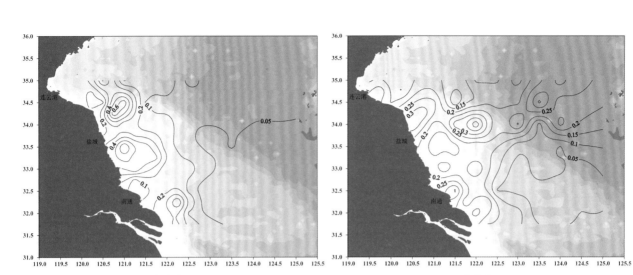

春季表层

夏季表层

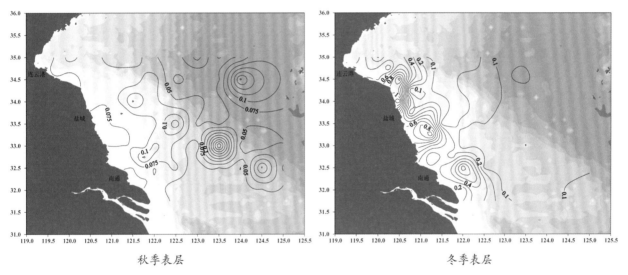

秋季表层

冬季表层

▲ 图 2-25 江苏海域表层水体中镉各季节平面分布

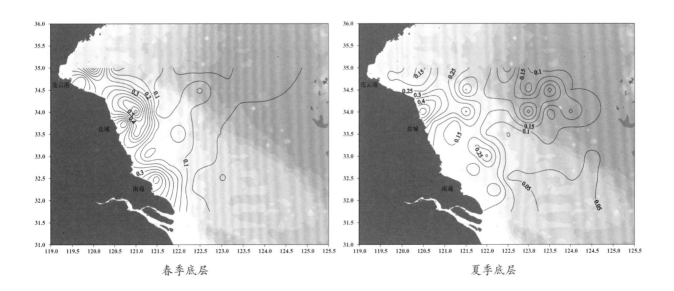

春季底层

夏季底层

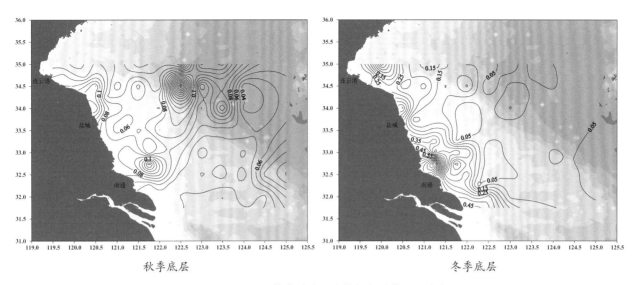

秋季底层　　　　　　　　　　　　　　冬季底层

▲ 图 2-26　江苏海域底层水体镉各季节平面分布

2.2.1.9　锌:春季表层海水的锌含量的变化范围在 5.78~73.85 μg/L 之间,平均值为 24.32 μg/L,最高值出现在 JS65 号站位,最低值出现在 JS11 号站位;夏季表层锌含量的变化范围在 1.57~57.82 μg/L 之间,平均值为 16.37 μg/L,最高值出现在 JS57 号站位,最低值出现在 JS17 号站位;秋季表层锌含量的变化范围在 10.8~104.3 μg/L 之间,平均值为 27.6 μg/L,最高值出现在 JS1 号站位,最低值出现在 JS8 号站位;冬季表层锌含量的平均值 15.86 μg/L,最高值为 46.34 μg/L,出现在 JS8 号站位,最低值低于检出限。各季节表层海水水体锌含量平面分布见图 2-27。

春季底层海水的锌含量的变化范围在 8.23~110.07 μg/L 之间,平均值为 28.53 μg/L,最高值出现在 JS14 号站位,最低值出现在 JS3 号站位;夏季底层锌含量的变化范围在 0.49~53.80 μg/L 之间,平均值为 15.40 μg/L,最高值出现在 JS45 号站位,最低值出现在 JS6 号站位;秋季底层锌含量的变化范围在 14.70~96.90 μg/L 之间,最高值出现在 JS1 号站位,最低值出现在 JS19 号站位,平均值 32.20 μg/L;冬季底层锌含量的平均值 16.87 μg/L,最高值为 63.97 μg/L,出现在 JS66 号站位,最低值低于检出限。各季节底层海水水体锌含量平面分布见图 2-28。

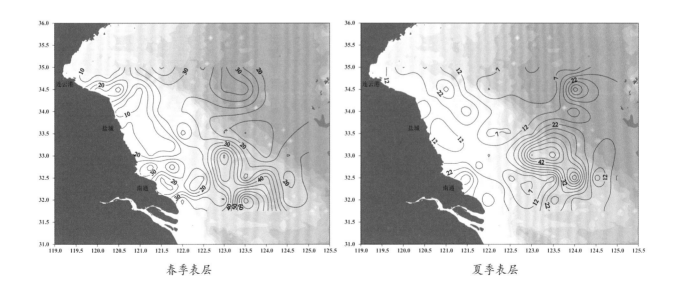

春季表层　　　　　　　　　　　　　　夏季表层

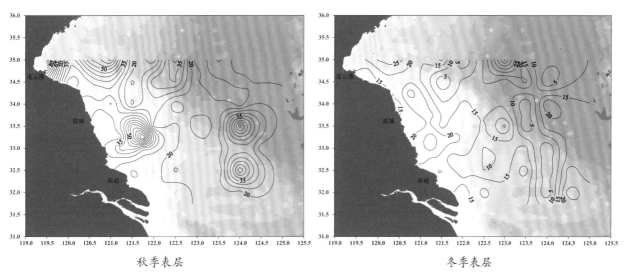

秋季表层 　　　　　　　　　　　冬季表层

▲ 图 2-27　江苏海域表层水体中锌各季节平面分布

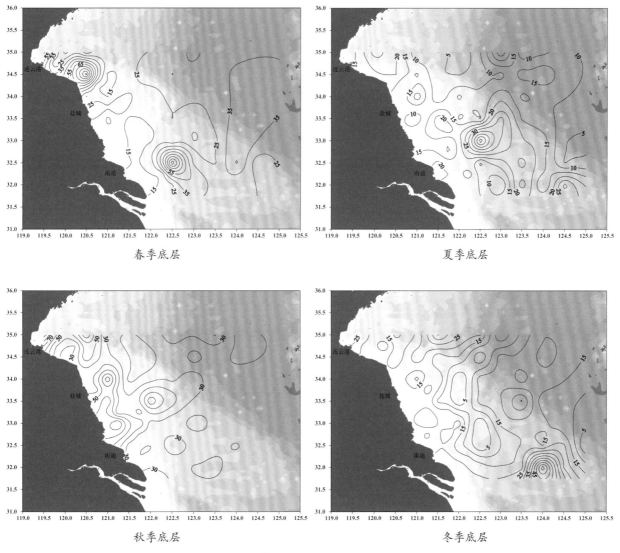

春季底层 　　　　　　　　　　　夏季底层

秋季底层 　　　　　　　　　　　冬季底层

▲ 图 2-28　江苏海域底层水体中锌各季节平面分布

2.2.1.10 铬:春季表层海水的铬含量的变化范围在 0.16～5.36 μg/L 之间,平均值为 1.24 μg/L,最高值出现在 JS13 号站位,最低值出现在 JS49 号站位;夏季表层铬含量的变化范围在 0.01～5.86 μg/L 之间,平均值为 1.07 μg/L,最高值出现在 JS41 号站位,最低值出现在 JS44 号站位;秋季表层铬含量的变化范围在 0.13～5.38 μg/L 之间,平均值为 1.56 μg/L,最高值出现在 JS4 号站位,最低值出现在 JS33 号站位;冬季表层铬含量的变化范围在 0.48～5.01 μg/L 之间,平均值 1.89 μg/L,最高值出现在 JS27 号站位,最低值出现在 JS21 号站位。各季节表层海水水体铬含量平面分布见图 2 - 29。

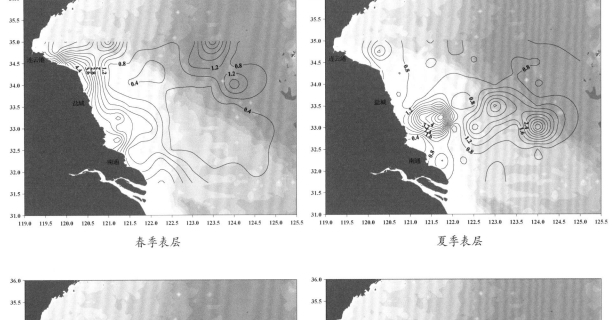

▲ 图 2 - 29　江苏海域表层水体中铬各季节平面分布

春季底层海水的铬含量的变化范围在 0.00～8.38 μg/L 之间,平均值为 1.20 μg/L,最高值出现在 JS12 号站位,最低值出现在 JS38 号站位;夏季底层铬含量的变化范围在 0.01～8.90 μg/L 之间,平均值为 1.10 μg/L,最高值出现在 JS54 号站位,最低值出现在 JS43 号站位;秋季底层铬含量的变化范围在 0.03～14.58 μg/L 之间,最高值出现在 JS43 号站位,最低值出现在 JSA65 号站位,平均值 1.83 μg/L;冬季底层铬含量的变化范围在 0.29～5.36 μg/L 之间,平均值 1.60 μg/L,最高值出现在 JS47 号站位,最低值出现在 JS7 号站位。各季节底层海水水体铬含量平面分布见图 2 - 30。

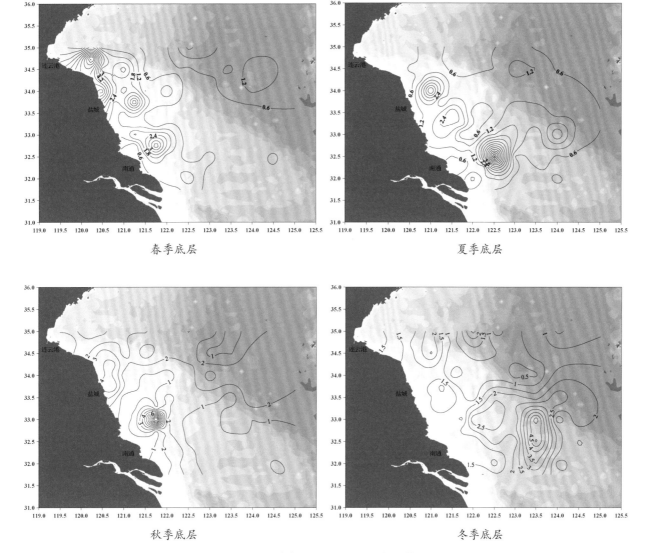

▲ 图2-30 江苏海域底层水体中铬各季节平面分布

2.2.1.11 汞:春季表层海水的汞含量的变化范围在0.01~0.05 μg/L之间,平均值为0.03 μg/L,最高值出现在JS66号站位,最低值出现在JS35号站位;夏季表层汞含量的变化范围在0.02~1.17 μg/L之间,平均值为0.07 μg/L,最高值出现在JS44号站位,最低值出现在JS12号站位;秋季表层汞含量的变化范围在0.007~0.10 μg/L之间,平均值为0.04 μg/L,最高值出现在JS51号站位,最低值出现在JS9号站位;冬季表层汞含量的变化范围在0.000 2~0.20 μg/L之间,平均值0.06 μg/L,最高值出现在JS66号站位,最低值出现在JS9号站位。各季节表层海水水体汞含量平面分布见图2-31。

春季底层海水的汞含量的变化范围在0.01~0.05 μg/L之间,平均值为0.03 μg/L,最高值出现在JS59号站位,最低值出现在JS47号站位;夏季底层汞含量的变化范围在0.025~1.87 μg/L之间,平均值为0.09 μg/L,最高值出现在JS43号站位,最低值出现在JS3号站位;秋季底层汞含量的变化范围在0.02~0.10 μg/L之间,最高值出现在JS60号站位,最低值出现在JS39号站位,平均值0.04 μg/L;冬季底层汞含量的变化范围在0.000 4~0.21 μg/L之间,平均值0.06 μg/L,最高值出现在JS67号站位,最低值出现在JS6号站位。各季节底层海水水体汞含量平面分布见图2-32。

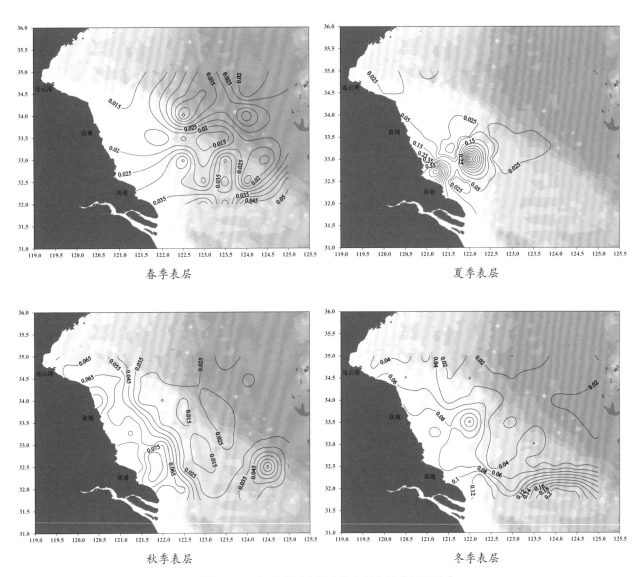

春季表层

夏季表层

秋季表层

冬季表层

▲ 图2-31 江苏海域表层水体中汞各季节平面分布

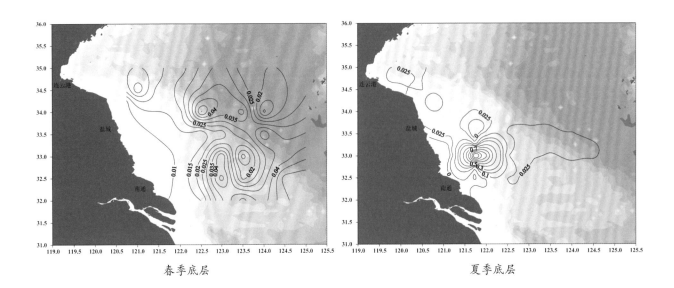

春季底层

夏季底层

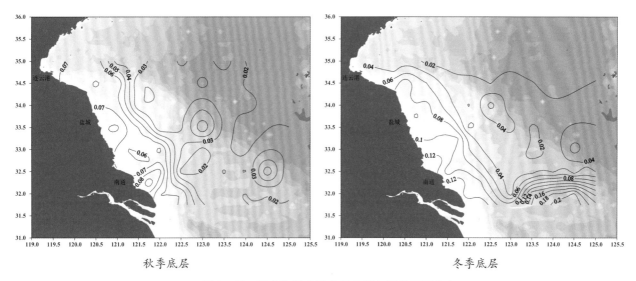

秋季底层   冬季底层

▲ 图 2 - 32   江苏海域底层水体中汞各季节平面分布

2.2.1.12   砷:春季表层海水的砷含量的变化范围在 $0.39\sim12.51\,\mu g/L$ 之间,平均值为 $1.44\,\mu g/L$,最高值出现在 JS23 号站位,最低值出现在 JS9 号站位;夏季表层砷含量的变化范围在 $0.28\sim2.14\,\mu g/L$ 之间,平均值为 $0.89\,\mu g/L$,最高值出现在 JS62 号站位,最低值出现在 JS27 号站位;秋季表层砷含量的变化范围在 $0.58\sim2.47\,\mu g/L$ 之间,平均值为 $1.21\,\mu g/L$,最高值出现在 JS13 号站位,最低值出现在 JS67 号站位;冬季表层砷含量的变化范围在 $0.81\sim4.50\,\mu g/L$ 之间,平均值 $1.73\,\mu g/L$,最高值出现在 JS31 号站位,最低值出现在 JS54 号站位。各季节表层海水水体砷含量平面分布见图 2 - 33。

春季底层海水的砷含量的变化范围在 $0.43\sim9.10\,\mu g/L$ 之间,平均值为 $1.48\,\mu g/L$,最高值出现在 JS23 号站位,最低值出现在 JS16 号站位;夏季底层砷含量的变化范围在 $0.21\sim12.39\,\mu g/L$ 之间,平均值为 $1.24\,\mu g/L$,最高值出现在 JS40 号站位,最低值出现在 JS45 号站位;秋季底层砷含量的变化范围在 $0.49\sim5.15\,\mu g/L$ 之间,最高值出现在 JS23 号站位,最低值出现在 JS59 号站位,平均值 $1.34\,\mu g/L$;冬季底层砷含量的变化范围在 $0.68\sim18.77\,\mu g/L$ 之间,平均值 $2.55\,\mu g/L$,最高值出现在 JS14 号站位,最低值出现在 JS35 号站位。各季节底层海水水体砷含量平面分布见图 2 - 34。

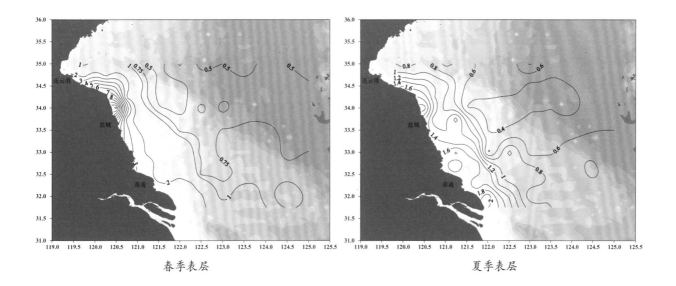

春季表层   夏季表层

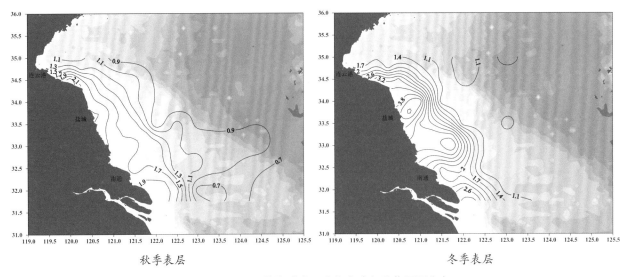

秋季表层 　　　　　　　　　　　　　　　　　　冬季表层

▲ 图2-33　江苏海域表层水体中砷各季节平面分布

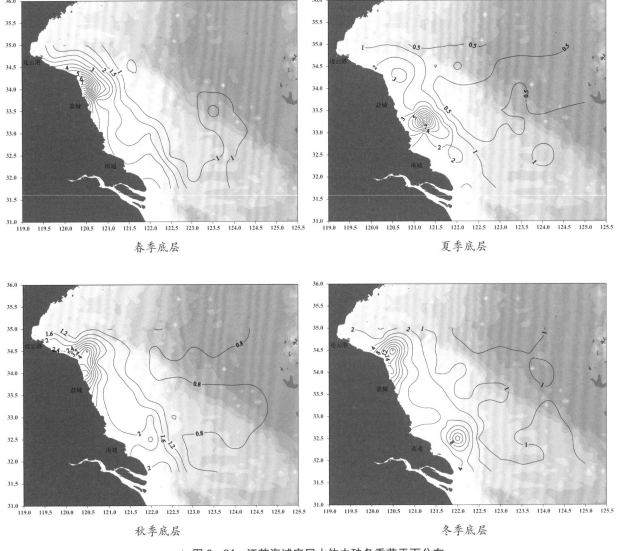

春季底层 　　　　　　　　　　　　　　　　　　夏季底层

秋季底层 　　　　　　　　　　　　　　　　　　冬季底层

▲ 图2-34　江苏海域底层水体中砷各季节平面分布

2.2.1.13　油类:春季表层海水的油类含量的变化范围在 0.001～0.27 mg/L 之间,平均值为 0.03 mg/L,最高值出现在 JS7 号站位,最低值出现在 JS48 号站位;夏季表层油类含量的变化范围在 0.001～0.20 mg/L 之间,平均值为 0.04 mg/L,最高值出现在 JS13 号站位,最低值出现在 JS53 号站位;秋季表层油类含量的变化范围在 0.001～0.24 mg/L 之间,平均值为 0.04 mg/L,最高值出现在 JS42 号站位,最低值出现在 JS29 号站位;冬季表层油类含量的变化范围在 0.000 2～0.05 mg/L 之间,平均值为 0.01 mg/L,最高值出现在 JS1 号站位,最低值出现在 JS53、JS59 号站位。各季节表层海水水体油类含量平面分布见图 2‑35。

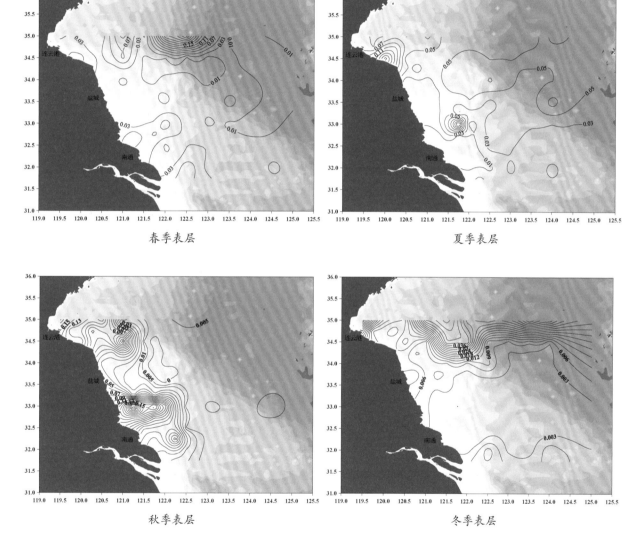

春季表层　　　　　　　　　　夏季表层

秋季表层　　　　　　　　　　冬季表层

▲ 图 2‑35　江苏海域表层水体中油各季节平面分布

2.2.1.14　叶绿素 a:江苏海域春季表层叶绿素 a 含量的变化范围在 0.02～53.30 mg/L 之间,平均值为 2.13 mg/L,最高值出现在 JS68 号站位,最低值出现在 JS67 号站位;夏季表层叶绿素 a 含量的变化范围在 0～14.7 mg/L 之间,平均值为 1.67 mg/L,最高值出现在 JS44 号站位,最低值出现在 JS7 号站位;秋季表层叶绿素 a 含量的变化范围在 0～9.63 mg/L 之间,平均值为 2.53 mg/L,最高值出现在 JS23 号站位,最低值出现在 JS64 号站位;冬季表层叶绿素 a 含量的变化范围在 0.008～2.48 mg/L 之间,平均值为 0.453 mg/L,最高值出现在 JS50 号站位,最低值出现在 JS35 号站位。各季节表层海水水体叶绿素 a 含量平面分布见图 2‑36。

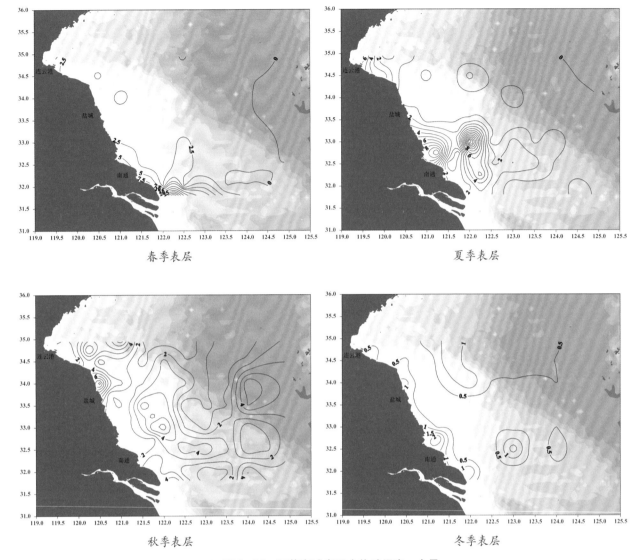

春季表层

夏季表层

秋季表层

冬季表层

▲ 图2-36 江苏海域表层水体叶绿素a含量

春季底层叶绿素a含量的变化范围在0.06～13.20 mg/L之间,平均值为2.13 mg/L,最高值出现在JS68号站位,最低值出现在JS53号站位;夏季底层叶绿素a含量的变化范围在0.02～16.6 mg/L之间,平均值为2.00 mg/L,最高值出现在JS43号站位,最低值出现在JS10号站位;秋季底层叶绿素a含量的变化范围在0.014～16.8 mg/L之间,平均值为2.51 mg/L,最高值出现在JS2号站位,最低值出现在JS8号站位;冬季底层叶绿素a含量的变化范围在0.006～2.29 mg/L之间,平均值为0.610 mg/L,最高值出现在JS68号站位,最低值出现在JS50号站位。各季节底层海水水体叶绿素a含量平面分布见图2-37。

2.2.2 水质质量评价

2.2.2.1 水质单因子评价方法:单因子评价是常用的水质质量评价方法之一,根据该评价的计算方法以及海水水质标准(GB3097—1997),我们分别计算出COD、无机氮、活性磷酸盐、铜、铅、镉、锌、铬、汞、砷和油类11项指标的水质指数。如果该指数大于1,则判断为水质超标并标记为橙色,值越大,颜色越深;如果指数小于1,则该因子低于国家标准,记为黄色,值越小颜色越蓝,如图2-38。

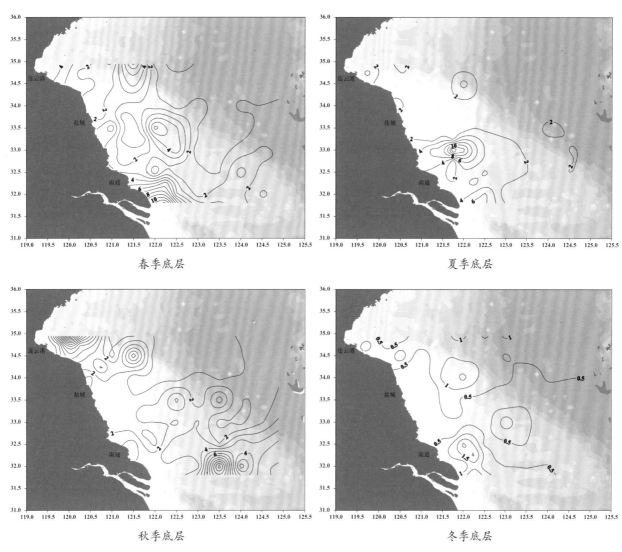

▲ 图2-37　江苏海域底层水体叶绿素a含量

▲ 图2-38　水质质量评价图例

　　本次评价采用二类海水水质标准来进行评价,各评价指标和标准见表2-1。

表2-1　海水水质标准(GB3097—1997)
(除pH无量纲外,其他指标单位:mg/L)

序号	项目	第一类	第二类	第三类	第四类
1	pH	7.8～8.5(同时不超出该海域正常变动范围的0.2)		6.8～8.6(同时不超出该海域正常变动范围的0.5)	
2	溶解氧＞	6	5	4	3
3	化学需氧量≤(COD)	2	3	4	5

（续表）

序号	项目	第一类	第二类	第三类	第四类
4	悬浮物≤	10	100	150	
5	无机氮≤（以 N 计）	0.2	0.3	0.4	0.5
6	活性磷酸盐≤（以 P 计）	0.015	0.03		0.045
7	汞≤	0.000 05	0.000 2		0.000 5
8	镉≤	0.001	0.005	0.01	
9	铅≤	0.001	0.005	0.01	0.05
10	砷≤	0.02	0.03	0.05	
11	铜≤	0.005	0.01	0.05	
12	锌≤	0.02	0.05	0.1	0.5
13	石油类≤	0.05		0.3	0.5

各调查站位单因子污染指数（S）计算如下：

$$S_{i,j} = \frac{C_{i,j}}{C_{j,s}}$$

式中：$S_{i,j}$ 是第 i 站评价参数 j 的标准分指数；

$C_{i,j}$ 是第 i 站参数 j 的测量值；

$C_{j,s}$ 是参数 j 的评价标准值。

评价标准：在以上公式的计算，单项质量指数若等于零，说明该项污染物在测定时未检出；若数值等于 1，说明测值与标准值相等；若数值出现负值、0～1 之间，数值越小，水质越好；若数值大于 1，说明该项指标不能满足标准要求，数值越大，质量越差。

2.2.2.2　水质评价结果：四个季节各水质指标的评价结果见表 2-2 和表 2-3。

表 2-2　江苏海域水质指标的评价结果（表层）

参数 / 季节	COD	悬浮物	无机氮	活性磷酸盐	石油类	铜
春季	88%符合一类 9%符合二类 3%符合三类	19%符合一类 71%符合二类 3%符合三类 7%符合四类	72%符合一类 13%符合二类 10%符合三类 5%为劣四类	10%符合二类 88%符合四类 2%为劣四类	84%符合一类 16%符合三类	72%符合一类 17%符合二类 11%符合三类
夏季	94%符合一类 3%符合二类 1.5%符合三类 1.5%符合四类	40%符合一类 50%符合二类 3%符合三类 7%符合四类	52%符合一类 28%符合二类 12%符合三类 3%符合四类 5%为劣四类	22%符合一类 46%符合二类 22%符合四类 10%为劣四类	75%符合一类 25%符合三类	91%符合一类 7%符合二类 2%符合三类
秋季	94%符合一类 6%符合三类	1%符合一类 68%符合二类 12%符合三类 19%符合四类	85%符合一类 7%符合二类 6%符合三类 2%为劣四类	50%符合二类 50%符合四类	76%符合一类 24%符合三类	97%符合一类 3%符合二类

（续表）

参数＼季节	COD	悬浮物	无机氮	活性磷酸盐	石油类	铜
冬季	97%符合一类 1.5%符合三类 1.5%符合四类	67%符合二类 3%符合三类 30%符合四类	75%符合一类 10%符合二类 10%符合三类 3%符合四类 2%为劣四类	29.5%符合一类 41%符合四类 29.5%为劣四类	99%符合一类 1%符合三类	93%符合一类 7%符合二类

参数＼季节	铅	镉	锌	铬	砷	汞
春季	59%符合一类 38%符合二类 3%符合三类	100%符合一类	42%符合一类 52%符合二类 6%符合三类	60%符合一类 39%符合二类 1%符合三类	100%符合一类	97%符合一类 3%符合二类
夏季	79%符合一类 21%符合二类	100%符合一类	75%符合一类 21%符合二类 4%符合三类	70%符合一类 29%符合二类 1%符合三类	100%符合一类	94%符合一类 3%符合二类 1.5%符合四类 1.5%为劣四类
秋季	75%符合一类 16%符合二类 7%符合三类 2%符合四类	100%符合一类	40%符合一类 49%符合二类 10%符合三类 1%为劣四类	48.5%符合一类 48.5%符合二类 3%符合三类	100%符合一类	56%符合一类 44%符合二类
冬季	22%符合一类 74%符合二类 3%符合三类 1%符合四类	97%符合一类 3%符合二类	72%符合一类 28%符合二类	100%符合一类	100%符合一类	51%符合一类 49%符合二类

表2-3　江苏海域各水质指标的评价结果（底层）

参数＼季节	COD	无机氮	活性磷酸盐	铜	铅	镉
春季	82%符合一类 13%符合二类 5%符合三类	70%符合一类 8%符合二类 17%符合三类 2%符合四类 3%为劣四类	3%符合二类 97%符合四类	72%符合一类 19%符合二类 9%符合三类	19%符合一类 69%符合二类 12%符合三类	100%符合一类
夏季	86%符合一类 9%符合二类 5%符合三类	58%符合一类 21%符合二类 12%符合三类 3%符合四类 6%为劣四类	11%符合一类 32%符合二类 42%符合四类 15%为劣四类	91%符合一类 4.5%符合二类 4.5%符合三类	41%符合一类 55%符合二类 4%符合三类	100%符合一类
秋季	94%符合一类 3%符合二类 3%符合三类	80%符合一类 15%符合二类 2%符合三类 3%符合四类	52%符合二类 46%符合四类 2%符合劣四类	90%符合一类 9%符合二类 1%符合三类	15%符合一类 61%符合二类 13%符合三类 9%符合四类 2%为劣四类	100%符合一类

参数\季节	COD	无机氮	活性磷酸盐	铜	铅	镉
冬季	93%符合一类 3%符合二类 4%符合三类	68%符合一类 15%符合二类 7%符合三类 3%符合四类 7%为劣四类	1.5%符合一类 1.5%符合二类 42%符合四类 55%为劣四类	41%符合一类 25%符合二类 34%符合三类	15%符合一类 76%符合二类 7%符合三类 2%符合四类	98.5%符合一类 1.5%符合二类

参数\季节	铬	砷	汞	/	/	/
春季	67%符合一类 30%符合二类 3%符合三类	100%符合一类	95%符合一类 5%符合二类	/	/	/
夏季	69%符合一类 28%符合二类 3%符合三类	100%符合一类	83%符合一类 14%符合二类 3%为劣四类	/	/	/
秋季	37%符合一类 60%符合二类 1.5%符合三类 1.5%符合四类	100%符合一类	55%符合一类 45%符合二类	/	/	/
冬季	24%符合一类 74%符合二类 2%符合三类	100%符合一类	56%符合一类 43%符合二类 1%符合四类	/	/	/

　　根据图 2-35 的评价图例及所计算的各水质质量指数,超标的有 COD、悬浮物、无机氮、活性磷酸盐、油类、铜、铅、锌、汞 9 项,各项评价因子的水质质量水平分布如图 2-39 至图 2-59。

　　(1) COD 质量评价:江苏海域 COD 整体质量较好,每个季节仅有个别站位超标,春季表层 COD 有 2 个站位超标,夏季有 2 个站位超标,秋季有 4 个站位超标,冬季有 2 个站位超标(图 2-39)。江苏海域春季底层 COD 有 3 个站位超标,夏季有 3 个站位超标,秋季有 2 个站位超标,冬季有 3 个站位超标(图 2-40)。

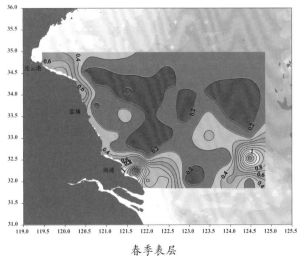

春季表层

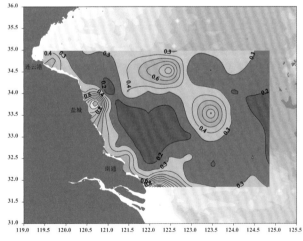

夏季表层

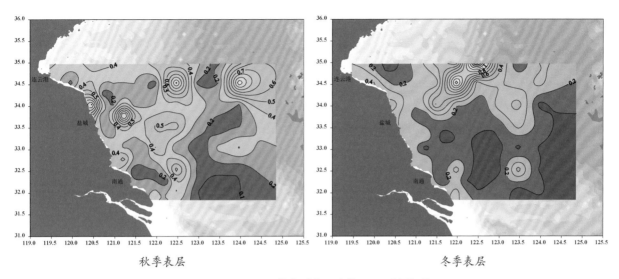

秋季表层　　　　　　　　　　　冬季表层

▲ 图 2-39　江苏海域表层水体 COD 质量评价

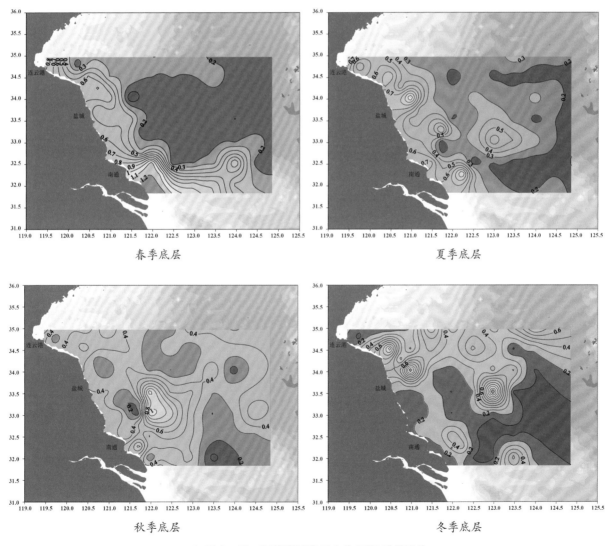

春季底层　　　　　　　　　　　夏季底层

秋季底层　　　　　　　　　　　冬季底层

▲ 图 2-40　江苏海域底层水体 COD 质量评价

（2）无机氮质量评价：江苏海域无机氮超标较多，底层海水中无机氮含量明显高于表层。春季表层无机氮有 10 个站位超标，夏夏有 14 个站位超标，秋季有 5 个站位超标，冬季有 10 个站位超标（图 2-41）；春季底层无机氮有 13 个站位超标，夏季有 14 个站位超标，秋季有 3 个站位超标，冬季有 12 个站位超标（图 2-42）。

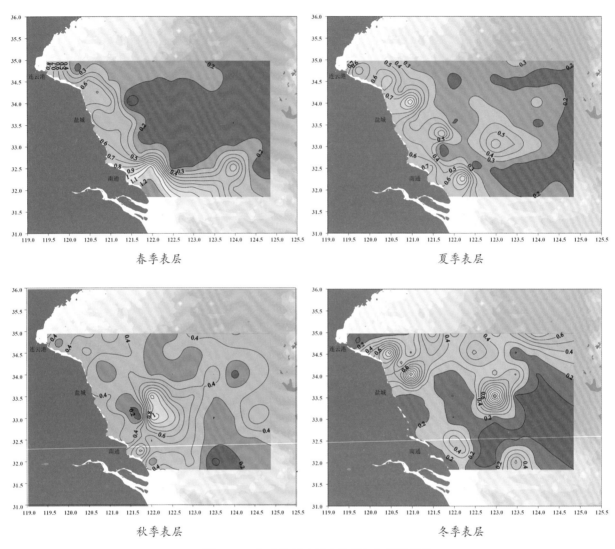

▲ 图 2-41 江苏海域表层水体无机氮质量评价

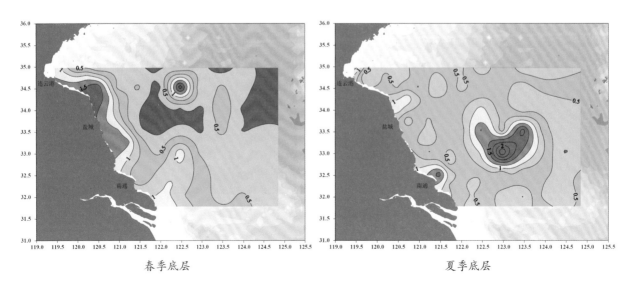

春季底层　　　　　　　　　　　　　　　　　夏季底层

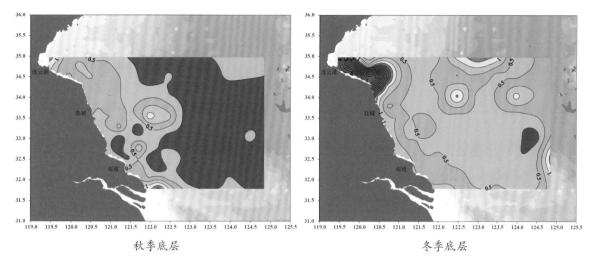

▲ 图2-42　江苏海域底层水体无机氮质量评价

（3）活性磷酸盐质量评价：江苏海域活性磷酸盐超标严重，多数站位超过了四类海水水质标准，底层海水中活性磷酸盐含量明显高于表层。春季表层活性磷酸盐有7个站位符合二类标准，夏季有22个站位超标，秋季有34个站位超标，冬季有48个站位超标（图2-43）；春季和冬季底层活性磷酸盐仅有2个站位符合二类标准，夏季有38个站位超标，秋季有32个站位超标，冬季有66个站位超标（图2-44）。

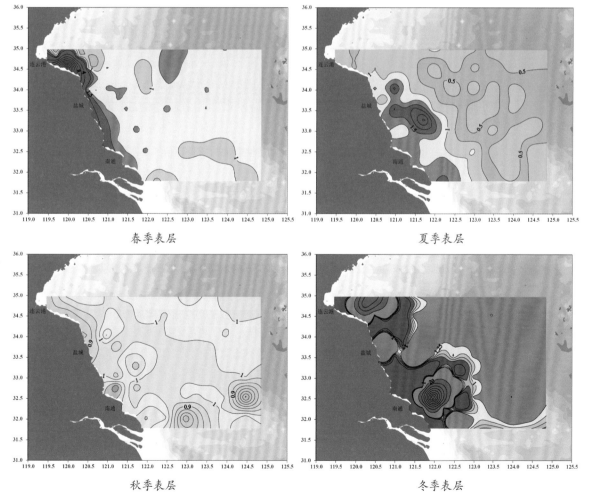

▲ 图2-43　江苏海域表层水体活性磷酸盐质量评价

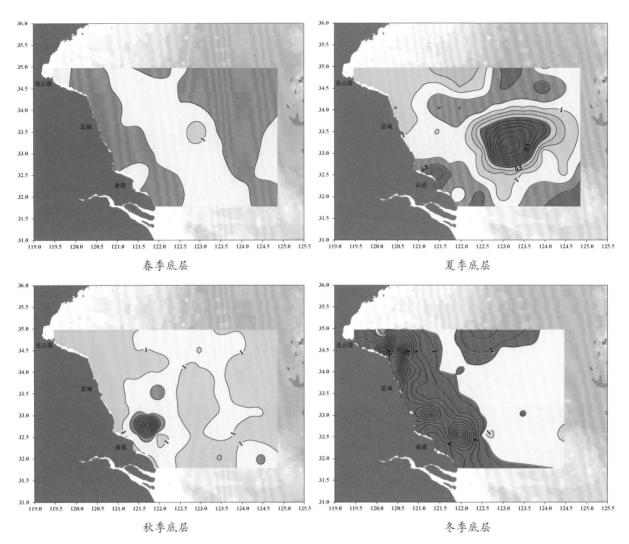

▲ 图 2 - 44　江苏海域底层水体活性磷酸盐质量评价

（4）铜质量评价：江苏海域夏、秋、冬三季水体中铜的质量较好。表层春季有 7 个站位超标，夏季有 1 个站位超标，秋季和冬季全部站位符合二类水质(图 2 - 45)；底层春季有 5 个站位超标，夏季有 3 个站位超标，秋季有 2 个站位超标，冬季有 1 个站位超标(图 2 - 46)。

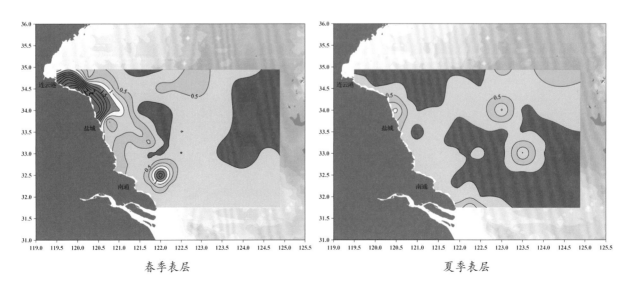

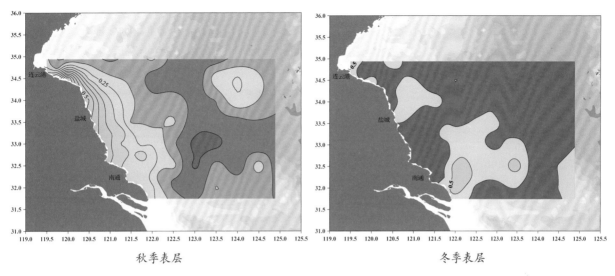

秋季表层

冬季表层

▲ 图 2-45 江苏海域表层水体铜质量评价

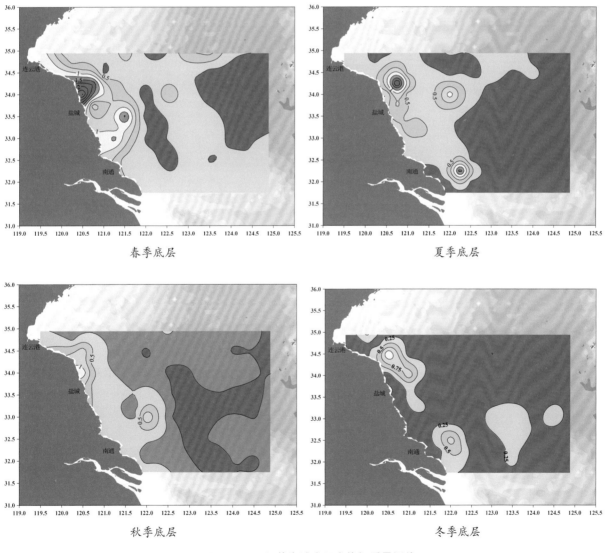

春季底层

夏季底层

秋季底层

冬季底层

▲ 图 2-46 江苏海域底层水体铜质量评价

（5）铅质量评价：江苏海域水体中铅四个季节均有超标站位，底层超标站位多于表层。表层夏季全部站位符合二类标准，春季有 2 个站位超标，秋季有 6 个站位超标，冬季有 3 个站位超标（图 2-47）；底层春季有 7 个站位超标，夏季有 3 个站位超标，秋季有 3 个站位超标，冬季有 6 个站位超标（图 2-48）。

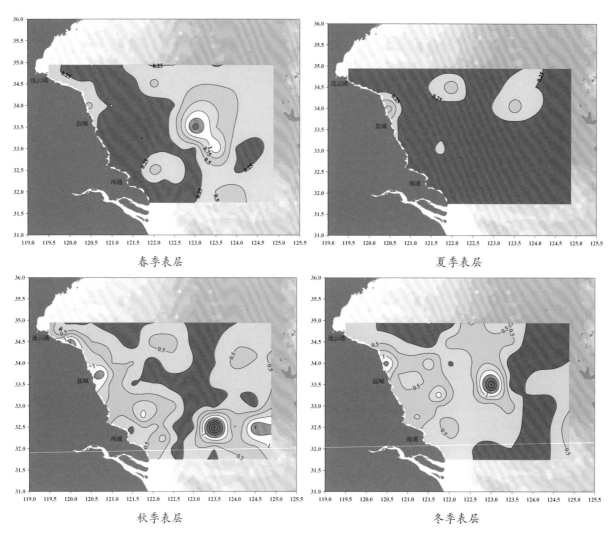

春季表层　　　　　　　　夏季表层

秋季表层　　　　　　　　冬季表层

▲ 图 2-47　江苏海域表层水体铅质量评价

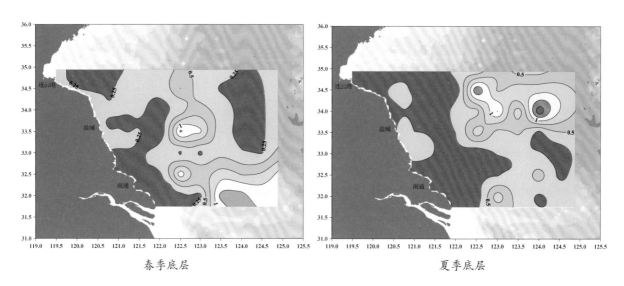

春季底层　　　　　　　　夏季底层

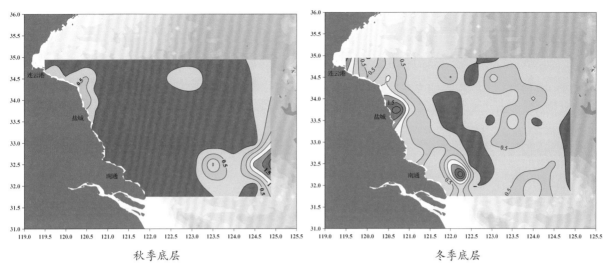

▲ 图 2‑48　江苏海域底层水体铅质量评价

（6）镉质量评价：江苏海域四个季节表底层海水中镉的含量都比较低，所有站位均符合海水水质二类水标准（图 2‑49、图 2‑50）。

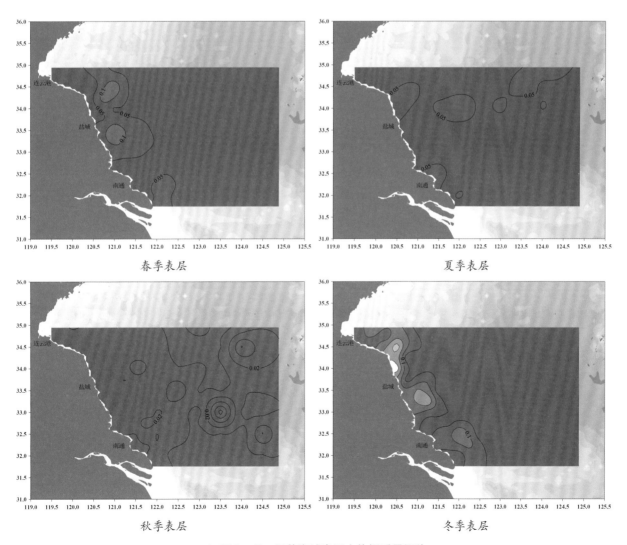

▲ 图 2‑49　江苏海域表层水体镉质量评价

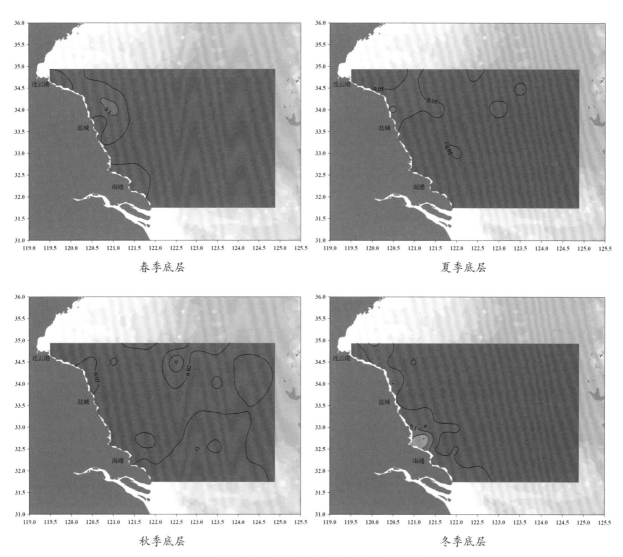

春季底层 夏季底层

秋季底层 冬季底层

▲ 图 2‑50　江苏海域底层水体镉质量评价

（7）锌质量评价：江苏海域表、底层水体中锌的含量均较低，仅有个别站位超标（图 2‑51、图 2‑52）。

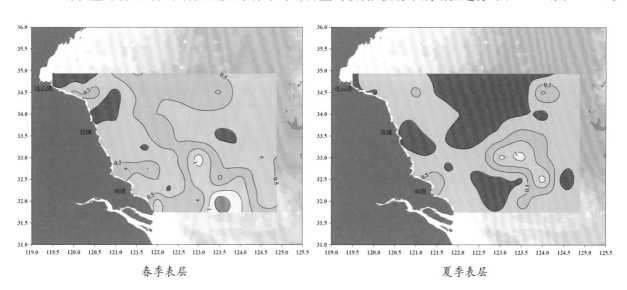

春季表层 夏季表层

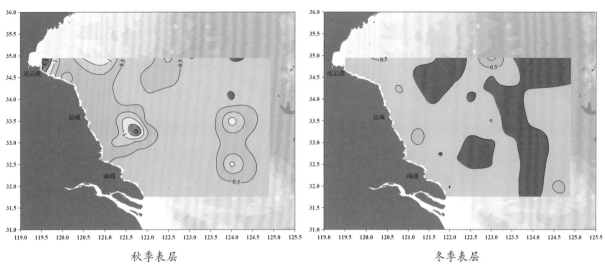

秋季表层 · 冬季表层

▲ 图 2-51 江苏海域表层水体锌质量评价

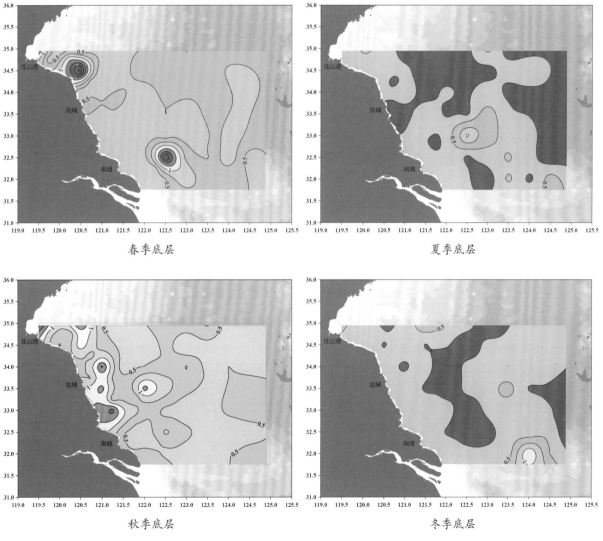

春季底层 · 夏季底层

秋季底层 · 冬季底层

▲ 图 2-52 江苏海域底层水体锌质量评价

（8）铬质量评价：江苏海域的春、夏两季的表、底层水体中铬的质量情况普遍较好，每个季节仅有个别站位超标。表层水体冬季全体站位符合二类标准，春、夏、秋季分别有 1 个、1 个、2 个站位超标，底层水体四个季节分别有 2 个站位超标（图 2-53、图 2-54）。

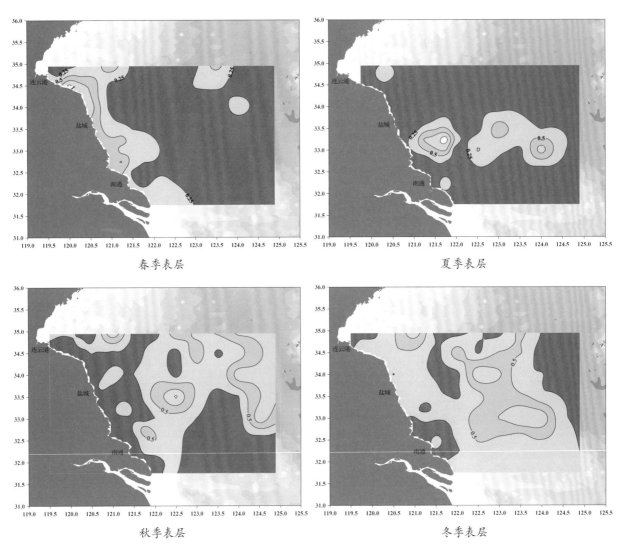

春季表层　　　　　　　　　　　　　夏季表层

秋季表层　　　　　　　　　　　　　冬季表层

▲ 图 2-53　江苏海域表层水体铬质量评价

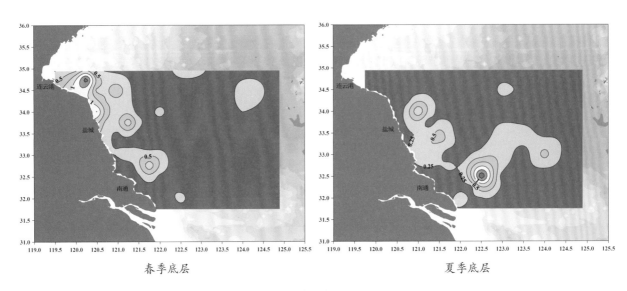

春季底层　　　　　　　　　　　　　夏季底层

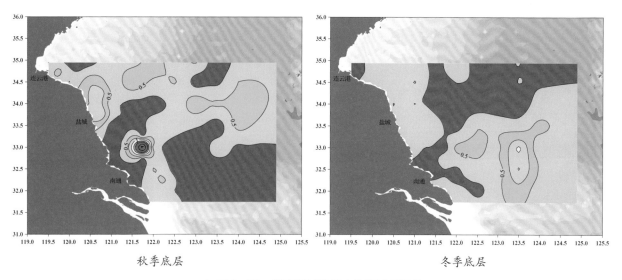

秋季底层　　　　　　　　　　　　　　冬季底层

▲ 图 2-54　江苏海域底层水体铬质量评价

（9）汞质量评价：江苏海域中汞的含量普遍较低，仅有个别站位超标，夏季表层和底层水体有个别超标站位，冬季底层水体中有 1 个站位超标（图 2-55、图 2-56）。

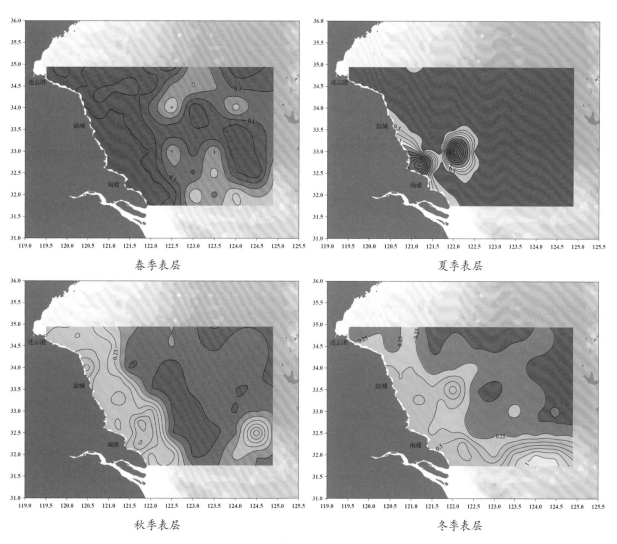

春季表层　　　　　　　　　　　　　　夏季表层

秋季表层　　　　　　　　　　　　　　冬季表层

▲ 图 2-55　江苏海域表层水体汞质量评价

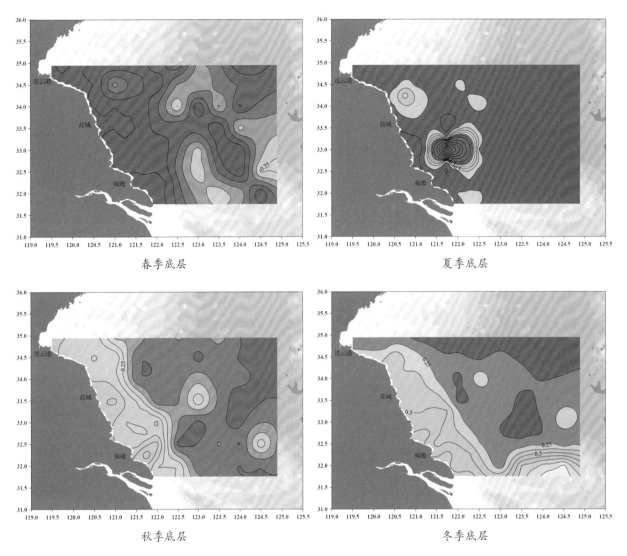

春季底层

夏季底层

秋季底层

冬季底层

▲ 图2-56 江苏海域底层水体汞质量评价

（10）砷质量评价：江苏海域四个季节海水中砷的含量都比较低，所有站位均符合海水水质二类水标准（图2-57、图2-58）。

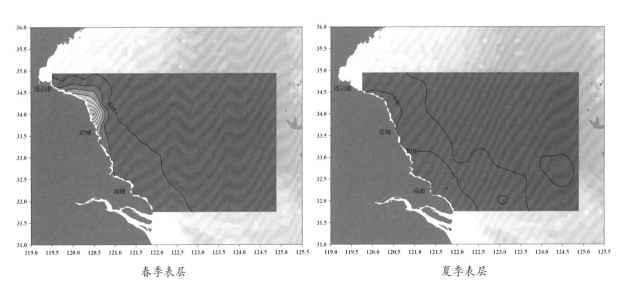

春季表层

夏季表层

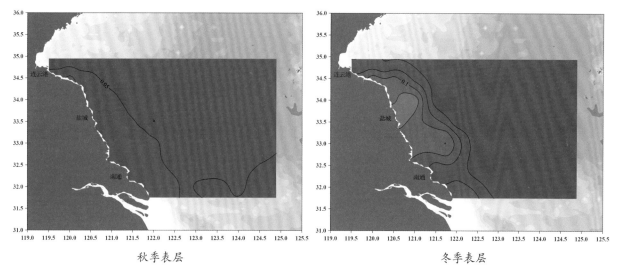

秋季表层　　　　　　　　　　　　冬季表层

▲ 图 2-57　江苏海域表层水体砷质量评价

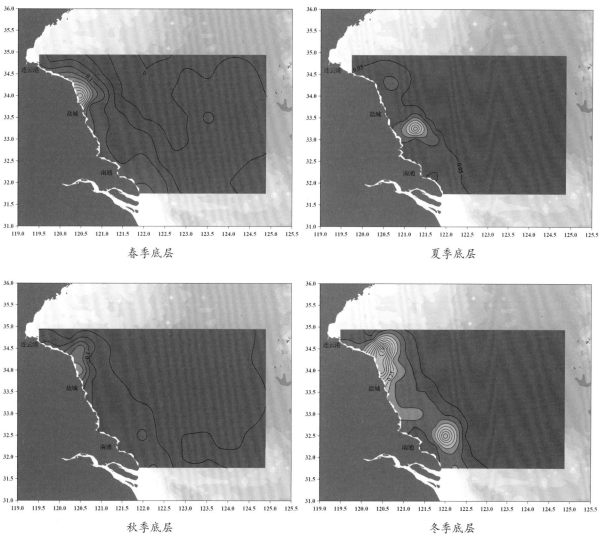

春季底层　　　　　　　　　　　　夏季底层

秋季底层　　　　　　　　　　　　冬季底层

▲ 图 2-58　江苏海域底层水体砷质量评价

（11）石油质量评价：江苏海域表层水体中油类冬季质量较好，仅有 1 个站位超标。春季有 10 个站位超标，夏季有 17 个站位超标，秋季有 16 个站位超标，冬季有 26 个站位超标（图 2 - 59）。

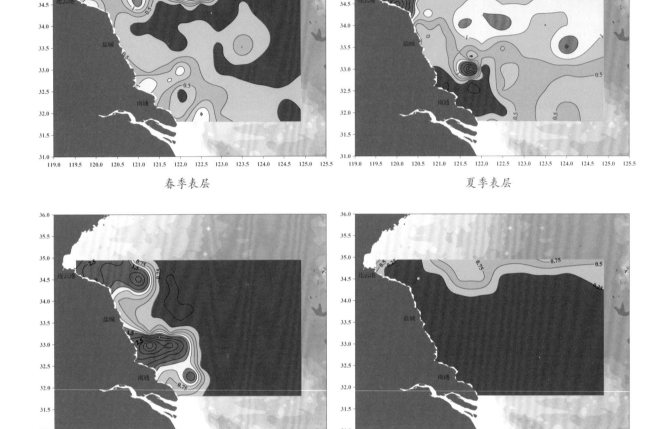

春季表层 夏季表层

秋季表层 冬季表层

▲ 图 2 - 59　江苏海域表层水体油类质量评价

2.3 沉积物调查结果与评价

2.3.1 沉积物调查

2.3.1.1 铜：江苏海域表层沉积物中铜的含量为 $1.07 \times 10^{-6} \sim 81.71 \times 10^{-6}$，其中春季为 $3.69 \times 10^{-6} \sim 81.71 \times 10^{-6}$，最大值出现在 JS20 号站位，最小值出现在 JS64 号站位，平均值为 11.89×10^{-6}；夏季为 $3.44 \times 10^{-6} \sim 23.56 \times 10^{-6}$，最大值出现在 JS23 号站位，最小值出现在 JS33 号站位，平均值为 11.57×10^{-6}；秋季为 $1.07 \times 10^{-6} \sim 18.24 \times 10^{-6}$，最大值出现在 JS22 号站位，最小值出现在 JS33 号站位，平均值为 7.84×10^{-6}；冬季为 $6.76 \times 10^{-6} \sim 38.36 \times 10^{-6}$，最大值出现在 JS24 号站位，最小值出现在 JS27 号站位，平均值为 18.01×10^{-6}（表 2 - 4）。

表 2 - 4　江苏海域表层沉积物监测结果统计值

季节	项目	铜 ($\times 10^{-6}$)	铅 ($\times 10^{-6}$)	锌 ($\times 10^{-6}$)	镉 ($\times 10^{-6}$)	铬 ($\times 10^{-6}$)	汞 ($\times 10^{-6}$)	砷 ($\times 10^{-6}$)	石油类 ($\times 10^{-6}$)
春季	最小值	3.69	5.66	28.87	0.45	25.09	4.74	3.52	0.79
	最大值	81.71	39.91	373.42	0.002	65.15	164.76	18.14	139.59
	平均值	11.89	13.34	118.07	0.11	38.45	24.73	7.62	27.99
夏季	最小值	3.44	5.85	19.05	0.03	4.70	9.49	1.82	0.26
	最大值	23.56	26.87	200.11	0.63	112.99	68.18	35.33	1.37
	平均值	11.57	14.34	65.67	0.18	36.70	28.21	9.83	0.66
秋季	最小值	1.07	5.98	26.29	0.01	0.82	9.05	2.43	1.18
	最大值	18.24	27.45	191.29	0.40	68.30	58.47	17.26	975.20
	平均值	7.84	14.86	70.63	0.10	21.76	19.99	6.70	115.56
冬季	最小值	6.76	6.28	32.75	0.03	1.68	5.10	1.55	0.23
	最大值	38.36	46.03	145.06	0.17	33.81	74.69	78.15	314.89
	平均值	18.01	16.90	69.93	0.06	11.41	19.31	8.93	74.53

2.3.1.2　铅:江苏海域表层沉积物中铅的含量为 $5.66 \times 10^{-6} \sim 46.03 \times 10^{-6}$,其中春季为 $5.66 \times 10^{-6} \sim 39.91 \times 10^{-6}$,最大值出现在 JS20 号站位,最小值出现在 JS44 号站位,平均值为 13.34×10^{-6};夏季为 $5.85 \times 10^{-6} \sim 26.87 \times 10^{-6}$,最大值出现在 JS23 号站位,最小值出现在 JS33 号站位,平均值为 14.34×10^{-6};秋季为 $5.98 \times 10^{-6} \sim 27.45 \times 10^{-6}$,最大值出现在 JS8 号站位,最小值出现在 JS44 号站位,平均值为 14.86×10^{-6};冬季为 $6.28 \times 10^{-6} \sim 46.03 \times 10^{-6}$,最大值出现在 JS26 号站位,最小值出现在 JS13 号站位,平均值为 16.90×10^{-6}(表 2 - 4)。

2.3.1.3　锌:江苏海域表层沉积物中锌的含量为 $19.05 \times 10^{-6} \sim 373.42 \times 10^{-6}$,其中春季为 $28.87 \times 10^{-6} \sim 373.42 \times 10^{-6}$,最大值出现在 JS48 号站位,最小值出现在 JS5 号站位,平均值为 118.07×10^{-6};夏季为 $19.05 \times 10^{-6} \sim 200.11 \times 10^{-6}$,最大值出现在 JS29 号站位,最小值出现在 JS13 号站位,平均值为 65.67×10^{-6};秋季为 $26.29 \times 10^{-6} \sim 191.71 \times 10^{-6}$,最大值出现在 JS8 号站位,最小值出现在 JS3 号站位,平均值为 70.63×10^{-6};冬季为 $32.75 \times 10^{-6} \sim 145.06 \times 10^{-6}$,最大值出现在 JS38 号站位,最小值出现在 JS18 号站位,平均值为 69.93×10^{-6}(表 2 - 4)。

2.3.1.4　镉:江苏海域表层沉积物中镉的含量为 $0.002 \times 10^{-6} \sim 0.63 \times 10^{-6}$,其中春季为 $0.002 \times 10^{-6} \sim 0.45 \times 10^{-6}$,最大值出现在 JS20 号站位,最小值出现在 JS43 号站位,平均值为 0.11×10^{-6};夏季为 $0.03 \times 10^{-6} \sim 0.63 \times 10^{-6}$,最大值出现在 JS50 号站位,最小值出现在 JS24 号站位,平均值为 0.18×10^{-6};秋季为 $0.01 \times 10^{-6} \sim 0.4 \times 10^{-6}$,最大值出现在 JS10 号站位,最小值出现在 JS61 号站位,平均值为 0.1×10^{-6};冬季为 $0.03 \times 10^{-6} \sim 0.17 \times 10^{-6}$,最大值出现在 JS14 号站位,最小值出现在 JS26 号站位,平均值为 0.06×10^{-6}(表 2 - 4)。

2.3.1.5　铬:江苏海域表层沉积物中铬的含量为 $0.82 \times 10^{-6} \sim 112.99 \times 10^{-6}$,其中春季为 $25.09 \times 10^{-6} \sim 65.15 \times 10^{-6}$,最大值出现在 JS8 号站位,最小值出现在 JS54 号站位,平均值为 38.45×10^{-6};夏季为 $4.7 \times 10^{-6} \sim 112.99 \times 10^{-6}$,最大值出现在 JS29 号站位,最小值出现在 JS13 号站位,平均值为 36.7×10^{-6};秋季为 $0.82 \times 10^{-6} \sim 68.30 \times 10^{-6}$,最大值出现在 JS47 号站位,最小值出现在 JS26 号站位,平均值为 21.76×10^{-6};冬季为 $1.68 \times 10^{-6} \sim 33.81 \times 10^{-6}$,最大值出现在 JS66 号站位,最小值出现在 JS45 号站位,平均值为 11.41×10^{-6}(表 2 - 4)。

2.3.1.6　汞:江苏海域表层沉积物中汞的含量为 $4.74\times10^{-6}\sim164.76\times10^{-6}$,其中春季为 $4.74\times10^{-6}\sim164.76\times10^{-6}$,最大值出现在 JS55 号站位,最小值出现在 JS41 号站位,平均值为 24.73×10^{-6};夏季为 $9.49\times10^{-6}\sim68.18\times10^{-6}$,最大值出现在 JS39 号站位,最小值出现在 JS44 号站位,平均值为 28.21×10^{-6};秋季为 $9.05\times10^{-6}\sim58.47\times10^{-6}$,最大值出现在 JS60 号站位,最小值出现在 JS67 号站位,平均值为 19.99×10^{-6};冬季为 $5.1\times10^{-6}\sim74.69\times10^{-6}$,最大值出现在 JS25 号站位,最小值出现在 JS26 号站位,平均值为 19.31×10^{-6}(表 2-4)。

2.3.1.7　砷:江苏海域表层沉积物中砷的含量为 $1.55\times10^{-6}\sim78.15\times10^{-6}$,其中春季为 $3.52\times10^{-6}\sim18.14\times10^{-6}$,最大值出现在 JS14 号站位、JS22 号站位,最小值出现在 JS55 号站位,平均值为 7.62×10^{-6};夏季为 $1.82\times10^{-6}\sim35.33\times10^{-6}$,最大值出现在 JS64 号站位,最小值出现在 JS62 号站位,平均值为 9.83×10^{-6};秋季为 $2.43\times10^{-6}\sim17.26\times10^{-6}$,最大值出现在 JS62 号站位,最小值出现在 JS6 号站位,平均值为 6.70×10^{-6};2018 年冬季为 $1.55\times10^{-6}\sim78.15\times10^{-6}$,最大值出现在 JS64 号站位,最小值出现在 JS33 号站位,平均值为 8.93×10^{-6}(表 2-4)。

2.3.1.8　油类:江苏海域表层沉积物中油类的含量为 $0.23\times10^{-6}\sim975.20\times10^{-6}$,其中春季为 $1.18\times10^{-6}\sim975.20\times10^{-6}$,最大值出现在 JS52 号站位,最小值出现在 JS51 号站位,平均值为 115.56×10^{-6};夏为 $3.53\times10^{-6}\sim335.73\times10^{-6}$,最大值出现在 JS1 号站位,最小值出现在 JS20 号站位,平均值为 67.19×10^{-6};秋季为 $0.79\times10^{-6}\sim139.59\times10^{-6}$,最大值出现在 JS1 号站位,最小值出现在 JS52 号站位,平均值为 27.99×10^{-6};冬季为 $0.23\times10^{-6}\sim314.89\times10^{-6}$,最大值出现在 JS55 号站位,最小值出现在 JS33 号站位,平均值为 74.53×10^{-6}(表 2-4)。

2.3.2　沉积物现状评价

评价标准:采用《海洋沉积物质量标准》(GB18668—2002)进行评价。

评价因子:选取石油类、重金属(汞、铜、铅、镉、锌、铬、砷)共 8 项指标作为评价因子,各评价因子的评价标准见表 2-5。

表 2-5　海洋沉积物质量标准(GB18668—2002)

项目	指标		
	第一类	第二类	第三类
铜($\times10^{-6}$)≤	35.0	100.0	200.0
铅($\times10^{-6}$)≤	60.0	130.0	250.0
镉($\times10^{-6}$)≤	0.5	1.5	5.0
铬($\times10^{-6}$)≤	80.0	150.0	270.0
锌($\times10^{-6}$)≤	150.0	350.0	600.0
砷($\times10^{-6}$)≤	20.0	65.0	93.0
汞($\times10^{-6}$)≤	0.2	0.5	1.0
石油类($\times10^{-6}$)≤	500.0	1 000.0	1 500.0

江苏海域的表层沉积物中,各评价因子的评价结果见表 2-6~表 2-9。由表可知,监测区域表层沉积物质量状况良好,调查期间所有站位沉积物全部符合二类海洋沉积物质量标准,其中铅、铬、汞全年的所有站位均符合一类海洋沉积物质量标准,铜、镉、石油类全年的所有站位均符合二类海洋沉积物质量标准。在春季锌有 4 个站位超过二类标准,冬季砷有 1 个站位超过二类标准,其他季节的所有站位均符合二类标准。

表2-6　春季海洋沉积物中各评价因子的评价结果

评价结果	铜(%)	铅(%)	镉(%)	锌(%)	铬(%)	砷(%)	汞(%)	石油类(%)
一类	100.00	100.00	100.00	77.94	100.00	100.00	100.00	100.00
二类				14.11				
三类				5.88				

表2-7　夏季海洋沉积物中各评价因子的评价结果

评价结果	铜(%)	铅(%)	镉(%)	锌(%)	铬(%)	砷(%)	汞(%)	石油类(%)
一类	100.00	100.00	95.52	97.01	97.01	98.51	100.00	100.00
二类			4.48	2.99	2.99	1.49		

表2-8　秋季海洋沉积物中各评价因子的评价结果

评价结果	铜(%)	铅(%)	镉(%)	锌(%)	铬(%)	砷(%)	汞(%)	石油类(%)
一类	100.00	100.00	100.00	96.92	100.00	100.00	100.00	96.92
二类				3.08				3.08

表2-9　冬季海洋沉积物中各评价因子的评价结果

评价结果	铜(%)	铅(%)	镉(%)	锌(%)	铬(%)	砷(%)	汞(%)	石油类(%)
一类	98.53	100.00	100.00	100.00	100.00	95.45	100.00	100.00
二类	1.47					3.03		
三类						1.52		

第三章

浮 游 植 物

3.1 调查结果

3.1.1 种类组成和生态类型

（1）春季：江苏海域68个站位共鉴定出浮游植物7门57属113种（图3-1、图3-2、表3-1）。其中，硅藻门33属76种，占属数的57.89％，占总种数的67.26％；甲藻门15属28种，占属数的26.32％，占总

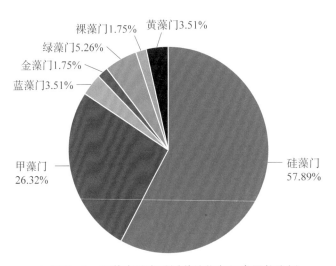

▲ 图3-1 江苏海域春季浮游植物各门类属数比例

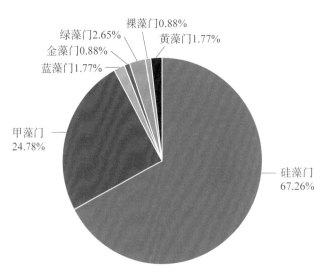

▲ 图3-2 江苏海域春季浮游植物各门类种数比例

种数的 24.78%;蓝藻门与黄藻门各 2 属 2 种,各占属数 3.51%,各占总种数 1.77%;绿藻门 3 属 3 种,占属数 5.26%,占总种数 2.65%;金藻门与裸藻门各 1 属 1 种,各占属数 1.75%,占总种数 0.88%。硅藻在春季浮游植物种类组成和群落结构中具有重要地位。江苏海域浮游植物生态类型主要以近岸低盐性类群为主,外海高盐性类群也有出现。

表 3-1　江苏海域春季浮游植物各门类属数、种数及百分比

门	属数	比例(%)	种数	比例(%)
硅藻门	33	57.89	76	67.26
甲藻门	15	26.32	28	24.78
蓝藻门	2	3.51	2	1.77
金藻门	1	1.75	1	0.88
绿藻门	3	5.26	3	2.65
裸藻门	1	1.75	1	0.88
黄藻门	2	3.51	2	1.77
合计	57	100.00	113	100.00

　(2)夏季:江苏海域 68 个站位共鉴定出浮游植物 5 门 61 属 151 种(图 3-3、图 3-4、表 3-2)。其中,硅藻门 49 属 113 种,占属数的 80.33%,占总种数的 74.83%;甲藻门 8 属 34 种,占属数的 13.11%,占总种数的 22.52%;蓝藻门 2 属 2 种,占属数 3.28%,占种数 1.32%;金藻门和裸藻门分别 1 属 1 种,各占属数的 1.64%,占总种数 0.66%。硅藻在夏季浮游植物种类组成和群落结构中具有重要地位。

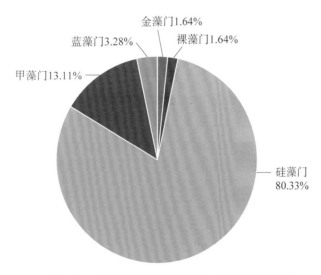

▲ 图 3-3　江苏海域夏季浮游植物各门类属数比例

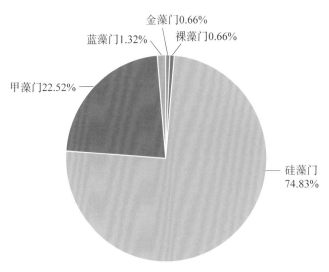

▲ 图3-4 江苏海域夏季浮游植物各门类种数比例

表3-2 江苏海域夏季浮游植物各门类属数、种数及百分比

门	属数	比例(%)	种数	比例(%)
金藻门	1	1.64	1	0.66
裸藻门	1	1.64	1	0.66
硅藻门	49	80.33	113	74.83
甲藻门	8	13.11	34	22.52
蓝藻门	2	3.28	2	1.32
合计	61	100.00	151	100.00

(3)秋季:江苏海域68个站位共鉴定出浮游植物5门47属110种(图3-5、图3-6、表3-3)。其中,硅藻门37属94种,占属数的78.72%,占总种数的85.45%;甲藻门6属12种,占属数的12.77%,占总种数的10.91%;绿藻门2属2种,占属数的4.26%,占总种数1.82%;金藻门和蓝藻门分别1属1种,占属数2.13%,占种数0.91%。硅藻在浮游植物种类组成和群落结构中具有重要地位。

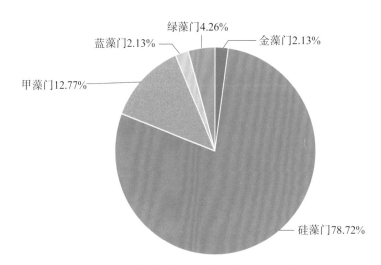

▲ 图3-5 江苏海域秋季浮游植物各门类属数比例

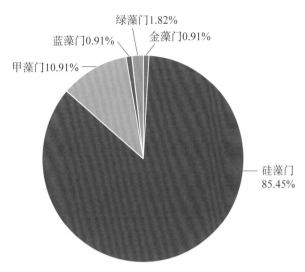

▲ 图 3 - 6　江苏海域秋季浮游植物各门类种数比例

表 3 - 3　江苏海域秋季浮游植物各门类属数、种数及百分比

门	属数	比例(%)	种数	比例(%)
金藻门	1	2.13	1	0.91
硅藻门	37	78.72	94	85.45
甲藻门	6	12.77	12	10.91
蓝藻门	1	2.13	1	0.91
绿藻门	2	4.26	2	1.82
合计	47	100.00	110	100.00

　　(4) 冬季:江苏海域 68 个站位共鉴定出浮游植物 5 门 42 属 82 种(图 3 - 7、图 3 - 8、表 3 - 4)。其中,硅藻门 31 属 69 种,占属数的 73.81%,占总种数的 84.15%;甲藻门 8 属 10 种,占属数的 12.20%,占总种数的 19.05%;蓝藻门、金藻门和裸藻门分别 1 属 1 种,占属数 1.22%,占总种数 2.38%。硅藻在浮游植物种类组成和群落结构中具有重要地位。

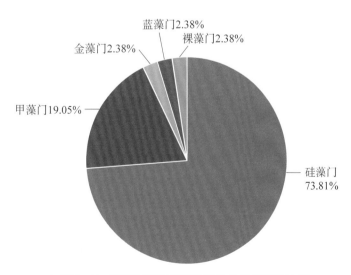

▲ 图 3 - 7　江苏海域冬季浮游植物各门类属数比例

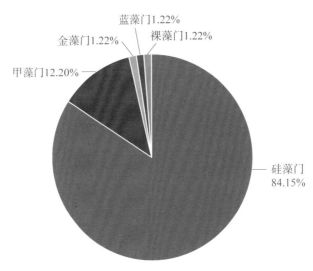

▲ 图 3 - 8　江苏海域冬季浮游植物各门类种数比例

表 3 - 4　江苏海域冬季浮游植物各门类属数、种数及百分比

门	属数	比例(%)	种数	比例(%)
硅藻门	31	73.81	69	84.15
甲藻门	8	19.05	10	12.20
金藻门	1	2.38	1	1.22
蓝藻门	1	2.38	1	1.22
裸藻门	1	2.38	1	1.22
合计	42	100.00	82	100.00

3.1.2　密度分布

(1) 春季:江苏海域浮游植物密度范围为 $3.244×10^2 \sim 1.834×10^7$ cell/m³,平均值为 $3.389×10^5$ cell/m³。密度高值区分布在长江口附近海域,出现较多的中肋骨条藻。中值区主要位于吕泗渔场中南部禁渔区线内外侧海域和海州湾渔场 $34°30'$ N 禁渔区线附近海域。其他站位是低值区,浮游植物密度区域分布差异较大(图 3 - 9)。江苏海域春季浮游植物种类丰富度一般,$32°30'$ N 离岸最近的海域种类最多,出现 29 种藻类,各站位平均出现 12.4 种,站位间种数差异较大。

(2) 夏季:江苏海域浮游植物水样的密度范围为 $2.6×10^4 \sim 1.457×10^8$ cell/m³,平均值为 $2.689×10^6$ cell/m³。密度高值区分布吕泗渔场南部禁渔区线附近海域和海州湾渔场近岸海域,均出现较多的尖刺伪菱形藻、翼根管藻、劳氏角毛藻、扁面角毛藻。中值区主要位于大沙渔场南部海域,其余都是低值区。江苏海域夏季浮游植物密度区域分布差异极大,浮游植物种类丰富度一般,$33°$ N 吕泗渔场与大沙渔场交界处种类最多,出现 39 种藻类,$34°$ N 大沙渔场外侧出现种类最少,仅 5 种,各站位平均出现 17.8 种,站位间种数差异较大(图 3 - 10)。

(3) 秋季:江苏海域浮游植物密度范围为 $302.53 \sim 3590×10^5$ cell/m³,平均值为 $1.344×10^4$ cell/m³。密度高值区分布在 $35°$ N 禁渔区线内侧附近,出现较多的刚毛根管藻。中值区主要位于 $33°$ N $\sim 34°30'$ N、$121°30'$ E 以东广大的海域,其余海域都是低值区,浮游植物密度区域分布差异极大(图 3 - 11)。江苏海域

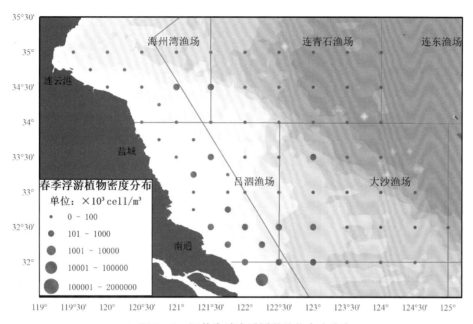

▲ 图 3-9 江苏海域春季浮游植物密度分布

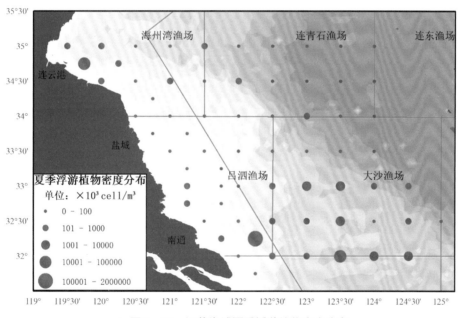

▲ 图 3-10 江苏海域夏季浮游植物密度分布

秋季浮游植物种类丰富度一般,34°30′N、122°E海域种类最多,共出现40种藻类,各站位平均出现9.0种,站位间出现种数差异较大。

(4)冬季:江苏海域浮游植物密度范围为75.758~1.157×10⁵ cell/m³,平均值为9.783×10³ cell/m³。密度高值区分布在35°N、122°E和32°30′N、123°30′E附近海域,均出现较多的琼氏圆筛藻、格氏圆筛藻、蛇目圆筛藻。其余海域浮游植物密度普遍偏低(图3-12)。江苏海域浮游植物种类丰富度一般,位于35°N、122°E的高密区其种类也最多,出现25种藻类,各站位平均出现8.0种,站位间种数差异较大。

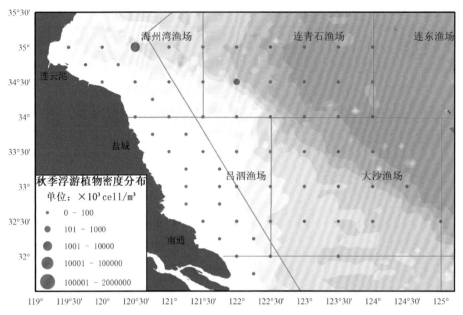

▲ 图3-11　江苏海域秋季浮游植物密度分布

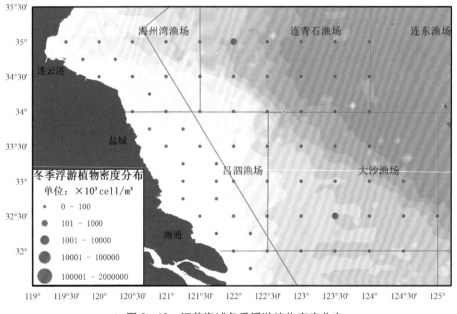

▲ 图3-12　江苏海域冬季浮游植物密度分布

3.1.3　生物多样性指数

（1）春季：江苏海域浮游植物的多样性指数均值为2.062,丰富度均值为0.757,均匀度均值为0.640（表3-5）。JS18站位的多样性指数最低,为0.000;JS20站位的多样性指数最高,为3.627。

表3-5　江苏海域春季浮游植物多样性分析结果统计表

多样性指数(H)		丰富度指数(D)		均匀度指数(J)	
范围	均值	范围	均值	范围	均值
0.000～3.627	2.062	0.000～1.505	0.757	0.000～0.959	0.640

（2）夏季：江苏海域浮游植物的多样性指数均值为 2.219，丰富度均值为 1.025，均匀度均值为 0.555（表 3-6）。JS9 站位的多样性指数最低，为 0.000；JS3 站位的多样性指数最高，为 4.122。

表 3-6　江苏海域夏季浮游植物多样性分析结果统计

多样性指数（H）		丰富度指数（D）		均匀度指数（J）	
范围	均值	范围	均值	范围	均值
0.000～4.122	2.219	0.000～2.025	1.025	0.000～0.964	0.555

（3）秋季：江苏海域浮游植物的多样性指数均值为 1.773，丰富度均值为 0.567，均匀度均值为 0.586（表 3-7）。多样性指数最低为 0.000；JS16 多样性指数最高，为 4.644。

表 3-7　江苏海域秋季浮游植物多样性分析结果统计

多样性指数（H）		丰富度指数（D）		均匀度指数（J）	
范围	均值	范围	均值	范围	均值
0.000～4.644	1.773	0.000～2.241	0.567	0.000～1.000	0.586

（4）冬季：江苏海域浮游植物的多样性指数均值为 2.111，丰富度均值为 0.609，均匀度均值为 0.760（表 3-8）。多样性指数最低为 0.000，在 JS33、JS39、JS41、JS51 和 JS62 站位，JS20 的多样性指数最高，为 4.070。

表 3-8　江苏海域冬季浮游植物多样性分析结果统计表

多样性指数（H'）		丰富度指数（d）		均匀度指数（J'）	
范围	均值	范围	均值	范围	均值
0.000～4.070	2.111	0.000～2.131	0.609	0.000～1.000	0.760

3.1.4　优势种

（1）春季：江苏海域浮游植物优势种类（优势度指数 Y≥0.02）共 1 种。主要优势种仅 1 种，为中肋骨条藻，优势度指数为 0.233（表 3-9）。

表 3-9　江苏海域春季浮游植物优势种

中文名	拉丁名	优势度指数
中肋骨条藻	*Skeletonema costatum*	0.233

（2）夏季：江苏海域浮游植物优势种类（优势度指数 Y≥0.02）共 5 种（表 3-10）。主要优势种（优势度指数 Y≥0.1）有 2 种，优势度指数由高到低分别为翼根管藻纤细变种、尖刺伪菱形藻，优势度指数分别为 0.126、0.121。

表 3 - 10   江苏海域夏季浮游植物优势种

序号	中文名	拉丁名	优势度指数
1	并基角毛藻	*Chaetoceros decipiens*	0.021
2	劳氏角毛藻	*Chaetoceros lorenzianus*	0.028
3	翼根管藻印度变型	*Rhizosolenia alata f. indica*	0.031
4	尖刺伪菱形藻	*Nitzschia pungens*	0.121
5	翼根管藻纤细变种	*Rhizosolenia alata f. gracillima*	0.126

（3）秋季：江苏海域浮游植物优势种类（优势度指数 Y≥0.02）共 1 种（表 3 - 11）。为刚毛根管藻，优势度指数为 0.032。

表 3 - 11   江苏海域秋季浮游植物优势种

中文名	拉丁名	优势度指数
刚毛根管藻	*Rhizosolenia setigera*	0.032

（4）冬季：江苏海域浮游植物优势种类（优势度指数 Y≥0.02）共 4 种（表 3 - 12），分别为蛇目圆筛藻、格氏圆筛藻、虹彩圆筛藻和琼氏圆筛藻，优势度指数分别为 0.020、0.020、0.037 和 0.082。

表 3 - 12   江苏海域冬季浮游植物优势种

序号	中文名	拉丁名	优势度指数
1	蛇目圆筛藻	*Coscinodiscus argus*	0.020
2	格氏圆筛藻	*Coscinodiscus granii*	0.020
3	虹彩圆筛藻	*Coscinodiscus oculus-iridis*	0.037
4	琼氏圆筛藻	*Coscinodiscus nesianu*	0.082

3.2 小结

浮游植物通过采水调查结果显示，夏季浮游植物类别与种数最多，共 5 门 61 属 151 种，春季浮游植物 7 门 57 属 113 种，秋季浮游植物 5 门 47 属 110 种，冬季浮游植物 5 门 42 属 82 种。其中硅藻门种类最多，其次为甲藻门、蓝藻门、金藻门、裸藻门、绿藻门等所占种类比数最少。对比各个季节的数量特征后发现，夏季的各站位平均数量密度最大，达 $2.689×10^6$ cell/m³，其中密度贡献最大的为尖刺伪菱形藻和翼根管藻纤细变种。冬季最低，仅为 $9.783×10^3$ cell/m³。对比四季的优势种发现，各季均不同。春季主要优势种为中肋骨条藻，夏季为尖刺伪菱形藻和翼根管藻纤细变种，秋季为刚毛根管藻，冬季为蛇目圆筛藻、格氏圆筛藻、虹彩圆筛藻和琼氏圆筛藻。

第四章

浮 游 动 物

4.1 大型浮游动物

4.1.1 种类组成和生态类型

（1）春季：江苏海域调查共鉴定大型浮游动物 9 大类 30 种。其中桡足类和浮游动物幼体最多，各有 9 种，各占总种数的 30%；其次是刺胞类，有 5 种，占总种数的 16.67%；糠虾类 2 种，占总种数的 6.67%；毛颚类 1 种，磷虾类 1 种；涟虫类 1 种，端足类 1 种；脊索类 1 种，各占总种数的 3.33%（图 4-1）。江苏海域的大型浮游动物种类组成中的桡足类和浮游动物幼体类占优势，在数量上也占了绝对优势。

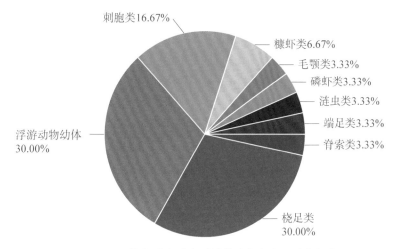

▲ 图 4-1 江苏海域春季大型浮游动物各类群种类数占比

江苏海域春季大型浮游动物种类主要由近岸低盐生态类群组成，辅以少量的半咸水河口生态类群和广温广盐生态类群，种类不够丰富，春季浮游动物大都处于繁殖期，故而幼体种类较多。

（2）夏季：江苏海域共鉴定大型浮游动物 7 大类 49 种。其中桡足类最多，共有 16 种，占总种数的 32.65%；其次是刺胞类，有 11 种，占总种数的 22.45%；浮游动物幼体 11 种，占总种数的 22.45%；脊索类 6 种，占总种数的 12.24%；毛颚类和枝角类各 2 种，各占总种数的 4.08%；软体类 1 种，占总种数的 2.04%（图 4-2）。江苏海域的大型浮游动物种类组成中的节肢动物门占最大优势组，在数量上也占了绝对优势组，节肢动物门中又以桡足类和浮游动物幼体为主要种类。

夏季江苏海域大型浮游动物种类主要由低盐近岸生态类群组成，辅以少量的半咸水河口生态类群和广温广盐生态类群，种类组成不够丰富，夏季浮游动物幼体种类较多。

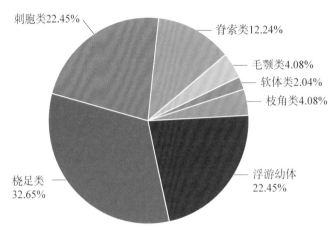

▲ 图4-2 江苏海域夏季大型浮游动物各类群种数占比

（3）秋季：江苏海域共鉴定大型浮游动物12大类40种。其中桡足类最多，共有13种，占总种数的32.50%；其次是刺胞类，有7种，占总种数的17.50%；浮游动物幼体6种，占总种数的15.00%；枝角类3种，占总种数的7.5%；毛颚类2种，端足类2种；脊索类2种，各占总种数的5%；磷虾类、糠虾类、十足类、介形类、涟虫类各1种，各占2.50%（图4-3）。江苏海域大型浮游动物种类组成中的桡足类，刺胞类和幼体类占比较高，在数量上也占绝对优势。

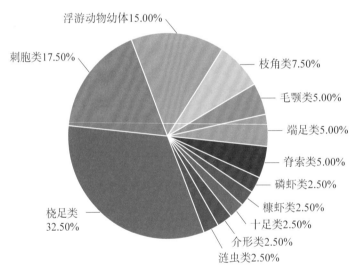

▲ 图4-3 江苏海域秋季大型浮游动物各类群种数占比

江苏海域秋季大型浮游动物种类主要由低盐近岸生态类群组成，辅以少量的半咸水河口生态类群和广温广盐生态类群。

（4）冬季：江苏海域调查期间共鉴定大型浮游动物12大类32种。其中桡足类最多，共有11种，占总种数的34.38%；其次是浮游动物幼体，有7种，占总种数的21.88%；刺胞类5种，占总种数的15.63%；毛颚类、磷虾类、糠虾类、脊索类、多毛类、涟虫类、介形类、端足类、软体类各1种，各占3.13%（图4-4）。江苏海域的大型浮游动物种类组成中的桡足类和浮游动物幼体占优势，数量上也占绝对优势。

冬季调查显示江苏海域大型浮游动物种类主要由低盐近岸生态类群组成，辅以少量的半咸水河口生态类群和广温广盐生态类群。

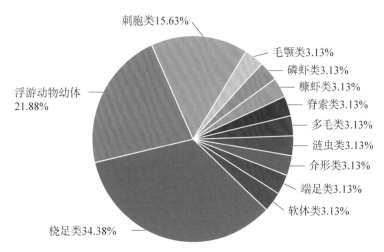

▲ 图4-4 江苏海域冬季大型浮游动物各类群种数占比

4.1.2 密度分布

（1）春季：各站位大型浮游动物密度差异明显，密度最小的为 1.195 ind. /m³，出现在 JS58 站位；密度最大的达到 2 454.475 ind. /m³，出现在 JS55 站位，各站位平均密度为 198.772 ind. /m³（图4-5）。各站位出现的种数差异较大，最多的站位有 12 种，出现在 JS2 和 JS32 站位，最少的有 1 种，出现在 JS58 站位。站位平均出现 6.0 种。

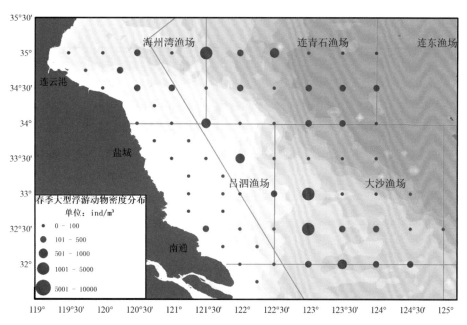

▲ 图4-5 江苏海域春季大型浮游动物密度分布

（2）夏季：各站位大型浮游动物密度差异很大，密度最小的为 2.694 ind. /m³，出现在 JS29 站位；密度最大的达到 5 657.688 ind. /m³，出现在 JS28 站位，站位平均密度为 476.112 ind. /m³（图4-6）。各站位出现的种数差异较大，最多的有 19 种，出现在 JS64 站位，最少的有 2 种，出现在 JS18 站位。站位平均出现 7.7 种。

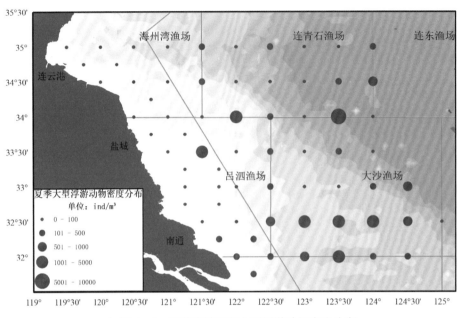

▲ 图4-6 江苏海域夏季大型浮游动物密度分布

（3）秋季：各站位大型浮游动物密度差异较大，密度最小的为 0.000 ind./m³，出现在 JS40 站位、JS64 站位、JS65 站位和 JS67 站位；密度最大的为 823.280 ind./m³，出现在 JS10 站位，各站位平均密度为 74.331 ind./m³（图 4-7）。各站位出现的种数差异较大，最多的有 12 种，出现在 JS27 站位。站位平均出现 5.1 种。

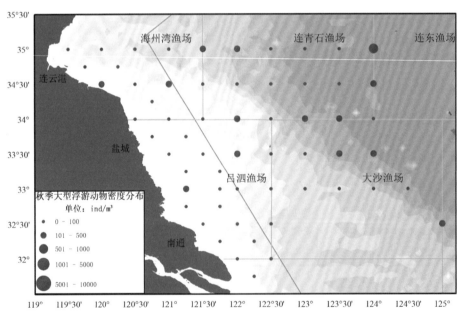

▲ 图4-7 江苏海域秋季大型浮游动物密度分布

（4）冬季：各站位大型浮游动物密度差异较大，密度最小的为 1.866 ind./m³，出现在 JS27 站位；密度最大的为 607.659 ind./m³，出现在 JS30 站位，各站位平均密度为 78.827 ind./m³（图 4-8）。各站位出现的种数差异较大，最多的有 10 种，出现在 JS20、JS36 和 JS63 站位，最少的有 1 种，出现在 JS21 站位。站位平均出现 5.4 种。

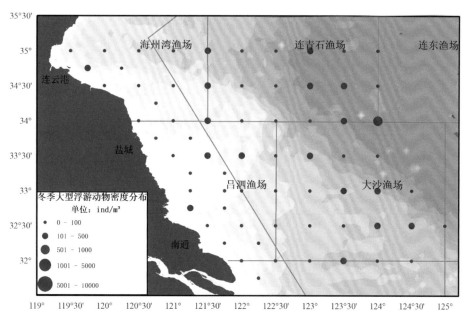

▲ 图4-8　江苏海域冬季大型浮游动物密度分布

4.1.3　生物多样性指数

(1) 春季:江苏海域大型浮游动物多样性指数均值为1.268,丰富度指数均值为0.857,均匀指数均值为0.497(表4-1)。多样性指数大于1且小于2的站位有JS41、JS57、JS64、JS25、JS43、JS12、JS61、JS44、JS62、JS55、JS15、JS66、JS65、JS14、JS68、JS59、JS53和JS60站位,共18个站位;多样性指数大于2且小于3的站位有JS63、JS54、JS52、JS42、JS11、JS40、JS51、JS24、JS33、JS23、JS2、JS50、JS1、JS13、JS22和JS32站位,共16个站位;多样性指数大于3的站位有JS34和JS31站位,共2个站位;其余站位多样性指数小于1。

表4-1　江苏海域春季大型浮游动物多样性指数

多样性指数(H')		丰富度指数(D')		均匀度指数(J')	
范围	均值	范围	均值	范围	均值
0.000~3.193	1.268	0.000~2.722	0.857	0.000~0.993	0.497

(2) 夏季:江苏海域大型浮游动物的多样性指数均值为1.862,均匀指数均值为0.931,丰富度指数均值为1.048(表4-2)。多样性指数大于1而小于2的站位有JS65、JS20、JS6、JS52、JS7、JS10、JS24、JS30、JS2、JS8、JS53、JS61、JS18、JS26、JS23和5JS9,共16个站位;多样性指数大于2而小于3的站位有JS17、JS44、JS16、JS57、JS4、JS38和JS62,共7个站位;多样性指数大于3的站位有JS25、JS48、JS37、JS39和JS60,共5个站位;其余站位多样性指数小于1。

表4-2　江苏海域夏季大型浮游动物多样性指数

多样性指数(H')		丰富度指数(D')		均匀度指数(J')	
范围	均值	范围	均值	范围	均值
0.381~36.260	1.862	0.214~2.760	1.048	0.095~22.877	0.931

（3）秋季：江苏海域大型浮游动物的多样性指数均值为1.516，丰富度指数均值为0.797，均匀度指数均值为0.622（表4-3）。多样性指数小于1的站位有JS18、JS32、JS40、JS55、JS56、JS57、JS58、JS64、JS65、JS66、JS67、JS59、JS44、JS53和JS16站位，共15个站位；多样性指数大于2而小于3的站位有JS25、JS11、JS68、JS62、JS43、JS10、JS47、JS9、JS37、JS12、JS35、JS13、JS50、JS38、JS28、JS1、JS26、JS46、JS27和JS6站位，共20个站位；其余站位多样性指数大于1而小于2。

表4-3 江苏海域秋季大型浮游动物多样性指数

多样性指数（H'）		丰富度指数（D'）		均匀度指数（J'）	
范围	均值	范围	均值	范围	均值
0.000～3.000	1.516	0.000～2.120	0.797	0.000～0.963	0.622

（4）冬季：江苏海域大型浮游动物的多样性指数均值为1.422，丰富度指数均值为0.841，均匀指数均值为0.616（表4-4）。多样性指数小于1的有JS21、JS22、JS68、JS31、JS27、JS33、JS23、JS32、JS67、JS65、JS13、JS40、JS24、JS29和JS50，共15个；多样性指数大于2且小于3的有JS53、JS55、JS36、JS1、JS44、JS35、JS45、JS12、JS6和JS36，共10个；其余多样性指数大于1而小于2。

表4-4 江苏海域冬季大型浮游动物多样性指数

多样性指数（H'）		丰富度指数（D'）		均匀度指数（J'）	
范围	均值	范围	均值	范围	均值
0.000～2.714	1.422	0.000～2.426	0.841	0.000～0.934	0.616

4.1.4 优势种

（1）春季：江苏海域大型浮游动物优势种类（优势度指数 Y≥0.02）共2种，分别为强壮滨箭虫、中华哲水蚤，优势度指数分别为0.062、0.739。中华哲水蚤为春季最优势种（表4-5）。

表4-5 江苏海域春季大型浮游动物优势种

序号	中文名	拉丁名	优势度指数
1	强壮滨箭虫	*Aidanosagitta crassa*	0.062
2	中华哲水蚤	*Calanus sinicus*	0.739

（2）夏季：江苏海域大型浮游动物优势种类（优势度指数 Y≥0.02）共4种，分别为中华假磷虾、正型莹虾、肥胖箭虫、真刺唇角水蚤，优势度指数分别为0.039、0.052、0.073、0.122（表4-6）。

表4-6 江苏海域夏季大型浮游动物优势种

序号	中文名	拉丁名	优势度指数
1	中华假磷虾	*Pseudeuphausia sinica*	0.039
2	正型莹虾	*Lucifer typus*	0.052
3	肥胖箭虫	*Sagitta enflata*	0.073
4	真刺唇角水蚤	*Labidocera euchaeta*	0.122

（3）秋季：江苏海域大型浮游动物优势种类（优势度指数 Y≥0.02）共 3 种，分别为真刺唇角水蚤、强壮滨箭虫、中华哲水蚤，优势度指数分别为 0.087、0.145、0.254（表 4-7）。

表 4-7 江苏海域秋季大型浮游动物优势种

序号	中文名	拉丁名	优势度指数
1	真刺唇角水蚤	*Labidocera euchaeta*	0.087
2	强壮滨箭虫	*Aidanosagitta crassa*	0.145
3	中华哲水蚤	*Calanus sinicus*	0.254

（4）冬季：江苏海域大型浮游动物优势种类（优势度指数 Y≥0.02）共 5 种，分别为仔虾、异体住囊虫、真刺唇角水蚤、强壮滨箭虫和中华哲水蚤，优势度指数分别为 0.016、0.056、0.092、0.101、0.481（表 4-8）。

表 4-8 江苏海域冬季大型浮游动物优势种

序号	中文名	拉丁名	优势度指数
1	仔虾	*post larvae*	0.016
2	异体住囊虫	*Oikopleura dioica*	0.056
3	真刺唇角水蚤	*Labidocera euchaeta*	0.092
4	强壮滨箭虫	*Aidanosagitta crassa*	0.101
5	中华哲水蚤	*Calanus sinicus*	0.481

4.1.5 小结

江苏海域周年浮游动物调查结果显示，夏季的浮游动物种数最多，秋季和冬季的浮游动物类别最多，四季的类别与种数分别为春季采浮游动物 9 大类 30 种，夏季采浮游动物 5 大类 49 种，秋季采浮游动物 12 大类 40 种，冬季采浮游动物 12 大类 32 种（表 4-9）。其中桡足类最多，其次为浮游动物幼体。十足类、涟虫类、介形类等所占种数比数较少。

表 4-9 江苏海域各季节浮游动物出现种类数

类别	春季	夏季	秋季	冬季
桡足类	9	16	13	11
浮游动物幼体	9	11	6	7
刺胞类	5	11	7	5
糠虾类	2		1	
毛颚类	1	2	2	
磷虾类	1		1	
涟虫类	1		1	1
端足类	1		2	
脊索类	1	6	2	1
软体类		1		

类别	春季	夏季	秋季	冬季
枝角类		2	3	
十足类			1	
介形类			1	1
多毛类				1
生物总种数	30	49	40	32

对比各个季节的数量特征后发现,夏季各站位平均生物密度最大,为476.112ind./m³,远高于其他季节(表4-10)。

表4-10　江苏海域各季节大型浮游动物生物密度平均值

季节	春季	夏季	秋季	冬季
平均生物密度(ind./m³)	198.772	476.112	74.331	78.827

四个季节多样性指数平均值夏季最高,春季最低;丰富度指数平均值夏季最高,秋季最低;均匀度指数平均值夏季最高,春季最低(表4-11)。四个季节优势种包含中华哲水蚤、强壮滨箭虫、真刺唇角水蚤等,其中以中华哲水蚤为最主要优势种。

表4-11　江苏海域各季节大型浮游动物多样性指数

生物多样性指数	春季	夏季	秋季	冬季
多样性指数	1.275	1.862	1.516	1.422
丰富度指数	0.856	1.048	0.797	0.841
均匀度指数	0.500	0.931	0.622	0.616

4.2　中小型浮游动物

4.2.1　种类组成和生态类型

(1) 春季:江苏海域中小型浮游动物调查共鉴定10大类34种。其中桡足类和浮游动物幼体最多,桡足类10种,桡足类占总种数的29.41%;浮游动物幼体13种,占总种数的38.24%;其次刺胞类动物3种,占总种数的8.82%;端足类2种,占总种数的5.88%;磷虾类、糠虾类、介形类、脊索类动物、涟虫类、毛颚类各1种,各占总种数的2.94%(图4-9)。春季江苏海域的浮游动物种类组成中的桡足类和浮游动物幼体占绝对优势,数量上也占绝对优势。

(2) 夏季:江苏海域中小型浮游动物调查共鉴定13大类71种。其中桡足类和浮游动物幼体最多,桡足类22种,桡足类占总种数30.99%;其次是浮游动物幼体16种,占总种数22.54%;刺胞类10种,占总种数14.08%;脊索类和原生类各5种,各占总种数7.04%;端足类和枝角类各3种,各占总种数4.23%;毛颚类2种,占总种数2.82%;介形类、磷虾类、糠虾类、十足目、软体类动物各1种,各占总种数的1.41%(图4-10)。江苏海域夏季的浮游动物种类组成中桡足类和浮游动物幼体占绝对优势,数量上也占绝对优势。

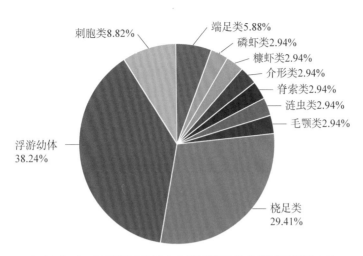

▲ 图4-9 江苏海域春季中小型浮游动物各类群种类数占比

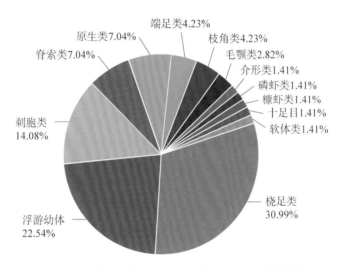

▲ 图4-10 江苏海域夏季中小型浮游动物各类群种类数占比

(3) 秋季:江苏海域中小型浮游动物调查共鉴定12大类45种。其中桡足类和浮游动物幼体最多,桡足类16种,桡足类占总种数的35.56%;其次是浮游动物幼体13种,占28.89%;刺胞类与脊索类各3种,各占6.67%;毛颚类与介形类各2种,各占4.44%;端足类、磷虾类、糠虾类、枝角类、十足目、被囊类动物各1种,各占总种数的2.22%(图4-11)。江苏海域的浮游动物种类组成中的桡足类和浮游动物幼体占

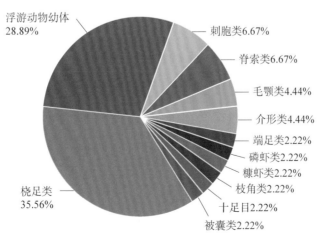

▲ 图4-11 江苏海域秋季中小型浮游动物各类群种类数

绝对优势,数量上也占绝对优势。

(4)冬季:江苏海域中小型浮游动物调查中小型浮游动物 12 大类 33 种。其中桡足类和浮游动物幼体最多,桡足类 12 种,占总种数的 36.36%;其次是浮游动物幼体 8 种,占 24.24%;刺胞类 3 种,占 9.09%;端足类 2 种,占 6.06%;毛颚类、磷虾类、糠虾类、枝角类、介形类、脊索类、软体类、涟虫类各 1 种,各占 3.03%(图 4-12)。由调查结果可知:江苏海域的浮游动物种类组成中的桡足类和浮游动物幼体占绝对优势,数量上也占绝对优势。

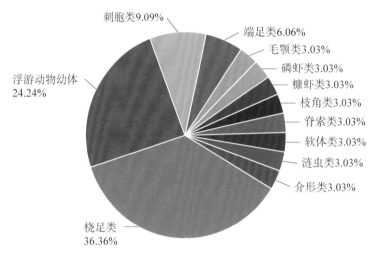

▲ 图 4-12 江苏海域冬季中小型浮游动物各类群种类数

4.2.2 密度分布

(1)春季:调查结果显示江苏海域各站位中小型浮游动物数量密度差异很大,密度最小的为 1.462 ind./m³,出现在 JS58 站位;密度最大的为 13 167.814 ind./m³,出现在 JS55 站位,该站位出现大量的小拟哲水蚤,平均数量密度为 2 212.823 ind./m³(图 4-13)。各站位出现的种类数差异较大,JS58 站位只出现 2 种浮游动物;最多的有 18 种,出现在 JS55 站位,各站位平均出现 10.1 种。

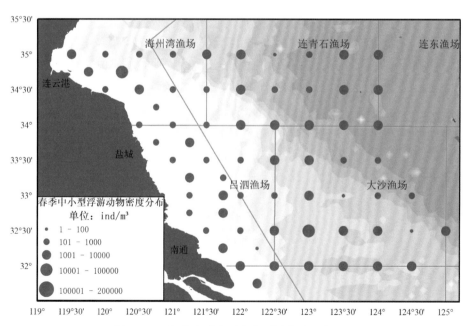

▲ 图 4-13 江苏海域春季中小型浮游动物密度分布

（2）夏季：调查结果显示江苏海域各站位中小型浮游动物数量密度差异较大，密度最小的为6.914 ind./m³，出现在JS34站位；密度最大的达到125 074.074 ind./m³，出现在JS65站位，该站位出现大量的小拟哲水蚤，平均数量密度为3 380.648 ind./m³（图4－14）。各站位出现的种类数差异较大，JS34站位仅4种浮游动物；最多的有31种，出现在JS49站位，各站位平均出现15.7种。

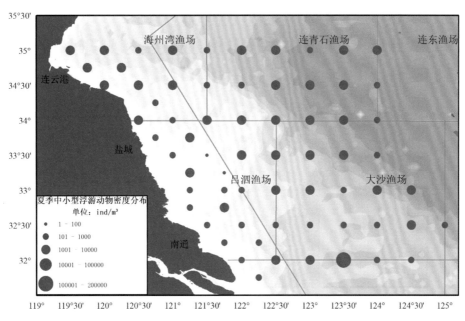

▲ 图4－14　江苏海域夏季中小型浮游动物密度分布

（3）秋季：调查结果显示江苏海域各站位中小型浮游动物数量密度差异较大（图4－15），密度最小的为5.772 ind./m³，出现在JS53站位；密度最大的达到3 708.561 ind./m³，出现在JS21站位，该站位出现大量的小拟哲水蚤，平均数量密度为722.935 ind./m³。各站位出现的种类数差异较大，JS53站位只出现3种浮游动物；最多的有24种，出现在JS46站位，各站位平均出现12.6种。

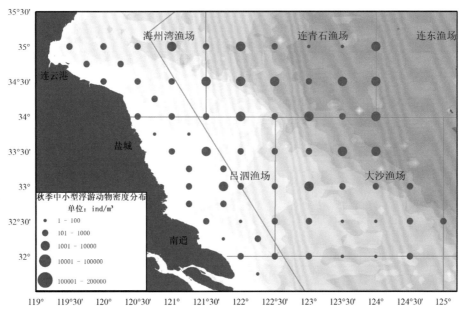

▲ 图4－15　江苏海域秋季中小型浮游动物密度分布

（4）冬季：调查结果显示江苏海域各站位中小型浮游动物数量密度差异较大（图 4-16）。密度最小的为 7.937 ind./m³，出现在 JS20 站位；密度最大的为 2 802.910 ind./m³，出现在 JS14 站位，该站位出现大量的克氏纺锤水蚤，平均数量密度为 432.281 ind./m³。各站位出现的种类数差异较大，JS6 站位只出现 2 种中小型浮游动物；最多的有 14 种，出现在 JS1、JS2、JS44、JS47 站位，各站位平均出现 8.6 种。

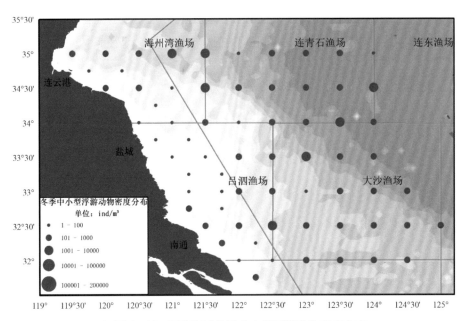

▲ 图 4-16　江苏海域冬季中小型浮游动物密度分布

4.2.3　生物多样性指数

（1）春季：江苏海域中小型浮游动物的多样性指数均值为 1.827，丰富度指数均值为 0.930，均匀指数均值为 0.566（表 4-12）。多样性指数大于 2 站位有 JS1、JS2、JS3、JS4、JS6、JS11、JS12、JS17、JS16、JS18、JS21、JS27、JS29、JS30、JS33、JS34、JS37、JS43、JS45、JS50、JS55、JS59、JS60、JS65 和 JS67 站位，共 25 个站位；多样性指数小于 1 的有 JS62 站位和 JS58 站位；其他 41 个站位的多样性指数介于 1 和 2 之间。

表 4-12　江苏海域春季中小型浮游动物多样性

多样性指数（H'）		丰富度指数（D'）		均匀度指数（J'）	
范围	均值	范围	均值	范围	均值
0.808～2.993	1.828	0.550～1.825	0.930	0.243～0.918	0.566

（2）夏季：江苏海域中小型浮游动物的多样性指数均值为 2.061，丰富度指数均值为 1.477，均匀指数均值为 0.535（表 4-13）。多样性指数在 0 和 1 之间的站位有 JS16、JS23 和 JS50；多样性指数大于 1 小于 2 的站位有 JS3、JS4、JS5、JS6、JS9、JS11、JS17、JS25、JS26、JS30、JS31、JS34、JS35、JS36、JS37、JS38、JS44、JS47、JS48、JS49、JS51、JS52、JS 53 和 JS60，共 24 个；其他 41 个站位的多样性指数大于 2。

表 4-13　江苏海域夏季中小型浮游动物多样性

多样性指数（H'）		丰富度指数（D'）		均匀度指数（J'）	
范围	均值	范围	均值	范围	均值
0.603～3.675	2.061	0.471～3.332	1.477	0.174～0.918	0.535

（3）秋季：江苏海域中小型浮游动物的多样性指数均值为 1.587，丰富度指数均值为 1.372，均匀指数均值为 0.488（表 4-14）。多样性指数大于 3 的有 45 站位；多样性指数在 2 和 3 之间的站位有 JS1、JS2、JS4、JS5、JS6、JS7、JS17、JS43、JS44、JS47、JS57、JS63、JS64 和 JS67 站位，共 14 个站位；多样性指数介于 0 和 1 之间的有 JS13、JS14、JS15、JS20、JS22、JS23、JS33、JS60 和 JS65 站位，共 9 个站位；其他 44 个站位的多样性指数介于 1 和 2 之间。

表 4-14 江苏海域秋季中小型浮游动物多样性

多样性指数（H'）		丰富度指数（D'）		均匀度指数（J'）	
范围	均值	范围	均值	范围	均值
0.517～3.515	1.587	0.491～2.510	1.372	0.150～0.841	0.488

（4）冬季：江苏海域中小型浮游动物的多样性指数均值为 1.932，丰富度指数均值为 1.029，均匀指数均值为 0.654（表 4-15）。多样性指数在 0 和 1 之间有 JS13 和 JS6 站位，共 2 个站位；多样性指数大于 2 的有 JS1、JS2、JS4、JS5、JS11、JS15、JS16、JS20、JS30、JS34、JS35、JS36、JS37、JS39、JS43、JS45、JS46、JS48、JS51、JS54、JS55、JS56、JS57、JS59、JS62、JS65、JS66 和 JS67 站位，共 28 个站位；其他 38 个站位的多样性指数大于 1 小于 2。

表 4-15 江苏海域冬季中小型浮游动物多样性

多样性指数（H'）		丰富度指数（D'）		均匀度指数（J'）	
范围	均值	范围	均值	范围	均值
0.597～2.948	1.932	0.335～2.089	1.029	0.231～0.971	0.654

4.2.4 优势种

（1）春季：江苏海域中小型浮游动物优势种类（优势度指数 Y≥0.02）共 6 种，主要优势种有大同长腹剑水蚤和近缘大眼剑水蚤、中华哲水蚤、无节幼体、克氏纺锤水蚤、小拟哲水蚤，其中小拟哲水蚤和克氏纺锤水蚤是最主要的优势种（表 4-16）。

表 4-16 江苏海域春季中小型浮游动物优势种

中文名	拉丁名	优势度指数
大同长腹剑水蚤	*Oithona simills*	0.035
近缘大眼剑水蚤	*Corycaeus affinis*	0.052
中华哲水蚤	*Calanus sinicus*	0.057
无节幼体	*Apodous larvae*	0.059
克氏纺锤水蚤	*Acartia clausi*	0.131
小拟哲水蚤	*Paracalanus parvus*	0.494

（2）夏季：江苏海域中小型浮游动物优势种类（优势度指数 Y≥0.02）共 3 种，主要优势种有无节幼体、大同长腹剑水蚤和小拟哲水蚤，其中小拟哲水蚤是最主要的优势种（表 4-17）。

表4-17 江苏海域夏季中小型浮游动物优势种

中文名	拉丁名	优势度指数
无节幼体	*Apodous larvae*	0.141
大同长腹剑水蚤	*Oithona simills*	0.190
小拟哲水蚤	*Paracalanus parvus*	0.441

（3）秋季：江苏海域中小型浮游动物优势种类（优势度指数 Y≥0.02）共5种，主要优势种有无节幼体、中华哲水蚤、异体住囊虫、大同长腹剑水蚤和小拟哲水蚤，其中小拟哲水蚤是最主要的优势种（表4-18）。

表4-18 江苏海域秋季中小型浮游动物优势种

主要优势种	拉丁名	优势度指数
无节幼体	*nauplius larva*	0.024
中华哲水蚤	*Calanus sinicus*	0.029
异体住囊虫	*Oikopleura dioica*	0.030
大同长腹剑水蚤	*Oithona simills*	0.054
小拟哲水蚤	*Paracalanus parvus*	0.691

（4）冬季：江苏海域中小型浮游动物优势种类（优势度指数 Y≥0.02）共6种，主要优势种有异体住囊虫、克氏纺锤水蚤、中华哲水蚤、无节幼体、大同长腹剑水蚤和小拟哲水蚤，其中小拟哲水蚤和大同长腹剑水蚤是最主要的优势种（表4-19）。

表4-19 江苏海域冬季中小型浮游动物优势种

主要优势种	拉丁名	优势度指数
异体住囊虫	*Oikopleura dioica*	0.027
克氏纺锤水蚤	*Acartia clausi*	0.038
中华哲水蚤	*Calanus sinicus*	0.043
无节幼体	*Apodous larvae*	0.071
大同长腹剑水蚤	*Oithona simills*	0.135
小拟哲水蚤	*Paracalanus parvus*	0.421

4.2.5 小结

江苏海域中小型浮游动物调查结果显示，夏季的浮游动物类别与种数最多，多达13类71种（表4-20），春季浮游动物出现10大类34种，秋季浮游动物出现12大类45种，冬季出现浮游动物12大类33种。桡足类最多，其次为幼体，糠虾类、磷虾类、涟虫类、介形类等所占种类比数最少。

表 4－20　江苏海域各季节中小型浮游动物出现种类数量

分类	春季	夏季	秋季	冬季
桡足类	10	22	16	12
浮游动物幼体	13	16	13	8
刺胞类	3	10	3	3
端足类	2	3	1	2
磷虾类	1	1	1	1
糠虾类	1	1	1	
介形类	1	1	2	1
脊索类	1	5	3	1
涟虫类	1			
毛颚类	1	2	2	
原生类		5		
枝角类		3	1	1
十足目		1	1	
软体类		1		1
被囊类			1	
总种数	34	71	45	33

江苏海域各个季节中小型浮游动物平均生物密度比较显示，夏季各站位平均生物密度最大，为 3 380.648 ind./m³，其中密度贡献最大的为 JS65 站位的小拟哲水蚤与大同长腹剑水蚤。冬季站位平均生物密度最低，仅有 432.281 ind./m³（表 4－21）。

表 4－21　江苏海域各季节中小型浮游动物平均生物密度

季节	春季	夏季	秋季	冬季
平均生物密度(ind./m³)	2 212.823	3 380.648	3 708.561	432.281

周年调查显示，夏季多样性指数最高，为 2.061，秋季多样性指数最低；丰富度指数夏季最高，春季最低；均匀度指数冬季最高，秋季最低（表 4－22）。

表 4－22　江苏海域各季节中小型浮游动物生物多样性指数

生物多样性指数	春季	夏季	秋季	冬季
多样性指数	1.827	2.061	1.587	1.932
丰富度指数	0.93	1.477	1.372	1.029
均匀度指数	0.566	0.535	0.488	0.654

四季优势种都包含无节幼体、大同长腹剑水蚤以及小拟哲水蚤，其中小拟哲水蚤为最主要优势种（表 4－23）。

表 4‑23　江苏海域各季节中小型浮游动物优势种

春季	夏季	秋季	冬季
大同长腹剑水蚤	无节幼体	无节幼体	异体住囊虫
近缘大眼剑水蚤	大同长腹剑水蚤	中华哲水蚤	克氏纺锤水蚤
中华哲水蚤	小拟哲水蚤	异体住囊虫	中华哲水蚤
无节幼体		大同长腹剑水蚤	无节幼体
克氏纺锤水蚤		小拟哲水蚤	大同长腹剑水蚤
小拟哲水蚤			小拟哲水蚤

第五章

底 栖 动 物

5.1 阿氏网定性调查

5.1.1 种类组成

(1) 春季:江苏海域阿氏网定性调查共出现底栖动物 117 种,其中甲壳类 35 种,占所有物种种类数的 29.91%;软体类 27 种,占 23.08%;脊索类 27 种,占 23.08%;多毛类 13 种,占 11.11%;棘皮类 12 种,占 10.26%;刺胞类 2 种,占 1.71%;头足类 1 种,占所有物种种类的 0.85%(图 5-1)。

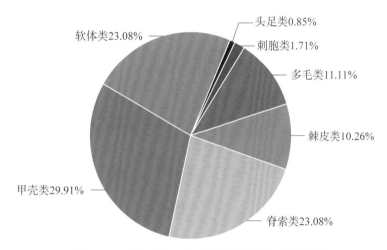

▲ 图 5-1 底栖动物春季定性样品各类群种类数占比

(2) 夏季:江苏海域阿氏网定性调查共出现底栖动物 94 种,其中甲壳类最多,有 26 种,占所有物种种类数的 27.66%;脊索类 24 种,占 25.53%;软体类 22 种,占 23.40%;棘皮类 17 种,占 18.09%;头足类和刺胞类各 2 种,各占 2.13%;多毛类 1 种,占 1.06%(图 5-2)。

(3) 秋季:江苏海域阿氏网定性调查共出现底栖动物 98 种,其中甲壳类最多,有 36 种,占所有物种种类的 36.73%;软体类 26 种,占 26.53%;脊索类 19 种,占 19.39%;棘皮类 11 种,占 11.22%;多毛类和头足类各 3 种,各占 3.06%(图 5-3)。

(4) 冬季:江苏海域阿氏网定性调查共出现底栖动物 100 种,其中甲壳类最多,有 33 种,占所有物种种类数的 33.00%;软体类 25 种,占 25.00%;脊索类 17 种,占 17.00%;棘皮类 13 种,占 13.00%;多毛类 5 种,占 5.00%;头足类 3 种,占 3.00%;星虫类 2 种,占 2.00%;刺胞类和腕足类各 1 种,各占 1.00%(图 5-4)。

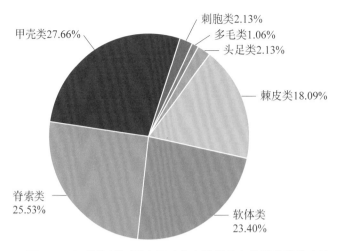

刺胞类2.13%
多毛类1.06%
头足类2.13%
甲壳类27.66%
棘皮类18.09%
脊索类25.53%
软体类23.40%

▲ 图5-2　江苏海域夏季底栖动物定性样品各类群种类数占比

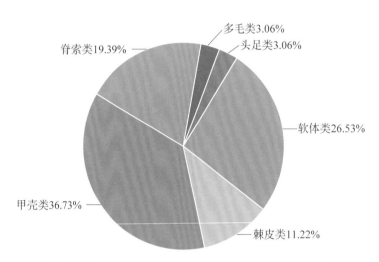

多毛类3.06%
头足类3.06%
脊索类19.39%
软体类26.53%
甲壳类36.73%
棘皮类11.22%

▲ 图5-3　江苏海域秋季底栖动物定性样品各类群种类数占比

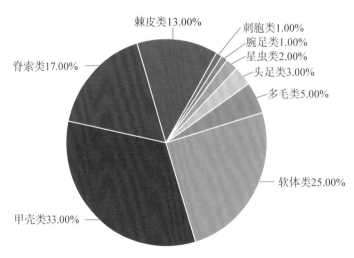

棘皮类13.00%
刺胞类1.00%
腕足类1.00%
星虫类2.00%
头足类3.00%
多毛类5.00%
脊索类17.00%
软体类25.00%
甲壳类33.00%

▲ 图5-4　江苏海域冬季底栖动物定性样品各类群种类数占比

5.1.2 优势种

(1) 春季:江苏海域调查共获得阿氏网底栖动物样品 5 555 ind.,数量优势种为沙氏蛇尾,优势度指数为 0.06(表 5 - 1)。江苏海域春季调查共获得阿氏网底栖动物样品 6 559.533 g,重量优势种为三疣梭子蟹和沙氏蛇尾,优势度指数分别为 0.047 和 0.029(表 5 - 2)。

表 5 - 1　江苏海域春季阿氏网底栖动物数量优势种

种类	尾数(ind.)	出现频率(%)	优势度指数
沙氏蛇尾	2 470	13.2	0.06

表 5 - 2　江苏海域春季阿氏网底栖动物重量优势种

种类	重量(g)	出现频率(%)	优势度指数
沙氏蛇尾	1 420.6	13.2	0.029
三疣梭子蟹	1 041.827	29.4	0.047

(2) 夏季:调查共获得江苏海域阿氏网底栖动物样品 3 905 ind.,数量优势种为近辐蛇尾、紫蛇尾和伶鼬榧螺,数量优势度指数分别为 0.06、0.02 和 0.02(表 5 - 3)。江苏海域夏季共获得阿氏网底栖动物样品 12 993.083 g,重量优势种为三疣梭子蟹,重量优势度指数为 0.13(表 5 - 4)。

表 5 - 3　江苏海域夏季底栖动物定性样品数量优势种

种类	尾数(ind.)	出现频率(%)	优势度指数
近辐蛇尾	1 220	17.6	0.06
紫蛇尾	530	16.2	0.02
伶鼬榧螺	418	17.6	0.02

表 5 - 4　江苏海域夏季底栖动物定性样品重量优势种

种类	重量(g)	出现频率(%)	优势度指数
三疣梭子蟹	4 777.5	35.3	0.13

(3) 秋季:阿氏网定性调查共采集到 5 035 ind. 生物样品,数量优势种为近辐蛇尾、哈氏仿对虾和三疣梭子蟹,数量优势度指数分别为 0.08、0.02 和 0.02(表 5 - 5)。秋季阿氏网定性调查底栖动物共采集到 12 793.6 g 生物样品,重量优势种为近辐蛇尾、口虾蛄和砂海星,重量优势度指数均为 0.02(表 5 - 6)。

表 5 - 5　江苏海域秋季阿氏网底栖动物数量优势种

种类	尾数(ind.)	出现频率(%)	优势度指数
近辐蛇尾	2 372	17.6	0.083
哈氏仿对虾	299	26.5	0.02
三疣梭子蟹	192	51.5	0.02

表 5-6　江苏海域秋季阿氏网底栖动物重量优势种

种类	重量(g)	出现频率(%)	优势度指数
近辐蛇尾	1 782.6	17.6	0.02
口虾蛄	728.9	38.2	0.02
砂海星	655.7	38.2	0.02

（4）冬季：底栖动物阿氏网定性调查共采集到 4 491 ind. 生物样品，数量优势种为葛氏长臂虾、司氏盖蛇尾和紫蛇尾，数量优势度指数分别为 0.05、0.04 和 0.03（表 5-7）。冬季底栖阿氏网定性调查共采集到 12 463.68 g 生物样品，重量优势种为葛氏长臂虾，重量优势度指数均为 0.04（表 5-8）。

表 5-7　江苏海域冬季底栖动物定性数量优势种

种类	尾数(ind.)	出现频率(%)	优势度指数
葛氏长臂虾	400	57.4	0.05
司氏盖蛇尾	1 065	16.2	0.04
紫蛇尾	1 020	14.7	0.03

表 5-8　江苏海域冬季底栖动物定性重量优势种

种类	重量(g)	出现频率(%)	优势度指数
葛氏长臂虾	765.1	57.4	0.04

5.1.3　小结

江苏海域四个季度调查结果显示，阿氏网调查共采集到底栖动物 9 大类 209 种，其中春季底栖动物种类最多，共有 7 大类 117 种，夏季种类最少，为 94 种。四个季度生物种类从多到少分别是：春季＞冬季＞秋季＞夏季（表 5-9）。

表 5-9　江苏海域各季节底栖动物定性采集出现种类

类别	春季	夏季	秋季	冬季
多毛类	13	1	3	5
软体类	27	22	26	25
甲壳类	35	26	36	33
棘皮类	12	17	11	13
脊索类	27	24	19	17
头足类	1	2	3	3
刺胞类	2	2		1
腕足类				1
星虫				2
累计种数	117	94	98	100

江苏海域四个季节的数量优势种为棘皮动物的沙氏蛇尾、近辐蛇尾、紫蛇尾和司氏盖蛇尾,软体类的伶鼬榧螺,甲壳类的哈氏仿对虾和三疣梭子蟹。四个季节的数量优势种中棘皮动物均有出现(表5-10)。

表5-10 江苏海域各季节阿氏网底栖动物定性调查优势种

优势种	春季	夏季	秋季	冬季
数量优势种	沙氏蛇尾	近辐蛇尾	近辐蛇尾	葛氏长臂虾
		紫蛇尾	哈氏仿对虾	司氏盖蛇尾
		伶鼬榧螺	三疣梭子蟹	紫蛇尾
重量优势种	三疣梭子蟹 沙氏蛇尾	三疣梭子蟹	近辐蛇尾	葛氏长臂虾
			口虾蛄	
			砂海星	

四个季节的重量优势种为棘皮动物的沙氏蛇尾、近辐蛇尾,甲壳类的三疣梭子蟹、口虾蛄和葛氏长臂虾。四个季节的重量优势种中甲壳类均有出现。

5.2 采泥器定量调查

5.2.1 种类组成

(1)春季:江苏海域底栖动物定量样品共鉴定6大类84种,其中多毛类49种,占总种类数的58.33%;软体类15种,占17.86%;甲壳类9种,占10.71%;棘皮类7种,占8.33%;纽形类和星虫类动物各2种,各占2.38%(图5-5)。

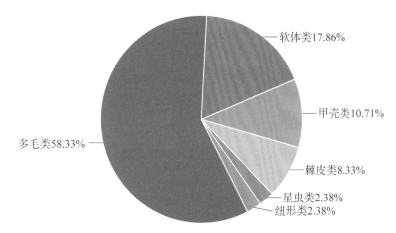

▲ 图5-5 江苏海域春季底栖动物各类群种类数占比

(2)夏季:江苏海域底栖动物定量样品共鉴定到7大类69种,其中多毛类最多,有30种,占总种类数的43.48%;其次是软体类14种,占20.29%;棘皮类12种,占17.39%;甲壳类8种,占11.59%;纽形类3种,占4.35%;星虫类、刺胞类各1种,各占1.45%(图5-6)。

(3)秋季:江苏海域底栖动物定量调查共采集7类51种底栖动物。其中多毛类最多为25种,占所有生物种数的49.02%;其次是软体类13种,占25.49%;棘皮类9种,占17.65%;纽形类2种,占3.92%;星虫类和半索类动物各1种,各占1.96%(图5-7)。

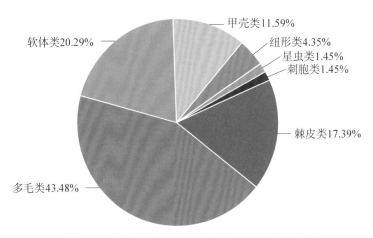

▲ 图 5-6　江苏海域夏季底栖动物各类群种类数占比

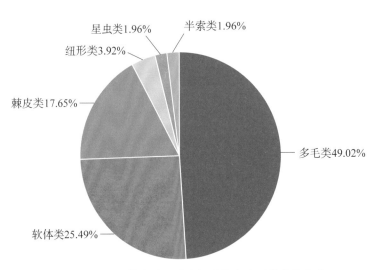

▲ 图 5-7　江苏海域秋季底栖动物各类群种类数占比

（4）冬季：江苏海域底栖动物定量采样共出现 9 类 63 种。其中多毛类最多，为 22 种，占所有生物种数的 34.92%；其次是软体类为 17 种，占 26.98%；棘皮类 14 种，占 22.22%；甲壳类 3 种，占 4.76%；纽形类和刺胞类动物各 2 种，各占 3.17%；半索类、扁形类和星虫类各 1 种，各占 1.59%（图 5-8）。

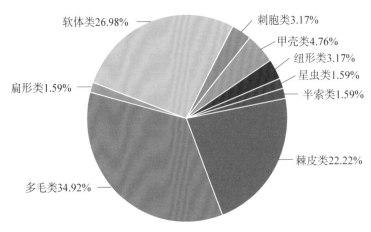

▲ 图 5-8　江苏海域冬季底栖动物各类群种类数占比

5.2.2 密度分布

（1）春季：江苏海域箱式采泥器定量调查显示底栖动物密度范围为 0.0～410.0 ind./m²，平均值为 45.5 ind./m²。底栖动物密度各站位差异较大（图 5-9），密度最大的是 JS3 站位，为 410.0 ind./m²，其次是 JS2 站位，密度为 330.0 ind./m²；生物量范围为 0.000～157.520 g/m²，平均值为 11.422 g/m²，生物量最大的是 JS3 站位（图 5-10）。底栖动物密度和生物量高值区位于海州湾渔场北侧禁渔区线附近，大沙渔场线外有多数站位无底栖动物。

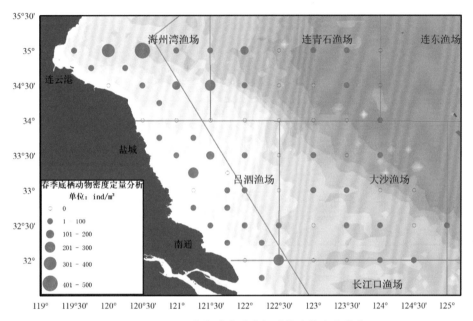

▲ 图 5-9 江苏海域春季底栖动物生物密度分布

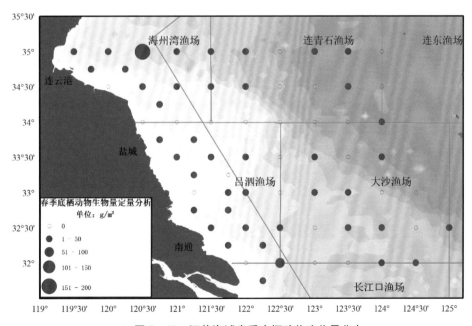

▲ 图 5-10 江苏海域春季底栖动物生物量分布

（2）夏季：江苏海域箱式采泥器定量调查显示底栖动物生物密度范围为 $0.0 \sim 280.0 \, \text{ind.}/\text{m}^2$，平均值为 $43.7 \, \text{ind.}/\text{m}^2$。底栖动物密度各差异较大，生物密度最大的是 JS67（图 5-11），为 $280.0 \, \text{ind.}/\text{m}^2$，其次是 JS30，密度为 $150.0 \, \text{ind.}/\text{m}^2$；从表重量生物量范围为 $0.000 \sim 107.840/\text{m}^2$，平均值为 $9.884 \, \text{g}/\text{m}^2$，生物量最大的是 JS30（图 5-12）。夏季生物密度高值区位于大沙渔场的东南部海域，吕泗渔场和大沙渔场多数站位未出现大型底栖动物；夏季生物量高值区位于大沙渔场最外最北海域。

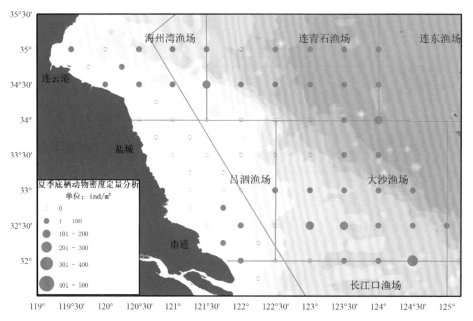

▲ 图 5-11　江苏海域夏季底栖动物生物密度分布

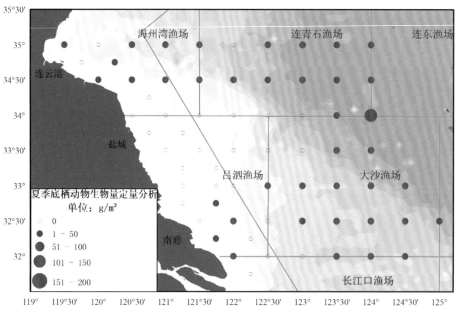

▲ 图 5-12　江苏海域夏季底栖动物生物量分布

（3）秋季：江苏海域箱式采泥器底栖动物定量调查结果显示，生物密度范围为 $0.000 \sim 200 \, \text{ind.}/\text{m}^2$，平均值为 $23.5 \, \text{ind.}/\text{m}^2$。密度最大的是 JS3 站位，为 $200.0 \, \text{ind.}/\text{m}^2$，其次是 JS35 站位，密度为 $113.3 \, \text{ind.}/\text{m}^2$（图 5-13）。生物量范围为 $0.000 \sim 109.430/\text{m}^2$，平均值为 $11.902/\text{m}^2$，生物量最大的站位

是 JS3 站位(图 5-14)。秋季底栖动物生物密度除无底栖动物分布的站位外,各站位差异相对不大。生物量高值区位于海州湾渔场北侧的禁渔区线附近海域。

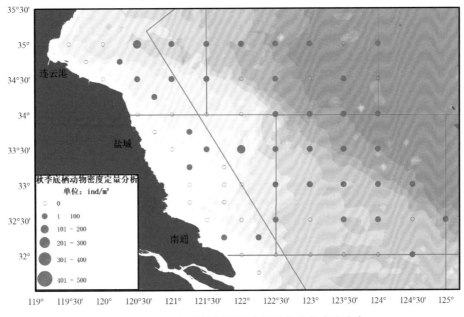

▲ 图 5-13 江苏海域秋季底栖动物生物密度分布

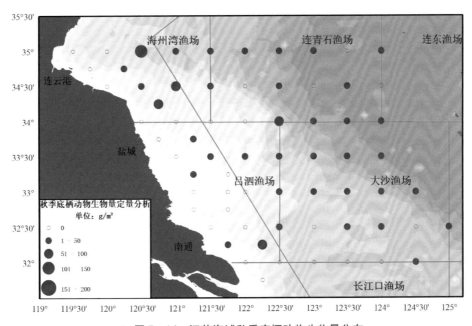

▲ 图 5-14 江苏海域秋季底栖动物生物量分布

(4) 冬季:江苏海域箱式采泥器定量调查结果显示,底栖动物生物密度范围为 0.000~150.0 ind./m²,平均值为 22.7 ind./m²。底栖动物密度各站位差异较大,共有 25 个站位没有采集到底栖动物,生物密度最大的是 JS3 站位,为 150.0 ind./m²(图 5-15),其次是 JS48 和 JS15 站位,密度为 100 ind./m²;生物量范围为 0.000~179.97/m²,平均值为 9.73 g/m²,生物量最大的是 JS14 站位(图 5-16)。冬季底栖动物生物密度除无出现的站位外,站位间差异不悬殊,生物量高值区位于海州湾渔场外侧禁渔区线附近海域。

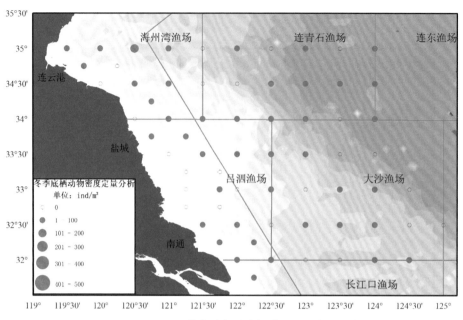

▲ 图 5-15 江苏海域冬季底栖动物生物密度分布

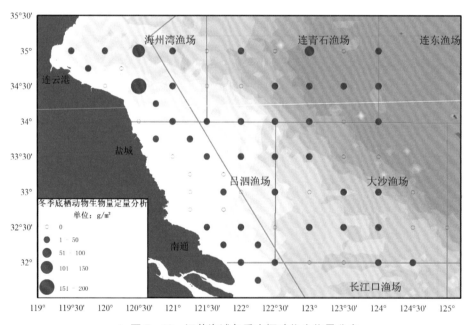

▲ 图 5-16 江苏海域冬季底栖动物生物量分布

5.2.3 生物多样性指数

（1）春季：江苏海域采用箱式采泥器采样，底栖动物多样性指数在 0.000～2.846 之间，均值为 1.088；丰富度在 0.000～0.100 之间，均值为 0.674；均匀度在 0.000～1.054 之间，均值为 0.316（表 5-11）。JS59、JS5、JS63、JS15、JS67 和 JS37 站位的多样性指数均大于或等于 2；JS3、JS16、JS34、JS22、JS66、JS61 和 JS52 站位的多样性指数小于 1 大于 0；春季有 25 个站位的多样性指数为 0。

表 5-11 江苏海域春季底栖动物多样性指数

指标	多样性指数(H')	丰富度指数(D')	均匀度指数(J')
最小值	0	0	0
最大值	2.846	1.000	1.054
平均值	1.088	0.674	0.316

(2)夏季:江苏海域箱式采泥器采样,底栖动物多样性指数在 0.000~2.700 之间,均值为 1.074;丰富度在 0.000~1.122 之间,均值为 0.320;均匀度在 0.000~1.000 之间,均值为 0.528(表 5-12)。JS16、JS29、JS19、JS59、JS58、JS67、JS39、JS15、JS7、JS5、JS46、JS55、JS9 和 JS49 的多样性指数均大于或等于 2,JS65、JS30、JS18、JS56、JS17、JS62、JS14、JS21、JS1、JS51、JS10、JS13、JS53、JS38、JS8、JS60 和 JS12 的多样性指数小于 2 大于等于 1,JS209 小于 1 大于 0,夏季有 29 个站位的多样性指数为 0。

表 5-12 江苏海域夏季底栖动物多样性指数

指标	多样性指数(H')	丰富度指数(D')	均匀度指数(J')
最小值	0	0	0
最大值	2.700	1.122	1.000
平均值	1.074	0.320	0.528

(3)秋季:江苏海域箱式采泥器采样,底栖动物多样性指数在 0.000~3.000 之间,均值为 0.691;丰富度在 0.000~1.220 之间,均值为 0.205;均匀度在 0.000~1.000 之间,均值为 0.430(表 5-13)。JS4、JS27、JS29、JS39 的多样性指数均大于或等于 2,JS16、JS49、JS35、JS18、JS6、JS45、JS10、JS37、JS40、JS5、JS57、JS28、JS47、JS60 和 JS7 站位的多样性指数小于 2 大于等于 1,JS20、JS30、JS22、JS15、JS67、JS3 站位的多样性指数小于 1 大于 0,秋季有 30 个站位的多样性指数为 0。

表 5-13 江苏海域秋季底栖动物多样性指数

指标	多样性指数(H')	丰富度指数(D')	均匀度指数(J')
最小值	0	0	0
最大值	3.000	1.220	1.000
平均值	0.691	0.205	0.430

(4)冬季:江苏海域箱式采泥器采样,底栖动物多样性指数在 0.000~2.922 之间,均值为 0.718,丰富度在 0.000~1.170 之间,均值为 0.233,均匀度在 0.000~1.210 之间,均值为 0.399(表 5-14)。JS53、JS31、JS68、JS30、JS44、JS37 站位的多样性指数均大于或等于 2;JS22 个站位的多样性指数小于 2 大于等于 1,JS1 和 JS58 站位小于 1 大于 0,冬季有 25 个站位的多样性指数为 0。

表 5-14 江苏海域冬季底栖动物多样性指数

指标	多样性指数(H')	丰富度指数(D')	均匀度指数(J')
最小值	0	0	0
最大值	2.922	1.170	1.210
平均值	0.718	0.233	0.399

5.2.4 优势种

通过分析发现春夏秋冬四个季节江苏海域底栖动物无重量、数量优势种（优势度指数 Y≥0.02）。

5.2.5 小结

四个季度江苏海域箱式采泥器共采集底栖动物样本共 9 大类 163 种。春季底栖动物种类最多，有 84 种，秋季种类最少，为 51 种。其中每个季度都出现种数最多的均为多毛类（表 5-15）。

表 5-15　江苏海域各季节底栖动物出现种类数量

分类	春季	夏季	秋季	冬季
多毛类	49	30	25	22
软体类	15	14	13	17
甲壳类	9	8		3
棘皮类	7	12	9	14
纽形类	2	3	2	2
星虫类	2	1	1	1
刺胞类		1		2
半索类			1	1
扁形类				1
总种数	84	69	51	63

四个季度江苏海域底栖动物生物密度春、夏、秋、冬依次为 70.3 ind./m²、43.7 ind./m²、23.5 ind./m²、22.7 ind./m²，春季＞夏季＞秋季＞冬季；重量生物量春、夏、秋、冬依次为 11.422 g/m²、9.884 g/m²、11.902 g/m²、9.73 g/m²，秋季＞春季＞夏季＞冬季，冬季底栖动物的平均生物密度和平均生物量均最低（表 5-16）。

表 5-16　江苏海域各季节底栖动物生物密度与生物量

季节	春季	夏季	秋季	冬季
平均生物密度(ind./m²)	70.3	43.7	23.5	22.7
平均生物量(g/m²)	11.422	9.884	11.902	9.73

四个季度江苏海域底栖动物生物多样性指数平均值大于 1 而小于 2 的有春季和夏季，秋季和冬季多样性指数均大于 0 而小于 1（表 5-17）。

表 5-17　江苏海域各季节底栖动物多样性指数均值

季节	春季	夏季	秋季	冬季
多样性指数均值	1.088	1.074	0.691	0.718

四个季度调查结果显示无绝对优势种，四个航次的调查中，春季共有 25 站位未取得底栖动物样品，占 36.76%；夏季有 29 个站位未取得样品，占 42.65%；秋季有 30 个站位未取得样品，占 44.12%；冬季有 25 个站位未取得样品，占 36.76%。

第六章

渔 业 资 源

6.1 鱼类浮游生物

6.1.1 鱼卵

6.1.1.1 水平拖网调查

6.1.1.1.1 种类和数量:2017～2018 年江苏海域周年水平拖网调查共采集到鱼卵 3 307 粒(表 6-1),隶属于 16 科 26 种。春季采集到鱼卵 2 006 粒,隶属于 11 科 17 种;夏季鱼卵 1 269 粒,隶属于 6 科 9种;秋季 32 粒,隶属于 3 科 3 种;冬季未采集到鱼卵。石首鱼科出现种类最多(4 种),分别为棘头梅童鱼、小黄鱼、石首鱼科 sp.1 和石首鱼科 sp.2;鳀科和鲽科出现 3 种;狗母鱼科、带鱼科和舌鳎科均出现 2 种。棘头梅童鱼、小带鱼和焦氏舌鳎在春季和夏季出现,其他种类只出现在单个航次中。就单个种类出现的数量来看,春季鲻卵的数量最高,为 617 粒,夏季为鲽科 sp.2(527 粒),秋季为木叶鲽(30 粒)。

表 6-1 江苏海域周年调查水平网鱼卵种类和数量

种类 \ 季节	春季	夏季	秋季	冬季
黄鲫	249	—	—	—
康氏侧带小公鱼	1	—	—	—
鳀	7	—	—	—
狗母鱼科 sp.1	3	—	—	—
狗母鱼科 sp.2	20	—	—	—
灯笼鱼科 sp.	—	—	1	—
鲛	90	—	—	—
下鱵属 sp.	5	—	—	—
鲂鮄科 sp.	29	—	—	—
鲻	617	—	—	—
鲹科 sp.	—	—	1	—
鲹科 sp.	—	217	—	—
鲷科 sp.	88	—	—	—
棘头梅童鱼	90	4	—	—

097

(续表)

种类＼季节	春季	夏季	秋季	冬季
小黄鱼	47	—	—	—
石首鱼科 sp. 1	31	—	—	—
石首鱼科 sp. 2	331	—	—	—
鲭科 sp. 1	—	52	—	—
小带鱼	21	72	—	—
带鱼	—	4	—	—
木叶鲽	—	—	30	—
鲽科 sp. 1	—	286	—	—
鲽科 sp. 2	—	527	—	—
条鳎	2	—	—	—
半滑舌鳎	—	2	—	—
焦氏舌鳎	375	105	—	—
合计	2 006	1 269	32	—

注:单位为粒,"—"表示未出现。

6.1.1.1.2　平均密度及站位密度分布:2017～2018 年江苏海域周年调查中,春季平均密度最高,为 17.52 ind. /100 m³,其次夏季为 8.11 ind. /100 m³,秋季为 0.19 ind. /100 m³,冬季为 0(表 6 - 2)。就禁渔区线内外来看,春季和秋季的禁渔区线内的平均密度大于禁渔区线外的,夏季则相反。

表 6 - 2　江苏海域周年调查水平网鱼卵平均密度

区域＼季节	禁渔区线内(ind. /100 m³)	禁渔区线外(ind. /100 m³)	全部站点(ind. /100 m³)
春季	39.80	1.52	17.52
夏季	4.04	10.88	8.11
秋季	0.37	0.082 6	0.19
冬季	—	—	—

注:"—"表示未出现。

从站位密度分布图可以看出(图 6 - 1),春季水平网鱼卵主要分布于禁渔区线内的海州湾近岸水域和江苏南部近岸水域,在禁渔区线外的分布较为均匀(范围在 0～10 ind. /100 m³ 之间)。春季密度最高的点出现在 JS1,为 179.32 ind. /100 m³(表 6 - 3);夏季分布相对平均,密度最高的点出现在大沙渔场东南处的 JS59,密度为 351.53 ind. /100 m³;秋季鱼卵分布较为稀疏,在海州湾禁渔区线附近分布,密度最高的是 JS12,为 12.55 ind. /100 m³;冬季未出现鱼卵。

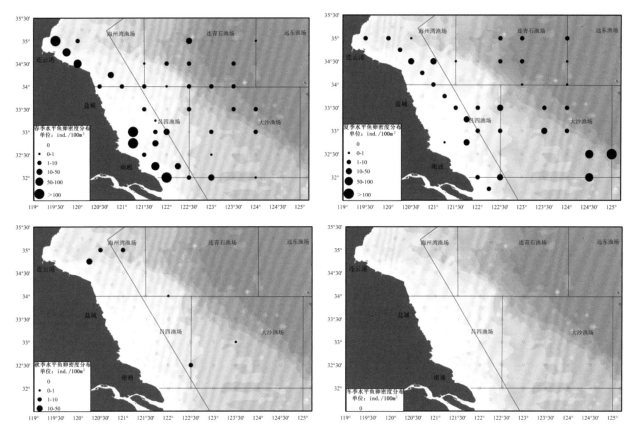

▲ 图6-1 江苏海域周年调查水平网鱼卵密度季节分布

表6-3 江苏海域周年调查水平网鱼卵站位密度

季节 站位	春季	夏季	秋季	季节 站位	春季	夏季	秋季
JS1	179.32	1.23	—	JS35	—	4.16	—
JS2	6.00	3.38	—	JS36	4.87	18.83	—
JS3	—	0.88	7.41	JS37	—	—	—
JS4	—	—	1.14	JS38	3.44	1.22	—
JS5	—	—	—	JS39	1.76	7.13	—
JS6	—	—	—	JS40	—	—	—
JS7	11.40	1.40	—	JS41	0.77	11.25	—
JS8	—	2.25	—	JS42	109.97		
JS9	—	—	—	JS43	1.32		
JS10	0.36	1.92	—	JS44	10.33	2.12	
JS11	93.47	—	—	JS45	0.00	1.94	—
JS12	—	3.18	12.55	JS46	2.73	—	—
JS13	84.09	—	—	JS47	—	37.17	0.32
JS14	—	23.28	—	JS48	1.59	2.76	

(续表)

季节 站位	春季	夏季	秋季	季节 站位	春季	夏季	秋季
JS15	—	14.41		JS49	—	—	—
JS16	0.35	0.67	—	JS50	142.77	0.54	
JS17	1.39	—	—	JS51	42.04	10.54	—
JS18	1.73	1.14	—	JS52	9.17	—	—
JS19		1.38		JS53			
JS20	3.72			JS54	—	—	1.51
JS21		0.66		JS55	0.92		
JS22	10.76	2.56		JS56			
JS23	2.48			JS57			
JS24	9.94	2.32		JS58	—	84.60	
JS25	3.18			JS59		351.53	
JS26	0.43		0.46	JS60	61.32		
JS27	2.69			JS61	25.30		
JS28	4.85	0.33	—	JS62	179.26	1.83	
JS29	6.89	—	—	JS63	7.49	23.65	
JS30	—	0.88	—	JS64	10.73		
JS31				JS65			
JS32		5.54		JS66	0.79		
JS33				JS67	—	71.99	
JS34	9.74	7.20	—	JS68	—	4.31	—

注:"—"表示未出现,密度单位为 ind. /100 m³。

6.1.1.1.3 优势种:定优势度指数大于 0.02 的种类为优势种,则春季水平网鱼卵的优势种为石首鱼科 sp.2 和鲥,其中石首鱼科 sp.2,为最优势种;夏季则为鲽科 sp.1,为最优势种;秋季木叶鲽为最优势种(表 6-4);冬季无鱼卵出现。

表 6-4 江苏海域周年调查水平网鱼卵优势度指数

航次	种类	数量百分比(%)	出现频率(%)	优势度指数
春季	石首鱼科 sp.2	16.50	23.53	0.039
	鲥	30.76	7.35	0.023
夏季	鲽科 sp.1	10.29	22.54	0.023
秋季	木叶鲽	5.88	93.75	0.055
冬季				

6.1.1.1.4 主要种类的密度分布:春季的石首鱼科 sp.2、黄鲫、棘头梅童鱼、小带鱼和鳀仅分布于禁渔区线内,小黄鱼在禁渔区线在禁渔区线内外均有分布。石首鱼科 sp.2 主要分布于近岸南部水域,密度最高的站点为 JS51,密度为 39.03 ind./100 m³;黄鲫仅在近岸站点 JS42 和 JS51 有分布,密度分别为 77.45 ind./100 m³ 和 51.54 ind./100 m³;棘头梅童鱼仅在近岸站点 JS50 和 JS60 有分布,密度分别为 2.37 ind./100 m³ 和 40.26 ind./100 m³;小带鱼在 5 个近岸站点有分布,密度最高的站点为 JS13,密度为 7.69 ind./100 m³;小黄鱼分布在禁渔区线内主要集中于海州湾近岸水域,禁渔区线外,在北纬 34°禁渔区线外附近水域的站点 JS25 以及北纬 33.5°的站点 JS39 有分布,密度最高的点为 JS11,密度 9.50 ind./100 m³;鳀有 5 个站点分布,密度最高的点为 JS1,密度为 168.72 ind./100 m³(图 6-2)。

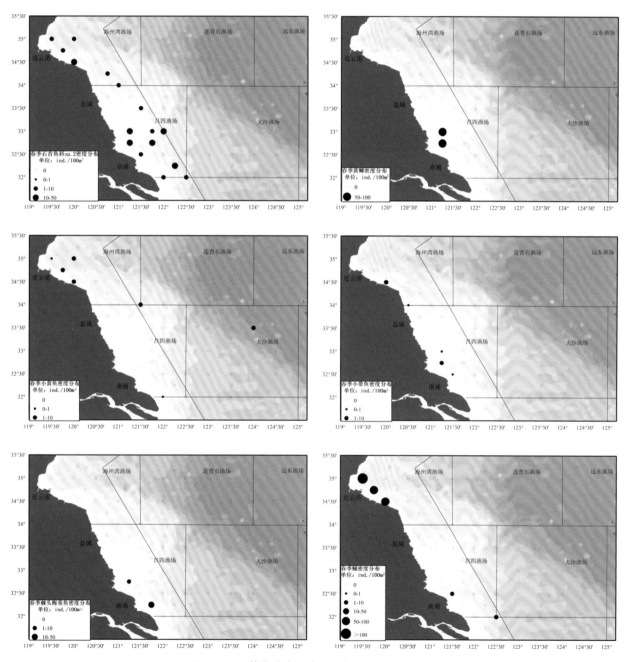

▲ 图 6-2 江苏海域春季水平网鱼卵主要种类密度分布

夏季鲽科 sp.1 主要分布于禁渔区线外,密度最高的点为 JS58,密度为 84.59 ind./100 m³;小带鱼主要分布于禁渔区线附近靠内一侧,密度最高的点为 JS51,密度为 10.54 ind. /100 m³;棘头梅童鱼在禁渔区线内外各有 1 个站点分布,密度最高的点为禁渔区线内的 JS24,密度为 0.77 ind. /100 m³;带鱼仅分布于禁渔区线内的 JS24,密度为 1.54 ind. /100 m³(图 6 - 3)。

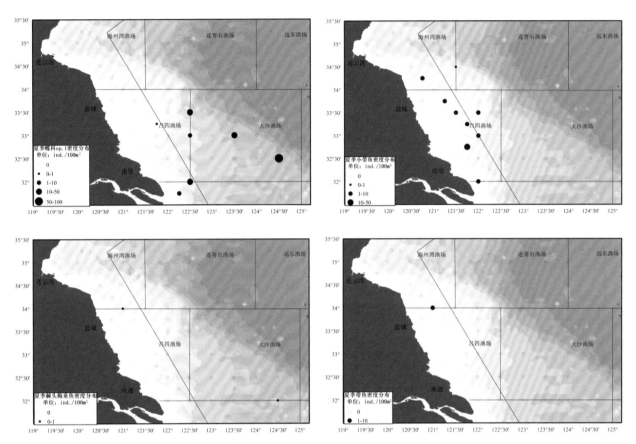

▲ 图 6 - 3　江苏海域夏季水平网鱼卵主要种类密度分布

秋季的木叶鲽主要分布于海州湾外禁渔区线附近水域的 4 个站点,密度最高的点为 JS12,密度为 12.55 ind. /100 m³(图 6 - 4)。

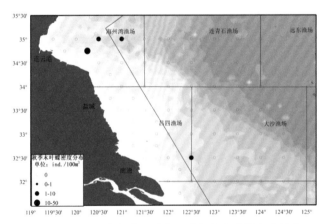

▲ 图 6 - 4　江苏海域秋季水平网鱼卵木叶鲽密度分布

6.1.1.2　垂直拖网调查

6.1.1.2.1　种类组成和数量:2017~2018 年江苏海域周年垂直拖网调查共采集到鱼卵 2 163 粒(表

6-5),隶属于 14 科 20 种。春季采集到鱼卵 2 122 粒,隶属于 11 科 15 种;夏季鱼卵 40 粒,隶属于 4 科 5 种;秋季 1 粒,隶属于 1 科 1 种;冬季没有采集到鱼卵。石首鱼科出现种类最多(4 种),分别为棘头梅童鱼、小黄鱼、石首鱼科 sp. 1 和石首鱼科 sp. 2,鲽科出现 3 种,鳀科出现 2 种。小带鱼在春季和夏季出现,其他种类只出现在 1 个航次中。就单个种类出现的数量来看,春季鲷科 sp. 卵的数量最高,为 1 923 粒,夏季为鲽科 sp. 1(17 粒),秋季为木叶鲽(1 粒)。

表 6-5 江苏海域周年调查垂直网鱼卵种类和数量

种类 \ 季节	春季	夏季	秋季	冬季
鲳科 sp.	7	—	—	—
鲷科 sp.	1 923	—	—	—
鲽科 sp. 1	—	17	—	—
鲽科 sp. 2	—	1	—	—
鲂鮄科 sp.	62	—	—	—
海鳗科 sp.	1	—	—	—
黄鲫	15	—	—	—
焦氏舌鳎	4	—	—	—
棘头梅童鱼	1	—	—	—
木叶鲽	—	—	1	—
鲭科 sp. 1	—	2	—	—
鲹科 sp.	—	12	—	—
石首鱼科 sp. 1	9	—	—	—
石首鱼科 sp. 2	16	—	—	—
鲛	3	—	—	—
鳀	4	—	—	—
下鱵属 sp.	3	—	—	—
小带鱼	5	8	—	—
小黄鱼	48	—	—	—
鲬	21	—	—	—
合计	2 122	40	1	—

注:"—"表示未出现。

6.1.1.2.2 平均密度及站位密度分布:2017～2018 年江苏海域周年调查中,春季的平均密度最高,为 4.72 ind./m^3,其次为夏季(0.10 ind./m^3),秋季最低(2.34×10^{-3} ind./m^3),冬季为 0(表 6-6)。就禁渔区线内外来看,前 3 航次,禁渔区线外的密度均大于禁渔区线内。

表 6-6　江苏海域周年调查垂直网鱼卵平均密度

平均密度(ind./m³)　季节	禁渔区线内	禁渔区线外	全部站点
春季	0.90	5.77	4.72
夏季	0.02	0.13	0.10
秋季	—	0.003 09	0.002 34
冬季	—	—	—

注:"—"表示未出现。

　　从站位密度分布图可以看出(图 6-5),春季鱼卵主要分布于禁渔区线外的 JS36 和 JS37,春季密度最高的点出现在禁渔区线外的 JS36,为 291.06 ind./m³(表 6-7);夏季分布稀疏,密度最高的点出现在吕泗渔场东北角的 JS26,密度为 1.62 ind./m³;秋季鱼卵仅分布在禁渔区线外的 JS4,密度为 0.18 ind./100 m³;冬季鱼卵未出现。

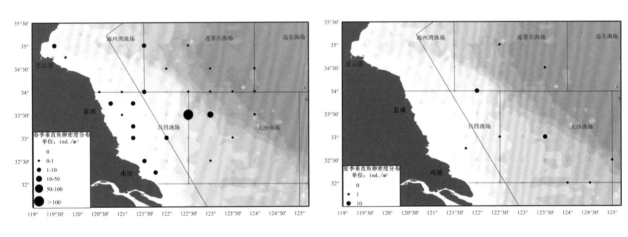

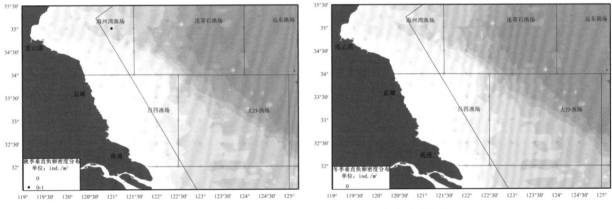

▲ 图 6-5　江苏海域周年调查垂直网鱼卵密度季节分布

表 6-7　江苏海域周年调查垂直网鱼卵站位平均密度

季节　站位	春季	夏季	秋季	季节　站位	春季	夏季	秋季
JS1	1.97	—	—	JS35	—	—	—
JS2	—	—	—	JS36	291.06	—	—

（续表）

季节 站位	春季	夏季	秋季	季节 站位	春季	夏季	秋季
JS3	—	—	—	JS37	25.09	—	—
JS4	—	—	0.18	JS38	—	—	—
JS5	1.15	—	—	JS39	0.40	—	—
JS6	—	—	—	JS40	6.26	—	—
JS7	0.23	0.18	—	JS41	—	—	—
JS8	—	—	—	JS42	1.70	—	—
JS9	—	—	—	JS43	—	—	—
JS10	—	—	—	JS44	1.36	—	—
JS11	0.46	—	—	JS45	—	0.67	—
JS12				JS46	—	—	—
JS13	—	—	—	JS47	0.67	1.18	—
JS14	—	—	—	JS48	—	—	—
JS15	—	—	—	JS49	—	—	—
JS16	—	—	—	JS50	—	—	—
JS17	0.10	—	—	JS51	—	0.68	—
JS18	—	—	—	JS52	4.95	—	—
JS19	0.22	—	—	JS53	—	—	—
JS20	—	0.16	—	JS54	—	—	—
JS21	0.27	—	—	JS55	0.43	—	—
JS22	—	—	—	JS56			
JS23	0.53	—	—	JS57			
JS24	0.32	—	—	JS58			
JS25	7.50	—	—	JS59	—	0.09	—
JS26	—	1.62	—	JS60	1.79	—	—
JS27	0.13	—	—	JS61	—	—	—
JS28	0.28	—	—	JS62			
JS29	0.29	—	—	JS63			
JS30	0.35	—	—	JS64	—	—	—
JS31	3.96	—	—	JS65	—	—	—
JS32	6.60	—	—	JS66	—	0.18	—
JS33	0.92	—	—	JS67	—	0.92	—
JS34	—	—		JS68	—	—	

注："—"表示未出现。

6.1.1.2.3 优势种:以优势度指数大于 0.02 的种类为优势种,春季垂直拖网调查中鱼卵的优势种为鲷科 sp.;夏季则为鲽科 sp.1;秋季为木叶鲽,冬季鱼卵未出现(表 6-8)。

表 6-8 江苏海域周年调查垂直网鱼卵优势度指数

季节	种类	数量百分比(%)	出现频率(%)	优势度指数
春季	鲷科 sp.	90.62	16.18	0.147
夏季	鲽科 sp.1	42.5	7.35	0.031
秋季	木叶鲽	100	1.47	0.02
冬季	—	—	—	—

6.1.1.2.4 主要种类的密度分布:春季黄鲫和小带鱼仅分布于禁渔区线内站点(图 6-6),小黄鱼仅分布于禁渔区线外站点。鲷科 sp. 主要分布于禁渔区线外,站点 JS36,密度为 284.55 ind./m³;黄鲫密度最高的点为 JS40,密度为 3.13 ind./m³;石首鱼科 sp.2 密度最高的点为禁渔区线外的 JS25,密度 1.43 ind./m³;小带鱼密度最高的点为 JS33,密度 0.92 ind./m³;小黄鱼密度最高的点为 JS25,密度为 5.36 ind./m³;棘头梅童鱼仅分布于禁渔区线内的 JS40,密度为 0.45 ind./m³。

夏季鲽科 sp.1 仅分布于禁渔区线外(图 6-7),密度最高的点为 JS47,密度为 1.18 ind./m³,小带鱼密度最高的点为禁渔区线外的 JS26,密度为 1.21 ind./m³。

秋季木叶鲽仅出现在禁渔区线外的 JS4,密度为 0.18 ind./m³。

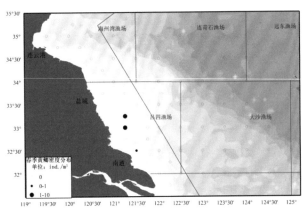

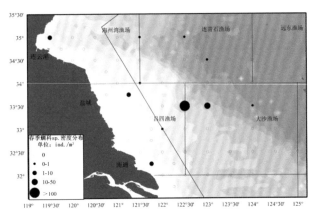

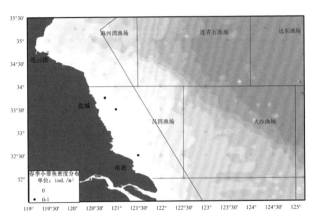

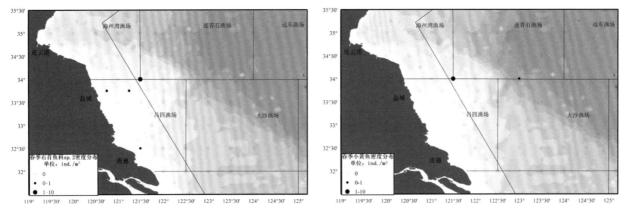

▲ 图6-6　江苏海域春季垂直网鱼卵优势种密度分布

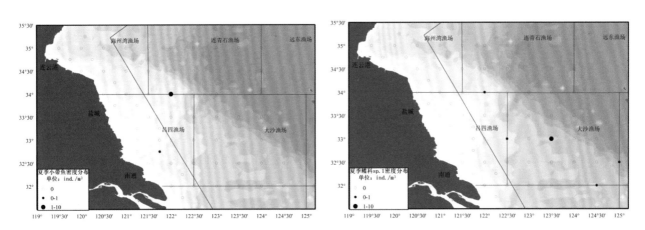

▲ 图6-7　江苏海域夏季垂直网鱼卵优势种密度分布

6.1.2　仔稚鱼

6.1.2.1　水平拖网调查

6.1.2.1.1　种类和数量:2017～2018年江苏海域周年水平拖网调查共采集到仔稚鱼839尾(表6-9),隶属于22科33种。春季采集到仔稚鱼250尾,隶属于11科13种;夏季仔稚鱼509尾,隶属于12科17种;秋季64尾,隶属于5科6种;冬季春季6尾,隶属于4科4种。鳀科出现种类最多,为5种,分别是赤鼻棱鳀、凤鲚、黄鲫、康氏侧带小公鱼和鳀;虾虎鱼科出现4种,分别为斑尾刺虾虎鱼、矛尾虾虎鱼、虾虎鱼科 sp.2 和虾虎鱼科 sp.3;鲭科出现3种,分别为狐鲣属 sp.、鲭科 sp.1 和鲭科 sp.2;石首鱼科(棘头梅童鱼和石首鱼科 sp.1)、鳚科(美肩鳃鳚和鳚科 sp.)和鲻科(鲛和鲻)均出现2种。鳀在春季、秋季和冬季都出现,康氏侧带小公鱼和龙头鱼在夏季和秋季均出现,大银鱼在春季和秋季均出现,矛尾虾虎鱼在春季和夏季均出现。就单个种类出现的数量来看,春季鲛的数量最高,为118尾,夏季(396尾)和秋季(29尾)均为康氏侧带小公鱼,冬季为六线鱼科 sp.(7尾)。

表6-9　江苏海域周年调查水平网仔稚鱼种类和数量

种类	春季(ind.)	夏季(ind.)	秋季(ind.)	冬季(ind.)
暗纹东方鲀	2	—	—	—
斑鰶	—	51	—	—

（续表）

种类	春季(ind.)	夏季(ind.)	秋季(ind.)	冬季(ind.)
斑尾刺虾虎鱼	1	—	—	—
赤鼻棱鳀	23	—	—	—
大银鱼	3	—	23	—
鲷科 sp.	2	—	—	—
多鳞鱚	—	8	—	—
鲂鮄科 sp.	10	—	—	—
凤鲚	—	31	—	—
狐鲣属 sp.	1	—	—	—
黄鲫	—	4	—	—
棘头梅童鱼	—	1	—	—
尖海龙	1	—	—	—
间下鱵	—	1	—	—
康氏侧带小公鱼	—	396	29	—
蓝圆鲹	—	1	—	—
六线鱼科 sp.	—	—	—	7
龙头鱼	—	1	1	—
矛尾虾虎鱼	22	2	—	—
美肩鳃鳚	—	1	—	—
鲭科 sp. 1	—	7	—	—
鲭科 sp. 2	—	1	—	—
石首鱼科 sp. 1	1	—	—	—
鲛	118	—	1	—
鳀	8	—	9	3
条石鲷	—	1	—	—
鰕科 sp.	—	—	1	—
虾虎鱼科 sp. 2	—	1	—	—
虾虎鱼科 sp. 3	—	1	—	—
小带鱼	—	1	—	—
许氏平鲉	58	—	—	—
玉筋鱼	—	—	—	5
中国花鲈	—	—	—	1
合计	250	509	64	16

注:"—"表示未出现。

6.1.2.1.2 平均密度及站位密度分布:2017~2018年江苏海域周年调查水平网仔稚鱼平均密度,夏季平均密度最高,为3.25 ind./100 m³,其次为春季(2.18 ind./100 m³),秋季则为0.38 ind./100 m³,冬季为0.11 ind./100 m³。就禁渔区线内外来看,禁渔区线内的密度均大于禁渔区线外的密度(表6-10)。各站位各季节水平网仔稚鱼密度见表6-11。

表6-10 江苏海域周年调查水平网仔稚鱼站位平均密度

季节	禁渔区线内(ind./100 m³)	禁渔区线外(ind./100 m³)	全部站点(ind./100 m³)
春季	3.72	1.08	2.18
夏季	3.73	2.93	3.25
秋季	0.96	0.045 9	0.38
冬季	0.16	0.074 6	0.11

表6-11 江苏海域周年调查水平网仔稚鱼各站位密度

站位	春季(ind./100 m³)	夏季(ind./100 m³)	秋季(ind./100 m³)	冬季(ind./100 m³)
JS1	—	—	0.91	—
JS2	—	—	0.59	—
JS3	—	—	—	0.98
JS4	—	—	—	—
JS5	9.13	—	—	—
JS6	1.06	—	—	—
JS7	2.79	—	—	—
JS8	0.32	0.28	—	—
JS9	—	—	—	—
JS10	0.64	0.28	—	—
JS11	—	—	—	—
JS12	0.4	—	—	—
JS13	18.86	—	—	—
JS14	3.05	4.36	—	15.43
JS15	—	12.09	—	1.73
JS16	0.67	—	0.41	—
JS17	—	—	0.77	0.93
JS18	—	—	—	0.43
JS19	—	—	—	—
JS20	5.63	—	—	31.25
JS21	2.3	—	0.3	—
JS22	2.32	0.73	3.33	—
JS23	16.02	3.7	—	9.11
JS24	24.31	—	—	1.66

(续表)

站位	春季(ind. /100 m³)	夏季(ind. /100 m³)	秋季(ind. /100 m³)	冬季(ind. /100 m³)
JS25	0. 35	—	—	—
JS26	25. 03	—	—	—
JS27	23. 07	—	—	—
JS28	0. 33	—	—	2. 43
JS29	0. 6	—	—	3. 45
JS30	—	—	—	—
JS31	1. 05	3. 18	—	—
JS32	2. 56	0. 95	—	2. 46
JS33	11. 71	1. 34	—	2. 45
JS34	1. 66	—	—	—
JS35	0. 38	—	—	—
JS36	2. 69	—	—	—
JS37	22. 55	—	—	—
JS38	—	—	—	—
JS39	—	—	—	—
JS40	2. 54	1. 84	—	40. 31
JS41	0. 43	0. 35	—	0. 77
JS42	—	2. 08	—	3. 35
JS43	0. 83	—	0. 68	—
JS44	—	—	—	1. 15
JS45	—	—	—	—
JS46	—	—	0. 58	—
JS47	—	—	—	—
JS48	—	—	—	—
JS49	—	—	—	—
JS50	8. 63	—	—	22. 51
JS51	1. 98	—	—	0. 6
JS52	1. 7	—	—	10. 04
JS53	1. 61	—	—	—
JS54	—	1. 13	—	—
JS55	18. 94	—	—	1. 85
JS56	1. 02	—	1. 06	9. 2
JS57	—	—	—	—
JS58	—	—	—	—

(续表)

(续表)

站位	春季(ind. /100 m³)	夏季(ind. /100 m³)	秋季(ind. /100 m³)	冬季(ind. /100 m³)
JS59	0.69	—	—	—
JS60	2.6	—	—	—
JS61	0.77	—	—	—
JS62	0.46	—	—	—
JS63	—	—	—	—
JS64	—	—	—	—
JS65	13.42	—	—	5.6
JS66	—	—	—	7.88
JS67	—	—	—	—
JS68	0.54	—	—	11.07

注:"—"表示未出现。

从站位密度分布图可以看出(图6-8),春季主要分布于吕泗渔场和连青石渔场的东部,密度最高的站点为JS40,密度为40.31 ind. /100 m³;夏季水平网仔稚鱼分布相对较分散,站位密度最高的点出现在JS26,密度为25.03 ind. /100 m³;秋季主要分布于禁渔区线内,密度最高的点出现在海州湾渔场禁渔区线上的JS15(表6-11),密度为12.09 ind. /100 m³;冬季鱼卵分布较为稀疏,密度最高的是JS22,为3.33 ind. /100 m³。

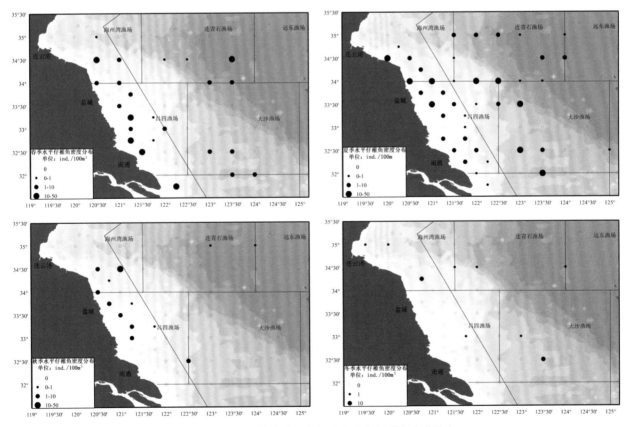

▲ 图6-8 江苏海域周年调查水平网仔稚鱼密度分布

6.1.2.1.3　优势种:定优势度指数大于 0.02 的种类为优势种,则春季水平网仔稚鱼的优势种为鲅和许氏平鲉,其中许氏平为最优势种;夏季康氏侧带小公鱼为最优势种;秋季为康氏侧带小公鱼和大银鱼,其中康氏侧带小公鱼为最优势种;冬季优势种为六线鱼科 sp.,也为最优势种(表 6-12)。

表 6-12　江苏海域周年调查水平网仔稚鱼优势度指数

季节	种类	数量百分比(%)	出现频率(%)	优势度指数
春季	鲅	23.20	16.18	0.038
	许氏平鲉	47.20	13.24	0.062
夏季	康氏侧带小公鱼	77.80	51.47	0.400
秋季	康氏侧带小公鱼	45.31	10.29	0.047
	大银鱼	35.94	8.82	0.032
冬季	六线鱼科 sp.	43.75	7.35	0.032

6.1.2.1.4　优势种密度分布:春季鲅主要分布于禁渔区线内站点(图 6-9),密度最高的站点为 JS40,密度为 40.31 ind./100 m³;许氏平鲉禁渔区线外为分布较多,密度最高的点为 JS20,密度为31.25 ind./100 m³。

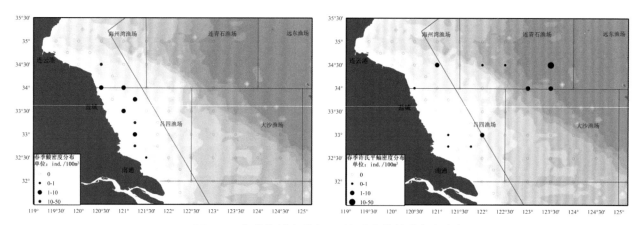

▲ 图 6-9　江苏海域春季水平网仔稚鱼优势种密度分布

夏季康氏侧带小公鱼(图 6-10),密度分布相对较为分散,密度最高的站点为禁渔区线外的 JS26,为25.03 ind./100 m³;凤鲚仅分布于禁渔区线内的 JS23,密度为 15.05 ind./100 m³;黄鲫分布于禁渔区线内的 JS32 和 JS34,密度分别为 0.43 ind./100 m³ 和 1.66 ind./100 m³;棘头梅童鱼仅分布于禁渔区线内的JS24,密度为 0.39 ind./100 m³。

秋季康氏侧带小公鱼和大银鱼都仅分布于禁渔区线内(图 6-11),密度最高的站点分别为 JS15 和JS23,密度分别为 9.78 ind./100 m³ 和 3.70 ind./100 m³;

冬季六线鱼科 sp. 在禁渔区线内外均有少量分布(图 6-12),密度最高的站点为 JS1,密度为0.91 ind./100 m³。

6.1.2.1.5　仔稚鱼发育阶段:仔稚鱼发育阶段按照 Kendall 等的分类方法划定,从卵孵化后各发育阶段依次为卵黄囊期、前弯曲期、弯曲期、后弯曲期、稚鱼期,另外幼鱼阶段一并考虑列出。

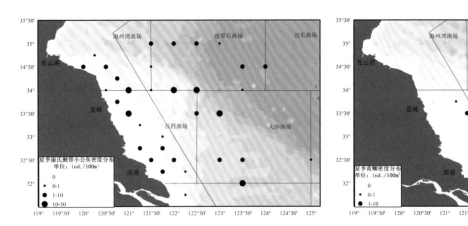

▲ 图6-10 江苏海域夏季水平网仔稚鱼优势种密度分布

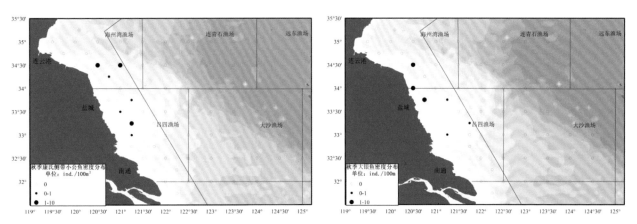

▲ 图6-11 江苏海域秋季水平网仔稚鱼优势种密度分布

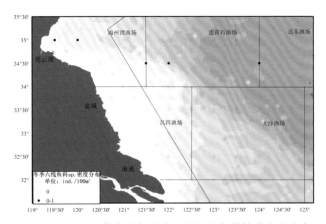

▲ 图6-12 江苏海域冬季水平网仔稚鱼优势种密度分布

春季稚鱼期数量最多(表6-13和图6-13),为127尾,其次是后弯曲期(65尾);夏季弯曲期数量最多,为246尾,其次为后弯曲期(177尾);秋季后弯曲期数量最多,为33尾,其次是稚鱼期(29尾);冬季前弯曲期数量最多(8尾),其次为后弯曲期(4尾)。

表 6-13　江苏海域周年调查水平网仔稚鱼不同发育阶段数量

发育阶段＼数量(ind.)＼季节	春季	夏季	秋季	冬季	合计
卵黄囊期	12	0	0	0	12
前弯曲期	2	37	0	8	47
弯曲期	18	246	2	1	267
后弯曲期	65	177	33	4	279
稚鱼期	127	49	29	3	208
幼鱼	26	0	0	0	26
合计	250	509	64	16	839

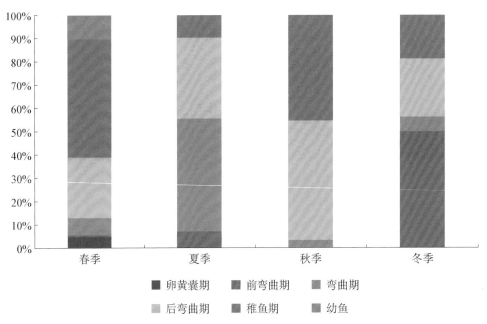

▲ 图 6-13　江苏海域周年水平拖网调查仔稚鱼各发育阶段尾数比例

6.1.2.2　垂直拖网调查

6.1.2.2.1　种类组成和数量:2017～2018 年江苏海域周年调查垂直网共采集到仔稚鱼 121 尾(表6-14),隶属于 16 科 21 种。春季采集到仔稚鱼 18 尾,隶属于 9 科 11 种;夏季仔稚鱼 100 尾,隶属于 8 科8 种;秋季 1 尾,隶属于 1 科 1 种;冬季 2 尾,隶属于 2 科 2 种。石首鱼科和虾虎鱼科出现种类最多,均为 3种,石首鱼科为黄姑鱼、小黄鱼、石首鱼科 sp. 1,虾虎鱼科为虾虎鱼科 sp. 1、虾虎鱼科 sp. 4 和矛尾虾虎鱼。康氏侧带小公鱼在春季和夏季出现,其他种类只出现在单个季节。就各个季节的种类出现数量而言,春季为鮻,出现 5 尾,夏季康氏侧带小公鱼的数量最高,为 90 尾,秋季仅出现 1 尾康氏侧带小公鱼,冬季六线鱼科 sp. 和玉筋鱼均只出现 1 尾。

表 6-14 江苏海域周年调查垂直网仔稚鱼种类和数量

种类 \ 数量(ind.) \ 季节	春季	夏季	秋季	冬季
黄姑鱼	—	1	—	—
黄鲫	1	—	—	—
尖海龙	—	2	—	—
康氏侧带小公鱼	—	90	1	—
蓝圆鲹	—	1	—	—
六线鱼科 sp.	—	—	—	1
矛尾虾虎鱼	1	—	—	—
鮨科 sp.	—	1	—	—
鲭科 sp. 1	—	3	—	—
日本须鳎	—	1	—	—
石首鱼科 sp. 1	1	—	—	—
鮻	5	—	—	—
鳀	1	—	—	—
虾虎鱼科 sp. 1	—	1	—	—
虾虎鱼科 sp. 4	1	—	—	—
下鱵属 sp.	1	—	—	—
小黄鱼	2	—	—	—
许氏平鲉	3	—	—	—
银鲳	1	—	—	—
鲬	1	—	—	—
玉筋鱼	—	—	—	1
合计	18	100	1	2

注:"—"表示未出现。

6.1.2.2.2 平均密度及站位密度分布:2017～2018 年江苏海域周年调查中,垂直网仔稚鱼夏季的平均密度最高,为 0.25 ind./m^3,其次为春季(4.01×10^{-2} ind./m^3),秋季最低(2.34×10^{-3} ind./m^3),冬季密度为 4.19×10^{-2} ind./m^3。就禁渔区线内外来看,春季和冬季禁渔区线内密度大于禁渔区线外密度(表 6-15)。各季节各站位垂直网仔稚鱼密度见表 6-16。

表 6-15 江苏海域周年调查垂直网仔稚鱼平均密度

季节 \ 平均密度(ind./m^3)	禁渔区线内	禁渔区线外	全部站点
春季	0.13	0.017	0.0401
夏季	0.0599	0.32	0.25
秋季	—	0.00309	0.00234
冬季	0.0184	—	0.00419

注:"—"表示未出现。

表 6-16   江苏海域周年调查垂直网仔稚鱼各站位密度

站位	春季(ind./m³)	夏季(ind./m³)	秋季(ind./m³)	冬季(ind./m³)
JS1	—	—	—	0.42
JS2	—	0.75	—	—
JS3	0.21	—	—	0.14
JS4	—	—	—	—
JS5	—	2.96	—	—
JS6	—	—	—	—
JS7	—	0.35	—	—
JS8	—	—	—	—
JS9	—	—	—	—
JS10	—	—	—	—
JS11	0.46	—	—	—
JS12	0.38	—	—	—
JS13	—	—	—	—
JS14	0.38	—	—	—
JS15	0.57	—	—	—
JS16	—	—	—	—
JS17	—	—	—	—
JS18	—	—	—	—
JS19	—	—	—	—
JS20	0.13	0.33	—	—
JS21	—	1.33	—	—
JS22	—	—	—	—
JS23	0.27	—	—	—
JS24	—	—	—	—
JS25	0.24	—	—	—
JS26	—	3.03	—	—
JS27	—	1.5	—	—
JS28	—	—	—	—
JS29	—	—	—	—
JS30	0.06	—	—	—
JS31	1.13	—	—	—
JS32	0.47	—	—	—
JS33	—	—	—	—
JS34	—	—	—	—

站位	春季(ind./m³)	夏季(ind./m³)	秋季(ind./m³)	冬季(ind./m³)
JS35	—	—	—	—
JS36	—	—	—	—
JS37	—	—	—	—
JS38	—	—	—	—
JS39	0.08	—	—	—
JS40	—	—	—	—
JS41	—	—	—	—
JS42	0.28	—	—	—
JS43	—	—	—	—
JS44	—	—	—	—
JS45	—	—	0.13	—
JS46	—	—	—	—
JS47	—	—	—	—
JS48	—	—	—	—
JS49	—	0.07	—	—
JS50	—	—	—	—
JS51	—	0.34	—	—
JS52	—	—	—	—
JS53	—	0.57	—	—
JS54	—	2.61	—	—
JS55	—	5.45	—	—
JS56	—	—	—	—
JS57	—	0.39	—	—
JS58	—	—	—	—
JS59	—	—	—	—
JS60	—	—	—	—
JS61	—	—	—	—
JS62	—	—	—	—
JS63	—	—	—	—
JS64	—	—	—	—
JS65	—	—	—	—
JS66	—	—	—	—
JS67	—	—	—	—
JS68	—	—	—	—

注：“—”表示未出现。

（续表）

从站位密度分布图可以看出(图 6-14),春季垂直网仔稚鱼主要分布于禁渔区线内,密度最高的点出现在 JS31,为 1.13 ind. /m³;夏季则主要分布于禁渔区线外,密度最高的点出现在 JS55(表 6-16),密度为 5.45 ind. /m³;秋季仅分布在 JS45,密度为 0.13 ind. /m³;冬季仅分布于 JS1 和 JS3,密度分别为 0.42 ind. /m³ 和 0.14 ind. /m³。

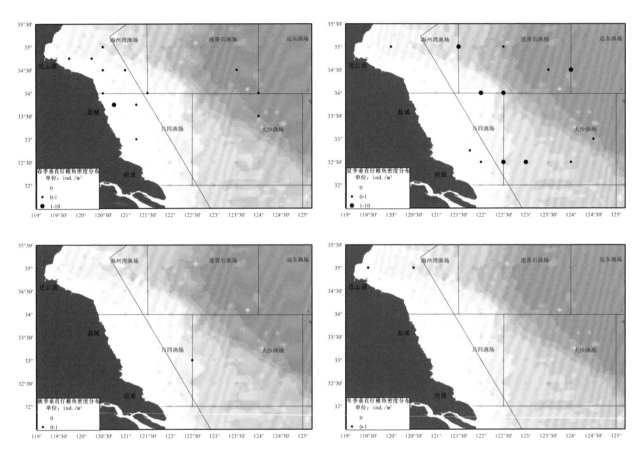

▲ 图 6-14 江苏海域周年调查垂直网仔稚鱼站位密度分布

6.1.2.2.3 优势种:优势度指数大于 0.02 的种类定为优势种,垂直网仔稚鱼春季、秋季和冬季均无优势种,夏季优势种为康氏侧带小公鱼(表 6-17)。

表 6-17 江苏海域周年调查垂直网仔稚鱼优势度指数

季节	种类	数量百分比(%)	出现频率(%)	优势度指数
春季	鲅	27.78	2.94	0.008
夏季	康氏侧带小公鱼	90	11.76	0.106
秋季	康氏侧带小公鱼	100	1.47	0.015
冬季	玉筋鱼	50	1.47	0.007
	六线鱼科 sp.	50	1.47	0.007

6.1.2.2.4 优势种密度分布:春季黄鲫和银鲳仅分布于禁渔区线内站点,分别为 JS42 和 JS32,密度为 0.28 ind. /m³ 和 0.47 ind. /m³;小黄鱼仅分布于禁渔区线外站点 JS25,密度为 0.24 ind. /m³。

夏季康氏侧带小公鱼主要分布于禁渔区线外,密度最高的站点为 JS55(图 6-15),密度为 5.45 ind. /m³;黄姑鱼仅分布于禁渔区线内的 JS51,密度为 0.34 ind. /m³。

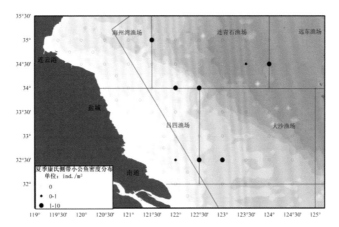

▲ 图 6-15　江苏海域夏季垂直网仔稚鱼优势种密度分布

秋季康氏侧带小公鱼仅分布在禁渔区线外的 JS45,密度为 0.13 ind. /m³。

冬季玉筋鱼和六线鱼科 sp. 分别分布于禁渔区线内的 JS1 和 JS3,密度分别为 0.42 ind. /m³ 和 0.14 ind. /m³。

6.1.2.2.5　仔稚鱼发育阶段:仔稚鱼发育阶段按照 Kendall 等的分类方法划定,从卵孵化后各发育阶段依次为卵黄囊期、前弯曲期、弯曲期、后弯曲期、稚鱼期,另外幼鱼阶段一并考虑列出。

春季后弯曲期数量最多(表 6-18 和图 6-16),为 7 尾,其次是卵黄囊期、前弯曲期和弯曲期(均为 3 尾);夏季前弯曲期数量最多,为 30 尾,其次为卵黄囊期(22 尾);秋季仅采集到后弯曲期仔鱼 1 尾;冬季航仅有 2 尾前弯曲期仔鱼。

表 6-18　江苏海域周年调查垂直网仔稚鱼不同发育阶段数量

季节 数量(ind.) 发育阶段	春季	夏季	秋季	冬季	合计
卵黄囊期	3	22	0	0	25
前弯曲期	3	30	0	2	35
弯曲期	3	17	0	0	20
后弯曲期	7	21	1	0	29
稚鱼期	2	10	0	0	12
合计	18	100	1	2	121

6.1.3　小结

2017~2018 年江苏海域周年调查共采集到鱼卵 5 470 粒,其中水平网鱼卵 3 307 粒,垂直网鱼卵 2 163 粒。鱼卵隶属于 18 科 28 种,其中水平网鱼卵隶属于 16 科 26 种,垂直网鱼卵隶属于 14 科 20 种。2017 年~2018 年江苏海域周年调查共采集到仔稚鱼 960 尾,其中水平网仔稚鱼 839 尾,垂直网仔稚鱼 121 尾。

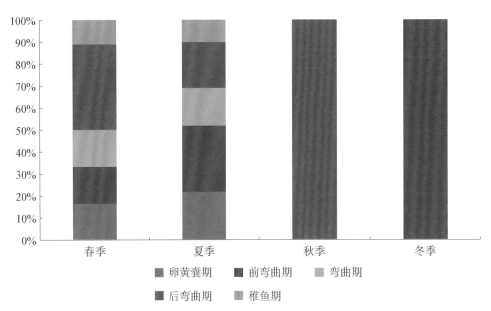

▲ 图 6 − 16 江苏海域周年调查垂直网仔稚鱼不同发育阶段数量比例

仔稚鱼隶属于 26 科 42 种,其中水平网仔稚鱼隶属于 22 科 33 种,垂直网仔稚鱼隶属于 16 科 21 种。

水平网鱼卵中,春季平均密度最高,为 17.52 ind. /100 m³。密度最高的站位出现在夏季 JS59,密度为 351.53 ind. /100 m³;垂直网鱼卵中,春季平均密度最高,为 4.72 ind. /m³。站位密度最高的点出现在春季的 JS36,为 291.06 ind. /m³;水平网仔稚鱼中,夏季的平均密度最高,为 3.25 ind. /100 m³。密度最高站位出现在春季 JS40,密度为 40.31 ind. /100 m³;垂直网仔稚鱼夏季平均密度最高,为 0.25 ind. /m³。密度最高出现在夏季的 JS55,为 5.45 ind. /m³。

就优势种来看,水平网鱼卵中,春季优势种为石首鱼科 sp. 2 和鲻,夏季则为鰕科 sp. 1,秋季为木叶鰈,冬季未出现;垂直网鱼卵中,春季优势种为鲷科 sp.,夏季则为鰕科 sp. 1,秋季无优势种,冬季未出现;水平网仔稚鱼中,春季优势种为鲛和许氏平鲉,夏季则为康氏侧带小公鱼,秋季为康氏侧带小公鱼和大银鱼,冬季为六线鱼科 sp.;垂直网仔稚鱼中,春季、秋季和冬季均无优势种,夏季优势种为康氏侧带小公鱼。

就仔稚鱼发育阶段来看,水平网仔稚鱼中,春季稚鱼期数量最多,夏季和冬季弯曲期数量最多,秋季后弯曲期数量最多;垂直网仔稚鱼中,春季和秋季后弯曲期数量最多,夏季和冬季前弯曲期数量最多。

6.2 游泳动物

6.2.1 种类组成和区系特征

2017～2018 年江苏海域水生野生动物资源普查共出现鱼类 135 种,隶属 20 目、71 科、109 属,四季共有种为 44 种;虾类出现 31 种,隶属 2 目、11 科、20 属,四季共有种为 15 种;蟹类出现 23 种,隶属 1 目、11 科、18 属;头足类共出现 14 种,隶属 4 目、5 科;鱼类、虾类、蟹类、头足类的种类分别占 66.50%、15.27%、11.33%、6.90%(图 6 − 17)。

6.2.1.1 种类组成

(1) 鱼类:2017～2018 年江苏海域周年调查共出现鱼类 135 种,隶属 20 目、71 科、109 属。其中以鲈形目出现最多,共有 26 科、49 属、58 种,其次为鲉形目 10 科、12 属、12 种和鲽形目 5 科、7 属、13 种(表 6 − 19)。

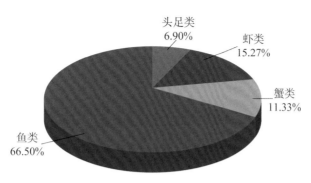

▲ 图6-17 江苏海域周年调查游泳动物种类分类组成

表6-19 江苏海域周年调查鱼类种类

分类	目	科	属	种
软骨鱼纲	鳐目	1	1	1
	虎鲨目	1	1	1
	角鲨目	1	1	2
硬骨鱼纲	鲅鳒目	2	2	2
	刺鱼目	2	2	2
	灯笼鱼目	2	2	2
	鲽形目	5	7	13
	鲱形目	3	9	14
	鲑形目	2	2	2
	海鲂目	1	2	2
	颌针鱼目	1	1	2
	鲈形目	26	49	58
	鳗鲡目	3	4	4
	鲶形目	1	1	1
	鲀形目	4	5	8
	仙女鱼目	1	1	2
	鳕形目	3	3	3
	银汉鱼目	1	1	1
	鲉形目	10	12	12
	鲻形目	2	3	3
合计	总计	71	109	135

（2）虾类：2017～2018年江苏海域周年调查共出现31种，隶属2目、11科、20属，四季共有种为15

种。以对虾科种类最多,共 6 属 9 种(表 6-20)。

表 6-20 江苏海域周年调查虾类种类

分类	目	科	属	种
虾类	口足目	1	1	1
	十足目	10	19	30
合计	总计	11	20	31

(3) 蟹类:2017~2018 年江苏海域周年调查共出现 23 种,隶属 1 目、11 科、18 属,四季共有种 6 种。以梭子蟹科种类最多,共 4 属 8 种(表 6-21)。

表 6-21 江苏海域周年调查蟹类种类

分类	目	科	属	种
蟹类	十足目	11	18	23
合计	总计	11	18	23

(4) 头足类:2017~2018 年江苏海域周年调查共出现 14 种,隶属 3 目、5 科。分别为蛸科、枪乌贼科、柔鱼科、乌贼科和耳乌贼科(表 6-22)。

表 6-22 江苏海域周年调查头足类种类

分类	目	科	属	种
头足类	八腕目	1	1	2
	枪形目	2	2	7
	乌贼目	2	3	5
合计	总计	5	6	14

6.2.1.2 游泳动物区系特征
6.2.1.2.1 鱼类
(1) 按鱼类适温性划分
冷温性种:白斑角鲨、斑头鱼、虫鲽、大泷六线鱼、大头鳕、大银鱼、方氏云鳚、高眼鲽、黄鮟鱇、吉氏绵鳚、睛尾蝌蚪虾虎鱼、绒杜父鱼、繸鳚、细纹狮子鱼、星康吉鳗、许氏平鲉、牙鲆、玉筋鱼。

暖水性种:白姑鱼、斑鰶、斑鳍光鳃鱼、叉斑狗母鱼、赤鼻棱鳀带、带纹条鳎、带鱼、单棘豹鲂鮄、单指虎鲉、东方狐鲣、东洋鲈、杜氏棱鳀、短鳄齿鱼、短吻鲾、多鳞鱚、发光鲷、沟鲹、海鳗、黑鮟鱇、后鳍鱼、黄姑鱼、黄鲫、灰鲳、尖海龙、尖尾蛇鳗、焦氏舌鳎、金色小沙丁鱼、静鲾康、康氏侧带小公鱼、孔虾虎鱼、蓝点马鲛、鳓、六指马鲅、鹿斑鲾、皮氏叫姑鱼、朴蝴蝶鱼、七星底灯鱼、日本海鲂、日本鲭、三线矶鲈、条鳎、狭纹虎鲨、香鯻、小带鱼、小眼绿鳍鱼、鲬、雨印亚海鲂、杂色豆齿鳗、长颌水珍鱼、长丝虾虎鱼、真鲷、中颌棱鳀、鲻鱼、棕斑腹刺鲀。

暖温性种:斑点东方鲀、斑尾刺虾虎鱼、半滑舌鳎、赤魟、赤鲑、刺鲳、大黄鱼、大鳞舌鳎、刀鲚、短吻舌鳎、多棘腔吻鳕、鲱鳉、凤鲚、海马、褐菖鲉、褐牙鲆、黑鲷、黑鳃梅童鱼、横带髭鲷、红鳍东方鲀、黄鳍东方鲀、黄吻棱鳀、棘头梅童鱼、间下鱵、拉氏狼牙虾虎鱼、蓝圆鲹、六丝钝尾虾虎鱼、六丝矛尾虾虎鱼、龙头鱼、裸胸鲉、绿鳍马面鲀、矛尾虾虎鱼、虻鲉、鮸、木叶鲽、铅点东方鲀、青鳞鱼、青螣、日本小褐鳕、日本须鳎、日本鱵、三线舌鳎、丝背细鳞鲀、鲛、鳀、条石鲷、细条天竺鲷、小黄鱼、小头栉孔虾虎鱼、星点东方鲀、银鲳、油魣、云鳚、窄体舌鳎、长蛇鲻、长吻角鲨、中国花鲈、竹筴鱼、髭缟虾虎鱼。

（2）按生态类型划分

河口性种：斑鲦、斑尾刺虾虎鱼、间下鱵、拉氏狼牙虾虎鱼、鲛、香鳉、髭缟虾虎鱼、鲻鱼。

近海性种：斑鳍光鳃鱼、斑头鱼、半滑舌鳎、叉斑狗母鱼、赤鼻棱鳀、赤虹、赤鲑、虫鲽、刺鲳、大鳞舌鳎、大泷六线鱼、大头鳕、带纹条鳎、单棘豹鲂鮄、单指虎鲉、杜氏棱鳀、短鳄齿鱼、短吻鲾、短吻舌鳎、多棘腔吻鳕、多鳞鱚、发光鲷、方氏云鳚、鲱鳉、高眼鲽、沟鲹、海马、海鳗、褐菖鲉、褐牙鲆、黑鲅鳒、黑鲷、黑鳃梅童鱼、横带髭鲷、红鳍东方鲀、黄鲅鳒、黄姑鱼、黄鲫、黄吻棱鳀、吉氏绵鳚、棘头梅童鱼、尖海龙、尖尾蛇鳗、焦氏舌鳎、静鲾、康氏侧带小公鱼、蓝圆鲹、鳓、六指马鲅、龙头鱼、裸胸鲉、麦银汉鱼、虻鲉、鮸、木叶鲽、皮氏叫姑鱼、朴蝴蝶鱼、七星底灯鱼、铅点东方鲀、青鳞鱼、青螣、日本须鳎、日本鱵、绒杜父鱼、三线矶鲈、三线舌鳎、丝背细鳞鲀、缢鳎、鳀、条鲾、条石鲷、细条天竺鲷、细纹狮子鱼、狭纹虎鲨、小眼绿鳍鱼、星点东方鲀、星康吉鳗、许氏平鲉、银鲳、鲬、窄体舌鳎、长蛇鲻、长丝虾虎鱼、长吻角鲨、真鲷、中颌棱鳀、棕斑腹刺鲀。

洄游性种：大银鱼、带鱼、大黄鱼、刀鲚、东方狐鲣、灰鲳、金色小沙丁鱼、蓝点马鲛、日本鲭、小带鱼、小黄鱼、牙鲆、竹筴鱼、黄鳍东方鲀。

6.2.1.2.2　虾类

（1）虾类区系特征。受黑潮暖流影响，虾类组成以亚热带暖温性和暖水性种占优势组，但由于受沿岸水系和黄海冷水团的影响，2017年～2018年江苏海域周年调查虾类的种类主要表现为：

暖温性和暖水性地方种：安氏白虾、鞭腕虾、刀额仿对虾、脊尾白虾、日本鼓虾、水母虾、细螯虾、细巧仿对虾、鲜明鼓虾、疣背宽额虾。

暖温性地方种：戴氏赤虾、高脊管鞭虾、葛氏长臂虾、口虾蛄、鹰爪糙对虾、中国对虾、中华管鞭虾。

暖水性地方种：哈氏仿对虾、滑脊等腕虾、假长缝拟对虾、日本对虾、周氏新对虾。

冷温性地方种：中国毛虾。

冷水性地方种：脊腹褐虾。

虾类的分布与各种水系的分布和强弱有关，并影响其分布。

（2）虾类生态类群。广温低盐生态类群：主要分布在沿岸水控制水域，即在沿岸、港湾、河口和岛屿等周边海域，温度变化幅度较大，盐度较低，主要种类有安氏白虾、鞭腕虾、脊腹褐虾、脊尾白虾、日本鼓虾、细螯虾、鲜明鼓虾、疣背宽额虾、中国对虾。

广温广盐生态类型：刀额仿对虾、葛氏长臂虾、哈氏仿对虾、日本对虾、细巧仿对虾、中国毛虾、中华管鞭虾、周氏新对虾。

耐盐较高的种类：戴氏赤虾、东海红虾、高脊管鞭虾、假长缝拟对虾、鹰爪糙对虾。

6.2.1.2.3　蟹类：本次调查，主要经济蟹类基本上属于广温广盐性种，分布广，但冲淡水势力强弱、各个水系的消长以及其他海洋环境在很大程度上影响其聚集性。四个季度月的调查表明，主要优势种为梭子蟹科的三疣梭子蟹和日本蟳。

（1）蟹类区系特征。江苏海域蟹类品种基本上属于亚热带品种，属印度—西太平洋区系中—日亚区系品种。

（2）蟹类生态类群。广温广盐性种：三疣梭子蟹、日本蟳、双斑蟳、细点圆趾蟹、红线黎明蟹、泥脚隆背蟹，这些种类中，梭子蟹科种类基本属于广布型。

低温低盐性种：关公蟹属的一些种类，生活在近海混合水区。

江苏海域高温广盐、高温高盐性种没有分布。

6.2.1.2.4　头足类：出现种类为沿岸底栖的乌贼科、耳乌贼科、蛸类。

暖水性种：杜氏枪乌贼、火枪乌贼、剑尖枪乌贼、曼氏无针乌贼、双喙耳乌贼、太平洋褶柔鱼、长蛸。

暖温性种：短蛸、金乌贼、朴氏乌贼、日本枪乌贼、尤氏枪乌贼。

冷温性种：四盘耳乌贼。

6.2.2 资源量评估

6.2.2.1 评估总面积：调查评价区域总面积 117 734 km²，其中禁渔区线内面积 27 279 km²；禁渔区线外 90 455 km²。

6.2.2.2 资源量：根据所有调查站位的扫海面积，每个鱼类（虾类、蟹类、头足类）品种的捕获系数、渔获量、渔获尾数，确定各个鱼类（虾类、蟹类、头足类）品种重量资源量和资源尾数，累加作为鱼类（虾类、蟹类、头足类）总的资源量和总的资源尾数。

春、夏、秋、冬各航次调查总扫海面积分别为 7.51 km²、7.49 km²、7.39 km²、7.37 km²。

江苏海域（调查评估区域）以夏季资源量最高，为 51.139×10⁴ t，其次春季为 10.804×10⁴ t，秋季为 8.629×10⁴ t，冬季最低，为 3.157×10⁴ t。就资源尾数而言，夏季资源尾数最多，为 42.099×10⁹ 尾，其次为春季 14.838×10⁹ 尾、秋季 8.820×10⁹ 尾，冬季最低，为 4.161×10⁹ 尾（表 6-23）。

表 6-23　江苏海域周年调查各季节重量和尾数资源量

分类	种类	春季	夏季	秋季	冬季
禁渔区线内 重量资源量 （×10⁴ t）	鱼类	1.284	3.834	0.266	0.159
	虾类	0.124	0.090	0.050	0.017
	蟹类	0.424	0.655	0.279	0.011
	头足类	0.033	0.027	0.027	0.010
	合计	1.865	4.605	0.622	0.197
禁渔区线外 重量资源量 （×10⁴ t）	鱼类	7.998	45.421	6.973	2.688
	虾类	0.083	0.218	0.322	0.071
	蟹类	0.175	0.679	0.558	0.074
	头足类	0.683	0.217	0.154	0.128
	合计	8.939	46.534	8.007	2.960
总资源量 （×10⁴ t）	鱼类	9.282	49.254	7.239	2.847
	虾类	0.207	0.308	0.372	0.087
	蟹类	0.599	1.334	0.837	0.085
	头足类	0.716	0.244	0.181	0.138
	合计	10.804	51.139	8.629	3.157
	种类	春季	夏季	秋季	冬季
禁渔区线内 尾数资源尾数 （×10⁹ ind.）	鱼类	8.342	2.227	0.175	0.107
	虾类	0.563	0.294	0.098	0.112
	蟹类	0.160	0.096	0.208	0.012
	头足类	0.024	0.042	0.015	0.003
	合计	9.089	2.659	0.496	0.234

（续表）

分类	种类	春季	夏季	秋季	冬季
禁渔区线外尾数资源尾数（×10⁹ ind.）	鱼类	4.692	38.378	6.778	3.061
	虾类	0.659	0.951	1.155	0.575
	蟹类	0.056	0.094	0.271	0.067
	头足类	0.342	0.017	0.120	0.224
	合计	5.749	39.440	8.324	3.927
总资源尾数（×10⁹ ind.）	鱼类	13.034	40.605	6.953	3.168
	虾类	1.222	1.245	1.253	0.687
	蟹类	0.216	0.190	0.479	0.079
	头足类	0.366	0.059	0.135	0.227
	合计	14.838	42.099	8.820	4.161

鱼类夏季资源量最高，为 49.254×10^4 t，春季次之，为 9.282×10^4 t，秋季为 7.239×10^4 t，冬季资源量最低，为 2.847×10^4 t（图 6-18）。鱼类资源尾数同样以夏季最高，为 40.605×10^9 尾，春季次之，为 13.034×10^9 尾，秋季为 6.953×10^9 尾，冬季最低，为 3.168×10^9 尾（图 6-19）。

虾类秋季资源量最高，为 0.372×10^4 t，夏季次之，为 0.308×10^4 t，春季为 0.207×10^4 t，冬季最低，为 0.087×10^4 t。虾类资源尾数以秋季最高，为 1.253×10^9 尾；夏季次之，为 1.245×10^9 尾；春季为 1.222×10^9 尾，冬季为 0.687×10^9 尾，在各季度中最低。

蟹类夏季资源量最高，为 1.334×10^4 t，秋季次之，为 0.837×10^4 t，春季为 0.599×10^4 t，冬季最低，为 0.085×10^4 t。蟹类资源尾数以秋季最高，为 0.479×10^9 尾，春季次之为，为 0.216×10^9 尾。夏季资源尾数列第三，为 0.190×10^9 尾，冬季最低，为 0.079×10^9 尾。

头足类春季资源量最高，为 0.716×10^4 t，夏季次之，为 0.244×10^4 t，秋季为 0.181×10^4 t，冬季最低，为 0.138×10^4 t。头足类资源尾数以春季最高，为 0.366×10^9 尾，冬季次之，为 0.227×10^9 尾，秋季资源尾数为 0.135×10^9 尾，居第三位。夏季头足类资源尾数最低，为 0.059×10^9 尾。

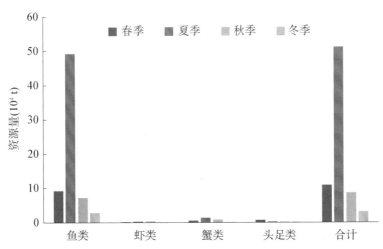

▲ 图 6-18　江苏海域周年调查各季节游泳动物资源量

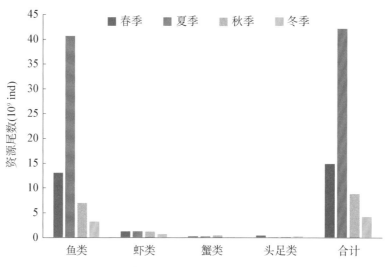

▲ 图 6-19 江苏海域周年调查各季节游泳动物资源尾数

6.2.3 资源密度分布

6.2.3.1 重量资源密度

6.2.3.1.1 春季

（1）鱼类：江苏海域春季鱼类资源密度为 8.11～9 953.03 kg/km²，平均为 707.9 kg/km²。密度高值主要分布在大沙渔场，站位间生物量分布差异较大。

（2）虾类：春季虾类资源密度为 0～351.64 kg/km²，平均为 24.55 kg/km²。虾类未出现站位有 13 个，虾类主要分布在海州湾渔场和吕泗渔场沿岸渔场，虾类生物量较低。

（3）蟹类：春季蟹类资源密度为 0～694.99 kg/km²，平均值 77.39 kg/km²。蟹类资源主要分布在吕泗渔场，蟹类生物量很低。

（4）头足类：春季头足类资源密度为 0～1 576.89 kg/km²，平均值 48.48 kg/km²，头足类密度高值出现在大沙渔场东部海域。

（5）总体资源密度：江苏海域春季总体资源密度 16.14～10 174.12 kg/km²，资源密度平均值为 858.33 kg/km²，密度分布不均，主要集中在大沙渔场和吕泗渔场。

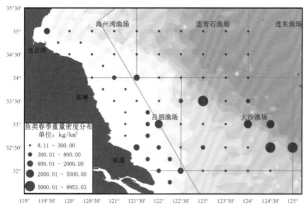

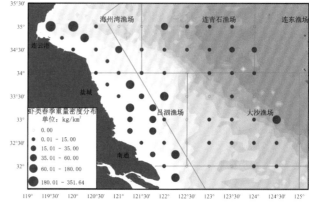

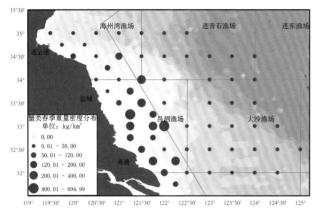
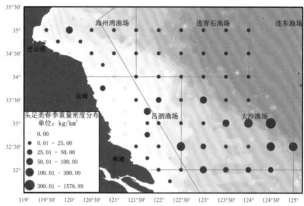
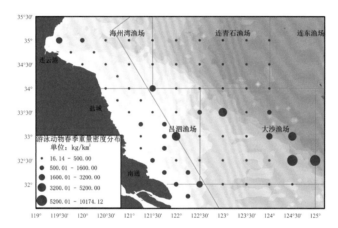

▲ 图 6-20　江苏海域春季重量资源密度分布

6.2.3.1.2　夏季

（1）鱼类：江苏海域夏季鱼类资源密度为 $31.68\sim48\,458.40\,\text{kg/km}^2$，平均为 $3\,516.82\,\text{kg/km}^2$。主要集中在大沙渔场中西部和吕泗渔场西北部。

虾类：夏季虾类资源密度为 $0\sim734.35\,\text{kg/km}^2$，平均为 $27.84\,\text{kg/km}^2$。虾类资源主要集中在海州湾渔场和吕四渔场两近岸渔场。

（2）蟹类：夏季蟹类资源密度为 $0\sim1\,257.95\,\text{kg/km}^2$，平均为 $144.32\,\text{kg/km}^2$。蟹类资源主要分布在近岸的海州湾渔场和吕泗渔场，大沙渔场中南部也有蟹类密集区。

（3）头足类：夏季头足类资源密度为 $0\sim690.22\,\text{kg/km}^2$，平均为 $17.84\,\text{kg/km}^2$。主要分布于海州湾渔场和大沙渔场北部海域。

（4）总体资源密度：江苏海域夏季总体资源密度 $42.06\sim49\,148.62\,\text{kg/km}^2$，资源密度平均值为 $3\,706.81\,\text{kg/km}^2$，密度分布不均，总体集中于吕泗渔场和大沙渔场。

6.2.3.1.3　秋季

（1）鱼类：江苏海域秋季鱼类资源密度为 $3.81\sim5\,397.47\,\text{kg/km}^2$，平均为 $483.71\,\text{kg/km}^2$。主要分布于吕泗渔场东北部、大沙渔场西北部，以及连青石渔场等机轮拖网禁渔区线外部海域。

（2）虾类：秋季虾类资源密度为 $0\sim441.65\,\text{kg/km}^2$，平均为 $28.18\,\text{kg/km}^2$。主要分布在吕泗渔场东北部、大沙渔场东南部，以及大沙渔场与连青石渔场交界处。

（3）蟹类：秋季蟹类资源密度为 $0\sim486.43\,\text{kg/km}^2$，平均为 $79.04\,\text{kg/km}^2$。主要分布于吕泗渔场中南部和大沙渔场散布。

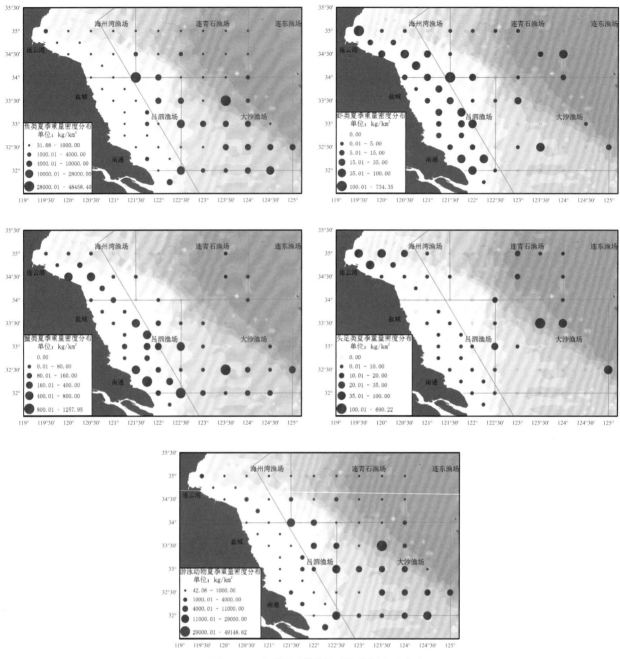

▲ 图6-21 江苏海域夏季重量资源密度分布

（4）头足类：秋季头足类资源密度为$0\sim198.39\,kg/km^2$，平均为$14.00\,kg/km^2$。主要分布于吕泗渔场东北部、海州湾渔场北部，以及大沙渔场与连青石渔场交界处。

（5）总体资源密度：江苏海域秋季总体资源密度为$30.64\sim5\,765.49\,kg/km^2$，资源密度平均值为$604.95\,kg/km^2$，密度分布不均，主要分布在吕泗渔场东北部，以及大沙渔场和连青石渔场等机轮拖网禁渔区线外侧海域。

6.2.3.1.4 冬季

（1）鱼类：江苏海域冬季鱼类资源密度为$1.77\sim1\,232.99\,kg/km^2$，平均为$197.54\,kg/km^2$。主要分布在大沙渔场和连青石渔场。

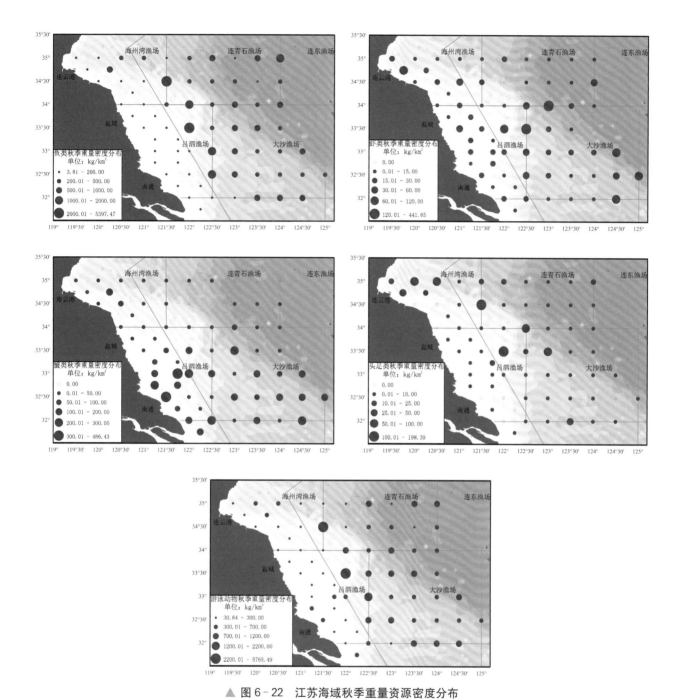

▲ 图6-22　江苏海域秋季重量资源密度分布

（2）虾类：冬季虾类资源密度为 $0.8 \sim 43.75\,kg/km^2$，平均为 $7.07\,kg/km^2$。分布较分散，主要分布于吕泗渔场东北部和大沙渔场西北部。

（3）蟹类：冬季蟹类资源密度为 $0 \sim 60\,kg/km^2$，平均为 $32.21\,kg/km^2$。最低分布较分散，主要分布于海州湾渔场北部、吕泗渔场及大沙渔场。

（4）头足类：冬季头足类资源密度为 $0 \sim 91.63\,kg/km^2$，平均为 $14.71\,kg/km^2$。主要分布在连青石渔场和大沙渔场。

（5）总体资源密度：江苏海域冬季总体资源密度 $4.48 \sim 1\,247.39\,kg/km^2$，资源密度平均值为 $220.56\,kg/km^2$。主要分布于连青石渔场和大沙渔场北部。

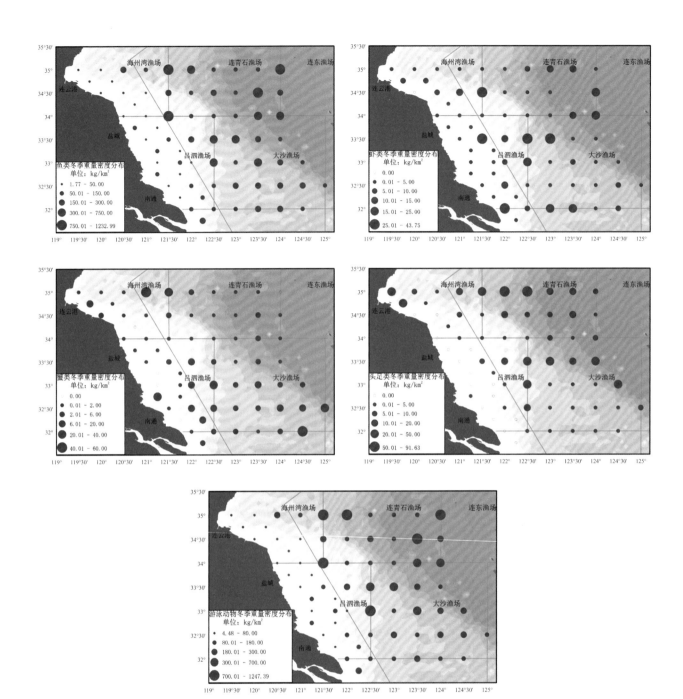

▲ 图 6-23 江苏海域冬季重量资源密度分布

6.2.3.2 尾数资源密度

6.2.3.2.1 春季

（1）鱼类：江苏海域春季鱼类资源密度为 $0.64 \times 10^3 \sim 2\,899.21 \times 10^3$ ind/km²，平均为 160.16×10^3 ind/km²。主要分布于吕泗渔场中南部及大沙渔场东部。

（2）虾类：春季虾类尾数资源密度为 $0 \sim 211.61 \times 10^3$ ind./km²，平均值 12.97×10^3 ind./km²。主要分布于海州湾渔场及吕泗渔场。

（3）蟹类：春季蟹类尾数资源密度为 $0 \sim 25.76 \times 10^3$ ind./km²，平均为 2.86×10^3 ind./km²。主要分布于海州湾渔场南部及吕泗渔场机轮拖网禁渔区线内侧水域。

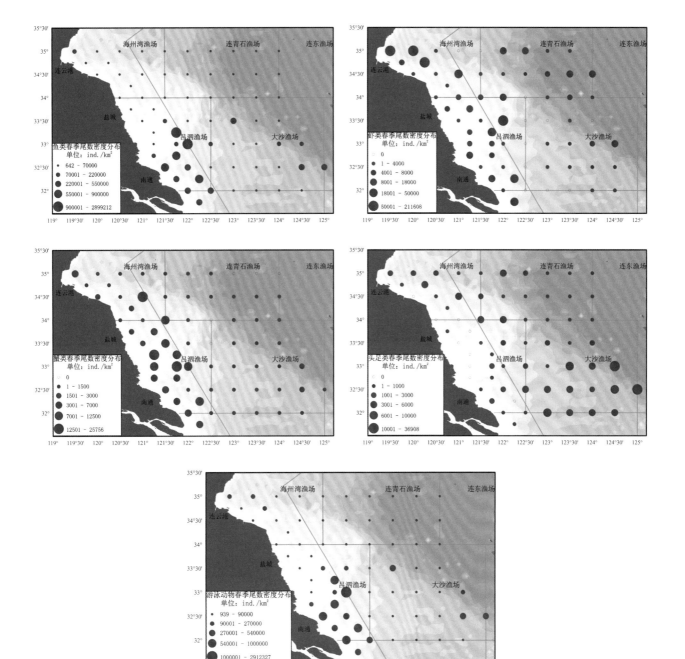

▲ 图 6-24 江苏海域春季尾数资源密度分布

（4）头足类：春季头足类尾数资源密度为 $0 \sim 36.91 \times 10^3$ ind./km^2，平均为 2.54×10^3 ind./km^2。分布以大沙渔场为主。

（5）总体尾数资源密度：江苏海域春季总的尾数资源密度为 $0.94 \times 10^3 \sim 2912.33 \times 10^3$ ind./km^2，平均为 178.54×10^3 ind./km^2。主要分布在吕泗渔场中南部。

6.2.3.2.2　夏季

（1）鱼类：江苏海域夏季鱼类资源密度为 $0.41 \times 10^3 \sim 5360.49 \times 10^3$ ind./km^2，平均为 278.15×10^3 ind./km^2。主要分布于吕泗渔场东北部及大沙渔场中西部。

（2）虾类：夏季虾类尾数资源密度为 $0 \sim 338.94 \times 10^3$ ind./km^2，平均值 10.63×10^3 ind./km^2。主要分布于吕四渔场及海州湾渔场。

（3）蟹类：夏季蟹类尾数资源密度为 $0\sim15.65\times10^3$ ind./km^2，平均为 2.09×10^3 ind./km^2。分布较分散，主要分布于海州湾渔场南部、吕泗渔场及大沙渔场南部。

（4）头足类：夏季头足类尾数资源密度为 $0\sim17.32\times10^3$ ind./km^2，平均为 0.76×10^3 ind./km^2。主要分布于海州湾渔场西北部海域。

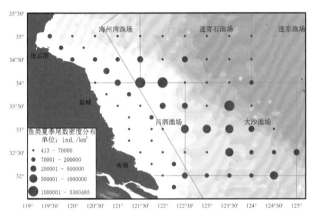
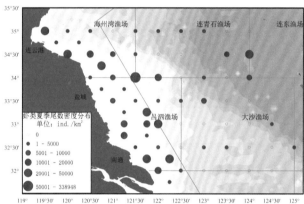
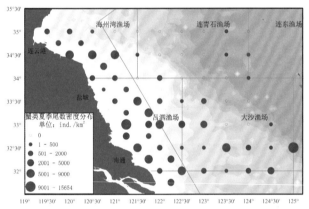
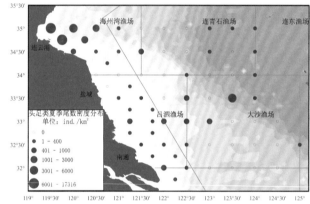
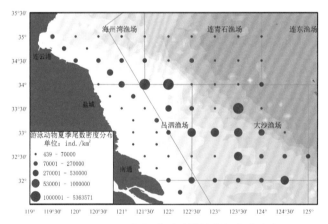

▲ 图 6-25　江苏海域夏季尾数资源密度分布

（5）总体尾数资源密度：江苏海域夏季总的尾数资源密度为 $0.44\times10^3\sim5\,363.57\times10^3$ ind./km^2，平均为 291.63×10^3 ind./km^2。主要分布于吕泗渔场东北部及大沙渔场。

6.2.3.2.3　秋季

（1）鱼类：江苏海域秋季鱼类资源密度为 $0.5\times10^3\sim726.64\times10^3$ ind./km^2，平均为 $45.72\times$

10^3 ind. $/km^2$。主要分布于吕泗渔场东北部以及海州湾渔场和连青石渔场交界处。

（2）虾类：秋季虾类尾数资源密度为 $0\sim92.08\times10^3$ ind. $/km^2$，平均值 12.9×10^3 ind. $/km^2$。主要分布于吕泗渔场东北部以及大沙渔场东南部海域。

（3）蟹类：秋季蟹类尾数资源密度为 $0\sim45.17\times10^3$ ind. $/km^2$，平均为 6.2×10^3 ind. $/km^2$。主要分布于吕泗渔场中南部及大沙渔场海域。

（4）头足类：秋季头足类尾数资源密度为 $0\sim10.55\times10^3$ ind. $/km^2$，平均为 2.7×10^3 ind. $/km^2$。分布较分散，主要集中在海州湾渔场北部和东部、吕泗渔场东北部、大沙渔场西北部和南部海域。

（5）总体尾数资源密度：江苏海域秋季总的尾数资源密度为 $2.01\times10^3\sim749.95\times10^3$ ind. $/km^2$，平均为 60.54×10^3 ind. $/km^2$。主要分布于吕泗渔场和大沙渔场交界处。

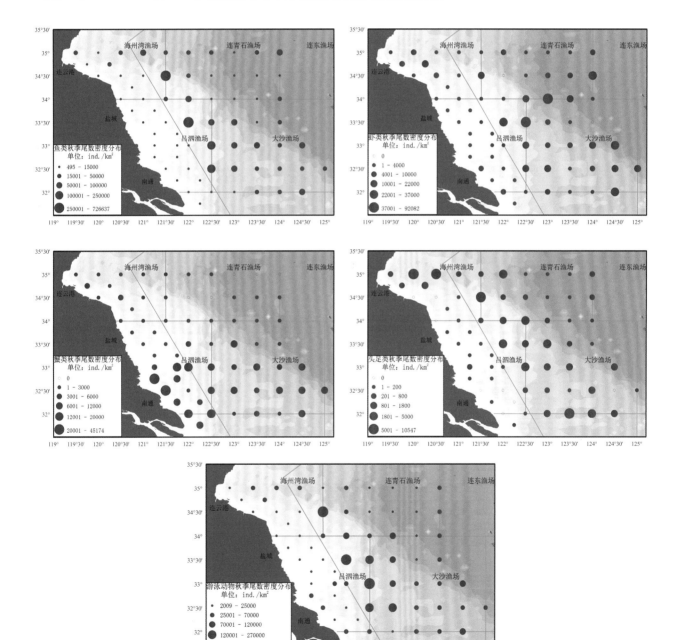

▲ 图 6-26 江苏海域秋季尾数资源密度分布

133

6.2.3.2.4　冬季

（1）鱼类：江苏海域冬季鱼类资源密度为 $0.26 \times 10^3 \sim 262.0 \times 10^3$ ind. $/km^2$，平均为 21.09×10^3 ind. $/km^2$。分布分散，主要分布在吕泗渔场和大沙渔场交接处及连青石渔场部分海域。

（2）虾类：冬季虾类尾数资源密度为 $0 \sim 50.87 \times 10^3$ ind. $/km^2$，平均为 5.39×10^3 ind. $/km^2$。主要分布于吕泗渔场东北部、大沙渔场西北部。

（3）蟹类：冬季蟹类尾数资源密度为 $0 \sim 8.46 \times 10^3$ ind. $/km^2$，平均为 1.2×10^3 ind. $/km^2$。分散分布，主要分布于海州湾渔场与连青石渔场交界处、吕泗渔场东南部。

（4）头足类：冬季头足类尾数资源密度为 $0 \sim 14.09 \times 10^3$ ind. $/km^2$，平均为 1.48×10^3 ind. $/km^2$。主要分布于连青石渔场中部海域、海州湾渔场东部海域、吕泗渔场东北部和大沙渔场西北部海域。

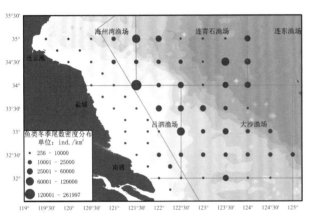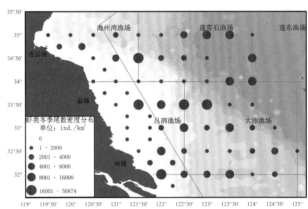

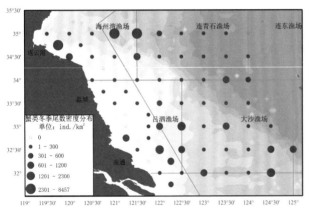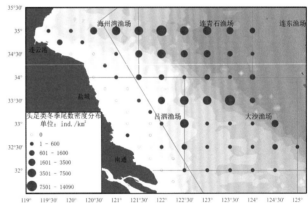

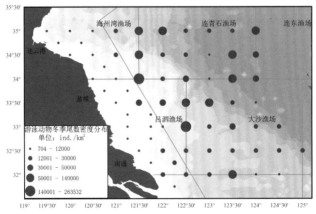

▲ 图 6-27　江苏海域冬季尾数资源密度分布

（5）总体尾数资源密度：江苏海域冬季总尾数资源密度为 $0.7\times10^3\sim263.53\times10^3$ ind. /km²，平均为 3.2×10^4 ind. /km²。主要分布于大沙渔场附近。

6.2.4 主要经济品种

6.2.4.1 小黄鱼

6.2.4.1.1 资源密度季节分布

（1）重量资源密度

春季：小黄鱼重量资源密度为 $0\sim7\,955.51$ kg/km²，站位平均为 394.0 kg/km²。最高为 JS59 站位，JS13、JS14、JS2、JS3 等 4 个站位未有小黄鱼出现。超过 $1\,000$ kg/km² 的站位为 JS44、JS48、JS49、JS58、JS59，$100\sim1\,000$ kg/km² 的站位有 JS34、JS39、JS41、JS43、JS51、JS52、JS53、JS60、JS61、JS62、JS68 等 11 个站位，其余站位均低于 100 kg/km²，其中 $0\sim1$ kg/km² 的站位有 11 个（表 6-24、图 6-28）。

夏季：小黄鱼单位面积资源量为 $0\sim5\,974.371$ kg/km²，站位平均为 664.188 kg/km²，最高为 JS47 站位，超过 $1\,000$ kg/km² 的站位有 JS16、JS18、JS25、JS26、JS35、JS45、JS46、JS47、JS48、JS56、JS59、JS67，JS14、JS2、JS23、JS27、JS3、JS31、JS32、JS33 等 8 个站位小黄鱼未出现。单位面积资源量超过 $5\,000$ kg/km² 的仅 JS47、JS67 站点；介于 $100\sim1\,000$ kg/km² 之间的有 18 个站位；$0\sim100$ kg/km² 的有 38 个站位，其中小黄鱼单位面积资源量小于 1 kg/km² 且除去未出现小黄鱼的站位有 JS13、JS17、JS40、JS5、JS54、JS55、JS6。

秋季：小黄鱼单位面积资源量为 $0\sim543.558$ kg/km²，站位平均为 35.057 kg/km²，最高为 JS10 站位；JS11、JS12、JS13、JS14、JS22、JS23、JS24、JS31、JS32、JS33、JS34、JS35、JS40、JS41、JS42、JS43、JS44、JS50、JS51、JS52、JS53、JS60、JS62、JS63、JS68 等 25 个站位小黄鱼未出现，其余站位的小黄鱼单位面积资源量在 $0.845\sim543.558$ kg/km² 之间，其中除小黄鱼未出现站位有 21 个站位的小黄鱼单位面积资源量小于 10 kg/km²。

冬季：小黄鱼单位面积资源量为 $0\sim26.925$ kg/km²，站位平均为 1.108 kg/km²，最高为 JS30 站位；有 JS18、JS26、JS27、JS29、JS30、JS39、JS49、JS57、JS67 等共 29 个站位有小黄鱼出现，单位面积资源量介于 $0.089\sim26.925$ kg/km²。

表 6-24 江苏海域各季节小黄鱼重量资源密度

站位	春季(kg/km²)	夏季(kg/km²)	秋季(kg/km²)	冬季(kg/km²)
JS1	8.16	8.21	4.03	
JS2			2.02	
JS3			8.34	
JS4	16.14	1.39	2.44	0.47
JS5	17.58	0.31	0.85	
JS6	24.99	0.24	1.50	
JS7	6.10	13.19	255.50	3.08
JS8	30.82	74.68	45.08	0.57
JS9	7.96	8.97	225.21	6.29
JS10	1.78	11.46	543.56	10.92

（续表）

站位	春季(kg/km²)	夏季(kg/km²)	秋季(kg/km²)	冬季(kg/km²)
JS11	0.61	1.50		
JS12	0.89	98.89		
JS13		0.41		
JS14				
JS15	2.90	105.19	1.63	
JS16	3.47	1 134.27	21.61	
JS17	39.42	0.75	1.20	0.95
JS18	64.05	1 121.63	85.65	0.20
JS19	4.03	40.36	19.16	2.29
JS20	31.26	7.94	32.09	5.39
JS21	0.91	8.48	25.26	4.97
JS22	4.78	2.85		
JS23	0.19			
JS24	14.59	2.61		
JS25	85.78	4 676.66	2.44	
JS26	5.10	3 423.87	2.88	0.09
JS27	20.87		2.33	0.22
JS28	2.50	135.12	40.25	4.50
JS29	13.77	424.43	2.32	14.87
JS30	32.34	362.42	405.65	26.92
JS31	0.17			
JS32	0.58			
JS33	1.86			
JS34	146.44	94.11		
JS35	2.82	2 682.80		
JS36	0.56	669.26	14.78	
JS37	92.91	78.89	58.01	2.65
JS38	28.08	273.68	1.22	6.17
JS39	436.55	178.26	36.85	14.04
JS40	0.45	0.19		
JS41	706.35	934.90		
JS42	3.93	48.61		
JS43	618.67	129.47		
JS44	2 536.86	366.57		

(续表)

站位	春季(kg/km^2)	夏季(kg/km^2)	秋季(kg/km^2)	冬季(kg/km^2)
JS45	0.28	1 530.51	7.19	
JS46	0.54	3 540.10	12.41	
JS47	9.18	5 974.37	36.72	2.69
JS48	1 352.84	2 712.90	8.21	2.96
JS49	1 943.65	165.92	62.15	23.27
JS50	23.09	20.78		
JS51	659.34	42.29		
JS52	739.71	160.32		
JS53	174.61	19.30		
JS54	9.61	0.89	17.21	
JS55	25.45	0.06	8.67	0.48
JS56	4.22	4 520.07	1.60	3.13
JS57	0.60	100.70	9.53	0.25
JS58	7 072.04	336.24	58.90	6.09
JS59	7 955.51	1 523.86	89.78	0.66
JS60	324.19	87.19		
JS61	578.78	16.37	1.00	
JS62	460.46	40.21		
JS63	73.57	5.71		
JS64	2.55	799.75	1.04	
JS65	14.40	497.62	135.87	1.00
JS66	2.51	103.20	81.80	1.29
JS67	11.31	5 071.81	9.90	0.43
JS68	336.50	772.05		
平均值	394.00	664.19	35.06	2.16

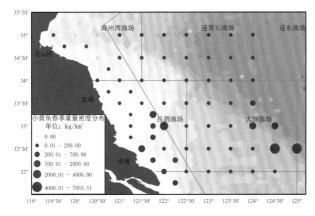

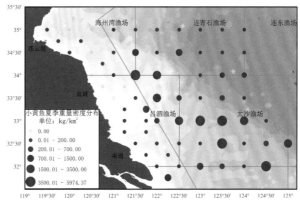

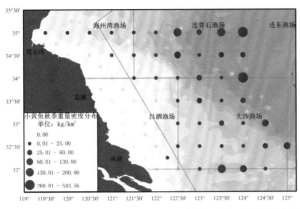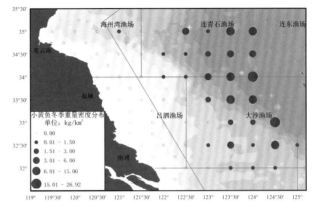

▲ 图 6-28　江苏海域小黄鱼重量资源密度季节分布

（2）尾数资源密度

春季：小黄鱼尾数资源密度为 $0\sim28.978\times10^5$ ind. $/km^2$，站位平均为 1.322×10^5 ind. $/km^2$。最高为 JS44 站位，资源尾数远高于其他站位。JS13、JS14、JS2、JS3 等 4 个站位小黄鱼未出现。超过 1×10^5 ind. $/km^2$ 的站位有 12 个，其中仅 JS44 站位超过 10×10^5 ind. $/km^2$。介于 1×10^3 ind. $/km^2\sim1\times10^5$ ind. $/km^2$ 的站位有 JS15、JS17、JS18、JS20、JS22、JS25、JS30、JS32、JS33、JS37、JS42、JS55、JS8 等 19 个。有 11 个站位低于 100 ind. $/km^2$（表 6-25、图 6-29）。

夏季：小黄鱼尾数资源密度为 $0\sim8.90\times10^5$ ind. $/km^2$，站位平均为 1.005×10^5 ind. $/km^2$，最高为 JS56 站位。超过 1×10^5 ind. $/km^2$ 的站位有 13 个，分别为 JS16、JS18、JS25、JS26、JS35、JS45、JS46、JS47、JS48、JS56、JS59、JS64、JS67。JS14、JS2、JS23、JS27、JS3、JS31、JS32、JS33 等 8 个站位未有小黄鱼出现。尾数资源密度介于 $1\times10^4\sim1\times10^5$ ind. $/km^2$ 之间的有共 16 个站位。介于 $1\times10^3\sim1\times10^4$ ind. $/km^2$ 之间的有 JS12、JS19、JS20、JS34、JS38、JS42、JS50、JS57、JS58、JS60、JS61、JS62、JS8 等 13 个站位，JS17、JS4、JS40、JS5、JS55、JS62 等 6 个站位的小黄鱼尾数资源密度小于 100 ind. $/km^2$。

秋季：小黄鱼尾数资源密度为 $0\sim3.049\times10^4$ ind. $/km^2$，站位平均为 1 813.6 ind. $/km^2$，最高为 JS10 站位；JS11、JS12、JS13、JS14、JS22、JS23、JS24、JS31、JS32、JS33、JS34、JS35、JS40、JS41、JS42、JS43、JS44、JS50、JS51、JS52、JS53、JS60、JS62、JS63、JS68 等 25 个站位未有小黄鱼出现，其余站位的小黄鱼尾数资源密度从 40.46$\sim$30 491.68 ind. $/km^2$ 不等。

冬季：小黄鱼尾数资源密度为 $0\sim1498.66$ ind. $/km^2$，站位平均为 98.65 ind. $/km^2$，最高为 JS49 站位；JS10、JS17、JS18、JS19、JS20、JS21、JS26、JS27、JS28、JS29、JS37、JS38、JS39、JS4、JS47、JS48、JS49、JS55、JS56、JS57、JS58、JS59、JS65、JS66、JS67、JS7、JS8、JS9 等 28 个站位有小黄鱼出现。由于冬季小黄鱼在外海渔场越冬，冬季为小黄鱼生物量最少的季度。

表 6-25　江苏海域小黄鱼各季节尾数资源密度

站位	春季(ind. $/km^2$)	夏季(ind. $/km^2$)	秋季(ind. $/km^2$)	冬季(ind. $/km^2$)
JS1	286.19	716.62	165.79	
JS2			82.28	
JS3			279.44	
JS4	514.24	68.57	148.56	14.69
JS5	650.15	38.57	41.14	

(续表)

站位	春季(ind. /km²)	夏季(ind. /km²)	秋季(ind. /km²)	冬季(ind. /km²)
JS6	956.49	42.07	92.56	
JS7	280.50	311.02	14 069.73	64.11
JS8	1 594.16	6 923.79	2 524.47	34.28
JS9	357.91	565.67	14 398.85	364.65
JS10	91.42	493.67	30 491.68	633.62
JS11	34.77	112.20		
JS12	47.47	8 811.16		
JS13		63.84		
JS14				
JS15	1 370.43	12 932.89	40.47	
JS16	68.57	221 198.16	1 121.99	
JS17	1 361.24	68.57	67.08	46.28
JS18	2 690.53	199 377.30	1 629.13	13.42
JS19	179.99	2 776.92	771.37	106.80
JS20	1 381.11	1 157.05	2 056.98	168.30
JS21	44.08	411.40	1 785.16	287.98
JS22	1 550.45	205.70		
JS23	170.43			
JS24	11 593.88	227.35		
JS25	3 239.74	867 379.35	78.78	
JS26	147.57	514 414.50	149.60	12.86
JS27	751.24		123.42	11.02
JS28	84.15	15 596.87	1 928.42	202.48
JS29	591.38	36 189.96	44.08	1 104.27
JS30	1 150.04	40 978.86	20 240.67	2 429.81
JS31	365.38			
JS32	1 882.66			
JS33	3 442.01			
JS34	209 995.99	9 636.80		
JS35	91.42	353 418.26		
JS36	46.28	87 342.46	1 375.95	
JS37	3 208.89	10 490.59	3 394.01	102.85

(续表)

(续表)

站位	春季(ind. /km²)	夏季(ind. /km²)	秋季(ind. /km²)	冬季(ind. /km²)
JS38	969.72	9 256.40	77.14	443.54
JS39	22 421.06	12 159.03	1 542.73	866.99
JS40	906.75	12.72		
JS41	942 582.26	92 917.19		
JS42	5 579.20	5 608.29		
JS43	60 241.67	11 868.48		
JS44	2 897 817.37	42 021.13		
JS45	13.42	335 190.66	274.26	
JS46	19.91	691 305.69	953.69	
JS47	987.35	879 686.05	1 928.42	140.25
JS48	58 049.35	395 337.96	435.99	124.61
JS49	83 598.02	27 906.34	3 134.44	1 498.66
JS50	117 976.96	1 475.00		
JS51	766 145.30	10 940.34		
JS52	668 742.66	12 706.91		
JS53	203 575.89	995.31		
JS54	370.26	266.85	528.94	
JS55	1 009.79	11.22	476.04	21.72
JS56	215.98	889 985.94	154.27	58.77
JS57	555.38	8 038.45	555.38	16.53
JS58	435 421.17	4 936.75	2 653.50	223.38
JS59	396 112.31	108 898.85	3 887.69	51.75
JS60	360 856.40	5 378.46		
JS61	817 398.70	1 412.82	52.89	
JS62	474 133.50	3 517.43		
JS63	62 943.54	574.54		
JS64	61.71	147 331.07	46.28	
JS65	509.10	56 772.60	5 664.92	26.45
JS66	123.42	14 549.36	3 394.01	38.57
JS67	539.96	618 250.54	462.82	29.39
JS68	360 249.17	51 763.73		
平均值	132 211.00	100 485.68	1 813.60	98.65

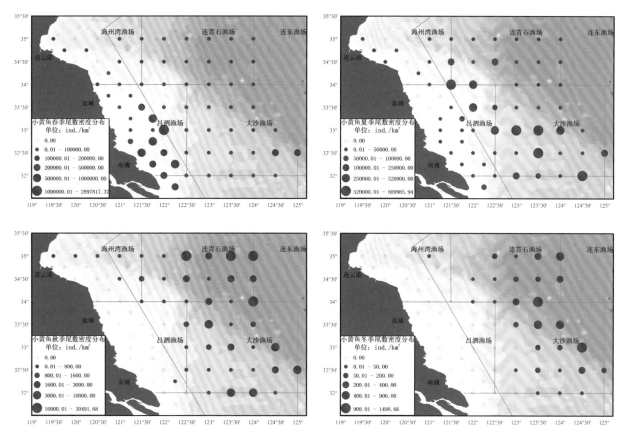

▲ 图6-29 江苏海域小黄鱼尾数资源密度季节分布

（3）春季小黄鱼幼鱼与成鱼分布

小黄鱼幼鱼分布：春季小黄鱼幼鱼分布于 $34°30'N$ 以南的南黄海海域，站位出现频率 36.76%。集中分布于 $31°45'N \sim 33°15'N$ 之间拖网禁渔区线内侧吕泗渔场中南部海域，最高站位在 $33°N$ 拖网禁渔区线上，位于吕泗渔场小黄鱼银鲳国家级水产种质资源保护核心区（图6-30）。各站位小黄鱼幼鱼体长范围为 $20 \sim 60\,mm$，平均体长 $36.3\,mm$，体重范围 $0.2 \sim 3.0\,g$，平均体重为 $0.83\,g$。

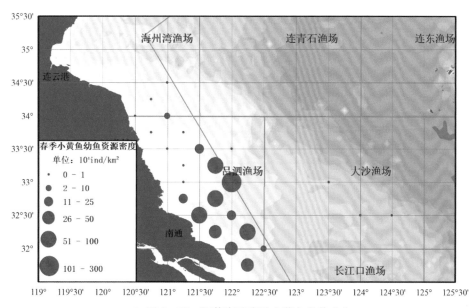

▲ 图6-30 江苏海域春季小黄鱼幼体分布

小黄鱼成鱼分布:春季小黄鱼成鱼分布于34°30′N以南的吕泗渔场和大沙渔场海域(图6-31),站位出现频率73.53%,仅32°30′N的2个站位资源密度相对较高,其平均体长104.89 mm,平均体重17.94 g。其余站位资源密度相对较低,小黄鱼成体呈零散分布。

6.2.4.1.2 资源量

(1) 重量资源量:根据尾数资源密度、扫海面积、调查评价面积,求算各季度资源量。春季小黄鱼资源量46 387.20 t,夏季78 197.75 t,秋季4 127.75 t,冬季254.31 t,夏季资源量最高,春季次之,冬季资源量最低(表6-26)。

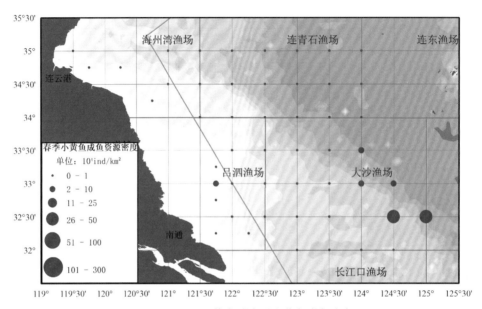

▲ 图6-31 江苏海域春季小黄鱼成鱼分布

(2) 尾数资源量:根据尾数资源密度、扫海面积、调查评价面积,求算各季度资源尾数。春季小黄鱼资源尾数为15 565.73×10⁶尾,夏季11 830.58×10⁶尾,秋季213.52×10⁶尾,冬季11.61×10⁶尾,春季资源尾数最高,夏季次之,冬季资源尾数最低(表6-26)。

表6-26 江苏海域各季节小黄鱼资源量估算

指标	春季	夏季	秋季	冬季
重量资源密度(kg/km²)	394.00	664.19	35.06	2.16
资源量(t)	46 387.20	78 197.75	4 127.75	254.31
尾数资源密度(ind./km²)	132 211.00	100 485.68	1 813.60	98.65
资源尾数(×10⁶ ind.)	15 565.73	11 830.58	213.52	11.61

6.2.4.1.3 生物学

(1) 体长、体重:春季小黄鱼体长范围20~190 mm,分成两个优势组,幼鱼组和1龄组,幼鱼组优势组体长21~50 mm,占44.22%,1龄组91~130 mm,占46.74%,平均体长78.95 mm。体重范围0.04~71.2 g,幼鱼组优势组体重0.1~1.8 g,占43.92%,1龄组优势组体重11~40 g,占50.96%,平均体重13.68 g。雌雄性比为1:1.52。

夏季小黄鱼体长范围25~194 mm,优势组体长51~110 mm,占79.84%,平均体长70.44 mm;体重范围1.2~110.2 g,优势组体重1.2~20 g,占88.45%。平均体重11.80 g,雌雄性比为1:1.36。

秋季小黄鱼体长范围 58～198 mm,优势组体长 81～120 mm,占 83.73%,平均体长 103.26 mm;体重范围 1.9～152.3 g,优势组体重 5.1～30 g,占 88.62%,平均体重 19.82 g。雌雄性比为 1：1.87。

冬季小黄鱼体长范围 32～160 mm,优势组体长 81～110 mm,占 73.55%,平均体长 95.80 mm;体重范围 4.4～74.0 g,优势组体重 5.1～30 g,占 87.06%,平均体重 16.30 g。雌雄性比为 1：1.86。

周年调查小黄鱼体长范围 20～198 mm,优势组体长 61～110 mm,占 71.38%,平均体长 87.45 mm;体重范围 0.1～25 g,优势组体重 0.1～25 g,占 86.97%,平均体重 13.96 g。雌雄性比为 1：1.70(表 6－27)。

表 6－27　江苏海域小黄鱼体长与体重

季节	体长(mm)				体重(g)				雌雄性比(♀：♂)
	范围	优势组	比例(%)	平均	范围	优势组	比例(%)	平均	
春季	20～190	21～50 91～130	44.22 46.74	78.95	0.04～71.2	0.1～1.8 11～40	43.92 50.96	13.68	1：1.52
夏季	25～194	51～110	79.84	84.12	1.2～110.2	1.2～20	88.45	11.80	1：1.36
秋季	58～198	81～120	83.73	103.26	1.9～152.3	5.1～30	88.62	19.82	1：1.87
冬季	32～160	81～110	73.55	95.80	4.4～74.0	5.1～30	87.06	16.30	1：1.86
总计	20～198	61～110	71.38	87.45	0.1～152.3	0.1～25	86.97	13.96	1：1.70

体长与体重关系(图 6－32)：$W = 1.75 \times 10^{-5} L^{2.9824}$,$R^2 = 0.9803(n = 6843)$。

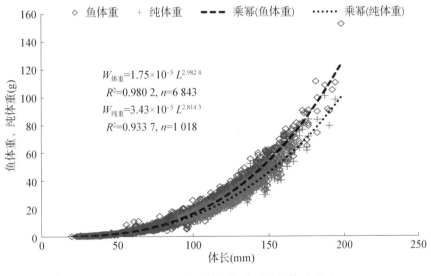

▲ 图 6－32　小黄鱼体长与体重及纯体重关系

体长与纯体重关系(图 6－32)：$W = 3.43 \times 10^{-5} L^{2.8143}$,$R^2 = 0.9337(n = 1018)$。

(2) 性腺成熟度：春季小黄鱼性腺成熟度以Ⅱ期为主,占 41.74%,Ⅲ期占 12.81%,Ⅳ期占 9.09%,V_A 期占 14.05%,V_B 期占 1.65%,Ⅵ期占 20.66%。

夏季小黄鱼性腺发育主要以Ⅱ期为主,占 51.98%,3.39%为Ⅲ期,产完卵的占 7.34%。

小黄鱼在秋季为索饵洄游期,Ⅱ期占优势组,占 98.20%,少量的Ⅲ期占 0.68%,但仍有Ⅵ～Ⅲ期、Ⅵ～Ⅳ期共占 1.13%。

冬季为小黄鱼越冬洄游期,尚有部分群体滞留,性腺成熟度以Ⅱ期和Ⅲ期为主,分别占 85.11%和 14.18%,少量的已经发育至Ⅳ期,占 0.71%(表 6－28)。

表 6‑28　江苏海域小黄鱼各季节性腺成熟度

季节	性腺成熟度比例（%）								样本量（ind.）
	Ⅱ期	Ⅲ期	Ⅳ期	Ⅴ$_A$期	Ⅴ$_B$期	Ⅵ期	Ⅵ～Ⅲ期	Ⅵ～Ⅳ期	
春季	41.74	12.81	9.09	14.05	1.65	20.66	0.00	0.00	242
夏季	51.98	3.39	0.00	0.00	0.00	37.29	0.00	7.34	177
秋季	98.20	0.68	0.00	0.00	0.00	0.00	0.45	0.68	444
冬季	85.11	14.18	0.71	0.00	0.00	0.00	0.00	0.00	141

（3）摄食强度：春季为小黄鱼产卵季节，摄食等级以 0 级（空胃）占 28.35%，1 级占 39.39%，2 级占 27.16%，3 级占 5.09%。其中雌鱼摄食等级为 0 的占 32.03%，1 级占 38.96%，2 级占 25.11%，3 级占 3.90%。雄鱼空胃率低于雌鱼，占 25.98%，1 级占 39.66%，2 级占 28.49%，3 级占 5.87%。

夏季小黄鱼空胃率为 40.05%，1 级占 34.29%，2 级占 27.16%，3 级占 5.09%。其中雌鱼 0 级占 32.40%，1 级占 36.31%，2 级占 22.35%，3、4 级合计占 8.94%。雄鱼空胃率占 45.80%，1 级占 32.77%，2 级占 14.29%，3 级占 4.20%，4 级占 2.94%。

秋季小黄鱼空胃率在四个调查季节中最低，占 18.17%，1 级占 46.02%，2 级占 29.10%，3 级占 6.55%，4 级占 0.16%。雌、雄鱼空胃率为相差不大，分别为 18.12%、18.20%，其中雌鱼 1 级占 46.09%，2 级占 27.29%，3 级占 8.05%，4 级占 0.45%；雄鱼则 1 级占 45.99%，2 级占 30.06%，3 级占 5.75%，4 级未出现。

冬季小黄鱼空胃率占 28.26%，1 级和 2 级分别占 52.08%、18.34%。雌鱼空胃率为 24.31%，1 级和 2 级占 53.47% 和 21.53%。雄鱼空胃率为 30.57%，1 级占 51.32%。

从全年情况看，小黄鱼空胃率达 25%，1 级占 44%，2～4 级的占 31%。雌鱼和雄鱼的空胃率分别为 24.78% 和 25.65%（表 6‑29、表 6‑30、表 6‑31）。

表 6‑29　江苏海域小黄鱼各季节摄食等级

季节	摄食等级比例（%）					样本量（ind.）
	0 级	1 级	2 级	3 级	4 级	
春季	28.35	39.39	27.16	5.09	0.00	589
夏季	40.05	34.29	17.75	5.76	2.16	417
秋季	18.17	46.02	29.10	6.55	0.16	1 282
冬季	28.36	52.08	18.34	0.98	0.24	409
总计	0.25	0.44	0.25	0.05	0.004	2 697

表 6‑30　江苏海域各季节小黄鱼雌鱼和雄鱼摄食等级

雌雄	季节	摄食等级比例（%）					样本量（ind.）
		0 级	1 级	2 级	3 级	4 级	
雌鱼	春季	32.03	38.96	25.11	3.90	0.00	231
	夏季	32.40	36.31	22.35	7.82	1.12	179
	秋季	18.12	46.09	27.29	8.05	0.45	447
	冬季	24.31	53.47	21.53	0.69	0.00	144

（续表）

雌雄	季节	摄食等级比例（%）					样本量（ind.）
		0级	1级	2级	3级	4级	
雌鱼合计		24.78	43.76	25.07	5.99	0.40	1001
雄鱼	春季	25.98	39.66	28.49	5.87	0.00	358
	夏季	45.80	32.77	14.29	4.20	2.94	238
	秋季	18.20	45.99	30.06	5.75	0.00	835
	冬季	30.57	51.32	16.60	1.13	0.38	265
雄鱼合计		25.65	43.63	25.41	4.83	0.47	1696
总计		25.00	44.00	25.00	5.00	1.00	2697

（4）年龄结构：春季禁渔区线内侧共测定小黄鱼636尾，0龄比例最高占93.71%，最高龄仅2龄，占0.16%，平均年龄0.06龄，基本上为当年生幼体为主。5月份禁渔区线外侧共测定714尾，以1龄鱼为主，占93.70%，平均年龄1.08龄。5月份全海域合计测定小黄鱼1350尾，以1龄鱼和0龄鱼为主，分别占52.44%和44.15%，平均年龄0.60龄（表6-31）。

表6-31 江苏海域春季小黄鱼年龄组成（%）

区域	样本量（ind.）	0龄	1龄	2龄	3龄	平均年龄（龄）
禁渔区线内	636	93.71	6.13	0.16	0.00	0.06
禁渔区线外	714	0.00	93.70	5.04	1.26	1.08
合计	1350	44.15	52.44	2.74	0.67	0.60

夏季禁渔区线内侧共测定小黄鱼1660尾，1龄比例最高占87.05%，最高龄为3龄，占0.18%，平均年龄0.89龄。8月份禁渔区线外侧共测定2132尾，以1龄鱼为主，占57.69%，平均年龄0.72龄。8月份全海域合计测定小黄鱼3792尾，以1龄鱼和0龄鱼为主，分别占70.54%和25.53%，平均年龄0.79龄（表6-32）。

表6-32 江苏海域夏季小黄鱼年龄组成（%）

区域	样本量（ind.）	0龄	1龄	2龄	3龄	4龄	平均年龄（龄）
禁渔区线内	1660	12.17	87.05	0.60	0.18	0.00	0.89
禁渔区线外	2132	35.93	57.69	4.97	1.36	0.05	0.72
合计	3792	25.53	70.54	3.06	0.84	0.03	0.79

秋季禁渔区线内侧共测定小黄鱼10尾，0龄和1龄分别占10.00%和90.00%，平均年龄0.90龄。11月份禁渔区线外侧共测定1274尾，以1龄鱼为主，占96.39%，平均年龄1.04龄。11月份全海域合计测定小黄鱼1284尾，以1龄鱼为主，占96.34%，平均年龄1.04龄（表6-33）。

冬季禁渔区线内侧没有小黄鱼。1月份禁渔区线外侧共测定447尾，以1龄鱼为主，占95.30%，平均年龄1.01龄（表6-34）。

表 6-33 江苏海域秋季小黄鱼年龄组成(%)

区域	样本量(ind.)	0龄	1龄	2龄	3龄	4龄	平均年龄(龄)
禁渔区线内	10	10.00	90.00	0.00	0.00	0.00	0.90
禁渔区线外	1 274	0.39	96.39	2.51	0.55	0.16	1.04
合计	1 284	0.47	96.34	2.49	0.55	0.16	1.04

表 6-34 江苏海域冬季小黄鱼年龄组成(%)

区域	样本量(ind.)	0龄	1龄	2龄	平均年龄(龄)
禁渔区线内	0				
禁渔区线外	447	1.79	95.30	2.91	1.01
合计	447	1.79	95.30	2.91	1.01

2017~2018 年周年调查期间,禁渔区域内侧共测定小黄鱼 2 306 尾,0 龄和 1 龄分别占 34.65% 和 64.74%,平均年龄 0.66 龄。禁渔区线外侧共测定 4 567 尾,0 龄和 1 龄分别占 17.06% 和 77.80%,平均年龄 0.89 龄。全海域合计测定小黄鱼 6 873 尾,以 1 龄鱼为主,占 73.42%,平均年龄 0.81 龄(表 6-35)。

表 6-35 江苏海域小黄鱼年龄组成(%)

区域	样本量(ind.)	0龄	1龄	2龄	3龄	4龄	平均年龄(龄)
禁渔区线内侧	2 306	34.65	64.74	0.48	0.13	0.00	0.66
禁渔区线外侧	4 567	17.06	77.80	4.09	0.99	0.07	0.89
合计	6 873	22.96	73.42	2.88	0.70	0.04	0.81

6.2.4.2 银鲳

6.2.4.2.1 资源密度季节分布

(1)重量资源密度

春季:银鲳重量资源密度为 0~2 361.49 kg/km²,站位平均为 63.82 kg/km²,最高为 JS58 站位。调查站位中 JS1、JS10、JS11、JS12、JS13、JS14、JS17、JS18、JS19、JS2、JS20、JS21、JS22、JS23 等 38 个站位未出现银鲳,重量资源密度超过 1 000 kg/km² 的站位仅 JS25、JS58 等 2 个站位,分别为 1 201.28 kg/km²、2 361.49 kg/km²(表 6-36,图 6-33)。

夏季:银鲳重量资源密度为 0~21 308.78 kg/km²,站位平均为 901.51 kg/km²,最高为 JS25 站位。超过 10 000 kg/km² 的有 JS25、JS63 等 2 个站位;有 25 个站位银鲳未出现。

秋季:银鲳重量资源密度为 0~2 048.29 kg/km²,站位平均为 85.21 kg/km²,最高为 JS35 站位。重量资源密度超过 100 kg/km² 的站位是 JS1、JS16、JS19、JS25、JS26、JS3、JS35、JS36、JS37、JS46、JS65、JS66、JS67、JS7 等 14 个站位,有 15 个站位银鲳未出现。

冬季:银鲳重量资源密度为 0~995.64 kg/km²,站位平均为 52.0 kg/km²,最高为 JS5 站位。重量资源密度超过 100 kg/km² 的站位有 9 个,28 个站位未有银鲳出现,其余站位重量资源密度为 3.94~995.65 kg/km²。

表6-36 江苏海域各季节银鲳重量资源密度

站位	春季(kg/km²)	夏季(kg/km²)	秋季(kg/km²)	冬季(kg/km²)
JS1		1 132.07	167.32	
JS2			93.52	
JS3			230.19	4.78
JS4	6.18		61.81	70.56
JS5			35.92	995.64
JS6	5.79		15.96	691.86
JS7			106.15	63.25
JS8	0.15		28.57	18.78
JS9	2.38		20.51	9.25
JS10		0.28		16.58
JS11		124.57	0.9	
JS12		16.17	8.83	
JS13		14.44		
JS14		7.55	0.6	
JS15	32	62.58	8.62	
JS16	38.38	115.16	323.28	141.73
JS17			82.06	105.57
JS18			26.46	143.78
JS19			131.2	40.81
JS20			46.23	143.75
JS21				6.79
JS22		23.39		
JS23				
JS24		15.5		
JS25	1 201.28	21 308.78	103.18	9.12
JS26	16.88	521.83	554.52	31.09
JS27		1.17	90.22	101.51
JS28			27.51	11.3
JS29	0.28		53.25	15.47
JS30			8.16	48.92
JS31		0.35		
JS32		45.12		
JS33		1.53		
JS34	1.54	79.7	4.77	
JS35	29.87	238.74	2 048.29	53.75

站位	春季(kg/km²)	夏季(kg/km²)	秋季(kg/km²)	冬季(kg/km²)
JS36		2 165.76	119.07	443.55
JS37	62.12		328.93	77.84
JS38				23.27
JS39			6.1	5.02
JS40		49.88	1.26	
JS41		62.06	8.17	
JS42		18.88		
JS43	7.24	185.26	7.14	
JS44	7.65	30.03	10.06	
JS45	18.51	2 085.63	15.22	10.16
JS46	3.7	44.06	109.77	17.13
JS47	3.1		30.29	13.64
JS48		311.23	75.45	19.46
JS49			35.51	3.95
JS50	0.78	3.04		
JS51	56.19	40.2	4.7	
JS52	40.4	13.04		
JS53	139.83	78.19	18.36	
JS54		1.88	69.54	6.49
JS55			82.49	32.32
JS56		188.21	11.5	24.48
JS57	7.24	277.94	5.52	15.58
JS58	2 361.49		29.45	18.52
JS59		353.32	10.18	9.22
JS60	26.39	38.92		
JS61	66.16	150.03	14.54	
JS62	119.37	33.74		
JS63	50.82	17 877.87	5.43	
JS64	5.71	14.14	32.16	6.29
JS65			102.89	33.72
JS66	5.27	377.36	179.22	23.3
JS67		9 619.33	201.76	27.62
JS68	23.15	3 573.88	1.65	
平均值	63.82	901.51	85.21	52

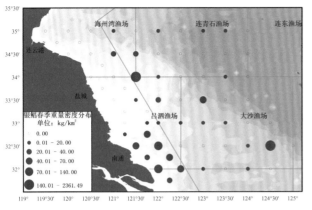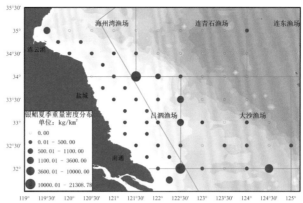

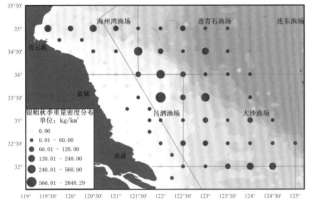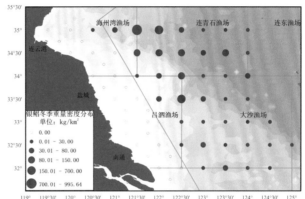

▲ 图 6‑33　江苏海域银鲳重量资源密度季节分布

（2）尾数资源密度

春季：银鲳尾数资源密度为 $0 \sim 5.62 \times 10^4$ ind. /km²，站位平均为 2 660. 36 ind. /km²，最高为 JS62 站位。38 个站位未出现银鲳鱼。尾数资源密度超过 10 000 ind. /km² 的站位有 JS25、JS53、JS58、JS61、JS62、JS63 等 6 个站位（表 6‑37、图 6‑34）。

夏季：银鲳尾数资源密度为 $0 \sim 201.74 \times 10^4$ ind. /km²，站位平均为 4.26×10^4 ind. /km²，最高为 JS25 站位。超过 4×10^4 ind. /km² 的站位有 JS1、JS25、JS36、JS45、JS63、JS67、JS68 等 7 个站位。25 个站位未出现银鲳。

秋季：银鲳尾数资源密度为 $0 \sim 7.92 \times 10^4$ ind. /km²，站位平均为 2 658. 3 ind. /km²，最高为 JS35 站位。12 个站位未出现银鲳。

冬季：银鲳尾数资源密度为 $0 \sim 10.49 \times 10^4$ ind. /km²，站位平均为 3 463. 02 ind. /km²，最高为 JS5 站位。28 个站位未出现银鲳。

表 6‑37　江苏海域各季节银鲳尾数资源密度

站位	春季(ind. /km²)	夏季(ind. /km²)	秋季(ind. /km²)	冬季(ind. /km²)
JS1		54 742. 16	14 736. 56	
JS2			8 639. 31	
JS3			17 930. 64	500. 35
JS4	76. 18		2 361. 72	7 591. 23

（续表）

站位	春季(ind./km²)	夏季(ind./km²)	秋季(ind./km²)	冬季(ind./km²)
JS5			857.07	104 869.16
JS6	51.42		246.84	31 426.06
JS7			1 481.02	2 511.12
JS8	21.43		350.62	399.97
JS9	41.14		171.41	140.25
JS10		41.14		275.49
JS11		10 284.89	88.16	
JS12		859.24	685.66	
JS13		1 489.54		
JS14		875.61	41.70	
JS15	480.85	6 735.88	539.54	
JS16	590.43	12 341.87	15 707.83	13 402.50
JS17			939.06	9 770.65
JS18			287.98	7 601.88
JS19			1 697.01	1 780.08
JS20			609.48	2 711.47
JS21				102.85
JS22		2 628.36		
JS23				
JS24		1 245.01		
JS25	18 512.80	2 017 351.22	4 792.32	411.40
JS26	134.15	18 781.11	2 991.97	2 164.11
JS27		102.85	1 577.02	15 243.68
JS28			514.24	192.84
JS29	21.43		367.32	270.66
JS30			82.28	707.09
JS31		46.75		
JS32		4 991.20		
JS33		144.35		
JS34	184.21	5 283.33	177.33	
JS35	152.37	8 374.84	79 193.66	2 821.00
JS36		47 468.73	1 834.60	21 598.27
JS37	411.40		3 942.54	2 056.98

（续表）

(续表)

站位	春季(ind./km²)	夏季(ind./km²)	秋季(ind./km²)	冬季(ind./km²)
JS38				289.26
JS39			95.23	63.75
JS40		4 453.25	51.42	
JS41		3 151.92	370.26	
JS42		907.49		
JS43	500.35	7 889.78	449.96	
JS44	894.34	946.86	553.80	
JS45	111.79	59 894.37	2 514.08	705.25
JS46	16.59	1 162.64	1 589.48	644.98
JS47	51.42		367.32	420.75
JS48		995.31	782.55	415.35
JS49			326.50	88.16
JS50	362.78	100.34		
JS51	3 243.70	1 150.51	333.56	
JS52	7 778.49	492.52		
JS53	22 446.32	1 791.56	1 006.13	
JS54		27.80	1 028.49	290.66
JS55			925.64	995.31
JS56		3 428.30	154.27	416.29
JS57	25.71	6 089.74	77.14	220.39
JS58	14 810.24		308.55	186.15
JS59		1 814.98	102.85	129.37
JS60	5 922.57	1 136.75		
JS61	27 797.00	3 938.03	617.09	
JS62	56 224.07	771.37		
JS63	11 901.09	331 528.16	245.53	
JS64	25.71	3 342.59	385.68	150.93
JS65			1 110.77	1 013.80
JS66	25.71	6 689.36	1 851.28	514.24
JS67		196 484.28	2 622.65	391.81
JS68	8 088.93	64 474.25	48.98	
平均值	2 660.36	42 594.86	2 658.30	3 463.02

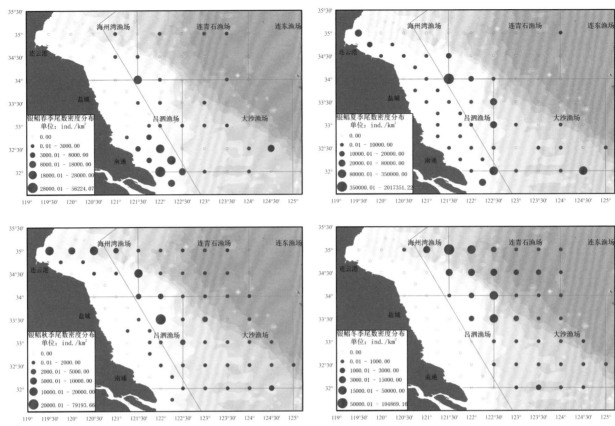

▲ 图 6-34　江苏海域银鲳尾数资源密度季节分布

（3）春季银鲳幼鱼与成鱼分布

银鲳幼鱼分布：春季银鲳幼鱼分布于 35°N 以南的南黄海海域，站位出现频率 22.06%。集中分布于 32°N～33°30′N 之间拖网禁渔区线内侧吕泗渔场中南部海域（图 6-35），幼鱼资源密度最高站位 JS62 站位位于 32°N，122°E，叉长范围为 39～61 mm，平均叉长 48.1 mm，体重范围为 0.9～9.5 g，平均体重

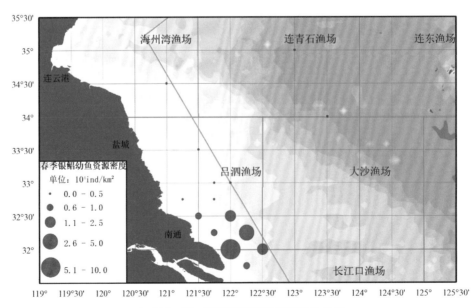

▲ 图 6-35　江苏海域春季银鲳幼鱼分布

2.2 g,该区域没有成体分布。各站位银鲳幼鱼叉长范围为 24~88 mm,平均叉长 56.1 mm,体重范围 0.5~17.6 g,平均体重为 5.0 g。拖网禁渔区线外仅有零星的 2 个站位有银鲳幼鱼分布,分别为 JS8 站位和 JS29 站位,个体大小平均为 7.0 g 和 13.0 g,推测其应从东海北部洄游至大沙渔场的个体。

银鲳成鱼分布:5 月 25 日至 6 月 8 日春季调查结果表明,银鲳成鱼分布于 35°N 以南的吕泗渔场和大沙渔场海域,站位出现率 25.0%,仅 34°N、121°30′E 的 JS25 和 34°30′N、124°30′E 的 JS58 2 个站位资源密度相对较高(图 6 - 36),这 2 个站位的平均叉长为 134.4 mm 和 163.5 mm,平均体重为 66.7 g 和 159.5 g。其余站位资源密度相对较低,该时段银鲳成鱼呈零散分布。

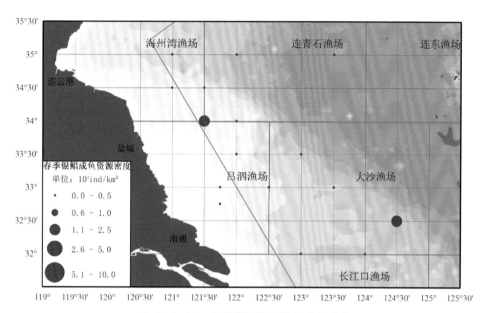

▲ 图 6 - 36　江苏海域春季银鲳成鱼分布

6.2.4.2.2　资源量

(1) 重量资源量:根据尾数资源密度、扫海面积、调查评价面积,求算各季度资源量。春季银鲳资源量 7 513.78 t,夏季 106 138.38 t,秋季 10 032.11 t,冬季 6 122.17 t,夏季资源量最高,秋季次之,冬季资源量最低(表 6 - 38)。

表 6 - 38　江苏海域各季节银鲳资源量估算

指标	春季	夏季	秋季	冬季
重量资源密度(kg/km²)	63.82	901.51	85.21	52.00
资源量(t)	7 513.78	106 138.38	10 032.11	6 122.17
尾数资源密度(ind./km²)	2 660.36	42 594.86	2 658.30	3 463.02
资源尾数(×10⁶ ind.)	313.21	5 014.86	312.97	407.72

(2) 尾数资源量:根据尾数资源密度、扫海面积、调查评价面积,求算各季度资源尾数。春季银鲳资源尾数为 313.21×10⁶ 尾,夏季 5 014.86×10⁶ 尾,秋季 312.97×10⁶ 尾,冬季 407.72×10⁶ 尾。夏季银鲳资源尾数最多,冬季次之,秋季资源尾数最少。

6.2.4.2.3　生物学

(1) 叉长、体重:春季银鲳叉长范围 88~198 mm,优势组叉长 110~150 mm,占 61.25%,平均叉长 136.39 mm;体重范围 22.6~296.3 g,优势组体重 20~100 g,占 71.15%,平均体重 58.49 g。雌雄性比为

1∶2.00。

夏季银鲳叉长范围 151～225 mm,平均叉长 193.75 mm;体重范围 137.7～312.8 g,平均体重 220.85 g。

秋季银鲳叉长范围 64～232 mm,优势组叉长 80～160 mm,占 93.29%,平均叉长 124.29 mm;体重范围 6.5～350.1 g,优势组体重 10～95 g,占 88.06%,平均体重 54.01 g。雌雄性比为 1∶1.86。

2018 年冬季银鲳叉长范围 75～206 mm,优势组叉长 90～150 mm,占 78.08%,平均叉长 125.77 mm;体重范围 7.8～195.2 g,优势组体重 10～60 g,占 73.5%,平均体重 43.59 g。雌雄性比为 1∶0.88。

全年银鲳叉长范围 64～232 mm,优势组叉长 80～160 mm,占 90.59%,平均叉长 125.88 mm;体重范围 6.5～350.1 g,优势组体重 10～90 g,占 85.01%,平均体重 51.84 g。雌雄性比为 1∶1.40(表 6-39)。

表 6-39　江苏海域银鲳叉长、体重

季节	叉长(mm)				体重(g)				雌雄性比 (♀∶♂)
	范围	优势组	比例(%)	平均	范围	优势组	比例(%)	平均	
春季	88～198	110～150	61.25	136.39	22.6～296.3	20～100	82.5	71.15	1∶2.00
夏季	151～225	—	—	193.75	137.7～312.8	—	—	220.85	—
秋季	64～232	80～160	93.29	124.29	6.5～350.1	10～95	88.06	54.01	1∶1.86
冬季	75～206	90～150	78.08	125.77	7.8～195.2	10～60	73.5	43.59	1∶0.88
总计	64～232	80～160	90.59	125.88	6.5～350.1	10～90	85.01	51.84	1∶1.40

银鲳叉长与体重关系:$W = 7.35 \times 10^{-6} L^{3.2474}$, $R^2 = 0.9648$, $n = 1011$。

银鲳叉长与纯体重关系(图 6-37):$W = 2.15 \times 10^{-5} L^{3.0118}$, $R^2 = 0.9211$, $n = 80$。

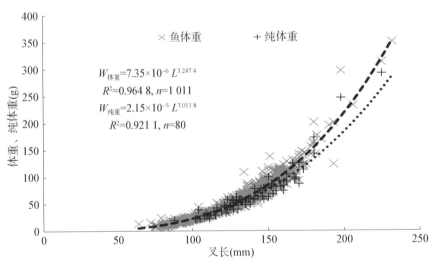

▲ 图 6-37　银鲳叉长与体重及纯体重关系

(2) 性腺成熟度:春季银鲳雌鱼性腺成熟 Ⅱ 期、Ⅲ 期各占 7.69%,Ⅳ 期占 30.77%,ⅤA 期占 19.23%,ⅤB 期占 30.77%,Ⅵ 期未出现,Ⅲ 期很少占 3.85%;夏季银鲳雌鱼较少,Ⅱ 期占 25.00%,Ⅵ 期占 75%,其余成熟度均未出现;秋季银鲳雌鱼以 Ⅱ 期为主,占 99.56%,Ⅲ 期 0.44%,其余为出现;冬季雌鱼同样以 Ⅱ 期为主,占 97.41%(表 6-40)。

表 6 - 40　江苏海域银鲳性腺成熟度比例

季节	性腺成熟度比例(%)							
	Ⅱ期	Ⅲ期	Ⅳ期	VₐA期	V_B期	Ⅵ期	Ⅵ~Ⅲ期	样本量(ind.)
春季	7.69	7.69	30.77	19.23	30.77	0.00	3.85	26
夏季	25.00	0.00	0.00	0.00	0.00	75.00	0.00	4
秋季	99.56	0.44	0.00	0.00	0.00	0.00	0.00	228
冬季	97.41	2.59	0.00	0.00	0.00	0.00	0.00	232
总计	93.06	1.84	1.63	1.02	1.63	0.61	0.20	490

(3) 摄食强度:春季银鲳摄食强度 0 级(空胃)占 16.25%,1 级占 45%,2 级占 36.25%,3 级占 2.5%;夏季 0 级占 25.00%,1 级占 50%,2 级占 25%,3、4 级未出现饱胃样品;秋季 0 级占 14.33%,1 级占 37.01%,2 级占 42.24%,3 级占 6.42%,4 级未出现;冬季摄食强度 0 级占 5.82%,1 级占 24.61%,2 级占 63.09%,3 级占 6.49%,4 级未出现。全年银鲳摄食强度总体而言,0 级占 11.32%,1 级占 32.97%,2 级占 49.54%,3 级占 6.16%(表 6 - 41)。

表 6 - 41　江苏海域银鲳摄食强度

季节	摄食等级比例(%)					样本量(ind.)
	0 级	1 级	2 级	3 级	4 级	
春季	16.25	45.00	36.25	2.50	0.00	80
夏季	25.00	50.00	25.00	0.00	0.00	4
秋季	14.33	37.01	42.24	6.42	0.00	670
冬季	5.82	24.61	63.09	6.49	0.00	447
总计	11.32	32.97	49.54	6.16	0.00	1 201

夏季空胃率最高,春季次之,冬季空胃率最低。

(4) 年龄结构:春季禁渔区线内侧共测定银鲳 321 尾,0 龄比例最高占 96.64%,最高龄仅 2 龄,占 3.36%,平均年龄 0.03 龄,基本上以当年生幼鱼为主。春季禁渔区线外侧共测定 93 尾,以 1 龄鱼为主,占 53.34%,平均年龄 0.70 龄。夏季全海域合计测定银鲳 414 尾,以 0 龄鱼和 1 龄鱼为主,分别占 83.60% 和 14.58%,平均年龄 0.18 龄(表 6 - 42)。

表 6 - 42　江苏海域春季银鲳年龄组成(%)

区域	样本量(ind.)	0 龄	1 龄	2 龄	平均年龄(龄)
禁渔区线内	321	96.64	3.36	0.00	0.03
禁渔区线外	93	38.55	53.34	8.11	0.70
合计	414	83.60	14.58	1.82	0.18

夏季禁渔区线内侧共测定银鲳 1 371 尾,0 龄比例最高占 91.03%,平均年龄 0.09 龄,基本上以当年生幼鱼为主。夏季禁渔区线外侧共测定 434 尾,以 0 龄鱼为主,占 83.27%,平均年龄 0.18 龄。夏季全海域合计测定银鲳 1 805 尾,以 0 龄鱼和 1 龄鱼为主,分别占 89.16% 和 10.67%,平均年龄 0.11 龄,最高年龄仅 3 龄,占 0.04%(表 6 - 43)。

表 6‑43　江苏海域夏季银鲳年龄组成(%)

区域	样本量(ind.)	0 龄	1 龄	2 龄	3 龄	平均年龄(龄)
禁渔区线内	1 371	91.03	8.97	0.00	0.00	0.09
禁渔区线外	434	83.27	16.04	0.54	0.15	0.18
合计	1 805	89.16	10.67	0.13	0.04	0.11

　　秋季禁渔区线内侧共测定银鲳 413 尾,0 龄比例最高占 98.16%,平均年龄 0.02 龄。秋季禁渔区线外侧共测定 842 尾,以 0 龄鱼为主,占 58.54%,平均年龄 0.42 龄。秋季全海域合计测定银鲳 1 255 尾,以 0 龄鱼和 1 龄鱼为主,分别占 71.58% 和 28.30%,平均年龄 0.29 龄,最高年龄仅 3 龄,占 0.06%(表 6‑44)。

表 6‑44　江苏海域秋季银鲳年龄组成(%)

区域	样本量(ind.)	0 龄	1 龄	2 龄	3 龄	平均年龄(龄)
禁渔区线内	413	98.16	1.84	0.00	0.00	0.02
禁渔区线外	842	58.54	41.28	0.08	0.10	0.42
合计	1 255	71.58	28.30	0.05	0.06	0.29

　　冬季禁渔区线内侧共测定银鲳 26 尾,0 龄比例最高占 75.38%,平均年龄 0.32 龄。冬季禁渔区线外侧共测定 1 557 尾,以 0 龄鱼为主,占 87.72%,平均年龄 0.12 龄。冬季全海域合计测定银鲳 1 583 尾,以 0 龄鱼和 1 龄鱼为主,分别占 87.52% 和 12.29%,平均年龄 0.13 龄,最高年龄仅 2 龄,占 0.19%(表 6‑45)。

表 6‑45　江苏海域冬季银鲳年龄组成(%)

区域	样本量(ind.)	0 龄	1 龄	2 龄	平均年龄(龄)
禁渔区线内	26	75.38	16.92	7.69	0.32
禁渔区线外	1 557	87.72	12.22	0.06	0.12
合计	1 583	87.52	12.29	0.19	0.13

　　2017～2018 年调查期间禁渔区线内侧共测定银鲳 2 131 尾,0 龄比例最高占 93.06%,平均年龄 0.07 龄。禁渔区线外侧共测定 2 926 尾,以 0 龄鱼为主,占 77.10%,平均年龄 0.23 龄。累计测定银鲳 5 057 尾,以 0 龄鱼和 1 龄鱼为主,分别占 83.83% 和 15.87%,平均年龄 0.17 龄,最高年龄仅 3 龄,占 0.03%。(表 6‑46)。

表 6‑46　江苏海域银鲳年龄组成(%)

区域	样本量(ind.)	0 龄	1 龄	2 龄	3 龄	平均年龄(龄)
禁渔区线内	2 131	93.06	6.84	0.09	0.00	0.07
禁渔区线外	2 926	77.10	22.45	0.39	0.05	0.23
合计	5 057	83.83	15.87	0.27	0.03	0.17

6.2.4.3 鮸

6.2.4.3.1 资源密度季节分布

（1）重量资源密度

春季：鮸重量资源密度为 0～96.63 kg/km²，站位平均为 6.14 kg/km²。最高为 JS43 站位，有 50 个站位未出现鮸，其余有鮸出现的站位单位面积资源密度均低于 100 kg/km²（表 6‑47、图 6‑38）。

夏季：鮸重量资源密度为 0～1 149.12 kg/km²，站位平均为 68.22 kg/km²，最高为 JS60 站位，超过 1 000 kg/km² 的有 JS43、JS60 等 2 个站位；重量资源密度为 100～1 000 kg/km² 的有 JS24、JS31、JS34、JS41、JS44、JS51、JS52、JS53、JS61、JS68 等 10 个站位；41 个站位鮸未出现。

秋季：鮸重量资源密度为 0～93.51 kg/km²，站位平均为 4.24 kg/km²，最高为 JS31 站位；重量资源密度大于 100 kg/km² 的有 JS22、JS31、JS33、JS40、JS61、JS68 等 6 个站位，47 个站位未有鮸出现。

冬季：鮸重量资源密度为 0～226.57 kg/km²，站位平均为 5.58 kg/km²，最高为 JS68 站位。鮸重量资源密度超过 1 kg/km² 的站位有 JS12、JS31、JS33、JS43、JS58、JS68，其余站位的鮸重量资源密度均低于 1 kg/km²，有 34 个站位鮸未出现。

表 6‑47　江苏海域各季节鮸重量资源密度

站位	春季(kg/km²)	夏季(kg/km²)	秋季(kg/km²)	冬季(kg/km²)
JS1				
JS2				
JS3		2.75		
JS4				
JS5				
JS6				
JS7				
JS8				0.01
JS9				
JS10				
JS11				
JS12			0.02	2.96
JS13		3.96		
JS14	14.35	62.85		0.07
JS15		26.93		0.01
JS16				
JS17				
JS18				
JS19				
JS20				
JS21				

（续表）

站位	春季(kg/km²)	夏季(kg/km²)	秋季(kg/km²)	冬季(kg/km²)
JS22	7.98	7.61	15.69	
JS23	0.17	63.56	8.49	
JS24		106.35	8.03	0.04
JS25				0.02
JS26		71.78		
JS27				
JS28				
JS29				
JS30				
JS31	66.63	282.10	93.51	64.02
JS32	0.13	5.3	0.11	0.1
JS33	1.3	14.87	16.87	5.77
JS34	5.26	101.68	0.06	0.21
JS35		27.7		
JS36				0.06
JS37				0.02
JS38				
JS39				
JS40	2.53	32.74	10.12	
JS41	24.64	174.66	0.73	0.13
JS42	54.36	59.4	0.58	
JS43	96.63	1 047.71	7.76	66.25
JS44	0.85	275.97	1.06	0.86
JS45				0.44
JS46		22.18		0.16
JS47				0.38
JS48			9.31	0.07
JS49				
JS50	17.34	77.84	0.07	0.19
JS51		180.71	0.05	0.61
JS52	61.11	256.7	0.04	0.03
JS53		188.87	0.01	0.42
JS54				0.26

（续表）

(续表)

站位	春季(kg/km²)	夏季(kg/km²)	秋季(kg/km²)	冬季(kg/km²)
JS55				0.06
JS56				0.07
JS57				0.06
JS58				8.82
JS59				
JS60	34.39	1 149.12		
JS61	0.6	170.87	42.81	0.11
JS62	1.12	38.06	0.4	
JS63				0.25
JS64				0.03
JS65				
JS66				0.08
JS67				0.01
JS68	28.39	186.42	72.31	226.57
平均值	6.14	68.22	4.24	5.58

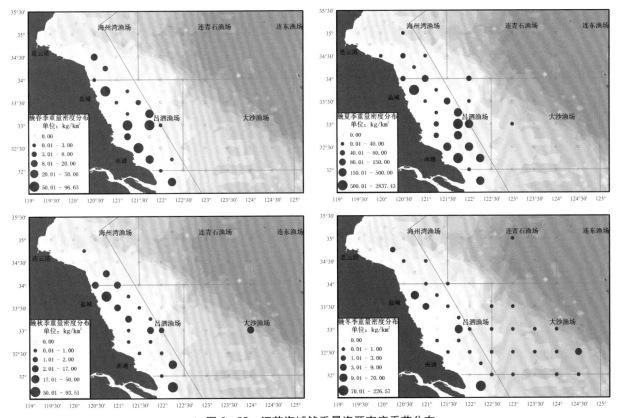

▲ 图 6 - 38 江苏海域鮻重量资源密度季节分布

159

（2）尾数资源密度

春季：鮻尾数资源密度为 $0 \sim 27\,018.69\,\text{ind.}/\text{km}^2$，站位平均为 $810.02\,\text{ind.}/\text{km}^2$，最高为 JS43 站位。尾数资源密度介于 $1 \times 10^3 \sim 1 \times 10^4\,\text{ind.}/\text{km}^2$ 之间的站位有 JS40、JS41、JS42、JS50、JS52、JS60，尾数资源密度介于 $1 \times 10^2 \sim 1 \times 10^3\,\text{ind.}/\text{km}^2$ 之间的站位有 JS23、JS31、JS32、JS33、JS34、JS44、JS61、JS62，小于 $100\,\text{ind.}/\text{km}^2$ 的站位有 JS14、JS22、JS68，其余 50 个站位未出现鮻（表 6-48、图 6-39）。

夏季：鮻尾数资源密度为 $0 \sim 14.24 \times 10^3\,\text{ind.}/\text{km}^2$，站位平均为 $547.75\,\text{ind.}/\text{km}^2$，最高为 JS43 站位。尾数资源密度介于 $1 \times 10^3 \sim 1 \times 10^4\,\text{ind.}/\text{km}^2$ 的站位有 JS41、JS44、JS51、JS52、JS53、JS60、JS61 共 7 个站位；鮻尾数资源密度介于 $1 \times 10^2 \sim 1 \times 10^3\,\text{ind.}/\text{km}^2$ 之间的有 JS14、JS15、JS23、JS24、JS26、JS32、JS34、JS35、JS40、JS42、JS46、JS50、JS62、JS68；鮻尾数资源密度小于 $100\,\text{ind.}/\text{km}^2$ 的站位 JS13、JS22、JS3、JS31、JS33。有 41 个站位未出现鮻。

秋季：鮻尾数资源密度为 $0 \sim 2\,373.44\,\text{ind.}/\text{km}^2$，站位平均为 $102.91\,\text{ind.}/\text{km}^2$，最高 JS44 为站位，其余有鮻出现的站位尾数资源密度在 $33.53 \sim 937.99\,\text{ind.}/\text{km}^2$ 之间，未出现鮻的站位有 47 个。

冬季：鮻尾数资源密度为 $0 \sim 1\,486.63\,\text{ind.}/\text{km}^2$，站位平均为 $129.03\,\text{ind.}/\text{km}^2$，最高为 JS47 站位，鮻尾数资源密度超过 $1 \times 10^3\,\text{ind.}/\text{km}^2$ 的站位有 JS44、JS47、JS51，34 个站位鮻未出现。

表 6-48　江苏海域鮻尾数资源密度

站位	春季(ind./km²)	夏季(ind./km²)	秋季(ind./km²)	冬季(ind./km²)
JS1				
JS2				
JS3		48.72		
JS4				
JS5				
JS6				
JS7				
JS8				11.43
JS9				
JS10				
JS11				
JS12			51.42	164.56
JS13		63.84		
JS14	49.97	500.35		54.85
JS15		156.45		15.05
JS16				
JS17				
JS18				

（续表）

站位	春季(ind./km²)	夏季(ind./km²)	秋季(ind./km²)	冬季(ind./km²)
JS19				
JS20				
JS21				
JS22	23.14	68.57	42.07	
JS23	170.43	437.94	208.01	
JS24		357.26	61.71	66.12
JS25				30.85
JS26		563.43		
JS27				
JS28				
JS29				
JS30				
JS31	548.08	56.1	245.02	182.84
JS32	179.3	108.9	113.68	116.75
JS33	713.09	64.96	851.16	39.81
JS34	994.72	481.84	148.95	277.69
JS35		669.99		
JS36				74.05
JS37				20.57
JS38				
JS39				
JS40	1 284.56	127.24	154.27	
JS41	6 619.73	2 551.92	937.98	150.1
JS42	4 108.32	381.15	158.68	
JS43	27 018.69	14 235.42	192.84	127.67
JS44	232.53	4 329.45	2 373.44	1 327.69
JS45				634.72
JS46		697.58		188.27
JS47				1 486.63
JS48			33.54	71.2
JS49				

（续表）

（续表）

站位	春季(ind./km²)	夏季(ind./km²)	秋季(ind./km²)	冬季(ind./km²)
JS50	5 398.21	722.45	90.31	112.2
JS51		2 238.27	83.39	1 274
JS52	3 007.68	1 946.89	47.47	46.28
JS53		1 373.53	40.25	675.47
JS54				415.87
JS55				86.86
JS56				73.46
JS57				66.12
JS58				111.69
JS59				
JS60	4 413.27	2 318.97		
JS61	166.78	1 485.9	634.72	168.3
JS62	102.85	370.26	411.4	
JS63				333.56
JS64				25.87
JS65				
JS66				64.28
JS67				14.69
JS68	50.03	889.58	117.54	264.47
平均值	810.02	547.75	102.91	129.03

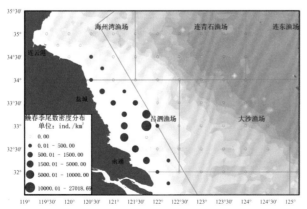

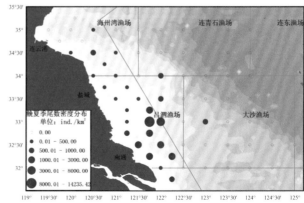

（续表）

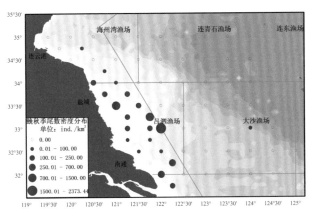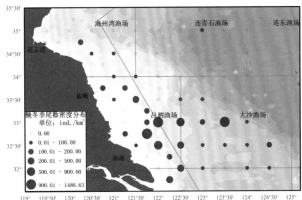

▲ 图6-39　江苏海域鮸尾数资源密度季节分布

6.2.4.3.2　资源量

（1）重量资源量：根据尾数资源密度、扫海面积、调查评价面积，求算各季度资源量。春季鮸资源量722.89 t，夏季8 031.81 t，秋季499.19 t，冬季656.96 t，夏季资源量最高，春季次之，秋季资源量最低（表6-49）。

表6-49　江苏海域各季节鮸资源量估算

指标	春季	夏季	秋季	冬季
重量资源密度（kg/km²）	6.14	68.22	4.24	5.58
资源量（t）	722.89	8 031.81	499.19	656.96
尾数资源密度（ind./km²）	810.02	547.75	102.91	129.03
资源尾数（×10⁶ ind.）	95.37	64.49	12.12	15.19

（2）尾数资源量：根据尾数资源密度、扫海面积、调查评价面积，求算各季度资源尾数。春季鮸资源尾数为95.37×10⁶ 尾，夏季64.49×10⁶ 尾，秋季12.12×10⁶ 尾，冬季15.19×10⁶ 尾。春季鮸资源尾数最多，夏季次之，秋季资源尾数最少（表6-49）。

6.2.4.3.3　生物学

（1）体长、体重：春季鮸体长范围273～381 mm，平均体长324.86 mm；体重范围344.8～701.5 g，平均体重510.74 g。雌雄性比为1∶2.50。

夏季鮸体长范围116～902 mm，优势组体长140～210 mm，占45.95%，平均体长215.6 mm；体重范围24.3～9 685 g，优势组体重40～180 g，占67.5%，平均体重228.39 g。雌雄性比为1∶1.13。

秋季鮸体长范围193～544 mm，平均体长307.67 mm；体重范围177.9～2 019.6 g，平均体重526.21 g。雌雄性比为1∶1.57。

冬季鮸体长范围261～498 mm，平均体长317.58 mm；体重范围228.9～1 710.5 g，平均体重570.66 g。雌雄性比为1∶1.00。

全年鮸体长范围116～902 mm，优势组体长140～280 mm，占78.79%，平均体长231.39 mm；体重范围24.3～9 685 g，优势组体重20～290 g，占78.17%，平均体重276.66 g。雌雄性比为1∶1.18（表6-50）。

表 6-50　江苏海域各季节鮸体长与体重

季节	体长(mm)				体重(g)				雌雄性比 (♀︰♂)
	范围	优势组	比例(%)	平均	范围	优势组	比例(%)	平均	
春季	273~381	—	—	324.86	344.8~701.5	—	—	510.74	1︰2.50
夏季	116~902	140~210	45.95	215.61	24.3~9 685	40~180	67.5	228.39	1︰1.13
秋季	193~544	—	—	307.67	177.9~2 019.6	—	—	526.21	1︰1.57
冬季	261~498	—	—	317.58	228.9~1 710.5	—	—	570.66	1︰1.00
总计	116~902	14~280	78.79	231.39	24.3~9 685	20~290	78.17	276.66	1︰1.18

鮸体长与体重关系：$W = 3.27 \times 10^{-5} L^{2.8567}$，$R^2 = 0.982\,8$，$n = 230$（图 6-40）。

鮸体长与纯体重关系（图 6-40）：$W = 4.36 \times 10^{-5} L^{2.7930}$，$R^2 = 0.992\,4$，$n = 19$。

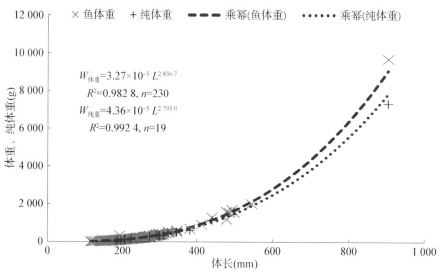

▲ 图 6-40　江苏海域鮸体长与体重及纯体重关系

（2）性腺成熟度：春季鮸性腺成熟Ⅱ期、Ⅲ期各占 50%；夏季Ⅱ期占 88.76%，Ⅲ期占 5.62%，Ⅳ期占 4.49%，Ⅴ期占 1.12%；秋季和冬季鮸性腺成熟度以Ⅱ期；全年鮸性腺成熟Ⅱ期占 89.42%，Ⅲ期占 5.77%，Ⅳ期占 3.85%，Ⅴ期占 0.92%（表 6-51）。

表 6-51　江苏海域鮸性腺成熟度比例

季节	性腺成熟度比例(%)				样本量(ind.)
	Ⅱ期	Ⅲ期	Ⅳ期	Ⅴ期	
春季	50.00	50.00	0.00	0.00	2
夏季	88.76	5.62	4.49	1.12	89
秋季	100.00	0.00	0.00	0.00	7
冬季	100.00	0.00	0.00	0.00	6
总计	89.42	5.77	3.85	0.96	104

（3）摄食强度：春季鮸摄食强度0级未出现，1级占42.86％，2级占42.86％，3级占14.29％,；夏季0级占14.43％,1级占47.94％,2级占27.84％,3级占9.79％,未出现4级（饱胃）；秋季0级占16.67％,1级占66.67％,2级占16.67％,3、4级均未出现；冬季0级占58.33％,1级占25.00％,2级占8.33％,3级占8.33％,4级未出现。全年摄食强度0级占16.45％,1级占48.05％,2级占26.41％,3级占9.09％（表6-52）。

表6-52　江苏海域鮸摄食强度

季节	摄食等级比例（％）					样本量（ind.）
	0级	1级	2级	3级	4级	
春季	0.00	42.86	42.86	14.29	0.00	7
夏季	14.43	47.94	27.84	9.79	0.00	194
秋季	16.67	66.67	16.67	0.00	0.00	18
冬季	58.33	25.00	8.33	8.33	0.00	12
总计	16.45	48.05	26.41	9.09		231

（4）年龄结构：春季禁渔区线内侧共测定鮸281尾,0龄比例最高占97.51％,最高龄仅2龄,占0.36％,平均年龄0.03龄。春季禁渔区线外侧没有鮸出现（表6-53）。

表6-53　江苏海域春季鮸年龄组成（％）

区域	样本量（ind.）	0龄	1龄	2龄	平均年龄（龄）
禁渔区线内	281	97.51	2.14	0.36	0.03
禁渔区线外	无				
合计	281	97.51	2.14	0.36	0.03

夏季禁渔区线内侧共测定鮸961尾,0龄比例最高占79.89％,平均年龄0.22龄,最高年龄为11龄,占0.10％。夏季禁渔区线外侧仅有少量鮸出现（表6-54）。

表6-54　江苏海域夏季鮸年龄组成（％）

区域	样本量（ind.）	0龄	1龄	2龄	3龄	4龄	5龄	6龄	7龄	8龄	9龄	10龄	11龄	平均年龄（龄）
禁渔区线内	961	79.89	19.59	0.42	0.00	0.00	0.00	0.00	0.00	0.00	0.00	0.00	0.10	0.22
禁渔区线外	无													
合计	961	79.89	19.59	0.42	0.00	0.00	0.00	0.00	0.00	0.00	0.00	0.00	0.10	0.22

秋季禁渔区线内侧共测定鮸142尾,0龄比例最高占86.57％,平均年龄0.16龄。秋季禁渔区线外侧鮸仅少量出现（表6-55）。

冬季调查期间禁渔区线内侧共测定鮸130尾,0龄比例最高占91.54％,平均年龄0.10龄。禁渔区线外侧共测定8尾,以0龄鱼为主,占87.50％,平均年龄0.13龄。全海域合计测定鮸138尾,以0龄鱼和1龄鱼为主,分别占91.30％和7.25％,平均年龄0.10龄,最高年龄仅2龄,占1.45％（表6-56）。

表 6‑55 江苏海域秋季鯷年龄组成（%）

区域	样本量（ind.）	0 龄	1 龄	2 龄	3 龄	平均年龄（龄）
禁渔区线内	142	86.57	11.32	1.41	0.70	0.16
禁渔区线外	无					
合计	142	86.57	11.32	1.41	0.70	0.16

表 6‑56 江苏海域冬季鯷年龄组成（%）

区域	样本量（ind.）	0 龄	1 龄	2 龄	平均年龄（龄）
禁渔区线内	130	91.54	6.92	1.54	0.10
禁渔区线外	8	87.50	12.50	0.00	0.13
合计	138	91.30	7.25	1.45	0.10

2017～2018 年调查期间禁渔区线内侧共测定鯷 1 522 尾,0 龄比例最高占 84.79%,平均年龄 0.17 龄。禁渔区线外侧共测定 8 尾,以 0 龄鱼为主,占 87.50%,平均年龄 0.13 龄。全海域合计测定鯷 1 522 尾,以 0 龄鱼和 1 龄鱼为主,分别占 84.80% 和 14.47%,平均年龄 0.17 龄,最高年龄 11 龄,占 0.07%(表 6‑57)。

表 6‑57 江苏海域鯷年龄组成（%）

区域	样本量（ind.）	0 龄	1 龄	2 龄	3 龄	4 龄	5 龄	6 龄	7 龄	8 龄	9 龄	10 龄	11 龄	平均年龄（龄）
禁渔区线内	1 514	84.79	14.49	0.59	0.07	0.00	0.00	0.00	0.00	0.00	0.00	0.00	0.07	0.17
禁渔区线外	8	87.50	12.50	0.00	0.00	0.00	0.00	0.00	0.00	0.00	0.00	0.00	0.00	0.13
合计	1 522	84.80	14.47	0.59	0.07	0.00	0.00	0.00	0.00	0.00	0.00	0.00	0.07	0.17

6.2.4.4 带鱼

6.2.4.4.1 资源密度季节分布

（1）重量资源密度

春季:带鱼重量资源密度为 0～308.42 kg/km²,站位平均为 7.75 kg/km²。最高为 JS59 站位,且仅该站位带鱼重量资源密度超过 100 kg/km²。春季资源调查过程中共 45 个站位带鱼未出现。其余站位均低于 100 kg/km²,其中 10～100 kg/km² 的站位 4 个,分别为 JS38、JS39、JS48、JS58,0～10 kg/km² 的站位有 19 个(表 6‑58、图 6‑41)。

夏季:带鱼重量资源密度为 0～7 941.99 kg/km²,站位平均为 861.43 kg/km²,最高为 JS57 站位。重量资源密度超过 1 000 kg/km² 的站位有 13 个,分别为 JS36、JS38、JS39、JS45、JS46、JS48、JS56、JS57、JS58、JS59、JS65、JS66、JS67,其中 JS45、JS57、JS58、JS66 等 4 个站位超过 5 000 kg/km²。夏季调查过程中共有 12 个站位带鱼未出现。介于 100～1 000 kg/km² 之间的有 JS1、JS16、JS25、JS26、JS35、JS47、JS63、JS64、JS68 站位;0～100 kg/km² 的有 33 个站位,其中站位带鱼重量资源密度小于 1 kg/km² 的且除去未出现带鱼的站位有 JS2、JS13、JS21、JS32、JS33、JS34、JS41、JS50、JS60。

秋季:带鱼重量资源密度为 0～587.66 kg/km²,站位平均为 35.67 kg/km²,最高为 JS66 站位;秋季资源调查过程中 29 个站位带鱼未出现。其余站位的带鱼重量资源密度从 0.845～543.558 kg/km² 不等,其中带鱼重量资源密度超过 100 kg/km² 的站位共 JS38、JS49、JS65、JS66 共 4 个,0～100 kg/km² 的站位

35 个。

冬季:带鱼重量资源密度为 0～137.23 kg/km²,站位平均为 3.90 kg/km²,最高为 JS30 站位;冬季调查过程中共有 47 个站位有带鱼出现。除最高站位外,重量资源密度为 0.37～28.25 kg/km² 不等,均小于 100 kg/km²。

表 6-58　江苏海域各季节带鱼重量资源密度

站位	春季(kg/km²)	夏季(kg/km²)	秋季(kg/km²)	冬季(kg/km²)
JS1		109.03		
JS2		0.08		
JS3				
JS4	0.96	76.02	8.28	0.50
JS5	0.25	25.88	1.84	
JS6			25.04	1.52
JS7	3.80	1.21	15.11	1.98
JS8				
JS9	6.52	14.32		4.03
JS10	1.78	1.99		6.04
JS11		2.00	0.21	
JS12		13.38	0.83	
JS13		0.56		
JS14				
JS15	1.66	7.27	0.90	
JS16		342.69	64.02	
JS17	2.99	36.72		0.82
JS18	3.59	34.62	13.08	1.99
JS19		17.80		5.79
JS20			1.59	
JS21		0.14		14.25
JS22				
JS23				
JS24				
JS25		214.31	2.02	
JS26		886.06	1.82	
JS27	1.35	33.29	5.31	
JS28		13.29	2.04	14.00

(续表)

站位	春季(kg/km²)	夏季(kg/km²)	秋季(kg/km²)	冬季(kg/km²)
JS29		7.79		
JS30		19.75	12.49	137.23
JS31				
JS32		0.25		
JS33		0.06		
JS34		0.10	0.49	
JS35		324.17	3.84	1.38
JS36		4 527.66		
JS37		28.13	41.44	
JS38	12.41	3 610.00	309.02	11.98
JS39	27.08	1 098.33	67.66	
JS40	4.07			
JS41		0.35		
JS42				
JS43		3.66	0.35	
JS44	2.46	3.80		
JS45		6 710.02	19.84	2.16
JS46		4 277.31	10.06	0.37
JS47		995.28	12.29	3.88
JS48	28.94	3 934.81	16.55	28.25
JS49		11.20	459.89	6.81
JS50		0.08		
JS51		2.81		
JS52				
JS53		2.30	0.68	
JS54	2.15	9.79	94.65	
JS55		2.58	13.57	
JS56		1 298.91	64.03	3.41
JS57	1.65	7 941.99	98.93	
JS58	98.64	5 457.23	18.67	4.46
JS59	308.42	2 485.07	63.80	14.48
JS60		0.02		

(续表)

(续表)

站位	春季(kg/km²)	夏季(kg/km²)	秋季(kg/km²)	冬季(kg/km²)
JS61		25.32	0.52	
JS62	1.67	2.50		
JS63		565.00	0.41	
JS64	1.40	565.10	37.59	
JS65	4.33	1 491.67	268.21	
JS66	3.25	6 503.16	587.66	
JS67	7.57	3 842.78	80.59	
JS68	0.00	997.65		
平均值	7.75	861.43	35.67	3.90

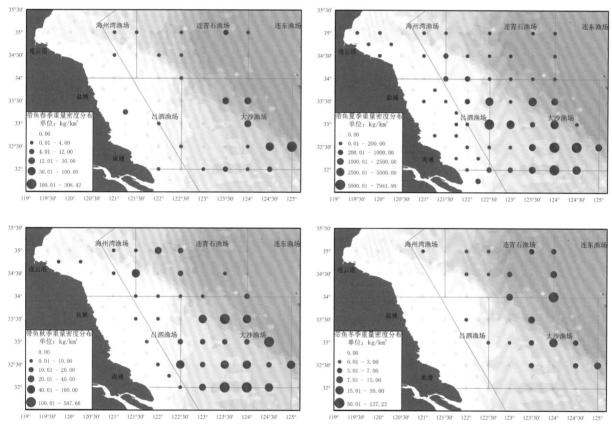

▲ 图 6-41 江苏海域带鱼重量资源密度季节分布

（2）尾数资源密度

春季：带鱼尾数资源密度为 $0 \sim 3.33 \times 10^4$ ind. /km²，站位平均为 782.55 ind. /km²。最高为 JS59 站位，资源尾数远高于其他站位。春季资源调查过程中，45 个站位带鱼未出现。介于 $100 \sim 1\,000$ ind. /km² 的站位有 JS39、JS40、JS48、JS57、JS62、JS66、JS67。除未出现带鱼站位剩余 14 个站位低于 100 ind. /km²（表 6-59、图 6-42）。

夏季：带鱼尾数资源密度为 $0 \sim 1.35 \times 10^5$ ind. /km²，站位平均为 0.14×10^5 ind. /km²，最高为 JS57

站位。超过 1×10^5 ind. $/km^2$ 的站位有 JS45、JS57、JS66。夏季调查过程中,共计 12 个站位未出现带鱼。尾数资源密度介于 $1 \times 10^4 \sim 1 \times 10^5$ ind. $/km^2$ 之间的有 JS26、JS36、JS38、JS39、JS46、JS47、JS48、JS56、JS58、JS59、JS65、JS67、JS68。介于 $1 \times 10^3 \sim 1 \times 10^4$ ind. $/km^2$ 之间的有 JS1、JS16、JS25、JS35、JS63、JS64。共有 11 个站位带鱼尾数资源密度小于 100 ind. $/km^2$。

秋季:带鱼尾数资源密度为 $0 \sim 2.04 \times 10^4$ ind. $/km^2$,站位平均为 0.12×10^4 ind. $/km^2$,最高为 JS66 站位;秋季调查中,有 29 个站位未出现带鱼。带鱼尾数资源密度超过 1×10^4 ind. $/km^2$ 的站位有 JS66、JS67,$1 \times 10^3 \sim 1 \times 10^4$ ind. $/km^2$ 有 JS16、JS37、JS38、JS45、JS49、JS54、JS56、JS57、JS64、JS65,低于 100 ind. $/km^2$ 的站位有 11 个,分别为 JS7、JS11、JS18、JS20、JS28、JS30、JS34、JS43、JS53、JS61、JS63。

冬季:带鱼尾数资源密度为 $0 \sim 9.45 \times 10^3$ ind. $/km^2$,站位平均为 369.77 ind. $/km^2$,最高为 JS30 站位;冬季调查过程中仅 21 个站位出现带鱼,其中带鱼尾数资源密度超过 1×10^3 ind. $/km^2$ 的站位有 JS28、JS30、JS48、JS59,仅 JS46 站位低于 100 ind. $/km^2$,其余站位 111.69～987.35 ind. $/km^2$ 不等。详见表 6 - 59、图 6 - 42。

表 6 - 59 江苏海域带鱼尾数资源密度

站位	春季(ind. /km²)	夏季(ind. /km²)	秋季(ind. /km²)	冬季(ind. /km²)
JS1		2 030.44		
JS2		24.36		
JS3				
JS4	11.43	742.80	971.35	146.93
JS5	22.04	231.41	349.69	
JS6			240.67	342.83
JS7	70.12	14.81	12.34	352.62
JS8				
JS9	37.03	51.42		392.70
JS10	11.43	49.37		495.88
JS11		336.60	52.89	
JS12		93.74	205.70	
JS13		127.67		
JS14				
JS15	72.13	286.82	161.86	
JS16		5 613.56	4 039.16	
JS17	18.15	525.67		169.70
JS18	24.68	336.60	74.05	228.06
JS19		154.27		700.16
JS20			22.86	
JS21		34.28		987.35

(续表)

站位	春季(ind./km²)	夏季(ind./km²)	秋季(ind./km²)	冬季(ind./km²)
JS22				
JS23				
JS24				
JS25		8 167.41	216.64	
JS26		18 029.86	149.60	
JS27	26.83	431.97	534.81	
JS28		203.44	77.14	1 176.33
JS29		128.56		
JS30		192.84	98.73	9 449.24
JS31				
JS32		81.67		
JS33		43.30		
JS34		50.72	21.28	
JS35		6 029.88	783.23	185.13
JS36		64 557.47		
JS37		617.09	1 028.49	
JS38	88.16	49 367.48	2 314.10	694.23
JS39	274.26	12 250.45	542.81	
JS40	226.69			
JS41		91.14		
JS42				
JS43		33.81	19.28	
JS44	17.89	274.26		
JS45		130 025.23	1 645.58	211.57
JS46		64 875.31	448.80	31.38
JS47		17 895.71	165.29	196.35
JS48	170.23	73 454.03	301.84	1 548.67
JS49		137.13	4 309.86	299.73
JS50		60.20		
JS51		20.92		
JS52				
JS53		79.62	53.66	
JS54	18.51	116.75	3 702.56	

(续表)

站位	春季(ind./km²)	夏季(ind./km²)	秋季(ind./km²)	冬季(ind./km²)
JS55		44.88	634.72	
JS56		15 770.17	3 208.89	308.55
JS57	246.84	135 192.19	2 499.23	
JS58	17 772.29	91 329.84	863.93	111.69
JS59	33 261.34	60 620.36	678.80	7 115.33
JS60		19.49		
JS61		389.74	26.45	
JS62	102.85	46.28		
JS63		5 362.33	49.11	
JS64	15.43	8 176.49	3 856.83	
JS65	92.56	16 661.52	9 274.92	
JS66	169.70	113 886.36	20 364.09	
JS67	462.82	55 795.54	14 810.24	
JS68		10 242.15		
平均值	782.55	14 285.40	1 158.99	369.77

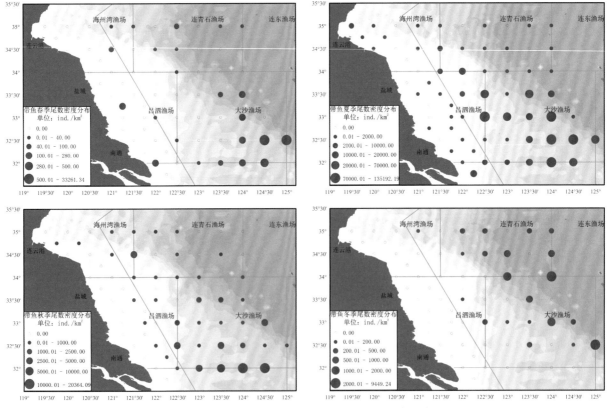

▲ 图 6-42　江苏海域带鱼尾数资源密度季节分布

6.2.4.4.2 资源量

(1)重量资源量:根据尾数资源密度、扫海面积、调查评价面积,求算各季度资源量。春季带鱼资源量912.34 t,夏季101 419.76 t,秋季4 199.19 t,冬季459.40 t,夏季资源量最高,秋季次之,冬季资源量最低(表6-60)。

(2)尾数资源量:根据尾数资源密度、扫海面积、调查评价面积,求算各季度资源尾数。春季带鱼资源尾数为92.13×10^{6}尾,夏季1 681.88×10^{6}尾,秋季136.45×10^{6}尾,冬季43.53×10^{6}尾,夏季资源尾数最高,秋季次之,冬季资源尾数最低(表6-60)。

表6-60 江苏海域各季节带鱼资源量估算

区域	指标	春季	夏季	秋季	冬季
禁渔区线内	重量资源密度(kg/km^2)	0.34	59.87	0.15	0
	尾数资源密度(ind./km^2)	14.47	679.15	20.35	0
	资源量(t)	9.27	1 633.18	4.13	0
	资源尾数(×10^6 ind.)	0.39	18.53	0.56	0
禁渔区线外	重量资源密度(kg/km^2)	13.26	1 457.46	62.08	6.8
	尾数资源密度(ind./km^2)	1 353.69	24 402.88	2 005.67	644.73
	资源量(t)	1 199.29	131 834.9	5 615.01	615.4
	资源尾数(×10^6 ind.)	122.45	2 207.36	181.42	58.32
合计	资源量(t)	1 208.56	133 468	5 619.14	615.4
	资源尾数(×10^6 ind.)	122.84	2 225.89	181.98	58.32

6.2.4.4.3 生物学

(1)肛长、体重:春季带鱼肛长范围83~257 mm,平均肛长179.61,体重范围6.2~263.3 g,平均体重118.94 g。雌雄性比为1:0.75(表6-61)。

夏季带鱼肛长范围38~265 mm,优势组肛长131~210 mm,占87.25%,平均肛长169.07 mm;体重范围0.7~278.4 g,优势组体重25.1~115.0 g,占70.11%,平均体重70.11 g。雌雄性比为1:1.40。

秋季带鱼肛长范围24~254 mm,优势组肛长51~140 mm,占76.39%,平均肛长113.06 mm;体重范围0.5~443.6 g,优势组体重0.5~40.0 g,占79.2%,平均体重36.85 g。雌雄性比为1:1.33。

冬季带鱼肛长范围20~207 mm,优势组肛长71~120 mm,占81.90%,平均肛长97.21 mm;体重范围0.8~123.3 g,优势组体重5.1~25.0 g,占78.97%,平均体重16.23 g。

全年带鱼肛长范围20~265 mm,优势组肛长61~210 mm,占92.30%,平均肛长143.97 mm;体重范围0.5~443.6 g,优势组体重0.5~95.0 g,占84.07%,平均体重54.18 g。雌雄性比为1:1.39。

表6-61 江苏海域带鱼肛长与体重

季节	肛长(mm)				体重(g)				雌雄性比(♀:♂)
	范围	优势组	比例(%)	平均	范围	优势组	比例(%)	平均	
春季	83~257	—	—	179.61	6.2~263.3	—	—	118.94	1:0.75
夏季	38~265	131~210	87.25	169.07	0.7~278.4	25.1~115.0	84.35	70.11	1:1.40
秋季	24~254	51~140	76.39	113.05	0.5~443.6	0.5~40.0	79.2	36.85	1:1.33
冬季	20~207	71~120	81.90	97.21	0.8~123.3	5.1~25.0	78.97	16.23	
合计	20~265	61~210	92.30	143.97	0.5~443.6	0.5~95.0	84.07	54.18	1:1.39

肛长与体重关系(图 6-43):$W = 1.88 \times 10^{-5} L^{2.9374}$,$R^2 = 0.9561$($n = 2609$)。

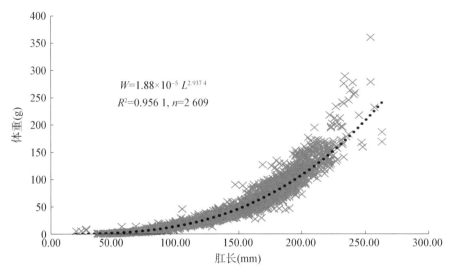

▲ 图 6-43 江苏海域带鱼肛长与体重关系

(2) 性腺成熟度:春季带鱼性腺成熟度Ⅲ期为主,占 62.50%,Ⅳ期占 37.50%(表 6-62)。夏季带鱼性腺发育主要以Ⅱ期为主,占 89.38%,7.02% 为Ⅲ期,Ⅳ期占 3.08%,Ⅴ期~Ⅵ期占 0.51%。秋季带鱼性腺成熟度Ⅱ期占优势组,占 87.76%,Ⅲ期占 10.20%,Ⅳ期占 2.04%。冬季全部为幼鱼,性腺成熟度均为Ⅰ期。

表 6-62 江苏海域带鱼各季节性腺成熟度

季节	性腺成熟度比例(%)					样本量 (ind.)
	Ⅱ期	Ⅲ期	Ⅳ期	Ⅴ期	Ⅵ期	
春季		62.50	37.50			8
夏季	89.38	7.02	3.08	0.34	0.17	584
秋季	87.76	10.20	2.04			49
冬季						

(3) 摄食强度:春季为带鱼产卵季节,摄食等级以 0 级(空胃)占 28.57%,1 级占 57.14%,2 级占 7.14%,3 级无,4 级占 7.14%。其中雌鱼摄食等级为 0 的占 37.50%,1 级占 50%,4 级占 12.50%。雄鱼空胃率低于雌鱼,占 16.67%,1 级占 66.67%,2 级占 16.67%。夏季带鱼空胃率为 8.46%,1 级占 67.64%,2 级占 19.27%,3 级占 3.49%,4 级占 1.14%。其中雌鱼 0 级占 5.13%,1 级占 64.10%,2 级占 24.62%,3、4 级合计占 6.15%。雄鱼空胃率占 10.84%,1 级占 70.16%,2 级占 15.47%,3 级占 2.07%,4 级占 1.46%。秋季带鱼空胃率占 6.14%,1 级占 31.58%,2 级占 41.23%,3 级占 19.30%,4 级占 1.75%。雌、雄鱼空胃率为相差不大,分别为 6.12%、6.15%,其中雌鱼 1 级占 26.53%,2 级占 48.98%,3 级占 14.29%,4 级占 4.08%;雄鱼则 1 级占 35.38%,2 级占 35.38%,3 级占 23.08%,4 级未出现。

调查取样过程中,冬季调查航次带鱼数量少带鱼摄食等级未进行具体测定分析。从全年情况看,带鱼空胃率为 8.47%,1 级占 64.86%,2 级占 20.80%,3 级占 4.63%,4 级 1.24%。雌鱼和雄鱼的空胃率分别为 5.61% 和 10.54%(表 6-63、表 6-64)。

表 6-63 江苏海域带鱼各季节摄食等级

季节	摄食等级比例(%)					样本量 (ind.)
	0级	1级	2级	3级	4级	
春季	28.57	57.14	7.14		7.14	14
夏季	8.46	67.64	19.27	3.49	1.14	1 406
秋季	6.14	31.58	41.23	19.30	1.75	114
冬季						
合计	8.47	64.86	20.80	4.63	1.24	1 534

表 6-64 江苏海域带鱼雌鱼和雄鱼各季节摄食等级

雌雄	季节	摄食等级比例(%)					样本量(ind.)
		0级	1级	2级	3级	4级	
雌鱼	春季	37.5	50			12.5	8
	夏季	5.13	64.10	24.62	5.47	0.68	585
	秋季	6.12	26.53	48.98	14.29	4.08	49
	冬季						
雌鱼合计		5.61	61.06	26.17	6.07	1.09	642
雄鱼	春季	16.67	66.67	16.67			6
	夏季	10.84	70.16	15.47	2.07	1.46	821
	秋季	6.15	35.38	35.38	23.08		65
	冬季						
雄鱼合计		10.54	67.60	16.93	3.59	1.35	892
合计		8.47	64.86	20.80	4.63	1.24	1 534

(4) 年龄结构:春季禁渔区线内侧共测定带鱼 5 尾,0 龄比例最高占 80.00%,最高龄仅 1 龄,占 20.00%,平均年龄 0.20 龄。春季禁渔区线外侧共测定 131 尾,以 0 龄鱼为主,占 79.39%,平均年龄 0.25 龄。春季全海域合计测定带鱼 136 尾,以 0 龄鱼和 1 龄鱼为主,分别占 79.41% 和 15.99%,平均年龄 0.25 龄(表 6-65)。

表 6-65 江苏海域春季带鱼年龄组成(%)

区域	样本量(ind.)	0 龄	1 龄	2 龄	3 龄	4 龄	平均年龄(龄)
禁渔区线内	5	80.00	20.00	0.00	0.00	0.00	0.20
禁渔区线外	131	79.39	15.84	4.77	0.00	0.00	0.25
合计	136	79.41	15.99	4.60	0.00	0.00	0.25

夏季禁渔区线内侧共测定带鱼 262 尾,1 龄比例最高占 74.33%,最高龄仅 2 龄,占 3.91%,平均年龄 0.82 龄。夏季禁渔区线外侧共测定带鱼 900 尾,以 1 龄鱼为主,占 78.72%,平均年龄 0.83 龄。夏季全海域合计测定带鱼 1162 尾,以 1 龄鱼为主,占 77.73%,平均年龄 0.83 龄(表 6-66)。

表 6-66　江苏海域夏季带鱼年龄组成(%)

区域	样本量(ind.)	0 龄	1 龄	2 龄	平均年龄(龄)
禁渔区线内	262	21.76	74.33	3.91	0.82
禁渔区线外	900	19.33	78.72	1.94	0.83
合计	1 162	19.88	77.73	2.39	0.83

　　秋季禁渔区线内侧共测定带鱼 10 尾,全部为 0 龄鱼。秋季禁渔区线外侧共测定 635 尾,以 0 龄鱼为主,占 81.73%,平均年龄 0.20 龄。秋季全海域合计测定带鱼 645 尾,以 0 龄鱼为主,占 82.02%,平均年龄 0.20 龄(表 6-67)。

表 6-67　江苏海域秋季带鱼年龄组成(%)

区域	样本量(ind.)	0 龄	1 龄	2 龄	平均年龄(龄)
禁渔区线内	10	100.00	0.00	0.00	0.00
禁渔区线外	635	81.73	16.57	1.69	0.20
合计	645	82.02	16.32	1.67	0.20

　　冬季禁渔区线内侧无带鱼。冬季禁渔区线外侧共测定带鱼 850 尾,以 0 龄鱼占绝对优势组,占 99.18%(表 6-68)。

表 6-68　江苏海域冬季带鱼年龄组成(%)

区域	样本量(ind.)	0 龄	1 龄
禁渔区线内	无		
禁渔区线外	850	99.18	0.82
合计	850	99.18	0.82

　　2017～2018 年调查期间禁渔区线内侧共测定带鱼 277 尾,1 龄比例最高占 70.67%,平均年龄 0.78 龄。禁渔区线外侧共测定带鱼 2516 尾,以 0 龄鱼为主,占 65.18%,平均年龄 0.36 龄。全海域合计测定带鱼 2793 尾,以 0 龄鱼和 1 龄鱼为主,分别占 61.26% 和 37.14%,平均年龄 0.40 龄,最高年龄仅 2 龄,占 1.60%(表 6-69)。

表 6-69　江苏海域带鱼年龄组成(%)

区域	样本量(ind.)	0 龄	1 龄	2 龄	平均年龄(龄)
禁渔区线内	277	25.63	70.67	3.70	0.78
禁渔区线外	2516	65.18	33.45	1.37	0.36
合计	2793	61.26	37.14	1.60	0.40

6.2.4.5　灰鲳

6.2.4.5.1　资源密度季节分布

(1) 重量资源密度

春季:灰鲳重量资源密度为 0～82.21 kg/km²,站位平均为 1.21 kg/km²,最高为 JS58 站位,调查过程中,仅 JS58 站位出现灰鲳,其余 67 个站位均未有灰鲳出现。

夏季:灰鲳重量资源密度为 $0 \sim 34.26\,\mathrm{kg/km^2}$,站位平均为 $0.62\,\mathrm{kg/km^2}$,最高为 JS52 站位,且仅最高站位的重量资源密度超过了 $10\,\mathrm{kg/km^2}$。调查过程中,共有 60 个站位未出现灰鲳,其余 JS32、JS40、JS53、JS60、JS61、JS62、JS68 共 7 个站位均小于 $10\,\mathrm{kg/km^2}$。

资源调查过程中,灰鲳在秋季、冬季两季未有出现(表 6-70、图 6-44)。

表 6-70　江苏海域灰鲳各站位重量资源密度

站位	春季($\mathrm{kg/km^2}$)	夏季($\mathrm{kg/km^2}$)	秋季($\mathrm{kg/km^2}$)	冬季($\mathrm{kg/km^2}$)
JS1				
JS2				
JS3				
JS4				
JS5				
JS6				
JS7				
JS8				
JS9				
JS10				
JS11				
JS12				
JS13				
JS14				
JS15				
JS16				
JS17				
JS18				
JS19				
JS20				
JS21				
JS22				
JS23				
JS24				
JS25				
JS26				
JS27				
JS28				

(续表)

站位	春季(kg/km²)	夏季(kg/km²)	秋季(kg/km²)	冬季(kg/km²)
JS29				
JS30				
JS31				
JS32		1.3		
JS33				
JS34				
JS35				
JS36				
JS37				
JS38				
JS39				
JS40		0.35		
JS41				
JS42				
JS43				
JS44				
JS45				
JS46				
JS47				
JS48				
JS49				
JS50				
JS51				
JS52		34.26		
JS53		0.53		
JS54				
JS55				
JS56				
JS57				
JS58	82.21			
JS59				
JS60		0.38		
JS61		1.41		

(续表)

(续表)

站位	春季(kg/km²)	夏季(kg/km²)	秋季(kg/km²)	冬季(kg/km²)
JS62		3.39		
JS63				
JS64				
JS65				
JS66				
JS67				
JS68		0.32		
平均值	1.21	0.62		

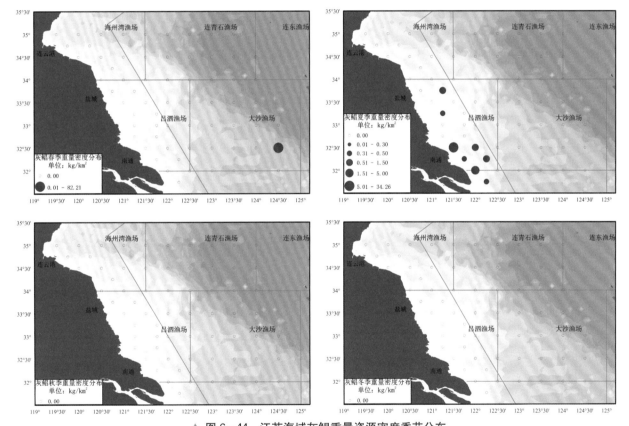

▲ 图6-44　江苏海域灰鲳重量资源密度季节分布

（2）尾数资源密度

春季：灰鲳尾数资源密度为0~154.27 ind./km²，仅JS58站位出现灰鲳，站位平均为2.27 ind./km²。剩余调查的67个站位均未有灰鲳出现。

夏季：灰鲳尾数资源密度为0~893.16 ind./km²，站位平均为29.53 ind./km²，最高为JS61站位。灰鲳尾数资源密度超过100 ind./km²的站位分别为JS52、JS61、JS62，其余6个站位的尾数资源密度均小于100 ind./km²。

资源调查过程中，灰鲳在秋季、冬季两季未有出现（表6-71、图6-45）。

表 6-71 江苏海域灰鲳各季节各站位尾数资源密度

站位	春季(ind. /km²)	夏季(ind. /km²)	秋季(ind. /km²)	冬季(ind. /km²)
JS1				
JS2				
JS3				
JS4				
JS5				
JS6				
JS7				
JS8				
JS9				
JS10				
JS11				
JS12				
JS13				
JS14				
JS15				
JS16				
JS17				
JS18				
JS19				
JS20				
JS21				
JS22				
JS23				
JS24				
JS25				
JS26				
JS27				
JS28				
JS29				
JS30				
JS31				
JS32		90.75		
JS33				
JS34				

(续表)

站位	春季(ind. /km²)	夏季(ind. /km²)	秋季(ind. /km²)	冬季(ind. /km²)
JS35				
JS36				
JS37				
JS38				
JS39				
JS40		21. 21		
JS41				
JS42				
JS43				
JS44				
JS45				
JS46				
JS47				
JS48				
JS49				
JS50				
JS51				
JS52		202. 8		
JS53		33. 18		
JS54				
JS55				
JS56				
JS57				
JS58				
JS59				
JS60		32. 48		
JS61	154. 27	893. 16		
JS62		694. 23		
JS63				
JS64				
JS65				
JS66				
JS67				
JS68		40. 07		
平均值	2. 27	29. 53		

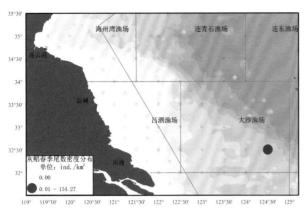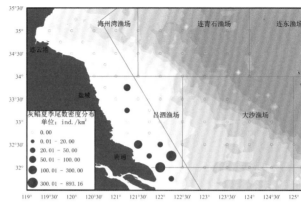
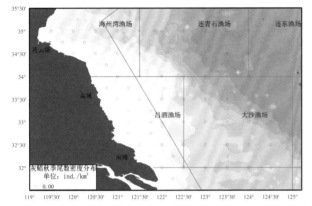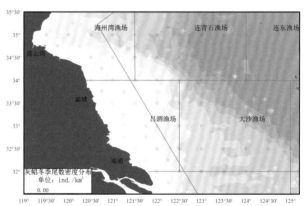

▲ 图 6-45 江苏海域灰鲳尾数资源密度季节分布

6.2.4.5.2 资源量

（1）重量资源量：根据尾数资源密度、扫海面积、调查评价面积，求算各季度资源量。春季灰鲳资源量 142.34 t，夏季 72.60 t，秋季、冬季两季未出现灰鲳（表 6-72）。

（2）尾数资源量：根据尾数资源密度、扫海面积、调查评价面积，求算各季度资源尾数。春季灰鲳资源尾数为 0.27×10^6 尾，夏季 3.48×10^6 尾，秋季、冬季两季灰鲳未出现（表 6-72）。

表 6-72 江苏海域各季节灰鲳资源量估算

区域	指标	春季	夏季	秋季	冬季
禁渔区线内	重量资源密度（kg/km²）	0	1.45	0	0
	尾数资源密度（ind./km²）	0	69.24	0	0
	资源量（t）	0	39.45	0	0
	资源尾数（×10⁶ ind.）	0	1.89	0	0
禁渔区线外	重量资源密度（kg/km²）	2.11	0	0	0
	尾数资源密度（ind./km²）	3.96	0	0	0
	资源量（t）	190.67	0	0	0
	资源尾数（×10⁶ ind.）	0.36	0	0	0
合计	资源量（t）	190.67	39.45	0	0
	资源尾数（×10⁶ ind.）	0.36	1.89	0	0

6.2.4.5.3 生物学

(1)叉长、体重:调查取样过程中,四个调查航次仅夏季灰鲳出现较多,春季、秋季、冬季未发现灰鲳或灰鲳数量少,未进行具体取样测定分析。

夏季灰鲳叉长范围 28~326 mm,优势组叉长 31~70 mm,占 84.90%,平均叉长 56 mm;体重范围 0.4~1 158.3 g,优势组体重 0.4~2.0 g,占 67.92%,平均体重 25.77 g(表 6 - 73)。

表 6 - 73 江苏海域灰鲳叉长与体重

季度	叉长(mm)				体重(g)			
	范围	优势组	比例(%)	平均	范围	优势组	比例(%)	平均
春季								
夏季	28~326	31~70	84.90	56	0.4~1 158.3	0.4~2.0	67.92	25.77
秋季								
冬季								
合计	28~326	31~70	84.90	56	0.4~1 158.3	0.4~2.0	67.92	25.77

灰鲳叉长与体重关系(图 6 - 46):$W = 2.25 \times 10^{-6} L^{3.4834}$,$R^2 = 0.9638 (n = 53)$。

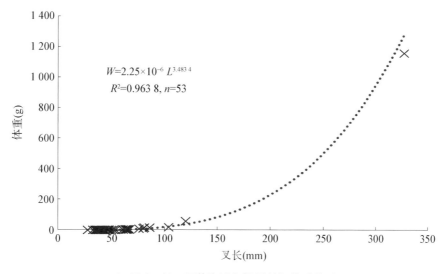

$$W = 2.25 \times 10^{-6} L^{3.4834}$$
$$R^2 = 0.9638, n = 53$$

▲ 图 6 - 46 江苏海域灰鲳叉长与体重关系

(2)性腺成熟度与摄食强度:春季灰鲳仅个别站位有出现,夏季共有 6 个站位出现灰鲳,测定的 53 尾灰鲳中绝大多数为灰鲳幼鱼,体重仅 1 g 左右,故摄食等级无法测定。

(3)年龄结构:夏季灰鲳共测定样本量为 53 尾,且均为禁渔区线内的样品,禁渔区线外仅少量出现。其中 0 龄占 98.11%,6 龄占 1.89%,平均年龄为 0.11 龄。其余调查月份禁渔区线内和禁渔区线外的样本量极少(表 6 - 74)。

表 6 - 74 江苏海域夏季灰鲳年龄组成(%)

区域	样本量	0 龄	1 龄	2 龄	3 龄	4 龄	5 龄	6 龄	平均年龄(龄)
禁渔区线内	53	98.11	0.00	0.00	0.00	0.00	0.00	1.89	0.11
禁渔区线外									
合计	53	98.11	0.00	0.00	0.00	0.00	0.00	1.89	0.11

6.2.4.6 蓝点马鲛

6.2.4.6.1 资源密度季节分布

（1）重量资源密度

春季：春季资源调查过程中，仅 JS1、JS2 两个站位出现蓝点马鲛，其重量资源密度分别为 32.20 kg/km^2、73.69 kg/km^2，均小于 100 kg/km^2，站位平均为 1.56 kg/km^2，JS2 站位重量资源密度最高（表 6-75、图 6-47）。

夏季：夏季资源调查数据分析，蓝点马鲛重量资源密度为 0～349.17 kg/km^2，站位平均为 9.99 kg/km^2，最高为 JS45 站位，仅 JS45 和 JS46 两个站位的重量资源密度超过 100 kg/km^2，其余 JS2、JS35、JS36、JS51、JS64 站位均超过 100 kg/km^2，共有 61 个站位未出现蓝点马鲛。

秋季：仅 JS35、JS59 两个站位出现蓝点马鲛，重量资源密度分别为 225.88 kg/km^2、16.00 kg/km^2，其中 JS35 站位最高，站位平均为 3.56 kg/km^2，其余 66 个站位均未有蓝点马鲛出现。

资源调查过程中，冬季未出现蓝点马鲛。

表 6-75　江苏海域各季节蓝点马鲛重量资源密度

站位	春季(kg/km^2)	夏季(kg/km^2)	秋季(kg/km^2)	冬季(kg/km^2)
JS1	32.20			
JS2	73.69	9.34	0.00	
JS3				
JS4				
JS5				
JS6				
JS7				
JS8				
JS9				
JS10				
JS11				
JS12				
JS13				
JS14				
JS15				
JS16				
JS17				
JS18				
JS19				
JS20				
JS21				
JS22				

(续表)

站位	春季(kg/km²)	夏季(kg/km²)	秋季(kg/km²)	冬季(kg/km²)
JS23				
JS24				
JS25				
JS26				
JS27				
JS28				
JS29				
JS30				
JS31				
JS32				
JS33				
JS34				
JS35		47.07	225.88	
JS36		17.14		
JS37				
JS38				
JS39				
JS40				
JS41				
JS42				
JS43				
JS44				
JS45		349.17		
JS46		207.60		
JS47				
JS48				
JS49				
JS50				
JS51		4.52		
JS52				
JS53				
JS54				
JS55				

（续表）

站位	春季(kg/km²)	夏季(kg/km²)	秋季(kg/km²)	冬季(kg/km²)
JS56				
JS57				
JS58				
JS59			16.00	
JS60				
JS61				
JS62				
JS63				
JS64		44.80		
JS65				
JS66				
JS67				
JS68				
平均值	1.56	9.99	3.56	

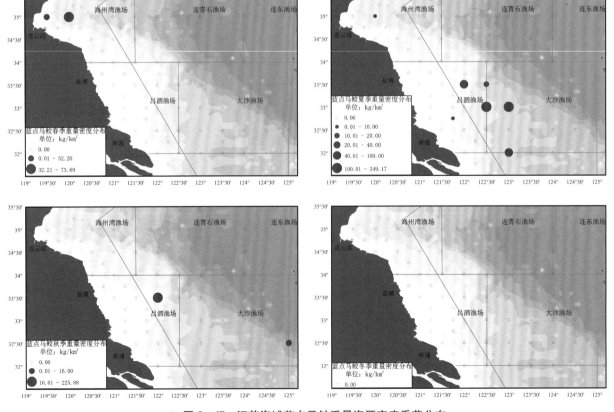

▲ 图 6‑47　江苏海域蓝点马鲛重量资源密度季节分布

（2）尾数资源密度

春季:春季资源调查中,仅 JS1、JS2 两个站位出现蓝点马鲛,其尾数资源密度分别为71.55 ind./km²、26.45 ind./km²,站位平均为1.44 ind./km²,其余66个站位均未出现蓝点马鲛(表6-76、图6-48)。

夏季:夏季资源调查数据分析,JS45 站位蓝点马鲛尾数资源密度最高,为1 960.18 ind./km²,超过1 000 ind./km²。其余站位24.36 ind./km²～697.58 ind./km²,站位平均54.08 ind./km²。调查过程中,共有61个站位未有蓝点马鲛出现,介于100 ind./km²～1 000 ind./km²的站位分别是JS35、JS36、JS46、JS64。

秋季:秋季资源调查中,仅 JS35、JS59 两个站位出现蓝点马鲛,其尾数资源密度分别为261.08 ind./km²、61.71 ind./km²,站位平均为4.75 ind./km²,其余66个站位均未出现蓝点马鲛。

冬季蓝点马鲛调查未有出现。

表6-76　江苏海域蓝点马鲛各季节尾数资源密度

站位	春季(ind./km²)	夏季(ind./km²)	秋季(ind./km²)	冬季(ind./km²)
JS1	71.55			
JS2	26.45	24.36		
JS3				
JS4				
JS5				
JS6				
JS7				
JS8				
JS9				
JS10				
JS11				
JS12				
JS13				
JS14				
JS15				
JS16				
JS17				
JS18				
JS19				
JS20				
JS21				
JS22				
JS23				
JS24				

（续表）

站位	春季(ind. /km²)	夏季(ind. /km²)	秋季(ind. /km²)	冬季(ind. /km²)
JS25				
JS26				
JS27				
JS28				
JS29				
JS30				
JS31				
JS32				
JS33				
JS34				
JS35		334.99	261.08	
JS36		474.69		
JS37				
JS38				
JS39				
JS40				
JS41				
JS42				
JS43				
JS44				
JS45		1 960.18		
JS46		697.58		
JS47				
JS48				
JS49				
JS50				
JS51		31.38		
JS52				
JS53				
JS54				
JS55				
JS56				
JS57				

（续表）

（续表）

站位	春季(ind./km²)	夏季(ind./km²)	秋季(ind./km²)	冬季(ind./km²)
JS58				
JS59			61.71	
JS60				
JS61				
JS62				
JS63				
JS64		154.27		
JS65				
JS66				
JS67				
JS68				
平均值	1.44	54.08	4.75	

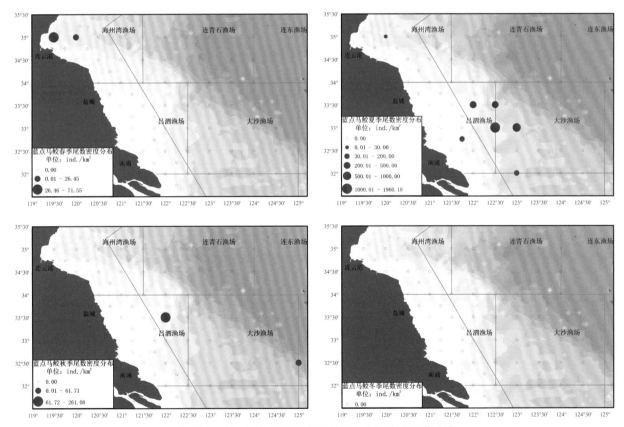

▲ 图6-48　江苏海域蓝点马鲛尾数资源密度季节分布

6.2.4.6.2　资源量

（1）重量资源量：根据尾数资源密度、扫海面积、调查评价面积，求算各季度资源量。春季蓝点马鲛资源量183.33 t，夏季1 176.72 t，秋季418.79 t、冬季未出现蓝点马鲛。夏季最高，秋季次之（表6-77）。

表 6-77 江苏海域各季节蓝点马鲛资源量估算

区域	指标	春季	夏季	秋季	冬季
禁渔区线内	重量资源密度(kg/km²)	3.65	0.48	0	0
	尾数资源密度(ind./km²)	3.38	1.92	0	0
	资源量(t)	99.61	13.04	0	0
	资源尾数(×10⁶ ind.)	0.09	0.05	0	0
禁渔区线外	重量资源密度(kg/km²)	0	17.07	6.2	0
	尾数资源密度(ind./km²)	0	92.86	8.28	0
	资源量(t)	0	1 544.18	561.01	0
	资源尾数(×10⁶ ind.)	0	8.4	0.75	0
合计	资源量(t)	99.61	1 557.22	561.01	0
	资源尾数(×10⁶ ind.)	0.09	8.45	0.75	0

(2) 尾数资源量:根据尾数资源密度、扫海面积、调查评价面积,求算各季度资源尾数。春季蓝点马鲛资源尾数为 $0.17×10^6$ 尾,夏季 $6.37×10^6$ 尾,秋季 $0.56×10^6$ 尾,冬季未出现。夏季最高,秋季次之(表6-77)。

6.2.4.6.3 生物学

(1) 叉长、体重:资源调查取样过程中,秋季和冬季未出现有蓝点马鲛。

春季:蓝点马鲛仅1尾,叉长729 mm,体重2 786.3 g。

夏季:蓝点马鲛叉长范围 222~351 mm,平均叉长 283.2 mm;体重范围 108.5~383.5 g,平均体重 219.9 g。

全年蓝点马鲛叉长范围 222~729 mm,平均叉长 357.5 mm;体重范围 108.5~2 786.3 g,平均体重 647.6 g。见表6-78。

表 6-78 江苏海域蓝点马鲛叉长与体重

季度	叉长(mm)				体重(g)			
	范围	优势组	比例(%)	平均	范围	优势组	比例(%)	平均
春季	729			729	2 786.3			2 786.3
夏季	222~351			283.2	108.5~383.5			219.9
秋季								
冬季								
合计	222~729			357.5	108.5~2 786.3			647.6

蓝点马鲛叉长与体重关系(图6-49): $W = 3.16×10^{-5}L^{2.7772}$, $R^2 = 0.998\,5(n=6)$ 。

(2) 年龄结构:春季禁渔区线内侧共测定蓝点马鲛2尾,2龄鱼1尾,4龄鱼1尾,各占50%。5月份禁渔区线外侧蓝点马鲛未出现(表6-79)。

夏季禁渔区线内侧共测定蓝点马鲛4尾,均为1龄鱼。8月份禁渔区线外侧蓝点马鲛测定5尾,均为1龄鱼(表6-80)。

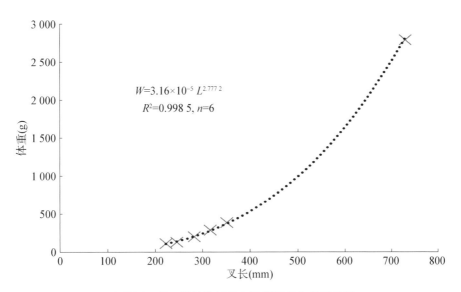

▲ 图6-49 江苏海域蓝点马鲛叉长与体重关系

表6-79 春季江苏海域蓝点马鲛年龄组成(%)

区域	样本量(ind.)	0龄	1龄	2龄	3龄	4龄	平均年龄(龄)
禁渔区线内	2	0.00	0.00	50.00	0.00	50.00	3.00
禁渔区线外							
合计	2	0.00	0.00	50.00	0.00	50.00	3.00

表6-80 江苏海域夏季蓝点马鲛年龄组成(%)

区域	样本量(ind.)	0龄	1龄	2龄	3龄	4龄	平均年龄(龄)
禁渔区线内	4	0.00	100.00	0.00	0.00	0.00	1.00
禁渔区线外	5	0.00	100.00	0.00	0.00	0.00	1.00
合计	9	0.00	100.00	0.00	0.00	0.00	1.00

2017~2018年调查期间禁渔区线内侧共测定蓝点马鲛6尾,平均年龄1.67龄。禁渔区线外侧蓝点马鲛测定5尾,均为1龄鱼。调查期间出现的蓝点马鲛平均年龄为1.36龄(表6-81)。

表6-81 江苏海域蓝点马鲛年龄组成(%)

区域	样本量(ind.)	0龄	1龄	2龄	3龄	4龄	平均年龄(龄)
禁渔区线内	6	0.00	66.67	16.67	0.00	16.67	1.67
禁渔区线外	5	0.00	100.00	0.00	0.00	0.00	1.00
合计	11	0.00	81.82	9.09	0.00	9.09	1.36

6.2.4.7 大黄鱼

6.2.4.7.1 资源密度季节分布

(1) 重量资源密度:春季资源调查过程中,未有大黄鱼出现。

夏季:大黄鱼重量资源密度为0~117.33 kg/km²,站位平均为1.98 kg/km²,最高为JS46站位,且仅该站位超过 1 000 kg/km²。其中 JS40、JS51、JS60、JS62 站位出现大黄鱼,重量资源密度 0.32～15.32 kg/km² 不等,其余 63 个站位未出现大黄鱼(表 6-82、图 6-50)。

秋季:大黄鱼重量资源密度为 0～40.11 kg/km²,站位平均为 1.70 kg/km²,最高为 JS58 站位;JS25、JS46、JS47、JS48、JS54、JS58、JS59、JS65 站位大黄鱼重量资源密度均未超过 100 kg/km²,其余 60 个站位未有大黄鱼出现。

冬季:冬季资源调查中,仅 JS48 站位出现大黄鱼,且重量资源密度小于 1 kg/km²,其余 67 个站位均未有大黄鱼出现,站位平均 0.01 kg/km²。

表 6-82　江苏海域各季节大黄鱼重量资源密度

站位	春季(kg/km²)	夏季(kg/km²)	秋季(kg/km²)	冬季(kg/km²)
JS1				
JS2				
JS3				
JS4				
JS5				
JS6				
JS7				
JS8				
JS9				
JS10				
JS11				
JS12				
JS13				
JS14				
JS15				
JS16				
JS17				
JS18				
JS19				
JS20				
JS21				
JS22				
JS23				
JS24				
JS25			1.18	
JS26				

(续表)

站位	春季(kg/km²)	夏季(kg/km²)	秋季(kg/km²)	冬季(kg/km²)
JS27				
JS28				
JS29				
JS30				
JS31				
JS32				
JS33				
JS34				
JS35				
JS36				
JS37				
JS38				
JS39				
JS40		0.42		
JS41				
JS42				
JS43				
JS44				
JS45				
JS46		117.33	6.07	
JS47			22.53	
JS48			17.26	0.87
JS49				
JS50				
JS51		0.32		
JS52				
JS53				
JS54				
JS55				
JS56				
JS57				
JS58			40.11	

（续表）

站位	春季(kg/km²)	夏季(kg/km²)	秋季(kg/km²)	冬季(kg/km²)
JS59			4.64	
JS60		1.06		
JS61				
JS62		15.32		
JS63				
JS64				
JS65				
JS66				
JS67				
JS68				
平均值		1.98	1.70	0.01

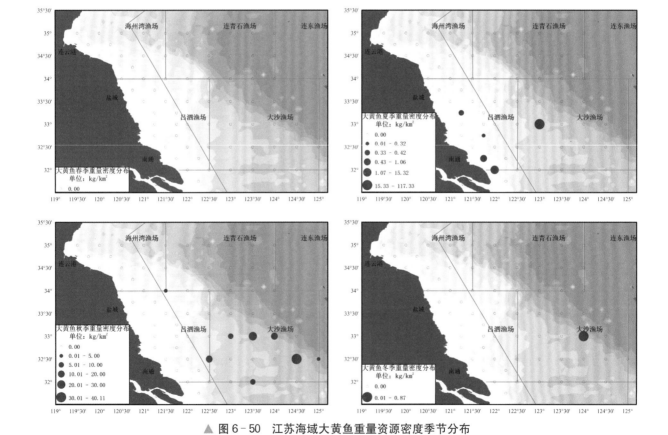

▲ 图6-50　江苏海域大黄鱼重量资源密度季节分布

（2）尾数资源密度：春季资源调查过程中，未出现大黄鱼。

夏季：大黄鱼尾数资源密度为0~697.58 ind./km²，站位平均为17.57 ind./km²，最高为JS46站位。尾数资源密度超过100 ind./km²仅JS46和JS62两个站位，JS40、JS51、JS60三个站位的尾数资源密度均小于100 ind./km²（表6-83、图6-51）。

秋季:大黄鱼尾数资源密度为 $0 \sim 678.80$ ind. $/\mathrm{km}^2$,站位平均约为 98.65 ind. $/\mathrm{km}^2$,最高为 JS58 站位;除最高站位外,尾数资源密度超过 100 ind. $/\mathrm{km}^2$ 的站位分别是 JS46、JS47、JS48、JS54、JS65,10 $\sim$ 100 ind. $/\mathrm{km}^2$ 的站位为 JS25、JS59,共有 60 个站位未出现大黄鱼。

冬季:冬季资源调查中,仅 JS48 站位出现大黄鱼,其余 67 个站位均未有大黄鱼出现,站位平均为 0.26 ind. $/\mathrm{km}^2$。

表 6-83　江苏海域各季节大黄鱼尾数资源密度

站位	春季(ind. $/\mathrm{km}^2$)	夏季(ind. $/\mathrm{km}^2$)	秋季(ind. $/\mathrm{km}^2$)	冬季(ind. $/\mathrm{km}^2$)
JS1				
JS2				
JS3				
JS4				
JS5				
JS6				
JS7				
JS8				
JS9				
JS10				
JS11				
JS12				
JS13				
JS14				
JS15				
JS16				
JS17				
JS18				
JS19				
JS20				
JS21				
JS22				
JS23				
JS24				
JS25			19.69	
JS26				
JS27				

站位	春季(ind. /km²)	夏季(ind. /km²)	秋季(ind. /km²)	冬季(ind. /km²)
JS28				
JS29				
JS30				
JS31				
JS32				
JS33				
JS34				
JS35				
JS36				
JS37				
JS38				
JS39				
JS40		50.89		
JS41				
JS42				
JS43				
JS44				
JS45				
JS46		697.58	112.20	
JS47			385.68	
JS48			234.76	17.80
JS49				
JS50				
JS51		10.46		
JS52				
JS53				
JS54			264.47	
JS55				
JS56				
JS57				
JS58			678.80	
JS59			61.71	

（续表）

站位	春季(ind. /km²)	夏季(ind. /km²)	秋季(ind. /km²)	冬季(ind. /km²)
JS60		19.49		
JS61				
JS62		416.54		
JS63				
JS64				
JS65			111.08	
JS66				
JS67				
JS68				
平均值		17.57	27.48	0.26

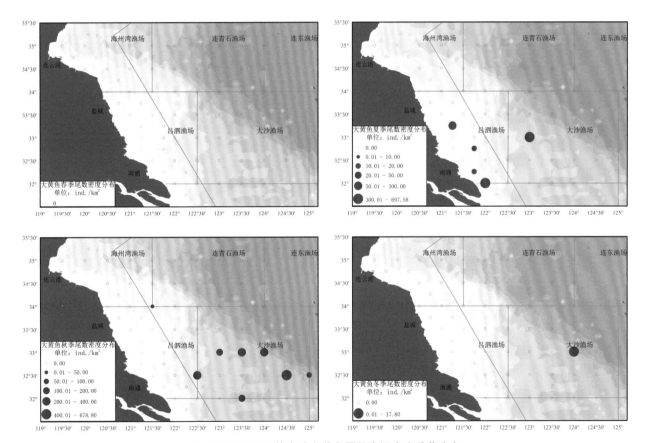

▲ 图 6-51　江苏海域大黄鱼尾数资源密度季节分布

6.2.4.7.2　资源量

（1）重量资源量：根据尾数资源密度、扫海面积、调查评价面积，求算各季度资源量。夏季大黄鱼资源量 232.79 t，秋季 199.70 t，冬季 1.51 t，春季未出现大黄鱼。夏季最高，秋季次之（表 6-84）。

表 6-84 江苏海域各季节大黄鱼资源量估算

区域	指标	春季	夏季	秋季	冬季
禁渔区线内	重量资源密度(kg/km²)	0	0.59	0	0
	尾数资源密度(ind./km²)	0	17.15	0	0
	资源量(t)	0	16.1	0	0
	资源尾数(×10⁶ ind.)	0	0.47	0	0
禁渔区线外	重量资源密度(kg/km²)	0	3.01	2.35	0.02
	尾数资源密度(ind./km²)	0	17.89	47.91	0.46
	资源量(t)	0	272.13	212.89	2.02
	资源尾数(×10⁶ ind.)	0	1.62	4.33	0.04
合计	资源量(t)	0	288.23	212.89	2.02
	资源尾数(×10⁶ ind.)	0	2.09	4.33	0.04

(2) 尾数资源量:根据尾数资源密度、扫海面积、调查评价面积,求算各季度资源尾数。夏季大黄鱼资源尾数为 2.07×10^6 尾,秋季 3.23×10^6 尾,冬季 0.03×10^6 尾,春季未出现。秋季最高,夏季次之(表 6-84)。

6.2.4.7.3 生物学

(1) 体长、体重:夏季大黄鱼体长范围 69～229 mm,优势组体长 106～145 mm,占 70.59%,平均体长 119.76 mm;体重范围 5.4～166.3 g,无优势组体重,平均体重 37.24 g,雌雄性比为 1:2.00。

秋季大黄鱼体长范围 109～198 mm,优势组体长 136～165 mm,占 63.70%,平均体长 153.44 mm;体重范围 20.1～110.3 g,优势组体重 45.1～75 g,占 64.70%,平均体重 61.76 g,雌雄性比为 1:3.25。

调查取样过程中,春季和冬季未出现有大黄鱼品种或少样品未具体测定分析。

全年大黄鱼体长范围 69～229 mm,优势组体长 126～165 mm,占 60.78%,平均体长 142.21 mm;体重范围 5.4～166.5 g,优势组体重 25.1～75.0 g,占 74.51%,平均体重 55.76 g,雌雄性比为 1:2.62(表 6-85)。

表 6-85 江苏海域大黄鱼体长与体重

季节	体长(mm)				体重(g)				雌雄性比 (♀:♂)
	范围	优势组	比例(%)	平均	范围	优势组	比例(%)	平均	
春季									
夏季	69～229	106～145	70.59	119.76	5.4～166.3	—	—	37.24	1:2
秋季	109～198	136～165	63.70	153.44	20.1～110.3	45.1～75.0	64.70	61.76	1:3.25
冬季									
合计	69～229	126～165	60.78	142.21	5.4～166.5	25.1～75.0	74.51	55.76	1:2.62

大黄鱼体长与体重关系(图 6-52): $W = 3.51 \times 10^{-5} L^{2.8522}$, $R^2 = 0.9700 (n = 51)$。

(2) 性腺成熟度:调查取样样品分析中,春季调查未出现有大黄鱼。夏季大黄鱼性腺成熟度均 II 期,占比 100%。大黄鱼在秋季为索饵洄游期,秋季大黄鱼性腺发育主要以 II 期为主,占 62.50%,12.50% 为 III 期,IV 期占 25.00%。冬季为大黄鱼越冬季洄游期,性腺成熟度以 II 期,占比 100%(表 6-86)。

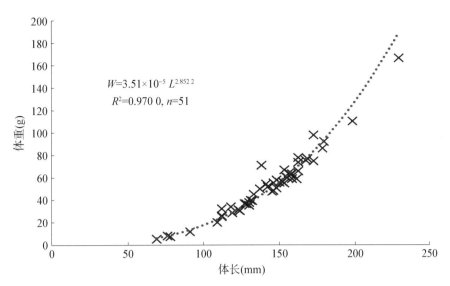

$W=3.51\times10^{-5}\,L^{2.852\,2}$
$R^2=0.970\,0,\ n=51$

▲ 图 6-52 江苏海域大黄鱼体长与体重关系

表 6-86 江苏海域大黄鱼各季节性腺成熟度

季节	性腺成熟度比例（%）			样本量（ind.）
	Ⅱ期	Ⅲ期	Ⅳ期	
春季				
夏季	100.00			4
秋季	62.50	12.50	25.00	8
冬季	100.00			1

（3）摄食强度：总体而言，大黄鱼渔获量很少。夏季大黄鱼空胃率为 8.33%，1 级占 50.00%，2 级占 25.00%，3 级占 16.67%。秋季大黄鱼空胃率 17.65%，1 级占 50.00%，2 级占 20.59%，3 级占 11.76%。冬季大黄鱼空胃率占 100.00%。

从全年情况看，大黄鱼空胃率达 15.38%，1 级占 44.23%，2 级的占 19.23%，3 级占 11.54%（表 6-87）。

表 6-87 江苏海域大黄鱼各季节摄食等级

季节	摄食等级比例（%）					样本量（ind.）
	0 级	1 级	2 级	3 级	4 级	
春季						
夏季	8.33	50.00	25.00	16.67	0.00	12
秋季	17.65	50.00	20.59	11.76	0.00	34
冬季	100.00	0.00	0.00	0.00	0.00	1
合计	15.38	44.23	19.23	11.54	0.00	47

（4）年龄结构：夏季禁渔区线内侧共测定大黄鱼 16 尾，0 龄和 1 龄分别占 75.00% 和 25.00%，平均年龄 0.25 龄。夏季禁渔区线外侧大黄鱼测定 1 尾，为 2 龄鱼。夏季江苏海域共测定 17 尾，0 龄和 1 龄、2 龄分别占 70.59%、23.53%、5.88%，平均年龄 0.35 龄（表 6-88）。

表6-88　江苏海域夏季大黄鱼年龄组成(%)

区域	样本量(ind.)	0龄	1龄	2龄	平均年龄(龄)
禁渔区线内	16	75.00	25.00	0.00	0.25
禁渔区线外	1	0.00	0.00	100.00	2.00
合计	17	70.59	23.53	5.88	0.35

秋季禁渔区线内未有大黄鱼,禁渔区线外侧大黄鱼测定34尾,0龄和1龄分别占11.76%和88.24%,平均年龄0.88龄(表6-89)。

表6-89　江苏海域秋季大黄鱼年龄组成(%)

区域	样本量(ind.)	0龄	1龄	平均年龄(龄)
禁渔区线内	无			
禁渔区线外	34	11.76	88.24	0.88
合计	34	11.76	88.24	0.88

冬季仅禁渔区线外测定1尾大黄鱼,年龄为1龄(表6-90)。

表6-90　江苏海域冬季大黄鱼年龄组成(%)

区域	样本量(ind.)	0龄	1龄	2龄	3龄	4龄	平均年龄(龄)
禁渔区线内	无						0.00
禁渔区线外	1	0.00	100.00	0.00	0.00	0.00	1.00
合计	无						0.00

2017~2018年调查期间禁渔区线内侧共测定大黄鱼16尾,0龄和1龄分别占75.00%和25.00%,平均年龄0.25龄。禁渔区线外侧大黄鱼测定36尾,以1龄为主,占86.11%,平均年龄0.92龄。所有江苏海域共测定52尾,以1龄为主,占67.31%,平均年龄0.71龄(表6-91)。

表6-91　江苏海域大黄鱼年龄组成(%)

区域	样本量(ind.)	0龄	1龄	2龄	3龄	4龄	平均年龄(龄)
禁渔区线内	16	75.00	25.00	0.00	0.00	0.00	0.25
禁渔区线外	36	11.11	86.11	2.78	0.00	0.00	0.92
合计	52	30.77	67.31	1.92	0.00	0.00	0.71

6.2.4.8　海鳗

6.2.4.8.1　资源密度季节分布

(1) 重量资源密度

春季:海鳗重量资源密度为0~53.29 kg/km²,站位平均为1.45 kg/km²,最高为JS60站位。调查过程中,有66个站位未出现海鳗,仅JS60、JS68两个站位出现海鳗,且重量资源密度均未超过100 kg/km²(表6-92、图6-53)。

夏季:海鳗重量资源密度为 $0 \sim 1\,234.81\,kg/km^2$,站位平均为 $45.81\,kg/km^2$,最高为 JS60 站位,且仅最高站位重量资源密度超过 $1\,000\,kg/km^2$。调查过程中,共有 53 个站位未出现海鳗。介于 $100 \sim 1\,000\,kg/km^2$ 之间的有 JS35、JS43、JS46、JS51、JS53、JS68 站位;$0 \sim 100\,kg/km^2$ 的有 8 个站位,其中海鳗重量资源密度小于 $1\,kg/km^2$ 的且除去未出现海鳗的站位仅 JS50。

秋季:海鳗重量资源密度为 $0 \sim 27.06\,kg/km^2$,站位平均为 $0.88\,kg/km^2$,最高为 JS34 站位;秋季资源调查过程中共 65 个站位海鳗未出现。剩余 JS34、JS37、JS54 共 3 个站位的重量资源密度也均未超过 $100\,kg/km^2$。

资源调查过程中,海鳗在冬季未出现。

表 6-92　江苏海域各季节海鳗重量资源密度

站位	春季(kg/km^2)	夏季(kg/km^2)	秋季(kg/km^2)	冬季(kg/km^2)
JS1				
JS2				
JS3				
JS4				
JS5				
JS6				
JS7				
JS8				
JS9				
JS10				
JS11				
JS12				
JS13				
JS14				
JS15				
JS16				
JS17				
JS18				
JS19				
JS20				
JS21				
JS22				
JS23				
JS24				
JS25				
JS26				

（续表）

站位	春季(kg/km²)	夏季(kg/km²)	秋季(kg/km²)	冬季(kg/km²)
JS27				
JS28				
JS29				
JS30				
JS31				
JS32				
JS33				
JS34		5.54	27.06	
JS35		372.24		
JS36				
JS37			12.33	
JS38				
JS39				
JS40		7.86		
JS41		6.48		
JS42				
JS43		110.88		
JS44		57.71		
JS45				
JS46		137.63		
JS47				
JS48				
JS49				
JS50		0.01		
JS51		263.90		
JS52		14.96		
JS53		293.16		
JS54			20.36	
JS55				
JS56				
JS57				
JS58				
JS59				
JS60	53.29	1 234.81		

（续表）

站位	春季(kg/km²)	夏季(kg/km²)	秋季(kg/km²)	冬季(kg/km²)
JS61		51.00		
JS62		5.74		
JS63				
JS64				
JS65				
JS66				
JS67				
JS68	45.26	552.82		
平均值	45.81	0.88		

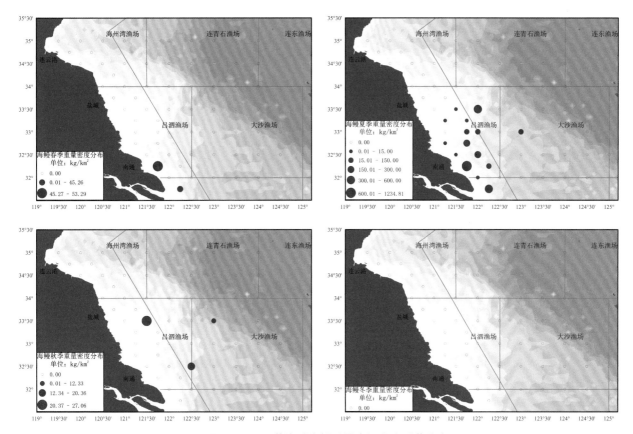

▲ 图6-53　江苏海域海鳗重量资源密度季节分布

（2）尾数资源密度

春季：海鳗尾数资源密度为 $0 \sim 286.58 \, ind./km^2$，站位平均为 $7.16 \, ind./km^2$，最高为 JS60 站位。调查中，共有 66 个站位未出现海鳗，仅 2 个站位出现海鳗，分别为 JS60、JS68（表 6-93、图 6-54）。

夏季：海鳗尾数资源密度为 $0 \sim 2356.18 \, ind./km^2$，站位平均为 $124.73 \, ind./km^2$，最高为 JS68 站位。超过 $1000 \, ind./km^2$ 的有 JS35、JS60、JS68 共 3 个站位。介于 $100 \sim 1000$ 之间的站位有 JS43、JS44、JS46、JS51、JS53、JS61、JS62。JS34、JS40、JS41、JS50、JS52 站位的海鳗尾数资源密度小于 $100 \, ind./km^2$。

秋季:海鳗尾数资源密度为 $0\sim148.95\,\mathrm{ind.}/\mathrm{km}^2$,站位平均为 $5.0\,\mathrm{ind.}/\mathrm{km}^2$,最高为 JS34 站位;调查中,共 65 个站位未有海鳗出现,仅 JS34、JS37、JS54 出现海鳗,且 JS54 的海鳗尾数资源密度小于 $100\,\mathrm{ind.}/\mathrm{km}^2$。

资源调查过程中,海鳗在冬季未有出现。

表 6-93　江苏海域海鳗各季节各站位尾数资源密度

站位	春季(ind./km²)	夏季(ind./km²)	秋季(ind./km²)	冬季(ind./km²)
JS1				
JS2				
JS3				
JS4				
JS5				
JS6				
JS7				
JS8				
JS9				
JS10				
JS11				
JS12				
JS13				
JS14				
JS15				
JS16				
JS17				
JS18				
JS19				
JS20				
JS21				
JS22				
JS23				
JS24				
JS25				
JS26				
JS27				
JS28				
JS29				
JS30				

（续表）

站位	春季(ind. /km²)	夏季(ind. /km²)	秋季(ind. /km²)	冬季(ind. /km²)
JS31				
JS32				
JS33				
JS34		25. 36	148. 95	
JS35		1 004. 98		
JS36				
JS37			102. 85	
JS38				
JS39				
JS40		38. 17		
JS41		45. 57		
JS42				
JS43		676. 27		
JS44		254. 67		
JS45				
JS46		697. 58		
JS47				
JS48				
JS49				
JS50		30. 10		
JS51		889. 03		
JS52		86. 91		
JS53		776. 34		
JS54			88. 16	
JS55				
JS56				
JS57				
JS58				
JS59				
JS60	286. 58	1 149. 74		
JS61		219. 23		
JS62		231. 41		
JS63				
JS64				

(续表)

站位	春季(ind./km²)	夏季(ind./km²)	秋季(ind./km²)	冬季(ind./km²)
JS65				
JS66				
JS67				
JS68	200.14	2 356.18		
平均值	7.16	124.73	5.00	

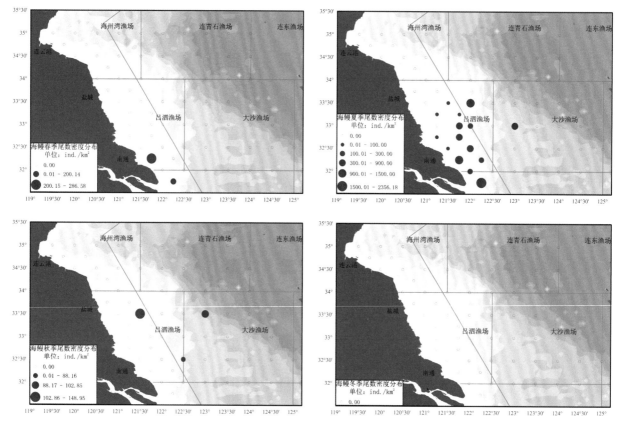

▲ 图 6-54　江苏海域海鳗尾数资源密度季节分布

6.2.4.8.2　资源量

（1）重量资源量：根据尾数资源密度、扫海面积、调查评价面积，求算各季度资源量。春季海鳗资源量170.61 t，夏季 5 392.86 t，秋季 103.45 t，冬季没有，夏季资源量最高，春季次之（表 6-94）。

表 6-94　江苏海域各季节海鳗资源量估算

区域	指标	春季	夏季	秋季	冬季
禁渔区线内	重量资源密度(kg/km²)	3.4	89.82	0.93	0
	尾数资源密度(ind./km²)	16.78	233.76	5.14	0
	资源量(t)	92.7	2 450.28	25.45	0
	资源尾数(×10⁶ ind.)	0.46	6.38	0.14	0

（续表）

区域	指标	春季	夏季	秋季	冬季
禁渔区线外	重量资源密度(kg/km²)	0	13.07	0.84	0
	尾数资源密度(ind./km²)	0	43.66	4.9	0
	资源量(t)	0	1 182.57	75.82	0
	资源尾数(×10⁶ ind.)	0	3.95	0.44	0
合计	资源量(t)	92.7	3 632.85	101.27	0
	资源尾数(×10⁶ ind.)	0.46	10.33	0.58	0

（2）尾数资源量：根据尾数资源密度、扫海面积、调查评价面积，求算各季度资源尾数。春季海鳗资源尾数为 0.84×10^6 尾，夏季 14.68×10^6 尾，秋季 0.59×10^6 尾，冬季没有，夏季资源尾数最高，春季次之。

6.2.4.8.3 生物学

（1）肛长、体重：春季海鳗肛长范围 133～253 mm，肛长无明显优势组，平均肛长 202.75 mm；体重范围 36.9～377 g，体重无明显优势组，平均体重 166.91 g。

夏季海鳗肛长范围 121～330 mm，优势组肛长 151～220 mm，占比 63.86%，平均肛长 202.75 mm；体重范围 44.4～1 118.8 g，优势组体重 50.1～300 mm，占比 74.45%，平均体重 237.28 g。雌雄性比为 1:1.78。

全年海鳗肛长范围 121～330 mm，优势组肛长 151～220 mm，占 63.22%，平均肛长 205.50 mm；体重范围 36.9～1 118.8 g，优势组体重 50.1～225 g，占 62.92%，平均体重 235.57 g。雌雄性比为 1:1.90。

资源调查取样过程中，秋季和冬季未出现有海鳗，或海鳗数量少，未进行具体测定统计分析（表 6-95）。

表 6-95 江苏海域海鳗肛长与体重

季节	肛长(mm)				体重(g)				雌雄性比 (♀:♂)
	范围	优势组	比例(%)	平均	范围	优势组	比例(%)	平均	
春季	133～253			202.75	36.9～377			166.91	
夏季	121～330	151～220	63.86	205.56	44.4～1 118.8	50.1～300	74.45	237.28	1:1.78
秋季									
冬季									
合计	121～330	151～220	63.22	205.50	36.9～1 118.8	50.1～225	62.92	235.57	1:1.90

海鳗肛长与体重关系（图 6-55）：$W = 6.59 \times 10^{-6} L^{3.2357}$，$R^2 = 0.952\,6 (n = 323)$。

（2）性腺成熟度：因个体偏小原因，测定尾数少，对夏季和冬季的海鳗进行了测定统计分析。夏季海鳗性腺发育主要以Ⅱ期为主，占 91.84%，8.16% 为Ⅲ期。冬季为海鳗越冬季洄游期，性腺成熟度以Ⅱ期和Ⅲ期为主，分别占 91.84% 和 8.16%（表 6-96）。

（3）摄食强度：调查取样分析中，仅对春季和夏季的海鳗进行了测定统计分析，秋季冬季海鳗未出现或数量少。春季为海鳗产卵季节，摄食等级以 0 级（空胃）占 16.67%，1 级占 33.33%，2 级占 33.33%，3 级未出现，4 级占 16.67%。夏季海鳗空胃率为 0.74%，1 级占 24.26%，2 级占 33.82%，3 级占 34.56%，4 级占 6.62%。从全年情况看，海鳗空胃率达 1.41%，1 级占 24.65%，2 级的占 33.80%。3 级和 4 级分别为 33.10% 和 7.04%（表 6-97）。

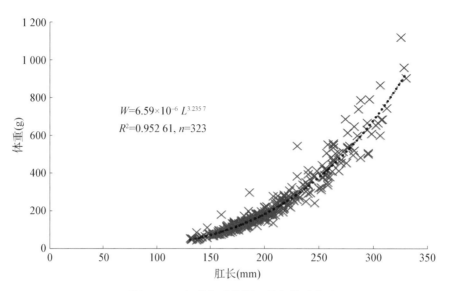

▲ 图 6-55　江苏海域海鳗肛长与体重关系

表 6-96　江苏海域海鳗各季节性腺成熟度

季节	性腺成熟度（%）		样本量（ind.）
	Ⅱ 期	Ⅲ 期	
春季			
夏季	91.84	8.16	49
秋季			
冬季	91.84	8.16	49

表 6-97　江苏海域海鳗各季节摄食等级

季节	摄食等级比例（%）					样本量（ind.）
	0 级	1 级	2 级	3 级	4 级	
春季	16.67	33.33	33.33	0.00	16.67	6
夏季	0.74	24.26	33.82	34.56	6.62	136
秋季						
冬季						
合计	1.41	24.65	33.80	33.10	7.04	142

6.2.4.9　三疣梭子蟹

6.2.4.9.1　资源密度季节分布

（1）重量资源密度

春季：三疣梭子蟹重量资源密度为 0～679.12 kg/km²，站位平均为 67.24 kg/km²，最高为 JS40 站位。调查站位中 19 个站位三疣梭子蟹未出现。重量资源密度大于 100 kg/km² 的站位有 JS25、JS32、JS34、JS40、JS41、JS42、JS43、JS44、JS50、JS52、JS60、JS61、JS62 等 13 个站位；其余有三疣梭子蟹出现的站位单位面积资源密度均低于 100 kg/km²（表 6-98、图 6-56）。

夏季：三疣梭子蟹单位面积资源量为 0～1 257.63 kg/km²，站位平均为 130.19 kg/km²，最高为 JS63

站位,调查站位中共 26 个站位三疣梭子蟹未出现。超过 $500\,kg/km^2$ 的有 JS45、JS52、JS56、JS60、JS63 等 5 个站位;单位面积资源量为 $100\sim500\,kg/km^2$ 的有 JS12、JS13、JS14、JS22、JS24、JS34、JS35、JS41、JS42、JS43、JS44、JS53、JS57、JS61、JS62、JS66、JS67 站位共 17 个站点;其余站位单位面积资源量小于 $100\,kg/km^2$。

秋季:三疣梭子蟹单位面积资源量为 $0\sim397.74\,kg/km^2$,站位平均为 $67.18\,kg/km^2$,最高为 JS43 站位,调查站位中有 11 个站位三疣梭子蟹未出现。重量资源密度大于 $100\,kg/km^2$ 的有 JS35、JS37、JS43、JS44、JS45、JS47、JS49、JS50、JS51、JS52 等 18 个站位。其余站位的三疣梭子蟹单位面积资源量小于 $100\,kg/km^2$。

冬季:三疣梭子蟹单位面积资源量为 $0\sim28.88\,kg/km^2$,站位平均为 $14.440\,kg/km^2$,最高为 JS45 站位,JS1、JS2、JS10、JS11、JS12、JS13、JS14、JS17、JS18、JS20、JS22、JS26、JS28、JS29、JS3、JS30 等 29 个站位三疣梭子蟹未出现;全部站位重量资源密度均低于 $100\,kg/km^2$。

表 6-98　江苏海域各季节三疣梭子蟹重量资源密度

站位	春季(kg/km^2)	夏季(kg/km^2)	秋季(kg/km^2)	冬季(kg/km^2)
JS1	13.5	2.87	3.81	
JS2		1.06	25.23	
JS3			1.35	
JS4	17.36		6.54	0.07
JS5	0.57		2.66	
JS6			1.47	
JS7				
JS8				
JS9		2.77		
JS10				
JS11	14.25	59.47	6.61	
JS12	0.5	128.89	56.25	
JS13	79.46	400.86	0.19	
JS14	29.63	273.7	0.77	
JS15	33.96	27.7	0.68	0.07
JS16	27.85	32.66	1.61	0.21
JS17	0.07			
JS18				
JS19				0.05
JS20	1.83			
JS21				0.02
JS22	77.83	104.67		
JS23	16.99	43.66	7.19	1.49
JS24	35.8	132.44	17.28	1.51

（续表）

站位	春季(kg/km²)	夏季(kg/km²)	秋季(kg/km²)	冬季(kg/km²)
JS25	362.93		10.38	0.7
JS26	13.17	74.06	44.18	
JS27			46.57	0.1
JS28			92.8	
JS29			17.25	
JS30			8.14	
JS31	4.33		4.66	
JS32	129.88	31.45	25.69	0.62
JS33	78.57	33.85	34.92	0.07
JS34	197.13	499.34	73.84	0.89
JS35	27.56	111.8	124.97	7.88
JS36			32.32	4.87
JS37	9.53		192.56	1.13
JS38	0.65		18.83	3.6
JS39				1.02
JS40	679.12	75.55	63.55	
JS41	160.42	479.6	1.61	1.01
JS42	188.55	102.36	99.25	
JS43	394.71	267.48	397.74	0.34
JS44	644.48	361.97	259.94	17.98
JS45	3.34	530.96	145.7	28.88
JS46	0.88	35.05	47.75	2.29
JS47			126.17	14.73
JS48			95.01	3.61
JS49			159.06	3.68
JS50	125.96	41.39	255.38	4.03
JS51	64.57	95.42	156.59	
JS52	123.85	545.33	305.55	0.4
JS53	17.75	119.09	15.62	11.38
JS54	24.07	23.61	24.65	8.94
JS55	27.66	12.2	154.61	1.55
JS56	27	1 193.13	74.89	4.43
JS57	15.8	137.16	148.07	6.54
JS58	48.87	33.88	156.4	

（续表）

（续表）

站位	春季(kg/km²)	夏季(kg/km²)	秋季(kg/km²)	冬季(kg/km²)
JS59	27.88		179.47	2.39
JS60	291.95	807.09	52.5	
JS61	314.24	226.41	33.42	9.86
JS62	151.52	153.83	150.01	
JS63	3.33	1 257.63	200.28	2.03
JS64	2.04	87.9	26.85	1.1
JS65	15.96	50.39	111.32	
JS66	10.12	131.13	25.5	0.83
JS67	23.24	100.17	234.57	2.12
JS68	11.96	22.82	8.08	0.73
平均值	93.32	210.78	80.15	3.93

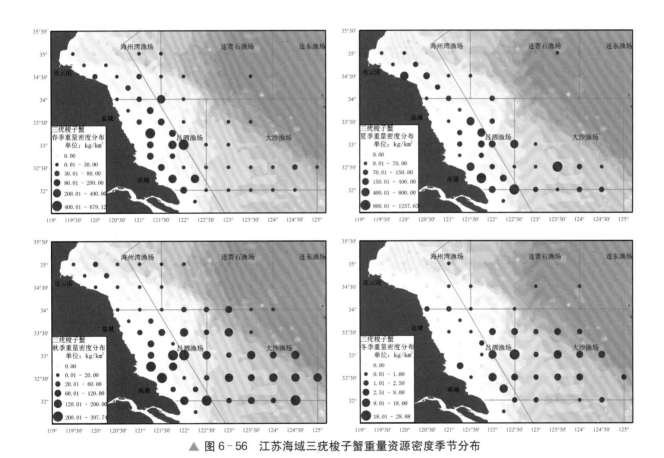

▲ 图6-56　江苏海域三疣梭子蟹重量资源密度季节分布

（2）尾数资源密度

春季：三疣梭子蟹尾数资源密度为0～17 237.69 ind./km²，站位平均为1 864.78 ind./km²。最高为JS40站位。尾数资源密度超过5×10^3 ind./km²的有JS25、JS34、JS40、JS41、JS43、JS44、JS61等7个站位；尾数资源密度介于1×10^3～5×10^3 ind./km²之间的有JS13、JS22、JS24、JS32、JS33、JS42、JS50等12个站位；尾数资源密度介于1×10^2～1×10^3 ind./km²之间的有共22个站位；其余站位小于

211

100 ind. /km²（表 6 - 99，图 6 - 57）。

夏季：三疣梭子蟹尾数资源密度为 0～7 713. 67 ind. /km²，站位平均为 1 200. 33 ind. /km²，最高为 JS56 站位，尾数资源密度超过 5×10³ ind. /km² 的有 JS34、JS52、JS56、JS60、JS63 等 5 个站位；三疣梭子蟹尾数资源密度介于 1×10³～5×10³ ind. /km² 之间的有 JS13、JS14、JS24、JS26、JS35、JS41、JS42、JS43、JS44、JS45、JS46、JS50、JS53、JS61、JS62、JS68 等 16 个站位。尾数资源密度介于 1×10²～1×10³ ind. /km² 之间的有 19 个站位。其余 2 站位点位面积资源尾数均低于 1×10² ind. /km²。

秋季：三疣梭子蟹尾数资源密度为 0～36 686. 96 ind. /km²，站位平均为 3 982. 17 ind. /km²，最高为 JS50 站位，尾数资源密度超过 1×10⁴ ind. /km² 的有 JS43、JS44、JS50、JS52、JS55、JS62、JS63 这 7 个站位；尾数资源密度介于 1×10³～1×10⁴ ind. /km² 之间的有 24 个站位。尾数资源密度介于 1×10²～1×10³ ind. /km² 之间的有 18 个站位；调查站位中共有 11 个站位未有三疣梭子蟹出现。

冬季：三疣梭子蟹尾数资源密度为 0～1 818. 22 ind. /km²，站位平均为 136. 80 ind. /km²，最高为 JS45 站位，JS1、JS10、JS11、JS12、JS13、JS14、JS17、JS18、JS2、JS20、JS22、JS26 等 29 个站位三疣梭子蟹未出现；尾数资源密度大于 1×10³ ind. /km² 的有 JS45、JS53 等 2 个站位；尾数资源密度介于 1×10² ind. /km～1×10³ ind. /km² 之间的有 JS35、JS36、JS38、JS41、JS44、JS45、JS46、JS47、JS48、JS50、JS53、JS54、JS56、JS57、JS61、JS63 等 16 个站位。

表 6 - 99　江苏海域各季节三疣梭子蟹尾数资源密度

站位	春季(ind. /km²)	夏季(ind. /km²)	秋季(ind. /km²)	冬季(ind. /km²)
JS1	134. 15	223. 95	138. 16	
JS2		15. 22	179. 99	
JS3			87. 32	
JS4	349. 97		92. 85	9. 18
JS5	13. 77		38. 57	
JS6			23. 14	
JS7				
JS8				
JS9		32. 14		
JS10				
JS11	239. 02	420. 75	297. 53	
JS12	14. 83	761. 6	385. 68	
JS13	1 511. 25	4 907. 49	34. 54	
JS14	640. 2	1 610. 49	15. 64	
JS15	315. 56	146. 67	75. 87	9. 41
JS16	549. 96	298. 59	140. 25	12. 05
JS17	11. 34			
JS18				
JS19				7. 42
JS20	9. 18			

（续表）

站位	春季(ind. /km²)	夏季(ind. /km²)	秋季(ind. /km²)	冬季(ind. /km²)
JS21				12. 86
JS22	2 357. 49	728. 51		
JS23	159. 78	323. 48	208. 01	30. 45
JS24	1 332. 36	1 014. 96	424. 25	55. 1
JS25	8 002. 93		332. 34	19. 28
JS26	259. 92	1 408. 58	794. 74	
JS27			308. 55	6. 89
JS28			530. 31	
JS29			110. 2	
JS30			61. 71	
JS31	228. 37		204. 19	
JS32	2 801. 57	663. 6	578. 53	20. 85
JS33	2 065. 55	202. 99	877. 76	12. 44
JS34	7 943. 93	6 688. 7	1 755. 52	38. 57
JS35	514. 24	1 046. 86	3 589. 82	281
JS36			1 490. 61	231. 41
JS37	154. 27		6 428. 06	51. 42
JS38	13. 77		433. 89	132. 58
JS39				47. 81
JS40	17 237. 69	572. 56	2 497. 3	
JS41	10 097. 89	4 015. 85	138. 85	218. 9
JS42	4 755	1 633. 48	4 661. 26	
JS43	16 136. 16	2 049. 93	17 982. 49	53. 2
JS44	12 297. 15	4 297. 62	17 771. 11	666. 18
JS45	58. 69	3 266. 97	7 970. 79	1 818. 22
JS46	80. 87	3 051. 93	3 506. 21	137. 28
JS47			6 887. 2	736. 3
JS48			2 934. 55	133. 51
JS49			6 611. 72	99. 18
JS50	3 809. 22	1 185. 27	36 686. 96	981. 74
JS51	4 094. 18	810. 59	7 338. 41	
JS52	4 148. 53	5 779. 82	35 601. 55	57. 85
JS53	649. 57	1 032. 64	2 423. 1	1 188. 32
JS54	300. 83	208. 48	5 509. 76	461. 14

(续表)

站位	春季(ind./km²)	夏季(ind./km²)	秋季(ind./km²)	冬季(ind./km²)
JS55	378.67	119.21	10 314.28	88.22
JS56	771.37	7 713.67	3 046.9	220.39
JS57	578.53	913.46	7 144.79	154.96
JS58	2 776.92	308.55	6 595.19	
JS59	472.46		5 399.57	24.26
JS60	4 943.43	6 576.92	9 036.01	
JS61	9 381.49	2 481.57	4 958.79	911.62
JS62	2 892.63	1 330.61	17 531.07	
JS63	132.23	6 623.12	14 731.67	187.63
JS64	38.57	674.95	1 359.53	16.17
JS65	260.34	289.26	5 276.15	
JS66	241.05	940.69	694.23	40.18
JS67	491.75	562.46	5 438.14	45.91
JS68	156.36	4 688.31	1 101.95	82.65
平均值	1 864.78	1 200.33	3 982.17	136.8

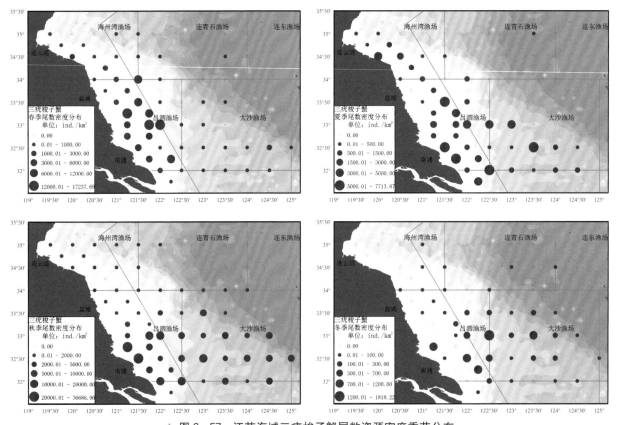

▲ 图 6-57 江苏海域三疣梭子蟹尾数资源密度季节分布

6.2.4.9.2 资源量

（1）重量资源量：根据尾数资源密度、扫海面积、调查评价面积，求算各季度资源量。春季三疣梭子蟹资源量 10 986.79 t，夏季 24 816.08 t，秋季 9 435.84 t，冬季 462.33 t，夏季资源量最高，春季次之，冬季资源量最低（表 6 - 100）。

表 6 - 100　江苏海域各季节三疣梭子蟹资源量估算

季节	春季	夏季	秋季	冬季
重量资源密度（kg/km²）	93.32	210.78	80.15	3.93
资源量（t）	10 986.79	24 816.08	9 435.84	462.33
尾数资源密度（ind./km²）	1 864.78	1 200.33	3 982.17	136.80
资源尾数（×10⁶ ind.）	219.55	141.32	468.84	16.11

（2）尾数资源量：春季三疣梭子蟹资源尾数为 219.55×10^6 尾，夏季 141.32×10^6 尾，秋季 468.84×10^6 尾，冬季 16.11×10^6 尾。秋季三疣梭子蟹资源尾数最多，春季次之，冬季资源尾数最少。

6.2.4.9.3 生物学

（1）甲长、体重

春季：三疣梭子蟹头胸甲长范围 18.5～128 mm，优势组 25.1～60 mm，占 86.89%，平均甲长 46.46 mm；体重范围 3.5～333.6 g，优势组 10.1～70 g，占 76.34%，平均为 49.07 g。雌雄性比为 1：1.23。雌蟹平均体重大于雄蟹。见表 6 - 101。

夏季：三疣梭子蟹头胸甲长范围 15.7～89.1 mm，优势组 45.1～75 mm，占 81.08%，平均甲长 58.09 mm；体重范围 0.5～334 g，优势组 70.1～220 g，占 75.85%，平均为 124.11 g。雌雄性比为 1：0.89；雌蟹平均体重小于雄蟹。

秋季：三疣梭子蟹头胸甲长范围 7.2～96.2 mm，优势组 20.1～50 mm，占 79.37%，平均甲长 37.10 mm；体重范围 0.9～484.8 g，优势组 2.1～42 g，占 73.10%，平均为 38.85 g。雌雄性比为 1：1.07；雌蟹平均体重大于雄蟹。

冬季：三疣梭子蟹头胸甲长范围 10.5～81.5 mm，优势组 20.1～40 mm，占 77.11%，平均甲长 32.69 mm；体重范围 2.2～338.1 g，优势组 5.1～35 g，占 75.42%，平均为 25.45 g。雌雄性比为 1：1.20。雌蟹平均体重大于雄蟹。

全年：三疣梭子蟹头胸甲长范围 7.2～128 mm，优势组 20.1～70 mm，占 89.51%，平均甲长 45.00 mm；体重范围 0.5～484.8 g，优势组 0.5～60 g，占 62.71%，平均为 65.04 g。雌雄性比为 1：1.06。雌蟹平均体重大于雄蟹。

表 6 - 101　江苏海域三疣梭子蟹头胸甲长、体重

季节		头胸甲长（mm）				体重（g）				雌雄性比（♀：♂）
		范围	优势组	比例（%）	平均	范围	优势组	比例（%）	平均	
春季	♀	20～128	20.1～60	89.81	46.19	4.4～333.6	10.1～70	78.91	49.39	1：1.23
	♂	18.5～128	20.1～60	88.99	46.69	3.5～203.5	10.1～80	81.61	48.81	
	合计	18.5～128	25.1～60	86.89	46.46	3.5～333.6	10.1～70	76.34	49.07	
夏季	♀	15.7～89.1	50.1～70	70.37	56.34	0.5～334	70.1～170	65.89	113.10	1：0.89
	♂	17.2～84.2	50.1～80	79.80	60.07	0.5～320	80.1～220	72.53	136.49	
	合计	15.7～89.1	45.1～75	81.08	58.09	0.5～334	70.1～220	75.85	124.11	

（续表）

季节		头胸甲长（mm）				体重（g）				雌雄性比（♀：♂）
		范围	优势组	比例（%）	平均	范围	优势组	比例（%）	平均	
秋季	♀	7.2～96.2	20.1～50	78.25	39.16	1.1～484.8	1.1～40	68.39	45.90	1：1.07
	♂	12～88.6	20.1～50	80.41	35.18	0.9～400.9	0.9～40	77.05	32.27	
	合计	7.2～96.2	20.1～50	79.37	37.10	0.9～484.8	2.1～42	73.10	38.85	
冬季	♀	10.5～67.5	20.1～40	79.14	34.03	3.6～338.1	10.1～30	60.74	26.93	1：1.20
	♂	15.4～81.5	20.1～40	74.87	31.56	2.2～304	2.1～20	65.33	24.24	
	合计	10.5～81.5	20.1～40	77.11	32.69	2.2～338.1	5.1～35	75.42	25.45	
合计	♀	7.2～128	20.1～70	92.25	45.69	0.5～484.8	2.1～60	59.86	66.51	1：1.06
	♂	12～128	20.1～70	86.90	44.36	0.5～400.9	2.1～60	63.87	63.66	
	合计	7.2～128	20.1～70	89.51	45.00	0.5～484.8	0.5～60	62.71	65.04	

三疣梭子蟹头胸甲长与体重的关系为（图 6-58）：$W_{体重}=5.86\times10^{-5}L^{2.9744}$，$R^2=0.9612$，$n=3\,496$。

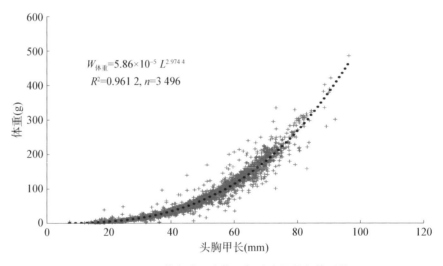

▲ 图 6-58 江苏海域三疣梭子蟹头胸甲长与体重关系

（2）性腺成熟度：春季三疣梭子蟹以 Ⅱ 期为主，占 46.90%，其次为 Ⅲ 期，占 43.02%，Ⅳ 期仅占 6.20%，Ⅴ 期占 3.88%。夏季 Ⅱ 期占 34.29%，Ⅲ 期占多数为 38.78%，Ⅳ 期占 23.16%，Ⅴ 占 3.77%。秋季 Ⅱ 期占 77.64%，Ⅲ 期占 15.59%，Ⅳ 期占 6.77%，Ⅴ 期未出现。冬季 Ⅱ 期占 86.83%，Ⅲ 期占 12.57%，Ⅳ 期占 0.60%，Ⅴ 期、Ⅵ 期均未出现。全年 Ⅱ 期比例最高，占 58.75%，Ⅲ 期占 27.64%，Ⅳ 期占 11.69%，Ⅴ 期占 1.92%，Ⅵ 期未出现。见表 6-102。

表 6-102 江苏海域三疣梭子蟹性腺成熟度

季节	性腺成熟度（%）					样本量（ind.）
	Ⅱ 期	Ⅲ 期	Ⅳ 期	Ⅴ 期	Ⅵ 期	
春季	46.90	43.02	6.20	3.88	0.00	258
夏季	34.29	38.78	23.16	3.77	0.00	557

(续表)

季节	性腺成熟度(%)					样本量(ind.)
	Ⅱ期	Ⅲ期	Ⅳ期	Ⅴ期	Ⅵ期	
秋季	77.64	15.59	6.77	0.00	0.00	635
冬季	86.83	12.57	0.60	0.00	0.00	167
总计	58.75	27.64	11.69	1.92	0.00	1 617

(3) 摄食强度:春季三疣梭子蟹摄食等级为 0 级的占 17.01%,1 级占 25.76%,2 级占 35.93%,3 级占 21.14%,四级占 0.16%;夏季摄食等级为 0 级的占 57.51%,1 级占 3.99%,2 级占 4.85%,3 级占 33.65%,4 级未出现;秋季 0 级占 19.23%,1 级占 24.98%,2 级占 34.29%,3 级占 21.20%,4 级 0.30%;冬季 0 级占 32.79%,1 级占 35.25%,2 级占 27.87%,3 级占 4.10%,4 级未出现。全年 0 级占 32.24%,1 级占 19.69%,2 级占 24.70%,3 级占 23.22%,4 级占 0.15%。夏季摄食等级以空胃率居多。见表 6-103。

表 6-103　江苏海域三疣梭子蟹摄食等级

季节	摄食等级(%)					样本量(ind.)
	0 级	1 级	2 级	3 级	4 级	
春季	17.01	25.76	35.93	21.14	0.16	629
夏季	57.51	3.99	4.85	33.65	0.00	1 052
秋季	19.23	24.98	34.29	21.20	0.30	1 321
冬季	32.79	35.25	27.87	4.10	0.00	366
总计	32.24	19.69	24.70	23.22	0.15	3 368

6.2.4.10　日本蟳

6.2.4.10.1　资源密度季节分布

(1) 重量资源密度

春季:日本蟳重量资源密度为 0～82.39 kg/km²,站位平均为 5.06 kg/km²。最高为 JS68 站位。有日本蟳出现的站位重量资源密度均小于 100 kg/km²。调查站位中 46 个站位未出现日本蟳(表 6-104、图 6-59)。

夏季:日本蟳重量资源密度为 0～31.34 kg/km²,站位平均为 2.88 kg/km²。最高为 JS13 站位,调查站位中共有 43 个站位日本蟳未出现。其余有日本蟳出现的站位重量资源密度均小于 50 kg/km²。

秋季:日本蟳重量资源密度为 0～164.56 kg/km²,站位平均为 26.151 kg/km²,最高为 JS68 站位,且仅 JS68 站位日本蟳单位面积资源量超过 100 kg/km²。日本蟳未出现的站位有 29 个。其余有日本蟳出现的站位重量资源密度均小于 100 kg/km²。

冬季:日本蟳单位面积资源量为 0～4.77 kg/km²,站位平均为 0.28 kg/km²,最高为 JS68 站位。调查站位中 52 个站位日本蟳未出现;其余所有站位日本蟳重量资源密度均小于 5 kg/km²。

表 6-104　江苏海域各季节日本蟳各站位重量资源密度

站位	春季(kg/km²)	夏季(kg/km²)	秋季(kg/km²)	冬季(kg/km²)
JS1	1.05		3.24	
JS2		2.36	1.05	

（续表）

站位	春季(kg/km²)	夏季(kg/km²)	秋季(kg/km²)	冬季(kg/km²)
JS3		2.22	8.7	
JS4				
JS5				
JS6				
JS7				
JS8				
JS9				
JS10				
JS11	0.99	3.39		
JS12	3.74	14.65	56.41	0.1
JS13	17.48	31.34	1.35	
JS14	5.3	14.07	70.36	1.9
JS15	9.68	24.44	10.69	1.06
JS16				
JS17				
JS18				
JS19			0.21	
JS20				2.58
JS21				0.13
JS22	2.61	24.27	1.24	
JS23		31.1		
JS24		7.59	2.11	
JS25			0.81	
JS26				
JS27				
JS28				
JS29				
JS30				
JS31	41.62	0.7	8.32	0.48
JS32	11.38	5.27	3.06	
JS33	5.64	0.66	3.82	0.59
JS34	4.46	0.93	13.9	4.33
JS35				
JS36				

（续表）

(续表)

站位	春季(kg/km²)	夏季(kg/km²)	秋季(kg/km²)	冬季(kg/km²)
JS37			0.66	0.05
JS38				
JS39				
JS40	11.32	0.86	2.51	
JS41	2.97	0.05		
JS42			26.45	
JS43			5.54	
JS44	0.4	0.31	1.85	0.14
JS45				0.92
JS46			0.54	
JS47			0.97	0.32
JS48			1.25	
JS49				
JS50	16.38	7.55	2.05	
JS51	14.47	0.29	2.56	0.18
JS52	48.95	5.27	25.57	
JS53		3.19		0.06
JS54			0.06	
JS55			0.32	
JS56			0.6	
JS57			0.62	
JS58			0.41	
JS59			0.6	
JS60	37.56	3.05	34.8	
JS61	6.96	8.52	3.96	
JS62	18.24	2.59	22.21	1.26
JS63	0.69		20.45	
JS64			0.56	
JS65				
JS66				
JS67			0.97	
JS68	82.39	1.22	164.56	4.77
平均值	5.06	2.88	7.43	0.28

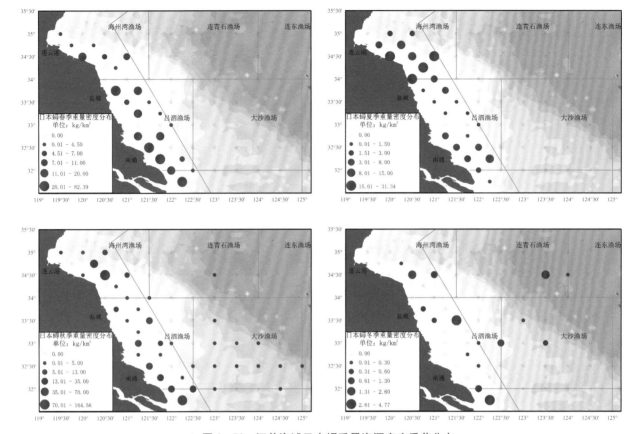

▲ 图 6-59 江苏海域日本蟳重量资源密度季节分布

（2）尾数资源密度

春季：日本蟳尾数资源密度为 $0 \sim 3\,439.88\,\mathrm{ind.}/\mathrm{km}^2$，站位平均为 $178.72\,\mathrm{ind.}/\mathrm{km}^2$。最高为 JS68 站位。46 个站位日本蟳未出现。尾数资源密度超过 $1 \times 10^3\,\mathrm{ind.}/\mathrm{km}^2$ 的有 JS31、JS52、JS60、JS68 站位；尾数资源密度介于 $1 \times 10^2 \sim 1 \times 10^3\,\mathrm{ind.}/\mathrm{km}^2$ 之间的有 JS13、JS14、JS15、JS32、JS33、JS40、JS41、JS50、JS51、JS61、JS62 等 11 个站位；其余 7 个站位小于 $100\,\mathrm{ind.}/\mathrm{km}^2$（表 6-105、图 6-60）。

夏季：日本蟳尾数资源密度为 $0 \sim 2\,237.98\,\mathrm{ind.}/\mathrm{km}^2$，站位平均为 $133.54\,\mathrm{ind.}/\mathrm{km}^2$，最高为 JS61 站位，调查站位中有 43 个站位日本蟳未出现。尾数资源密度超过 $1 \times 10^3\,\mathrm{ind.}/\mathrm{km}^2$ 的仅 JS13、JS61 站位；尾数资源密度介于 $1 \times 10^2 \sim 1 \times 10^3\,\mathrm{ind.}/\mathrm{km}^2$ 之间的有 JS11、JS12、JS14、JS15、JS22、JS23、JS24、JS50、JS52、JS53、JS60、JS62 等 12 个站位。其余尾数资源密度小于 $100\,\mathrm{ind.}/\mathrm{km}^2$ 的站位有 JS2、JS3、JS31、JS32、JS33、JS34、JS40、JS41、JS44、JS51、JS68。

秋季：日本蟳尾数资源密度为 $0 \sim 10\,652.21\,\mathrm{ind.}/\mathrm{km}^2$，站位平均为 $836\,\mathrm{ind.}/\mathrm{km}^2$，最高为 JS68 站位，且仅 JS68 站位日本蟳尾数资源密度超过 $1 \times 10^4\,\mathrm{ind.}/\mathrm{km}^2$。日本蟳未出现的站位有 29 个。尾数资源密度介于 $1 \times 10^3 \sim 1 \times 10^4\,\mathrm{ind.}/\mathrm{km}^2$ 之间的有 JS12、JS14、JS60、JS62 共 4 个站位。尾数资源密度介于 $1 \times 10^2 \sim 1 \times 10^3\,\mathrm{ind.}/\mathrm{km}^2$ 之间的有 13 个站位；其余站位小于 $100\,\mathrm{ind.}/\mathrm{km}^2$。

冬季：日本蟳尾数资源密度为 $0 \sim 247.94\,\mathrm{ind.}/\mathrm{km}^2$，站位平均为 $13.74\,\mathrm{ind.}/\mathrm{km}^2$，最高为 JS68 站位，52 个站位日本蟳未出现。尾数资源密度高于 $100\,\mathrm{ind.}/\mathrm{km}^2$ 的有 JS34、JS45、JS68。其余尾数资源密度均低于 $100\,\mathrm{ind.}/\mathrm{km}^2$。

表 6‑105　江苏海域各季节日本蟳尾数资源密度

站位	春季(ind. /km²)	夏季(ind. /km²)	秋季(ind. /km²)	冬季(ind. /km²)
JS1	44.72		69.08	
JS2		30.45	25.71	
JS3		30.45	87.32	
JS4				
JS5				
JS6				
JS7				
JS8				
JS9				
JS10				
JS11	43.46	257.12		
JS12	89	322.22	1 157.05	8.57
JS13	802.85	1 994.91	103.62	
JS14	140.53	359.62	5 363.08	68.57
JS15	150.27	651.86	404.65	28.22
JS16				
JS17				
JS18				
JS19			19.28	
JS20				35.06
JS21				25.71
JS22	57.85	771.37	26.3	
JS23		572.3		
JS24		182.69	19.28	
JS25			110.78	
JS26				
JS27				
JS28				
JS29				
JS30				
JS31	1 256.01	35.06	153.14	14.28
JS32	196.11	85.08	50.75	
JS33	257.12	40.6	39.9	12.44
JS34	69.08	63.4	332.49	134.99
JS35				

（续表）

站位	春季(ind./km²)	夏季(ind./km²)	秋季(ind./km²)	冬季(ind./km²)
JS36				
JS37			64.28	12.86
JS38				
JS39				
JS40	330.59	15.9	86.78	
JS41	140.25	14.24		
JS42			793.41	
JS43			96.42	
JS44	11.18	24.49	59.34	11.69
JS45				165.29
JS46			70.12	
JS47			172.18	17.53
JS48			230.57	
JS49				
JS50	816.26	319.84	225.77	
JS51	267.01	13.07	52.12	49.77
JS52	1 879.8	315.07	791.15	
JS53		124.41		15.64
JS54			55.1	
JS55			49.59	
JS56			57.85	
JS57			28.93	
JS58			115.71	
JS59			77.14	
JS60	1 325.41	414.1	1 388.46	
JS61	416.96	2 237.98	214.88	
JS62	385.68	144.63	1 028.49	85.71
JS63	33.06		736.58	
JS64			19.28	
JS65				
JS66				
JS67			57.85	
JS68	3 439.88	60.11	10 652.21	247.94
平均值	552.41	363.24	643.25	58.39

（续表）

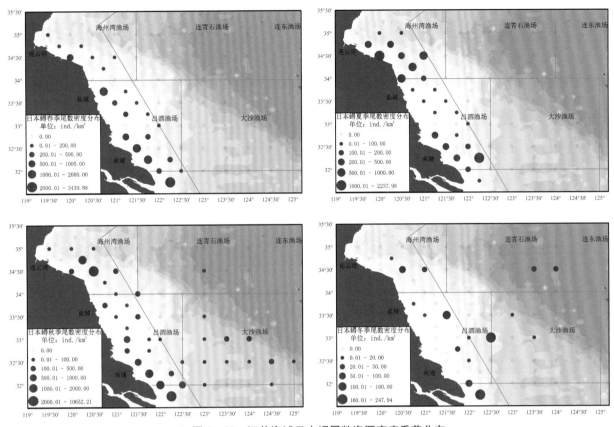

▲ 图 6‑60　江苏海域日本蟳尾数资源密度季节分布

6.2.4.10.2　资源量

（1）重量资源量：根据尾数资源密度、扫海面积、调查评价面积，求算各季度资源量。春季日本蟳资源量 595.73 t，夏季 339.07 t，秋季 874.76 t，冬季 32.97 t，秋季资源量最高，春季次之，冬季资源量最低。见表 6‑106。

表 6‑106　江苏海域各季节日本蟳资源量估算

指标	春季	夏季	秋季	冬季
重量资源密度（kg/km²）	5.06	2.88	7.43	0.28
资源量（t）	595.73	339.07	874.76	32.97
尾数资源密度（ind./km²）	552.41	363.24	643.25	58.39
资源尾数（×10⁶ ind.）	65.04	42.77	75.73	6.87

（2）尾数资源量：春季日本蟳资源尾数为 65.04×10^6 ind.，夏季 42.77×10^6 ind.，秋季 75.73×10^6 ind.，冬季 6.87×10^6 ind.。秋季日本蟳资源尾数最多，春季次之，冬季资源尾数最少。

6.2.4.10.3　生物学

（1）头胸甲长、体重

春季：日本蟳甲长范围 15.5～64.9 mm，优势组 27.1～42 mm，占 66.51%，平均甲长 35.95 mm；体重范围 1.8～268 g，优势组 5.1～35 g，占 62.20%，平均为 36.08 g。雌雄性比为 1∶0.80。雌蟹平均体重大于雄蟹。

　　夏季：日本蟳甲长范围 13.2～66.2 mm，优势组 33.1～48 mm，占 70.21%，平均甲长 41.44 mm；体重范围 1.5～120 g，优势组 25.1～60 g，占 56.74%，平均为 47.71 g。雌雄性比为 1∶1.24。雌蟹平均体重小于雄蟹。

　　秋季：日本蟳甲长范围 16.5～64 mm，优势组 21.1～48 mm，占 87.06%，平均甲长 35.00 mm；体重范围 3.2～156.8 g，优势组 5.1～30 g，占 56.99%，平均为 33.16 g。雌雄性比为 1∶0.67。雌蟹平均体重小于雄蟹。

　　冬季：日本蟳甲长范围 21～52.3 mm，平均甲长 33.29 mm；体重范围 5.5～97.4 g，平均为 28.85 g。雌雄性比为 1∶0.56。雌蟹平均体重大于雄蟹。

　　全年：日本蟳全年甲长范围 13.2～66.2 mm，优势组 24.1～48 mm，占 80.77%，平均甲长 36.67 mm；体重范围 1.5～268 g，优势组 5.1～60 g，占 80.62%，平均为 37.16 g。雌雄性比为 1∶0.81。雌蟹平均体重小于雄蟹。见表 6-107。

表 6-107　江苏海域日本蟳头胸甲长、体重

季节		头胸甲长(mm)				体重(g)				雌雄性比 (♀∶♂)
		范围	优势组	比例(%)	平均	范围	优势组	比例(%)	平均	
春季	♀	15.5～54.4	27.1～45	71.55	36.07	1.8～268	5.1～35	37.75	38.41	
	♂	17.6～64.9	30.1～42	62.37	35.80	3.3～171.4	10.1～35	60.21	33.16	
	合计	15.5～64.9	27.1～42	66.51	35.95	1.8～268	5.1～35	62.20	36.08	1∶0.80
夏季	♀	17.2～57.1	33.1～45	71.43	37.80	1.8～120	15.1～50	79.37	35.13	
	♂	13.2～66.2	39.1～54	78.20	44.39	1.5～110	40.1～70	50.00	57.88	
	合计	13.2～66.2	33.1～48	70.21	41.44	1.5～120	25.1～60	56.74	47.71	1∶1.24
秋季	♀	16.5～64	27.1～45	67.84	34.83	3.2～109.5	5.1～35	63.16	30.70	
	♂	19.5～61.3	24.1～39	63.47	35.25	3.4～156.8	5.1～30	58.26	36.83	
	合计	16.5～64	21.1～48	87.06	35.00	3.2～156.8	5.1～30	56.99	33.16	1∶0.67
冬季	♀	21～52.3			34.76	5.5～97.4			34.32	
	♂	22.6～41			30.66	7.4～36.3			19.00	
	合计	21～52.3			33.29	5.5～97.4			28.85	1∶0.56
合计	♀	15.5～64	24.1～45	76.88	35.75	1.8～268	5.1～50	78.55	34.06	
	♂	13.2～66.2	24.1～48	78.01	37.80	1.5～171.4	5.1～60	75.60	40.99	
	合计	13.2～66.2	24.1～48	80.77	36.67	1.5～268	5.1～60	80.62	37.16	1∶0.81

　　日本蟳头胸甲长与体重的关系为(图 6-61)：$W = 5.93 \times 10^{-4} L^{3.0134}$，$R^2 = 0.9257$，$n = 646$。

　　(2) 性腺成熟度、性腺成熟系数：日本蟳春季雌蟹性腺成熟度为Ⅱ期的占 19.83%，Ⅲ期占 11.21%，Ⅳ期占 19.83%，Ⅴ期抱卵蟹占 49.14%；夏季Ⅱ期占 22.22%，Ⅲ期占 14.29%，Ⅳ期占 46.03%，Ⅴ期占 17.46%；秋季Ⅱ期占 19.05%，Ⅲ期占 31.55%，Ⅳ期占 48.21%，Ⅴ期占 1.19%；冬季Ⅱ期占 55.56%，Ⅲ期占 11.11%，Ⅳ期占 33.33%，Ⅴ期没有。

　　从全年调查结果看，Ⅱ期占 20.79%，Ⅲ期占 21.35%，Ⅳ期占 38.20%，Ⅴ期占 19.66%。见表 6-108。

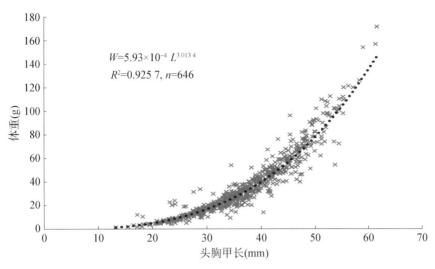

$$W=5.93\times10^{-4}\,L^{3.013\,4}$$
$$R^2=0.925\,7,\ n=646$$

▲ 图 6－61　江苏海域日本蟳头胸甲长与体重关系

表 6－108　江苏海域日本蟳雌蟹性腺成熟度

季节	性腺成熟度（%）				样本量（ind.）
	Ⅱ期	Ⅲ期	Ⅳ期	Ⅴ期	
春季	19.83	11.21	19.83	49.14	116
夏季	22.22	14.29	46.03	17.46	63
秋季	19.05	31.55	48.21	1.19	168
冬季	55.56	11.11	33.33	0.00	9
总计	20.79	21.35	38.20	19.66	356

（3）摄食强度：春季日本蟳摄食等级为 0 级的占 15.08%，1 级占 30.17%，2 级占 35.75%，3 级占 18.99%；夏季摄食等级为 0 级的占 40.71%，1 级占 10.00%，2 级占 8.57%，3 级占 40.71%；秋季 0 级占 36.71%，1 级占 35.66%，2 级占 24.13%，3 级占 3.50%；冬季 0 级占 69.23%，1 级占 30.77%，2 级未出现，3 级未出现。全年 0 级占 32.04%，1 级占 28.16%，2 级占 23.46%，3 级占 16.34%。夏、秋、冬季均以空胃率居多，尤其是冬季。见表 6－109。

表 6－109　江苏海域日本蟳摄食强度

季节	摄食等级（%）				样本量（ind.）
	0 级	1 级	2 级	3 级	
春季	15.08	30.17	35.75	18.99	179
夏季	40.71	10.00	8.57	40.71	140
秋季	36.71	35.66	24.13	3.50	286
冬季	69.23	30.77	0.00	0.00	13
总计	32.04	28.16	23.46	16.34	618

6.2.4.11　葛氏长臂虾

6.2.4.11.1　资源密度季节分布

（1）重量资源密度

春季：葛氏长臂虾重量资源密度为 0～322.32 kg/km²，站位平均为 6.18 kg/km²。最高为 JS2 站位，仅 JS2 站位重量资源密度超过 100 kg/km²，有 32 个站位未出现葛氏长臂虾，其余出现葛氏长臂虾的站位重量资源密度均小于 50 kg/km²（表 6‐110、图 6‐62）。

夏季：葛氏长臂虾重量资源密度为 0～17.07 kg/km²，站位平均为 0.60 kg/km²，最高为 JS14 站位。共 46 个站位葛氏长臂虾未出现。所有站位葛氏长臂虾重量资源密度均小于 20 kg/km²。

秋季：葛氏长臂虾重量资源密度为 0～48.85 kg/km²，站位平均为 2.19 kg/km²，最高为 JS49 站位，调查站位中 20 个站位未出现葛氏长臂虾。所有站位葛氏长臂虾重量资源密度均小于 50 kg/km²。

冬季：葛氏长臂虾重量资源密度为 0～10.12 kg/km²，站位平均为 1.15 kg/km²，最高为 JS65 站位，调查站位中 22 个站位未出现葛氏长臂虾；所有出现葛氏长臂虾站位重量资源密度均小于 15 kg/km²。

表 6‐110　江苏海域葛氏长臂虾重量资源密度

站位	春季(kg/km²)	夏季(kg/km²)	秋季(kg/km²)	冬季(kg/km²)
JS1	0.21	0.16	0.07	
JS2	322.32			
JS3				
JS4				
JS5				
JS6				
JS7	0.11			
JS8				
JS9				0.02
JS10				
JS11	0.08	0.05	0.36	0.5
JS12	1.93		7.03	2.31
JS13	0.08	1.97	0.1	
JS14	2.37	17.07	0.89	0.18
JS15	6.38	2.63	3.2	6
JS16				
JS17				
JS18				
JS19	0.07			
JS20				
JS21				
JS22	1.7	11.86	0.57	0.43
JS23	0.09	1.68	0.9	

(续表)

站位	春季(kg/km²)	夏季(kg/km²)	秋季(kg/km²)	冬季(kg/km²)
JS24	0.93	1.43	0.57	0.5
JS25			0.1	
JS26	0.94		0.27	
JS27			0.05	
JS28	0.16		0.01	
JS29			0.02	0.05
JS30				0.77
JS31	1.82	0.5	1.17	0.53
JS32	4.34	0.29	1.18	1.96
JS33	1.04	1.14	4.23	0.18
JS34	1.45	0.03	0.9	1.63
JS35			1.21	0.51
JS36				1.21
JS37		0.25	3.61	0.76
JS38				
JS39				0.01
JS40	0.8	0.08	3.7	2.11
JS41	4.02	0.04	0.48	3.22
JS42	0.76		2.45	0.53
JS43	9.57		2.09	3.35
JS44	0.84		3.92	2.87
JS45			0.39	1.09
JS46	2.84		2.31	0.15
JS47	0.93		1.83	1.68
JS48	0.14		6.48	0.96
JS49	4.45	0.33	48.85	0.03
JS50	3.5	0.76	0.75	0.52
JS51	2.75	0.01	3.46	1.52
JS52		0.03	6.55	0.01
JS53		0.05	0.21	1.5
JS54			0.24	0.38
JS55	0.18		0.21	0.34
JS56	1.29		0.11	1.14
JS57	0.36		0.08	2.17
JS58			9.65	5.74

(续表)

站位	春季(kg/km²)	夏季(kg/km²)	秋季(kg/km²)	冬季(kg/km²)
JS59		0.45	3.07	0.51
JS60	0.93		4.29	3.35
JS61	17.21	0.06	1.69	1.33
JS62	1.42		15.08	7.31
JS63			0.08	1.66
JS64			0.78	3.37
JS65			0.02	10.12
JS66				0.97
JS67			1.88	0.75
JS68	22.49		1.69	2.04
平均值	6.18	0.6	2.19	1.15

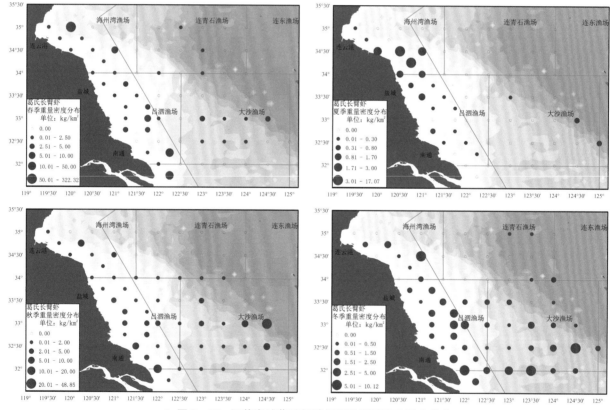

▲ 图 6-62 江苏海域葛氏长臂虾重量资源密度季节分布

（2）尾数资源密度

春季：葛氏长臂虾尾数资源密度为 0～175 210.47 ind./km²,站位平均为 3 418.24 ind./km²,最高为 JS2 站位,且仅 JS2 站位超过 10×10^4 ind./km²。调查站位中共 32 个站位葛氏长臂虾未出现。尾数资源密度大于 1×10^4 ind./km² 的站位有 JS61、JS68。尾数资源密度介于 $1 \times 10^3 \sim 1 \times 10^4$ ind./km² 的有 JS15、JS31、JS32、JS34、JS41、JS43、JS46、JS49、JS50、JS51、JS56 站位;介于 $1 \times 10^2 \sim 1 \times 10^3$ ind./km² 之间的有 20 个站点;JS11、JS13 站位小于 100 ind./km²(表 6-111、图 6-63)。

夏季:葛氏长臂虾尾数资源密度为 $0\sim 9\,856.35\,\text{ind.}/\text{km}^2$,站位平均为 $423.89\,\text{ind.}/\text{km}^2$,最高为 JS22 站位,46 个站位葛氏长臂虾未出现。尾数资源密度介于 $1\times10^3\sim1\times10^4\,\text{ind.}/\text{km}^2$ 之间的有 JS13、JS14、JS15、JS22、JS23、JS24、JS33 共 7 个站位;介于 $1\times10^2\sim1\times10^3\,\text{ind.}/\text{km}^2$ 之间的有 JS1、JS31、JS32、JS37、JS40、JS49、JS50、JS59 共 8 个站位;其余 7 个站位葛氏长臂虾尾数资源密度小于 $100\,\text{ind.}/\text{km}^2$。

秋季:葛氏长臂虾尾数资源密度为 $0\sim31\,221.99\,\text{ind.}/\text{km}^2$,站位平均为 $1\,284.20\,\text{ind.}/\text{km}^2$,最高为 JS49 站位,且仅 JS49 站位葛氏长臂虾尾数资源密度超过 $1\times10^4\,\text{ind.}/\text{km}^2$。调查站位中 20 个站位葛氏长臂虾未出现。介于 $1\times10^3\sim1\times10^4\,\text{ind.}/\text{km}^2$ 之间的有 JS12、JS15、JS33、JS35、JS37、JS40、JS42 等 18 个站位;介于 $1\times10^2\sim1\times10^3\,\text{ind.}/\text{km}^2$ 之间的有 21 个站位;其余站位葛氏长臂虾尾数资源密度小于 $100\,\text{ind.}/\text{km}^2$。

冬季:葛氏长臂虾尾数资源密度为 $0\sim6\,942.30\,\text{ind.}/\text{km}^2$,站位平均为 $664.24\,\text{ind.}/\text{km}^2$,最高为 JS65 站位,调查站位中共 21 个站位葛氏长臂虾未出现;尾数资源密度大于 $5\,000\,\text{ind.}/\text{km}^2$ 的有 JS58、JS65 站位;尾数资源密度介于 $1\times10^3\sim5\times10^3\,\text{ind.}/\text{km}^2$ 之间的有 13 个站位;介于 $1\times10^2\sim1\times10^3\,\text{ind.}/\text{km}^2$ 之间的有 24 个站位;小于 $100\,\text{ind.}/\text{km}^2$ 的为 JS14、JS29、JS33、JS39、JS49、JS52、JS8、JS9。

表 6-111 江苏海域各季节葛氏长臂虾尾数资源密度

站位	春季(ind./km²)	夏季(ind./km²)	秋季(ind./km²)	冬季(ind./km²)
JS1	178.87	223.95	34.54	
JS2	175 210.5			
JS3				
JS4				
JS5				
JS6				
JS7	420.75			
JS8				7.14
JS9				87.66
JS10				
JS11	43.46	70.12	363.64	198.35
JS12	786.2		5 785.25	1 285.61
JS13	47.23	2 034.81	138.16	
JS14	796.35	7 395.74	390.9	68.57
JS15	2 148.81	1 531.87	1 213.95	1 787.31
JS16				
JS17				
JS18				
JS19	257.12			
JS20				
JS21				
JS22	911.18	9 856.35	262.97	208.27

（续表）

站位	春季(ind. /km²)	夏季(ind. /km²)	秋季(ind. /km²)	冬季(ind. /km²)
JS23	159.78	1 468.09	390.02	
JS24	514.24	1 197.65	212.13	206.62
JS25			61.55	
JS26	670.75		233.75	
JS27			51.42	
JS28	517.17		48.21	
JS29			55.1	40.6
JS30				482.1
JS31	1 065.7	666.18	595.54	257.12
JS32	2 101.18	340.31	761.22	823.49
JS33	899.93	1 975.78	2 260.9	87.09
JS34	1 036.16	47.55	465.48	636.38
JS35			1 305.39	644.64
JS36				1 041.35
JS37		337.47	2 571.22	732.8
JS38				
JS39				7.97
JS40	708.4	103.38	1 880.21	1 017.78
JS41	2 103.73	42.72	293.12	1 250.87
JS42	729.1		1 256.23	867.79
JS43	3 877.68		903.95	1 143.75
JS44	402.45		2 373.44	1 262.24
JS45			428.54	727.29
JS46	1 542.73		1 507.67	150.35
JS47	385.68		1 170.82	1 262.24
JS48	106.4		3 772.99	1 001.29
JS49	2 779.19	257.12	31 221.99	33.06
JS50	2 884.12	827.81	395.09	701.24
JS51	1 157.05	13.07	2 189.01	622.07
JS52		54.32	2 531.67	28.93
JS53		62.21	125.77	609.8
JS54			220.39	192.84
JS55	126.22		247.94	223.95
JS56	1 002.78		96.42	569.34

（续表）

站位	春季(ind./km²)	夏季(ind./km²)	秋季(ind./km²)	冬季(ind./km²)
JS57	269.98		57.85	1270.69
JS58			5399.57	5026.1
JS59		226.87	2429.81	541.74
JS60	322.4		1741.09	2164.8
JS61	12508.65	91.35	859.52	560.99
JS62	321.4		5843.69	3428.3
JS63			337.6	729.67
JS64			674.95	1900.12
JS65			34.71	6942.3
JS66				618.7
JS67			1157.05	560.16
JS68	13446.8		973.39	1157.05
平均值	3418.24	423.89	1284.2	664.24

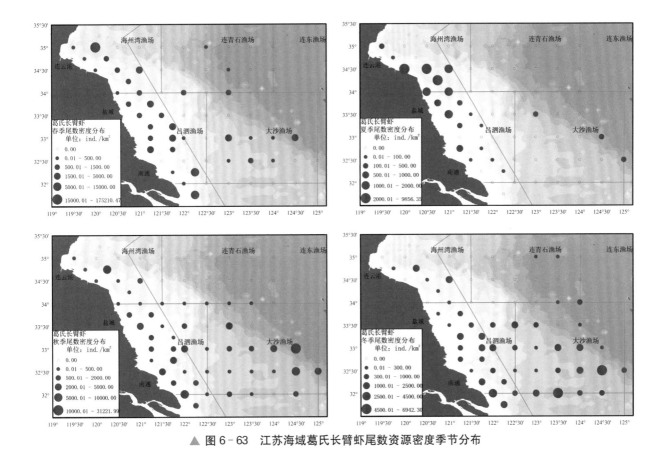

▲ 图6-63 江苏海域葛氏长臂虾尾数资源密度季节分布

6.2.4.11.2 资源量

（1）重量资源量：根据尾数资源密度、扫海面积、调查评价面积，求算各季度资源量。春季葛氏长臂虾资源量 727.60 t,夏季 70.64 t,秋季 257.84 t,冬季 135.39 t,春季资源量最高,秋季次之,夏季资源量最低。见表 6-112。

表 6-112 江苏海域各季节葛氏长臂虾资源量估算

指标	春季	夏季	秋季	冬季
重量资源密度(kg/km^2)	6.18	0.60	2.19	1.15
资源量(t)	727.60	70.64	257.84	135.39
尾数资源密度(ind./km^2)	3 418.24	423.89	1 284.20	664.24
资源尾数(×10^6 ind.)	402.44	49.91	151.19	78.20

(2)尾数资源量:春季葛氏长臂虾资源尾数为 402.44×10^6 尾,夏季 49.91×10^6 尾,秋季 151.19×10^6 尾,冬季 78.20×10^6 尾。春季葛氏长臂虾资源尾数最多,秋季次之,夏季资源尾数最少。

6.2.4.11.3 生物学

(1)体长、体重

春季:体长范围 19~73 mm,优势组 39~61 mm,占 76.72%,平均体长 50 mm;体重范围 0.1~5.6 g,优势组 0.5~3.7 g,占 87.18%,平均为 2.07 g。雌雄性比为 1∶0.35。雌虾平均体重约雄虾的 2 倍。见表 6-114。

夏季:体长范围 24~68 mm,优势组 30~50 mm,占 83.45%,平均体长 41.35 mm;体重范围 0.3~5.5 g,优势组 0.4~1.8 g,占 84.17%,平均为 1.35 g。雌雄性比为 1∶0.79。雌虾平均体重大于雄虾。

秋季:体长范围 28~70 mm,优势组 40~58 mm,占 77.85%,平均体长 49.81 mm;体重范围 0.3~5.3 g,优势组 0.7~2.9 g,占 84.75%,平均为 1.89 g。雌雄性比为 1∶0.47。雌虾平均体重大于雄虾。

冬季:葛氏长臂虾体长范围 17~95 mm,优势组 36~68 mm,占 93.61%,平均体长 50.56 mm;体重范围 0.3~7.5 g,优势组 0.4~3.9 g,占 94.10%,平均为 2.04 g。雌雄性比为 1∶0.40。雌虾平均体重约为雄虾的 2 倍。

葛氏长臂虾全年体长范围 17~95 mm,优势组 36~65 mm,占 90.85%,平均体长 49.25 mm;体重范围 0.1~7.5 g,优势组 0.6~2.7 g,占 75.63%,平均为 1.91 g。雌雄性比为 1∶0.45(表 6-113)。

表 6-113 江苏海域葛氏长臂虾体长与体重

季节		体长(mm)				体重(g)				雌雄性比(♀∶♂)
		范围	优势组	比例(%)	平均	范围	优势组	比例(%)	平均	
春季	♀	19~73	41~65	85.81	53.63	0.2~5.6	0.8~3.8	86.83	2.40	
	♂	21~62	36~52	91.43	43.25	0.1~2.6	0.5~1.7	84.77	1.16	1∶0.35
	合计	19~73	39~61	76.72	50.91	0.1~5.6	0.5~3.7	87.18	2.07	
夏季	♀	28~68	32~46	69.03	44.32	0.4~5.5	0.4~1.7	75.48	1.66	
	♂	24~58	30~44	86.18	37.58	0.3~3.1	0.5~1.3	81.30	0.96	1∶0.79
	合计	24~68	30~50	83.45	41.35	0.3~5.5	0.4~1.8	84.17	1.35	
秋季	♀	28~70	46~58	70.21	52.92	0.3~5.3	1.2~2.9	78.49	2.22	
	♂	31~63	37~48	82.00	43.23	0.36~3.4	0.6~1.7	90.00	1.19	1∶0.47
	合计	28~70	40~58	77.85	49.81	0.3~5.3	0.7~2.9	84.75	1.89	

（续表）

季节		体长（mm）				体重（g）				雌雄性比（♀：♂）
		范围	优势组	比例（%）	平均	范围	优势组	比例（%）	平均	
冬季	♀	17～95	36～68	97.02	53.83	0.4～7.5	0.8～3.9	89.15	2.39	1：0.40
	♂	26～65	36～50	74.32	42.49	0.3～4	0.4～1.7	88.23	1.15	
	合计	17～95	36～68	93.61	50.56	0.3～7.5	0.4～3.9	94.10	2.04	
合计	♀	17～95	42～65	84.31	52.56	0.2～7.5	1.0～3.1	71.86	2.27	1：0.45
	♂	21～65	36～47	68.91	41.94	0.1～4	0.6～1.3	67.2	1.13	
	合计	17～95	36～65	90.85	49.25	0.1～7.5	0.6～2.7	75.63	1.91	

葛氏长臂虾体长与体重的关系为（图 6‑64）：$W=2.51\times10^{-5}L^{2.8578}$，$R^2=0.9211$，$n=2\,211$。

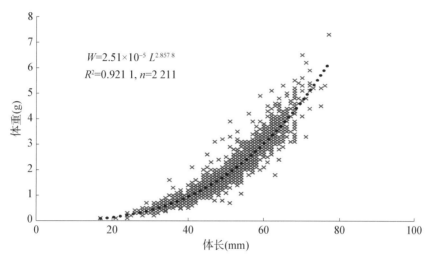

▲ 图 6‑64　江苏海域葛氏长臂虾体长与体重关系

（2）性腺成熟度、性腺成熟系数：葛氏长臂虾春季性腺成熟度为 Ⅱ 期的雌虾占 19.58%，Ⅲ 期占 18.28%，Ⅳ 期占 18.02%，Ⅴ 期抱卵虾占 36.81%，Ⅵ 期占 7.31%；夏季 Ⅱ 期占 57.82%，Ⅲ 期占 6.26%，Ⅳ 期占 6.15%，Ⅴ 期占 16.29%，Ⅵ 期占 13.48%；秋季 Ⅱ 期占 64.41%，Ⅲ 期占 24.56%，Ⅳ 期占 10.26%，Ⅴ 期占 0.11%，Ⅵ 期占 0.66%；冬季 Ⅱ 期占 52.89%，Ⅲ 期占 42.93%，Ⅳ 期占 3.64%，Ⅴ 期占 0.32%，Ⅵ 期占 0.21%；全年 Ⅱ 期占 53.64%，Ⅲ 期占 23.86%，Ⅳ 期占 8.04%，Ⅴ 期占 9.37%，Ⅵ 期占 5.09%（表 6‑114）。

表 6‑114　江苏海域葛氏长臂虾雌虾性腺成熟度

季节	雌虾性腺成熟度比例（%）					样本量（ind.）
	Ⅱ期	Ⅲ期	Ⅳ期	Ⅴ抱卵期	Ⅵ期	
春季	19.58	18.28	18.02	36.81	7.31	383
夏季	57.82	6.26	6.15	16.29	13.48	927
秋季	64.41	24.56	10.26	0.11	0.66	916
冬季	52.89	42.93	3.64	0.32	0.21	934
全年	53.64	23.86	8.04	9.37	5.09	3 160

（3）摄食强度：春季葛氏长臂虾摄食强度为 0 级的占 29.52%，1 级占 40.79%，2 级占 20.04%，3 级占 9.66%；夏季 0 级占 24.51%，1 级占 51.75%，2 级占 19.54%，3 级占 4.19%；秋季 0 级占 21.11%，1 级占 48.85%，2 级占 25.85%，3 级占 24.18%；冬季 0 级占 33.53%，1 级占 43.31%，2 级占 20.36%，3 级占 2.81%。全年 0 级占 26.43%，1 级占 47.70%，2 级占 21.47%，3 级占 4.40%。见表 6-115。

表 6-115 江苏海域葛氏长臂虾摄食强度

季节	摄食等级比例（%）				样本量（ind.）
	0 级	1 级	2 级	3 级	
春季	29.52	40.79	20.04	9.66	559
夏季	24.51	51.75	19.54	4.19	2 052
秋季	21.11	48.85	25.85	4.18	1 435
冬季	33.53	43.31	20.36	2.81	1 390
全年	26.43	47.70	21.47	4.40	5 436

第七章

主要经济品种专项监测调查

根据"江苏海洋水野普查"任务,2016 年 1 月～2019 年 12 月,除伏休期外,有该生产作业的月份全部进行监测调查,专项监测调查的品种为小黄鱼、银鲳、鮸、带鱼、灰鲳、蓝点马鲛、大黄鱼、海鳗。监测调查内容包括每天总投网次数、总产量和主要经济品种产量,每月对专项监测品种进行生物学分析。

7.1 监测方法

2016～2019 年分别采用单锚张纲张网(图 7-1)、单桩张纲张网(图 7-2)、双桩竖杆张网(图 7-3)、多锚单片张网(图 7-4)、桁杆拖网(图 7-5)、定置刺网(图 7-6)6 种作业方式对大黄鱼、小黄鱼、银鲳、

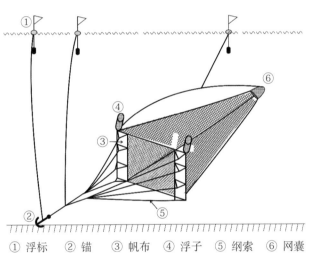

① 浮标 ② 锚 ③ 帆布 ④ 浮子 ⑤ 纲索 ⑥ 网囊

▲ 图 7-1 经济品种专项监测调查单锚张纲张网
作业示意图

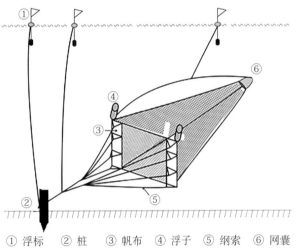

① 浮标 ② 桩 ③ 帆布 ④ 浮子 ⑤ 纲索 ⑥ 网囊

▲ 图 7-2 经济品种专项监测调查单桩张纲张网
作业示意图

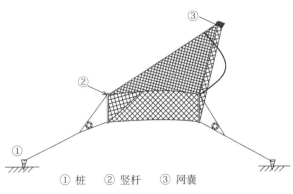

① 桩 ② 竖杆 ③ 网囊

▲ 图 7-3 经济品种专项监测调查双桩竖杆张网作业
示意图

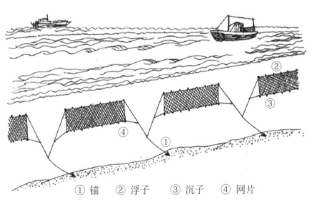

① 锚 ② 浮子 ③ 沉子 ④ 网片

▲ 图 7-4 经济品种专项监测调查多锚单片张网作业
示意图

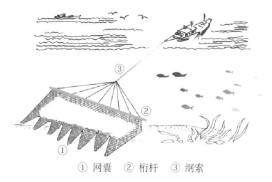

① 网囊　② 桁杆　③ 纲索

▲ 图 7-5　经济品种专项监测调查桁杆拖网
　　　　　作业示意图

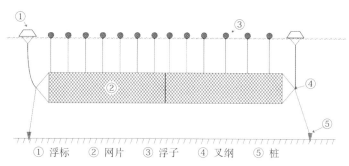

① 浮标　② 网片　③ 浮子　④ 叉纲　⑤ 桩

▲ 图 7-6　经济品种专项监测调查定置单片刺网
　　　　　作业示意图

带鱼、鮸、灰鲳、蓝点马鲛、海鳗进行了专项监测调查。对所有生产月份全部记录渔捞日志,对部分月份的
样品进行取样和生物学测定。

7.2　监测区域

　　2016～2019 年单锚张纲张网主要作业区域基本覆盖大沙渔场,传统的沙外渔场仅有小块区域
(图 7-7)。

　　2016～2019 年江苏定置刺网主要作业区域在禁渔区线内侧的吕泗渔场南部海域(图 7-8)。

　　2016～2019 年江苏单桩张纲张网主要作业区域为拖网禁渔区线附近,吕泗渔场和大沙渔场交汇处
(图 7-9)。

　　2016～2019 年双桩竖杆张纲仅为吕泗渔场近岸海域(图 7-10)。

　　2016～2019 年桁杆拖网主要作业海域基本覆盖禁渔区线两侧海域,南北从 31.5°N～35°N
(图 7-11)。

　　2016～2019 年多锚单片张网主要作业海域从 32°N～35°N,从近岸到 124°E,2018 年有的到达长江口
外侧海域(图 7-12)。

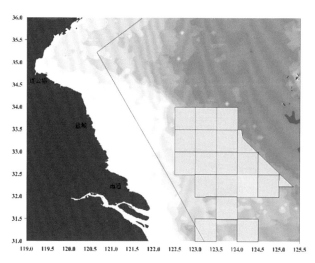

▲ 图 7-7　2016～2019 年单锚张纲张网作业监测
　　　　　调查区域

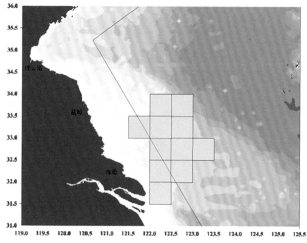

▲ 图 7-8　2016～2019 年江苏单桩张纲张网作业
　　　　　监测调查区域

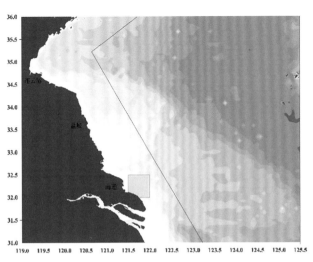

▲ 图7-9 2016～2019年双桩竖杆张网作业监测
调查区域

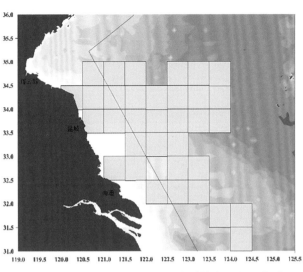

▲ 图7-10 2016～2019年多锚单片张网作业监测
调查区域

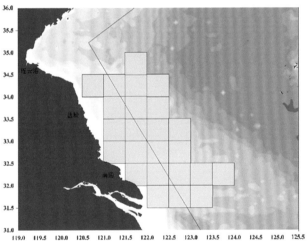

▲ 图7-11 2016～2019年桁杆拖网作业监测调查区域

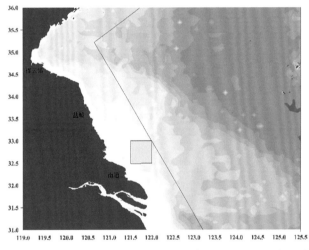

▲ 图7-12 2016～2019年江苏定置刺网作业监测调查区域

7.3 小黄鱼

7.3.1 单锚张纲张网作业

7.3.1.1 渔获状况

(1)产量:单锚张纲张网俗称帆张网,是张网中单位网次小黄鱼渔获量最高的渔具。通过2016～2019年专项物种调查,单锚张纲张网作业单船小黄鱼渔获量为53 623～87 140 kg,高产月份出现在伏休开捕后的9月份和10月份。3月份和4月份利用的是产卵群体,9、10月份捕捞群体以当年生的群体为主。如图7-13。

2017年产量较2016年减少7.43%,2018年较2017年产量增加62.5%,2019年较2018年减少14.30%,可见小黄鱼产量年间波动幅度较大。

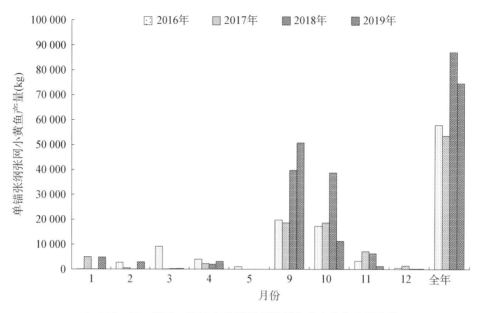

▲ 图 7 - 13　2016～2019 年单锚张纲张网作业小黄鱼产量变化

（2）平均网产：平均网产是反映资源状况年间和季节之间好差的重要指标。单锚张纲张网作业的网具数量基本不变，小黄鱼平均网产随产量波动，4 年波动范围为 38.1～72.2 kg/ent。2016 年和 2017 年小黄鱼年平均网产基本相同，2018 年小黄鱼平均网产 72.2 kg/ent，较 2016 年和 2017 年增加 89.7％。2019 年平均网产为 51.22 kg/ent，高于 2016 年和 2017 年，但较 2018 年减少 29.06％（图 7 - 14）。

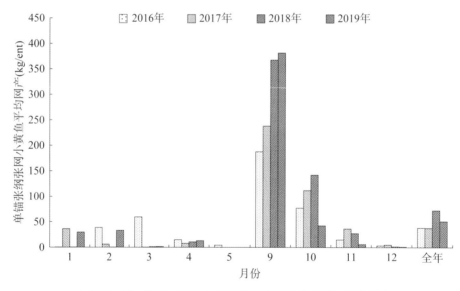

▲ 图 7 - 14　2016～2019 年单锚张纲张网作业小黄鱼平均网产

（3）渔获比例：小黄鱼产量占单锚张纲张网总渔获量的 15.11～27.77％。2018 年最高为 9 月份，渔获比例达到 55.04％。渔获比例通常为伏休开捕后的 9 月份最高，2016 年 3、4 月份渔获比例高与作业渔场有关系，捕捞的是进入产卵场的过路群（图 7 - 15）。

7.3.1.2　生物学

（1）体长和体重：根据 2016～2019 年调查监测，小黄鱼体长为 72～225 mm，体长优势组为 91～150 mm，比例年间波动在 82.5～85.2％，年平均体长为 121.8～122.4 mm 之间。体重为 5.9～163.7 g，体重优势组为 11～60 g，比例为 84.0％86.0％，年平均体重在 27.7～34.2 g 之间（表 7 - 1、表 7 - 2、表 7 - 3、表 7 - 4）。

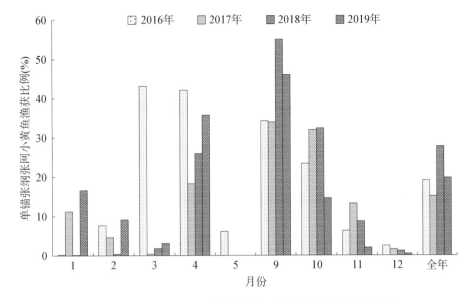

▲ 图 7－15 2016～2019 年单锚张纲张网作业小黄鱼渔获比例

表 7－1 2016 年单锚张纲张网作业小黄鱼体长和体重

月份	体长（mm）				体重（g）				样本量（ind.）
	范围	优势组	比例（%）	平均	范围	优势组	比例（%）	平均	
1	92～198	121～160	83.0	137.9	11.6～129.4	21～60	87.0	41.5	200
2	82～107	81～100	78.0	93.9	6.3～18.1	11～20	65.0	11.1	100
4	85～171	101～160	90.5	131.9	7.9～79.8	11～50	91.5	33.8	200
5	82～178	91～110	26.5	126.6	9.0～86.8	11～20	30.5	34.0	200
		131～160	55.5			31～50	47.5		
9	72～167	81～140	80.0	111.9	6.4～69.9	1～40	82.5	24.9	200
10	77～192	91～150	85.5	119.7	8.8～134.2	11～50	87.5	31.5	200
11	81～176	91～150	88.0	119.6	8.8～75	11～50	88.5	29.9	200
12	88～167	101～140	78.0	123.2	9.2～77.8	21～50	76.0	33.5	200
全年	72～198	91～150	82.60	122.4	6.3～134.2	11～50	84.40	31.2	1 500

表 7－2 2017 年单锚张纲张网作业小黄鱼体长和体重

月份	体长（mm）				体重（g）				样本量（ind.）
	范围	优势组	比例（%）	平均	范围	优势组	比例（%）	平均	
1	82～197	91～140	93.5	111.2	8.2～115.6	11～40	92.5	21.6	400
2	102～180	121～160	77.0	139.1	15.7～95.1	21～50	68.0	43.9	100
3	92～197	111～150	74.3	133.6	12.2～118.4	21～50	71.7	38.6	300
4	91～198	111～150	71.4	133.3	9.5～111.4	21～50	73.0	36.7	500
9	78～190	81～110	63.5	111.2	8.3～113.2	11～30	69.5	26.2	200
10	74～168	81～120	82.3	108.8	6.8～94.8	11～30	79.0	24.2	300
11	85～185	91～120	67.5	116.1	9.6～102.8	11～30	70.0	28.9	200
12	86～225	91～140	81.0	122.6	11.7～163.7	11～50	87.3	33.0	400
全年	74～225	91～150	85.2	121.8	6.8～163.7	11～50	86.2	31.0	2 400

表 7-3　2018 年单锚张纲张网作业小黄鱼体长和体重

| 月份 | 体长（mm） | | | | 体重（g） | | | | 样本量 |
	范围	优势组	比例（%）	平均	范围	优势组	比例（%）	平均	(ind.)
1									
2									
3	83～191	91～160	91.5	130.5	9.1～107.2	11～60	88.0	37.7	180
4	91～195	121～160	86.8	139.7	12.1～363.4	31～60	79.2	45.0	250
9	72～202	71～100	70.3	100.5	6.1～137.2	6～20	75.0	21.9	140
10	78～174	91～120	75.0	113.3	5.9～79.7	11～30	77.5	26.3	200
11	83～208	101～160	87.0	134.4	10.6～138.7	21～60	78.5	45.4	200
12	86～200	91～150	84.5	122.3	10～139.5	11～50	89.5	31.4	200
全年	72～208	91～150	82.5	122.4	5.9～139.5	11～60	84.0	34.1	1 170

表 7-4　2019 年单锚张纲张网作业小黄鱼体长和体重

| 月份 | 体长（mm） | | | | 体重（g） | | | | 样本量 |
	范围	优势组	比例（%）	平均	范围	优势组	比例（%）	平均	(ind.)
1	88～184	101～160	90.50	128.1	11.7～98.4	16～60	89.50	35.8	200
2	79～181	91～140	84.25	113.2	6.3～93.4	11～40	83.00	24.0	400
3	77～171	91～140	79.50	115.4	6.0～76.5	11～35	73.75	25.2	400
4	76～180	101～150	84.00	125.7	8.6～90.2	11～45	85.25	32.1	400
9	75～172	81～120	81.75	107.5	6.5～89.7	11～30	80.75	23.0	400
10	78～174	81～130	85.79	108.8	8.6～93.0	11～35	83.29	23.7	401
11	80～177	91～140	85.50	116.8	8.4～95.3	11～40	83.75	29.4	400
12	92～181	111～150	79.00	131.4	13.4～94.2	21～55	83.00	38.0	200
全年	75～184	91～140	79.86	116.7	6.0～98.4	11～45	85.68	27.7	2 801

（2）雌雄性比：2016 年、2017 年、2018 年和 2019 年分别测定小黄鱼 1 500 尾、2 400 尾和 1 170 尾和 2 801 尾。各月份的雌雄性比见表 7-5，全年雌雄性比为 1∶1.1～1∶1.4，雄鱼多于雌鱼。

表 7-5　2016～2019 年单锚张纲张网作业各月份小黄鱼雌雄性比

| 月份 | 雌雄性比（♀∶♂） | | | |
	2016 年	2017 年	2018 年	2019 年
1	1∶1	1∶1		1∶0.9
2	1∶2.4	1∶0.4		1∶1.3
3	—	1∶1.1	1∶0.9	1∶1.7
4	1∶1.4	1∶1.2	1∶0.7	1∶1.5

（续表）

月份	雌雄性比（♀：♂）			
	2016 年	2017 年	2018 年	2019 年
5	1：1.1	伏休	伏休	伏休
9	1：1.6	1：1.4	1：1.3	1：1.2
10	1：1.2	1：1.4	1：1.8	1：2.0
11	1：1.5	1：1.5	1：0.8	1：1.4
12	1：1.3	1：1.1	1：1.2	1：1.1
全年	1：1.3	1：1.1	1：1.1	1：1.4

（3）性腺成熟度：1～2 月份小黄鱼雌鱼性腺发育主要为Ⅱ～Ⅲ期，3～4 月份主要为Ⅳ期，少量的Ⅴ期，5 月份为产卵高峰，性腺发育受水温影响较为明显，海水温度升温的迟早影响产卵时间的迟早。各年份小黄鱼性腺成熟度情况见表 7-6、表 7-7、表 7-8、表 7-9。

表 7-6　2016 年单锚张纲张网作业小黄鱼各月份雌鱼性腺成熟度百分比（%）

月份	Ⅱ期	Ⅲ期	Ⅳ期	Ⅵ期	Ⅵ～Ⅳ期	合计
1	15.15	76.77	8.08	0.00	0.00	100.00
2	100.00	0.00	0.00	0.00	0.00	100.00
4	1.22	24.39	71.95	2.44	0.00	100.00
5	19.59	0.00	65.98	11.34	3.09	100.00
9	100.00	0.00	0.00	0.00	0.00	100.00
10	100.00	0.00	0.00	0.00	0.00	100.00
11	100.00	0.00	0.00	0.00	0.00	100.00
12	94.25	5.75	0.00	0.00	0.00	100.00
全年	61.43	15.71	20.37	2.02	0.47	100.00

表 7-7　2017 年单锚张纲张网作业小黄鱼各月份雌鱼性腺成熟度百分比（%）

月份	Ⅱ期	Ⅲ期	Ⅳ期	ⅤA期	ⅤB期	合计
1	69.00	29.00	2.00	0.00	0.00	100.00
2	11.11	51.39	37.50	0.00	0.00	100.00
3	0.71	5.67	93.62	0.00	0.00	100.00
4	0.44	0.87	93.01	5.24	0.44	100.00
9	100.00	0.00	0.00	0.00	0.00	100.00
10	100.00	0.00	0.00	0.00	0.00	100.00
11	97.53	1.23	1.23	0.00	0.00	100.00
12	70.83	28.65	0.52	0.00	0.00	100.00
全年	50.80	14.35	33.69	1.07	0.09	100.00

表 7-8 2018 年单锚张纲张网作业小黄鱼各月份雌鱼性腺成熟度百分比(%)

月份	Ⅱ期	Ⅲ期	Ⅳ期	Ⅵ～Ⅳ期	合计
3	13.68	49.47	36.84	0.00	100.00
4	1.40	1.40	97.20	0.00	100.00
9	100.00	0.00	0.00	0.00	100.00
10	98.59	0.00	0.00	1.41	100.00
11	83.49	13.76	2.75	0.00	100.00
12	65.56	33.33	1.11	0.00	100.00
合计	52.11	16.49	31.23	0.18	100.00

表 7-9 2019 年单锚张纲张网作业小黄鱼各月份雌鱼性腺成熟度百分比(%)

月份	Ⅱ期	Ⅲ期	Ⅳ期	合计
1	51.43	46.67	1.90	100.00
2	32.16	59.65	8.19	100.00
3	21.19	37.75	41.06	100.00
4	7.59	4.43	87.97	100.00
9	99.44	0.56	0.00	100.00
10	99.24	0.76	0.00	100.00
11	94.58	5.42	0.00	100.00
12	76.60	23.40	0.00	100.00
全年	59.78	21.45	18.77	100.00

(4) 摄食强度:2016～2019 年小黄鱼摄食强度全年 0～4 级比例逐级递减,以 0 级即空胃率最高,其次为 1 级,2 级次之,3～4 级所占比例很低,饱胃率最低(表 7-10、表 7-11、表 7-12、表 7-13)。

表 7-10 2016 年单锚张纲张网作业小黄鱼各月份摄食等级

月份	比例(%)						平均摄食等级
	0 级	1 级	2 级	3 级	4 级	合计	
1	40.00	31.00	14.50	12.50	2.00	100.00	1.06
2	43.00	55.00	2.00	0.00	0.00	100.00	0.59
4	32.00	32.50	22.00	8.50	5.00	100.00	1.22
5	49.00	20.00	22.50	8.50	0.00	100.00	0.91
9	37.00	21.50	15.00	16.50	10.00	100.00	1.41
10	54.00	25.00	16.00	4.50	0.50	100.00	0.73
11	31.50	43.00	22.00	3.50	0.00	100.00	0.98
12	14.50	49.00	27.00	9.00	0.50	100.00	1.32
合计	37.27	33.27	18.67	8.40	2.40	100.00	1.05

表 7-11 2017 年单锚张纲张网作业小黄鱼各月份摄食等级

月份	比例（%）						平均摄食等级
	0 级	1 级	2 级	3 级	4 级	合计	
1	59.25	27.50	7.00	6.25	0.00	100.00	0.60
2	67.00	21.00	9.00	3.00	0.00	100.00	0.48
3	78.33	12.67	6.00	3.00	0.00	100.00	0.34
4	35.20	34.60	19.20	10.40	0.60	100.00	1.07
9	43.00	25.50	16.00	11.00	4.50	100.00	1.09
10	34.00	40.67	14.00	8.00	3.33	100.00	1.06
11	23.00	30.50	26.50	14.50	5.50	100.00	1.49
12	32.00	36.00	21.00	8.75	2.25	100.00	1.13
全年	44.88	30.00	15.08	8.29	1.75	100.00	0.92

表 7-12 2018 年单锚张纲张网作业小黄鱼各月份摄食等级

月份	比例（%）						平均摄食等级
	0 级	1 级	2 级	3 级	4 级	合计	
3	77.22	14.44	6.67	1.11	0.56	100.00	0.33
4	85.20	9.20	4.40	1.20	0.00	100.00	0.22
9	21.00	40.00	23.67	14.00	1.33	100.00	1.35
10	31.50	28.00	18.50	20.50	1.50	100.00	1.33
11	44.00	28.50	14.50	9.50	3.50	100.00	1.00
12	43.50	37.50	11.50	7.00	0.50	100.00	0.84
合计	49.10	26.84	13.76	9.10	1.20	100.00	0.86

表 7-13 2019 年单锚张纲张网作业小黄鱼各月份摄食等级

月份	比例（%）						平均摄食等级
	0 级	1 级	2 级	3 级	4 级	合计	
1	70.00	20.00	6.50	3.50	0.00	100.00	0.44
2	86.75	8.25	3.75	1.25	0.00	100.00	0.20
3	81.25	10.75	5.25	2.75	0.00	100.00	0.30
4	84.75	7.00	6.50	1.75	0.00	100.00	0.25
9	69.25	19.00	7.50	4.25	0.00	100.00	0.47
10	50.87	22.19	17.71	8.73	0.50	100.00	0.86
11	49.25	34.00	12.50	4.25	0.00	100.00	0.72
12	46.50	32.50	12.50	8.50	0.00	100.00	0.83
合计	68.62	18.21	8.96	4.14	0.07	100.00	0.49

(5)年龄结构:2016～2019年期间单锚张纲张网作业共测定小黄鱼8030尾,其中2016年1500尾,1龄比例最高,占54.00%,最高年龄为4龄,占0.13%,平均年龄为1.08龄;2017年2400尾,1龄比例最高,占61.71%,最高年龄为5龄,占0.04%,平均年龄为1.09龄;2018年1330尾,1龄比例最高,占46.78%,最高年龄为5龄,占0.22%,平均年龄为0.95龄;2019年2800尾,1龄比例最高,占64.1%,最高年龄为3龄,占2.00%,平均年龄为0.92龄。

2016～2019年期间单锚张纲张网渔获小黄鱼1龄鱼比例最高,占58.63%,最高年龄为5龄,占比为0.05%,平均年龄为1.01龄(表7-14)。

表7-14 2016～2019年单锚张纲张网作业小黄鱼年龄组成(%)

年份	样本量(ind.)	0龄	1龄	2龄	3龄	4龄	5龄	平均年龄(龄)
2016	1500	20.47	54.00	22.93	2.47	0.13	0.00	1.08
2017	2400	17.25	61.71	16.25	4.50	0.25	0.04	1.09
2018	1330	32.56	46.78	15.00	5.11	0.33	0.22	0.95
2019	2800	22.71	64.11	11.18	2.00	0.00	0.00	0.92
合计	8030	22.29	58.63	15.52	3.35	0.15	0.05	1.01

7.3.2 定置刺网作业

渔获状况

(1)产量:定置刺网小黄鱼产量很低,部分年份甚至没有产量,2019年小黄鱼产量为133.5kg,在定置刺网伏休开捕后的8～11月份有产量,主要渔获月份为9、10月份(图7-16)。

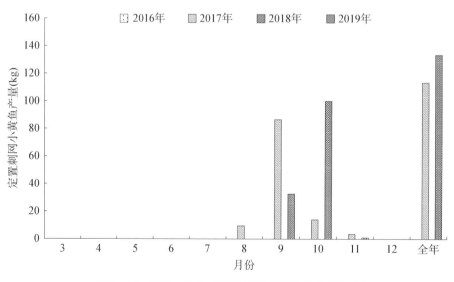

▲ 图7-16 2016～2019年江苏定置刺网作业小黄鱼产量

(2)平均网产:2017年和2019年江苏定置刺网小黄鱼年平均网产仅0.03kg/ent,平均网产稍高的为2017年9月份的0.28kg/ent(图7-17)。

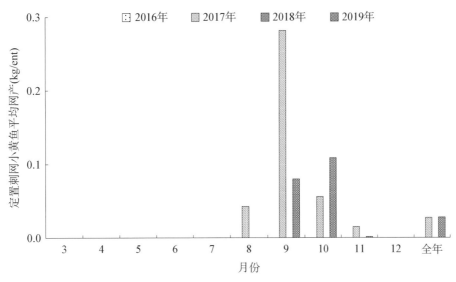

▲ 图 7 - 17　2016～2019 年江苏定置刺网作业小黄鱼平均网产

（3）渔获比例：2017 年江苏定置刺网小黄鱼年渔获比例仅 0.35%，2016 年和 2018 年由于产量低在产量记录上未能体现，产量稍高的 9 月份渔获比例仅为 2.7%（图 7 - 18）。

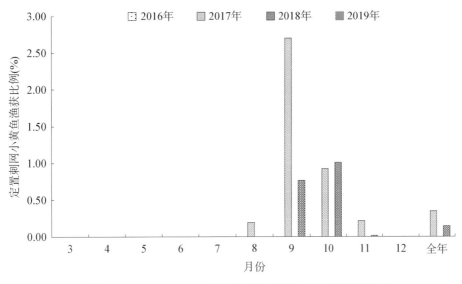

▲ 图 7 - 18　2016～2019 年江苏定置刺网作业小黄鱼渔获比例

7.3.3　单桩张纲张网作业

7.3.3.1　渔获状况

（1）产量：小黄鱼为单桩张纲张网主要渔获物，2016～2019 年小黄鱼产量 10 730～59 976 kg，产量最高为伏休开捕后的 9 月份，2019 年 9 月份小黄鱼产量为 57 840 kg（图 7 - 19）。

（2）平均网产：2016～2019 年小黄鱼平均网产分别为 5.26 kg/ent、4.01 kg/ent、16.74 kg/ent、13.10 kg/ent。最高平均网产为 2019 年 9 月份，达到 104.03 kg/ent，平均网产最高的月份为 9 月份，其次为 10 月份（图 7 - 20）。

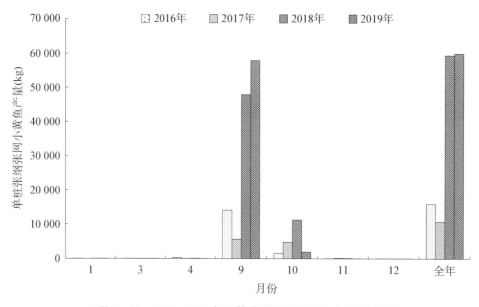

▲ 图 7‑19　2016～2019 年江苏单桩张纲张网作业小黄鱼产量

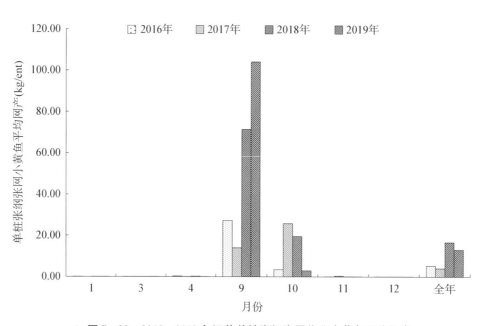

▲ 图 7‑20　2016～2019 年江苏单桩张纲张网作业小黄鱼平均网产

（3）渔获比例：2016～2019 年江苏单桩张纲张网作业小黄鱼渔获比例为 8.88～28.01%，渔获比例最高为 2016 年 9 月份，达到 59.28%，2018 年 9 月份也达到 50.69%，而 2017 年的 10 月份渔获比例最高为 48.50%（图 7‑21）。

7.3.3.2　生物学

（1）体长体重和雌雄性比：2016 年江苏单桩张纲张网作业小黄鱼体长 72～180 mm，体长优势组 111～160 mm，占比 84.3%，平均体长 137.1 mm；体重 6.7～87.5 g，体重优势组 21～60 g，占比 87.0%，平均体重 40.0 g。雌雄性比为 1∶1。雌鱼平均体长 141.3 mm，平均体重 44.0 g，雄鱼平均体长 132.9 mm，平均体重 36.0 g（表 7‑15、表 7‑16、表 7‑17）。

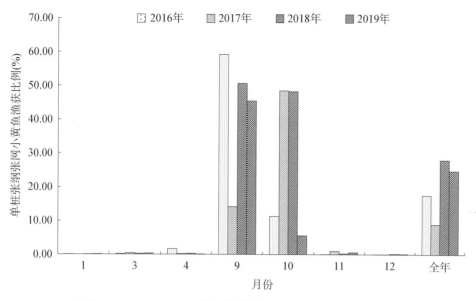

▲ 图7-21 2016～2019年江苏单桩张纲张网作业小黄鱼渔获比例

表7-15 2016年江苏单桩张纲张网作业小黄鱼体长、体重及雌雄性比

| 月份 | 样本量 (ind.) | 体长（mm） | | | | 体重（g） | | | | 雌雄性比 (♀:♂) |
		范围	优势组	比例（%）	平均	范围	优势组	比例（%）	平均	
4	100	107～165	131～160	85.0	145.5	19.3～70.1	31～60	87.0	43.8	1:0.9
5	100	103～180	121～160	77.0	141.9	18.3～87.5	31～60	76.0	43.0	1:1.0
10	100	72～160	101～150	82.0	123.9	6.7～63.1	11～50	88.0	33.2	1:1.2
合计	300	72～180	111～160	84.3	137.1	6.7～87.5	21～60	87.0	40.0	1:1.0

表7-16 2016年江苏单桩张纲张网作业小黄鱼雌鱼体长、体重

| 月份 | 样本量 | 体长（mm） | | 体重（g） | |
		范围	平均	范围	平均
4	53	129～165	148.2	26.2～70.1	48.1
5	51	103～180	146.2	18.6～87.5	46.5
10	46	72～157	127.9	6.7～60.9	36.6
合计	150	72～180	141.3	6.7～87.5	44.0

表7-17 2016年江苏单桩张纲张网作业小黄鱼雄鱼体长、体重

| 月份 | 样本量 | 体长（mm） | | 体重（g） | |
		范围	平均	范围	平均
4	47	107～165	142.4	19.3～61.8	39.0
5	49	109～164	137.5	18.3～67.4	39.4
10	54	78～160	120.4	8.6～63.1	30.2
合计	150	78～165	132.9	8.6～67.4	36.0

2017年10月份单桩张纲张网作业小黄鱼体长76~211 mm,体长优势组81~120 mm,占比68.0%,平均体长112.6 mm;体重9.3~103.2 g,体重优势组11~30 g,占比83.0%,平均体重24.2 g。雌雄性比为1:2.4。雌鱼平均体长118.6 mm,平均体重34.0 g,雄鱼平均体长102.0 mm,平均体重20.2 g。见表7-18。

表7-18 2017年10月单桩张纲张网作业小黄鱼体长、体重及雌雄性比

雌雄	样本量(ind.)	体长(mm)				体重(g)				雌雄性比(♀:♂)
		范围	优势组	比例(%)	平均	范围	优势组	比例(%)	平均	
雌鱼	29	87~181			118.6	10.9~103.2			34.0	
雄鱼	71	82~180			102.0	9.3~89.4			20.2	1:2.4
合计	100	82~181	81~120	85.0	106.8	9.3~103.2	11~30	83.0	24.2	

2018年江苏单桩张纲张网作业小黄鱼体长82~181 mm,体长优势组81~120 mm,占比85.0%,平均体长106.8 mm;体重7.3~116.1 g,体重优势组11~30 g,占比67.7%,平均体重27.0 g。雌雄性比为1:1.3。雌鱼平均体长125.6 mm,平均体重37.3 g,雄鱼平均体长112.0 mm,平均体重25.3 g(表7-19、表7-20、表7-21)。

表7-19 2018单桩张纲张网作业小黄鱼体长、体重及雌雄性比

月份	样本量(ind.)	体长(mm)				体重(g)				雌雄性比(♀:♂)
		范围	优势组	比例(%)	平均	范围	优势组	比例(%)	平均	
4	100	123~211	131~170	82.0	152.0	26.1~116.1	31~70	78.0	57.5	1:1.1
9	100	76~178	81~130	82.0	108.0	7.3~100.4	11~40	82.0	23.2	1:1.2
10	100	83~122	91~110	90.0	102.2	12.2~33.9	11~30	97.0	19.3	1:1.5
合计	300	76~211	81~120	68.0	112.6	7.3~116.1	11~30	67.7	27.0	1:1.3

表7-20 2018年江苏单桩张纲张网作业小黄鱼雌鱼体长、体重

月份	样本量(ind.)	体长(mm)		体重(g)	
		范围	平均	范围	平均
4	24	126~211	158.5	30.2~116.1	66.5
9	42	91~178	127.2	11.9~100.4	36.9
10	40	89~122	103.0	12.2~33.9	20.2
合计	106	89~211	125.6	11.9~116.1	37.3

表7-21 2018年江苏单桩张纲张网作业小黄鱼雄鱼体长、体重

月份	样本量(ind.)	体长(mm)		体重(g)	
		范围	平均	范围	平均
4	26	123~192	146.1	26.1~98.9	49.1
9	59	77~162	108.3	7.9~62.1	22.0
10	60	83~122	101.1	12.3~32.8	18.6
合计	145	77~192	112.0	7.9~98.9	25.3

根据 2019 年 10～11 月份调查监测,小黄鱼体长为 116～231 mm,体长优势组为 131～170 mm,比例为 83.0～88.0%,平均体长为 149.1～152.0 mm 之间。体重为 26.8～156.5 g,体重优势组为 41～70 g,比例为 78.0～81.0%,平均体重在 54.0～55.7 g 之间。见表 7-22。

表 7-22　2019 年江苏单桩张纲张网作业小黄鱼雄鱼体长、体重

月份	样本量 (ind.)	体长(mm)				体重(g)			
		范围	优势组	比例(%)	平均	范围	优势组	比例(%)	平均
10	100	116～231	131～170	88.0	152.0	26.9～156.5	41～70	78.0	55.7
11	100	117～208	131～160	83.0	149.1	26.8～143.1	41～70	81.0	54.0
合计	200	116～231	131～170	90.5	150.6	26.8～156.5	41～70	79.5	54.9

(2)性腺成熟度:2016 年 4 月份小黄鱼雌鱼性腺发育均处于Ⅳ期以上,Ⅳ期占 64.15%,ⅤA 期占 30.19%,5 月份以已经产卵的Ⅵ期为主,占 49.02%(表 7-23)。

表 7-23　2016 年江苏单桩张纲张网作业小黄鱼性腺成熟度百分比(%)

月份	Ⅱ期	Ⅳ期	ⅤA 期	ⅤB 期	Ⅵ～Ⅳ期	Ⅵ期	合计
4	0.00	64.15	30.19	3.77	1.89	0.00	100.00
5	1.96	35.29	0.00	0.00	13.73	49.02	100.00
10	100.00	0.00	0.00	0.00	0.00	0.00	100.00
合计	31.33	34.67	10.67	1.33	5.33	16.67	100.00

2017 年江苏单桩张纲张网作业小黄鱼 10 月份性腺成熟度均为Ⅱ期(表 7-24)。

表 7-24　2017 年江苏单桩张纲张网作业 10 月份小黄鱼性腺成熟度百分比(%)

月份	Ⅱ期	合计
10	100.00	100.00

2018 年 4 月份小黄鱼雌鱼性腺发育Ⅳ期占 95.83%,少量Ⅲ期(表 7-25)。

表 7-25　2018 年江苏单桩张纲张网作业小黄鱼性腺成熟度百分比(%)

月份	Ⅱ期	Ⅲ期	Ⅳ期	合计
4	0.00	4.17	95.83	100.00
9	100.00	0.00	0.00	100.00
10	97.50	0.00	2.50	100.00
合计	76.42	0.94	22.64	100.00

2019 年 10～11 月份共测定小黄鱼 200 尾。10 月份小黄鱼雌鱼性腺发育主要为Ⅱ～Ⅲ期,11 月份主要为Ⅳ期。小黄鱼性腺成熟度情况见表。10、11 月份雌雄性比分别为 1:2.85 和 1:2.70。雄鱼多于雌鱼。见表 7-26。

表 7-26　2019 年单根方作业小黄鱼各月份雌鱼性腺成熟度百分比(%)

月份	Ⅱ期	Ⅲ期	Ⅳ期	Ⅵ期	合计	雌雄性比(♀∶♂)
10	26.9	69.2	3.9	0.0	100.0	1∶2.85
11	37.0	0.0	40.7	22.2	100.0	1∶2.70
全年	32.1	34.0	22.6	11.3	100.0	1∶2.78

(3) 摄食等级:2016 年和 2018 年 4 月份产卵期小黄鱼摄食强度主要以 0 级为主,分别为 84.0% 和 90.0%,5 月份 0 级为 53.0%,说明产卵期小黄鱼基本停止摄食。2016 年和 2018 年 4 月份平均摄食等级为 0.21 和 0.10。2019 年小黄鱼摄食强度 0~4 级比例逐级递减。以 0 级即空胃率最高,其次为 1 级,2 级次之,3 级所占比例很低。见表 7-27、表 7-28、表 7-29、表 7-30。

表 7-27　2016 年江苏单桩张纲张网作业小黄鱼摄食强度

月份	比例(%)						平均摄食等级
	0 级	1 级	2 级	3 级	4 级	合计	
4	84.00	12.00	3.00	1.00	0.00	100.00	0.21
5	53.00	25.00	16.00	6.00	0.00	100.00	0.75
10	45.00	27.00	20.00	8.00	0.00	100.00	0.91
合计	60.67	21.33	13.00	5.00	0.00	100.00	0.62

表 7-28　2017 年江苏单桩张纲张网作业 10 月份小黄鱼摄食强度

摄食强度	0 级	1 级	2 级	3 级	4 级	合计	平均摄食等级
比例(%)	18.00	29.00	12.00	11.00	30.00	100.00	2.06

表 7-29　2018 年江苏单桩张纲张网作业小黄鱼摄食强度百分比(%)

月份	比例(%)						平均摄食等级
	0 级	1 级	2 级	3 级	4 级	合计	
4	90.00	10.00	0.00	0.00	0.00	100.00	0.10
9	38.50	35.00	18.50	6.50	1.50	100.00	0.98
10	53.00	15.00	10.00	17.00	5.00	100.00	1.06
合计	50.00	25.71	13.43	8.57	2.29	100.00	0.87

表 7-30　2019 年江苏单桩张纲张网作业小黄鱼摄食强度百分比(%)

月份	比例(%)						平均摄食等级
	0 级	1 级	2 级	3 级	4 级	合计	
10	52.00	30.00	9.00	9.00	0.00	100.0	0.80
11	95.00	5.00	0.00	0.00	0.00	100.0	0.10
合计	73.50	17.50	4.50	4.50	0.00	100.0	0.40

7.3.4　双桩竖杆张网作业

7.3.4.1　渔获状况

(1) 产量:2016~2019 年双桩竖杆张网作业小黄鱼产量为 791~20 058 kg,2016 年 5 月份主要为当年生幼鱼发生早,当年生小黄鱼占 99.1%,幼鱼最早发生时间为 5 月 4 日,当天产量为 25 kg,持续至 5 月 11 日,5 月 19 日后每天小黄鱼幼鱼产量为 800 kg。因此,2016 年小黄鱼产量远高于 2017 年和 2018 年(张网休渔时间 2016 年 6 月 1 日~8 月 15 日,2017 年 5 月 16 日至 8 月 15 日,2018 年和 2019 年均为 5 月 1 日至 8 月 31 日)。2018 年和 2019 年伏休开捕后该作业的产量远小于 2017 年(图 7 - 22)。

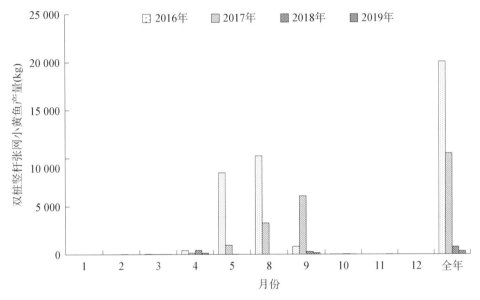

▲ 图 7 - 22　2016~2019 年双桩竖杆张网作业小黄鱼产量

(2) 平均网产:2016~2019 年双桩竖杆张网作业小黄鱼平均网产为 0.31~8.7 kg/ent。最高平均网产为 2016 年 8 月份,达到 53.64 kg/ent。2018 年 9 月份开捕后小黄鱼平均网产很低,仅有 0.68 kg/ent,远低于 2017 年同期的 15.24 kg/ent,2019 年 9 月份开捕小黄鱼平均网产仅 0.38 kg/ent(图 7 - 23)。

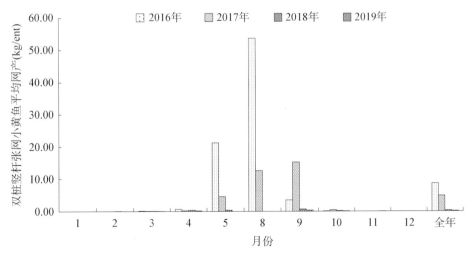

▲ 图 7 - 23　2016~2019 年双桩竖杆张网作业小黄鱼平均网产

（3）渔获比例：2016～2019年双桩竖杆张网作业小黄鱼渔获比例为3.89～31.96％。2016年5月份小黄鱼比例为88.49％，2017年5月份为56.62％，2018年5月份仅生产1天，渔获比例9.52％，未有幼小黄鱼。2018年和2019年9月份开捕后的小黄鱼渔获比例仅为3.71％和1.92％，远低于2017年41.98％（图7－24）。

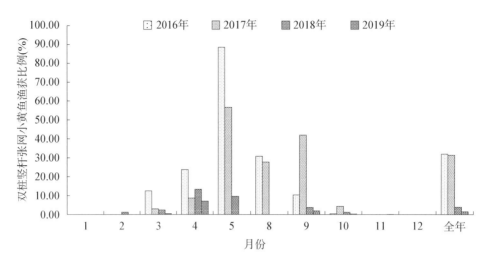

▲ 图7－24　2016～2019年双桩竖杆张网作业小黄鱼渔获比例

7.3.4.2　生物学

（1）体长体重雌雄性比：2016年双桩竖杆张网作业小黄鱼产卵群体体长范围91～173 mm，体长优势组101～160 mm，占比91.3％，平均体长134.1 mm，体重范围10.8～68.7 g，优势组体重11～50 g，占比93.3％，平均体重33.6 g。雌雄性比为1∶1.7（表7－31、表7－32、表7－33）。

表7－31　2016年双桩竖杆张网作业小黄鱼产卵群体长、体重和雌雄性比

月份	样本量 (ind.)	体长（mm）				体重（g）				雌雄性比 （♀∶♂）
		范围	优势组	比例（％）	平均	范围	优势组	比例（％）	平均	
4	200	92～173	121～160	76.5	135.2	11～66.5	21～50	80.0	34.3	1∶2.8
5	100	91～171	101～160	90.0	131.8	10.8～68.7	11～50	92.0	32.4	1∶0.6
合计	300	91～173	101～160	91.3	134.1	10.8～68.7	11～50	93.3	33.6	1∶1.7

表7－32　2016年双桩竖杆张网作业小黄鱼雌鱼体长、体重

月份	体长（mm）		体重（g）	
	范围	平均	范围	平均
4	97～173	138.3	14.4～64.5	38.3
5	97～171	141.2	13.9～68.7	38.2
合计	97～173	139.9	13.9～68.7	38.3

表 7-33　2016 年双桩竖杆张网作业小黄鱼雄鱼体长、体重

月份	体长（mm）		体重（g）	
	范围	平均	范围	平均
4	92～163	134.1	11～66.5	32.8
5	91～160	117.1	10.8～52.9	23.3
合计	91～163	130.6	10.8～66.5	30.9

2017 年小黄鱼产卵群体平均体长 116.7 mm，平均体重 23.2 g，雌雄性比为 1∶3.2（表 7-34）。

表 7-34　2017 年 4 月份双桩竖杆张网作业小黄鱼体长、体重和雌雄性比

雌雄	样本量（ind.）	体长（mm）				体重（g）				雌雄性比（♀∶♂）
		范围	优势组	比例（%）	平均	范围	优势组	比例（%）	平均	
雌	48	98～152			120.0	14～49.3			26.5	
雄	152	88～158			115.7	9.7～50			22.1	1∶3.2
合计	200	88～158	101～130	73.0	116.7	9.7～50	11～30	82.0	23.2	

2018 年平均体长 122.7 mm，平均体重 29.2 g，雌雄性比为 1∶2.8。见表 7-35。

表 7-35　2018 年 4 月份双桩竖杆张网作业小黄鱼体长、体重和雌雄性比

雌雄	样本量（ind.）	体长（mm）				体重（g）				雌雄性比（♀∶♂）
		范围	优势组	比例（%）	平均	范围	优势组	比例（%）	平均	
雌	79	86～172			128.6	9～89.5			34.5	
雄	221	65～162			120.6	9.1～62.6			27.3	1∶2.8
合计	300	65～172	101～150	81.7	122.7	9～89.5	11～40	80.0	29.2	

2019 年小黄鱼体长范围为 76～172 mm，体长优势组为 111～140 mm，比例为 77.0%，平均体长为 125.3 mm。体重范围为 7～81.5 g，体重优势组为 16～35 g，比例为 79.3%，平均体重位 28.2 g（表 7-36）。

表 7-36　2019 年 4 月份双桩竖杆张网作业小黄鱼体长、体重和雌雄性比

雌雄	样本量（ind.）	体长（mm）				体重（g）				雌雄性比（♀∶♂）
		范围	优势组	比例（%）	平均	范围	优势组	比例（%）	平均	
雌	132	88～172	111～140	75.8	127.9	10.1～81.5	21～40	79.6	30.9	
雄	168	76～155	111～140	78.0	123.3	7.0～47.6	11～40	93.5	26.2	1∶1.3
合计	300	76～172	111～140	77.0	125.3	7.0～81.5	16～35	79.3	28.2	

产卵群体年间大小具有一定差异，与产卵高峰期的迟早有关。

（2）性腺成熟度：2016 年双桩竖杆张网作业小黄鱼 4 月份性腺发育以Ⅳ期为主，占 51.92%，ⅤA 期和ⅤB 期及Ⅵ—Ⅳ期分别占 28.85%、7.69%、11.54%。5 月份ⅤB 期、Ⅵ—Ⅳ期、Ⅵ期则分别占 24.59%、32.79%、26.23%，多数为已经产卵和即将产卵的个体（表 7-37）；2017 年 4 月份小黄鱼性腺发

育多数为Ⅳ期以上,已经产卵的占 18.75%(表 7 - 38);2018 年 4 月份以Ⅳ期为主,占 63.29%,产卵期较 2017 年滞后(表 7 - 39);2019 年 4 月份小黄鱼雌鱼性腺发育主要为Ⅳ期、ⅤA 期和Ⅵ—Ⅳ期(表 7 - 40)。

表 7 - 37　2016 年双桩竖杆张网作业小黄鱼性腺成熟度百分比(%)

月份	Ⅱ期	Ⅳ期	ⅤA 期	ⅤB 期	Ⅵ～Ⅳ期	Ⅵ期	合计
4	0.00	51.92	28.85	7.69	11.54	0.00	100.00
5	1.64	11.48	3.28	24.59	32.79	26.23	100.00
合计	0.88	30.09	15.04	16.81	23.01	14.16	100.00

表 7 - 38　2017 年 4 月份双桩竖杆张网作业小黄鱼性腺成熟度百分比(%)

性腺成熟度	Ⅲ期	Ⅳ期	ⅤA 期	ⅤB 期	Ⅵ期	合计
比例(%)	2.08	25.00	25.00	29.17	18.75	100.00

表 7 - 39　2018 年 4 月份双桩竖杆张网作业小黄鱼性腺成熟度百分比(%)

性腺成熟度	Ⅱ期	Ⅲ期	Ⅳ期	ⅤA 期	Ⅵ～Ⅳ期	合计
比例(%)	1.27	2.53	63.29	27.85	5.06	100.00

表 7 - 40　2019 年 4 月份双桩竖杆张网作业小黄鱼性腺成熟度百分比(%)

性腺成熟度	Ⅱ期	Ⅲ期	Ⅳ期	ⅤA 期	ⅤB 期	Ⅵ期	Ⅵ～Ⅲ期	Ⅵ～Ⅳ期	合计
比例(%)	9.9	1.5	33.3	23.5	6.1	2.3	3.0	20.5	100.0

(3) 摄食强度:2016～2019 年双桩竖杆张网作业小黄鱼产卵群体摄食等级主要为 0 级,其次为 1 级,2 级至 4 级占比很少。小黄鱼产卵群体平均摄食等级 2016 年为 0.30,2017 年为 0.58,2018 年为 0.19。2019 年小黄鱼摄食强度 0～2 级比例逐级递减。以 0 级即空胃率最高,其次为 1 级,2 级次之,3 级和 4 级均为 0,平均摄食等级为 0.1(表 7 - 41、表 7 - 42、表 7 - 43、表 7 - 44)。

表 7 - 41　2016 年双桩竖杆张网作业 4、5 月份小黄鱼产卵群体摄食等级

月份	比例(%)						平均摄食等级
	0 级	1 级	2 级	3 级	4 级	合计	
4	82.00	12.00	4.50	0.50	1.00	100.00	0.27
5	71.00	22.00	6.00	1.00	0.00	100.00	0.37
合计	78.33	15.33	5.00	0.67	0.67	100.00	0.30

表 7 - 42　2017 年 4 月份双桩竖杆张网作业小黄鱼产卵群体摄食等级

摄食等级	0 级	1 级	2 级	3 级	4 级	合计	平均摄食等级
比例(%)	55.00	33.50	10.00	1.50	0.00	100.00	0.58

表 7 - 43　2018 年双桩竖杆张网作业小黄鱼产卵群体摄食等级

摄食等级	0 级	1 级	2 级	3 级	4 级	合计	平均摄食等级
比例(%)	84.33	12.67	2.33	0.67	0.00	100.00	0.19

表 7 - 44 2019 年双桩竖杆张网作业小黄鱼产卵群体摄食等级

摄食等级	0 级	1 级	2 级	3 级	4 级	合计	平均摄食等级
比例(%)	89.00	9.30	1.70	0.00	0.00	100.00	0.10

7.3.5 桁杆拖网作业

7.3.5.1 渔获状况

(1) 产量:2016～2019 年桁杆拖网作业小黄鱼产量很低,为 0～125 kg,产量主要来自上半年 3～5 月份。2018 年产量全部源自 3 月份,2017 年和 2019 年小黄鱼未有渔获(图 7 - 25)。

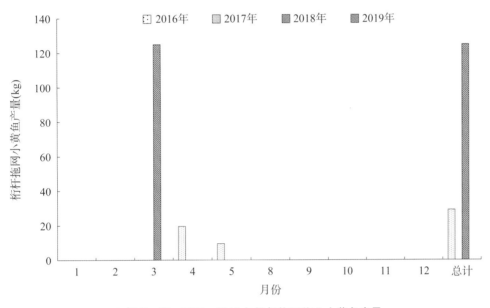

▲ 图 7 - 25 2016～2019 年桁杆拖网作业小黄鱼产量

(2) 单位小时渔获量:2016～2019 年桁杆拖网作业小黄鱼 CPUE 为 0～0.05 kg/h,2018 年 3 月份小黄鱼 CPUE 为 0.31 kg/h。2017 年和 2019 年全年各月份小黄鱼均未有渔获(图 7 - 26)。

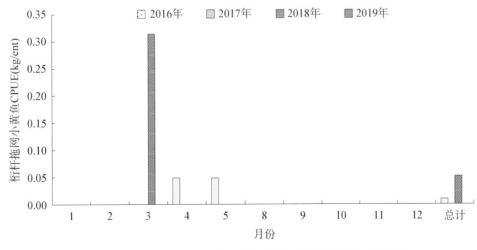

▲ 图 7 - 26 2016～2019 年桁杆拖网作业小黄鱼单位小时渔获量

（3）渔获比例：2016～2019 年桁杆拖网作业小黄鱼渔获比例为 0～0.09%，2018 年 3 月份小黄鱼渔获比例为 2.60%，其余月份小黄鱼未有渔获。2017 年和 2019 年桁杆拖网全年小黄鱼产量低，未在渔捞日志上体现（图 7‑27）。

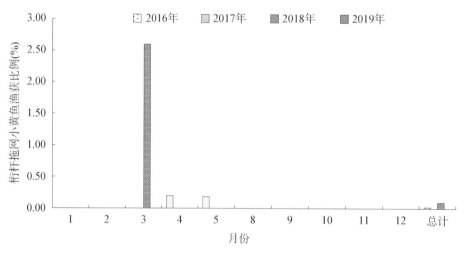

▲ 图 7‑27　2016～2019 年桁杆拖网作业小黄鱼渔获比例

7.3.5.2　生物学

根据取样测定，2016 年桁杆拖网作业 4～9 月份渔获的小黄鱼平均体长 80.9 mm，平均体重 10.1 g；2017 年 8～9 月份渔获的小黄鱼平均体长 76.8 mm，平均体重 10.5 g；2018 年 8～11 月份渔获的小黄鱼平均体长 76.7 mm，平均体重 9.2 g；2019 年 4～11 月份渔获的小黄鱼平均体长 86.1 mm，平均体重 14.2 g。伏休开捕后 8 月份渔获的小黄鱼个体最小（表 7‑45）。

表 7‑45　2016～2019 年江苏桁杆拖网作业小黄鱼平均体长和体重

月份	平均体长（mm）				平均体重（g）			
	2016 年	2017 年	2018 年	2019 年	2016 年	2017 年	2018 年	2019 年
4	107			124	17.4			27.9
8	77.5	74.6	72.2	82.4	8.9	9.7	7.3	12.7
9	87.4	97.3	94.1		12.8	18.5	15.6	
10			134.5				40.7	36.2
11			104	134			15.3	
年平均	80.9	76.8	76.7	86.1	10.1	10.5	9.2	14.2

7.3.6　小结

各作业类型中：单锚张纲张网作业单船小黄鱼渔获量为 53 623～87 140 kg，高产月份出现在伏休开捕后的 9 月份和 10 月份。单桩张纲张网作业主要渔获物，2 016～2019 年小黄鱼产量 10 730～59 976 kg。

7.4 银鲳

7.4.1 单锚张纲张网作业

7.4.1.1 渔获状况

（1）产量：2016～2019年单锚张纲张网银鲳产量为2721～8874 kg，年间波动明显，2017年较2016年产量增加2.3倍，而2018年较2017年产量减少63.4％，2019年银鲳产量较2018年增加1.61倍。2017年产量较高的月份为伏休开捕后的9、10月份。2016年、2018年没有产量特别高的月份，相对较为平均，2019年12月份依然有1713 kg的产量（图7-28）。

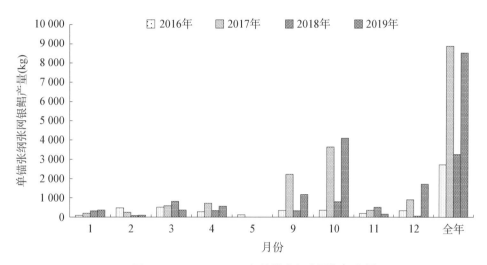

▲ 图7-28 2016～2019年单锚张纲张网银鲳产量

（2）平均网产：2016～2019年单锚张纲张网作业银鲳平均网产与其产量变化趋势相同，变化范围为1.79～6.30 kg/ent。2017年平均网产为近4年来最高，2016年最低。2017年平均网产较高的月份为伏休开捕后的9、10月份（图7-29）。

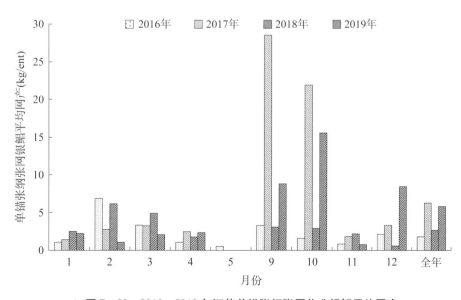

▲ 图7-29 2016～2019年江苏单锚张纲张网作业银鲳平均网产

（3）渔获比例：银鲳在单锚张纲张网作业中的渔获比例较低，2016～2019 年年间变化范围为 0.90～2.50％。最高的月份出现在 2018 年的 2 月份，为 8.76％，2 月份所有的渔获产量均低，最低为 2018 年 12 月 0.40％，月间差异较大。见图 7‑30。

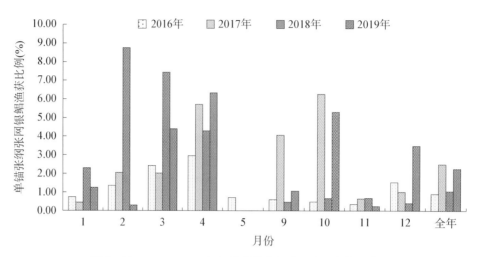

▲ 图 7‑30　2016～2019 年江苏单锚张纲张网作业银鲳渔获比例

7.4.1.2　生物学

（1）叉长与体重：单锚张纲张网作业渔获的银鲳叉长与体重测定结果表明，2016～2019 年银鲳叉长范围为 85～263 mm，体重范围为 12.3～581.1 g；年平均叉长分别为 168.1 mm、157.3 mm、153.5 mm 和 153.4 mm，年平均体重 124.7 g、97.2 g、94.1 g 和 91.0 g，年间波动范围较大（表 7‑46、表 7‑47、表 7‑48、表 7‑49）。

表 7‑46　2016 年江苏单锚张纲张网作业银鲳叉长和体重

月份	叉长(mm)				体重(g)				样本量 (ind.)
	范围	优势组	比例(%)	平均	范围	优势组	比例(%)	平均	
1	113～207	141～190	90.0	167.2	32.5～240.3	71～130	65.0	119.8	100
2	142～204	141～190	95.0	168.0	64.6～201.3	71～150	86.0	112.4	100
4	102～206	131～190	94.0	158.7	29.1～238.6	61～140	70.0	110.5	100
5	108～190	141～190	89.0	160.0	34.7～215.8	71～170	81.0	125.1	100
9	146～201	151～180	82.0	166.9	84.7～215.7	91～140	70.0	126.3	100
10	139～204	151～190	86.0	172.5	67.1～243.1	91～160	73.0	136.9	100
11	148～211	161～190	81.0	176.0	73.3～245.0	91～170	83.0	135.4	100
12	131～213	161～190	83.0	175.8	49.6～238.1	101～170	80.0	131.0	100
全年	102～213	151～190	80.4	168.1	29.1～245.0	71～170	84.5	124.7	800

表 7‑47　2017 年江苏单锚张纲张网作业银鲳叉长和体重

月份	叉长(mm)				体重(g)				样本量 (ind.)
	范围	优势组	比例(%)	平均	范围	优势组	比例(%)	平均	
1	145～210	161～190	78.0	172.7	69.8～236.4	91～150	74.5	119.7	200
2	102～197	121～180	82.0	151.6	18.2～183.6	21～130	88.0	85.9	100

(续表)

月份	叉长（mm）				体重（g）				样本量（ind.）
	范围	优势组	比例（%）	平均	范围	优势组	比例（%）	平均	
3	117～257	131～170	74.0	158.4	32.4～435.9	41～140	86.0	105.2	200
4	123～263	131～190	92.0	163.3	40.7～581.1	61～140	75.33	110.8	300
5	129～258	141～200	90.0	170.7	56.8～460.2	61～160	76.0	128.2	100
9	132～211	141～160	94.0	151.7	49.9～222.0	61～100	76.0	127.7	100
10	116～236	121～170	94.0	145.6	36.2～315.3	41～100	84.0	84.0	200
11	108～196	131～160	72.5	149.7	32.2～222.7	41～100	78.0	77.5	200
12	120～221	131～160	73.5	149.9	35.3～276.2	41～100	82.5	81.8	200
全年	102～263	131～180	82.8	157.3	18.2～581.1	51～120	72.1	97.2	1 600

表 7－48　2018 年江苏单锚张纲张网作业银鲳叉长和体重

月份	叉长（mm）				体重（g）				样本量（ind.）
	范围	优势组	比例（%）	平均	范围	优势组	比例（%）	平均	
1	108～189	131～170	79.0	153.8	22.3～171.7	51～110	74.0	88.2	100
3	85～215	121～160	75.5	136.1	12.3～347.1	21～70	74.5	61.0	200
4	111～238	131～170	80.0	151.3	30.5～455.0	51～100	68.5	87.1	200
9	110～186	141～180	96.0	160.3	30.9～173.5	91～140	79.0	113.5	100
10	130～192	141～180	90.0	159.2	63.5～199.9	81～140	77.0	110.5	100
11	129～189	151～180	91.0	164.5	60.2～160.2	91～130	70.0	112.4	100
12	138～215	151～180	72.0	168.6	67.4～257.9	81～130	60.0	126.1	100
全年	85～238	131～180	83.4	153.5	12.3～455.0	51～140	78.1	94.1	900

表 7－49　2019 年江苏单锚张纲张网作业银鲳叉长和体重

月份	叉长（mm）				体重（g）				样本量（ind.）
	范围	优势组	比例（%）	平均	范围	优势组	比例（%）	平均	
1	130～197	141～180	88.0	161.6	48.9～192.4	71～120	71.0	105.5	100
2	104～195	151～190	82.0	164.4	26～207.2	61～170	89.5	111.7	200
3	116～195	131～180	86.0	155.9	39.8～180.7	51～130	82.5	97.1	200
4	126～244	141～190	86.5	165.6	48.9～392	61～150	80.5	119.5	200
9	114～186	121～150	90.5	138.5	29.4～152	51～80	77.5	65.6	200
10	121～183	131～170	93.0	149.1	41～145.7	51～110	89.0	82.0	200
11	126～196	141～170	76.5	156.6	40.5～184.8	61～120	81.5	89.7	200
12	108～180	121～150	79.0	139.9	24.7～145.2	41～80	78.5	64.4	200
全年	104～244	131～170	74.8	153.4	24.7～392	51～120	75.8	91.0	1 500

（2）雌雄性比:2016～2019年银鲳分别取样测定800尾、1600尾、900尾和1500尾,结果表明,银鲳周年的雌雄性比为1∶1.1～1∶1.5,雌鱼数量少于雄鱼。各年各月份的雌雄性比见表7-50。

表7-50　2016～2019年江苏单锚张纲张网作业银鲳雌雄性比

月份	雌雄性比(♀∶♂)			
	2016年	2017年	2018年	2019年
1	1∶0.9	1∶0.9	1∶0.9	1∶1.8
2	1∶1.5	1∶1.2		1∶1.5
3		1∶1.7	1∶1.2	1∶1.7
4	1∶1.6	1∶1.4	1∶1.7	1∶1.8
5	1∶0.4	伏休	伏休	伏休
9	1∶1.5	1∶1.3	1∶1.4	1∶1.5
10	1∶0.9	1∶1.2	1∶0.8	1∶1.3
11	1∶1.4	1∶1.1	1∶1.3	1∶1.1
12	1∶1.0	1∶1.4	1∶1.2	1∶1.4
全年	1∶1.1	1∶1.2	1∶1.1	1∶1.5

（3）性腺成熟度:1月份银鲳性腺成熟度主要为Ⅱ期,2月份银鲳性腺成熟度主要为Ⅲ期和Ⅱ期,3月份Ⅲ期占绝对优势组,4月份Ⅲ期过渡Ⅳ期,5月份以Ⅳ期为主,9月份全部为Ⅱ期,10～12月份Ⅱ期占绝对优势组,少量的Ⅲ期和Ⅳ期。10月份少量的为Ⅵ期,为秋季已经产卵的个体(表7-51、表7-52、表7-53、表7-54)。

表7-51　2016年江苏单锚张纲张网作业银鲳性腺成熟度百分比(%)

月份	性腺成熟度(%)			合计
	Ⅱ期	Ⅲ期	Ⅳ期	
1	83.02	16.98	0.00	100.00
2	45.00	55.00	0.00	100.00
4	0.00	58.97	41.03	100.00
5	0.00	10.00	90.00	100.00
9	100.00	0.00	0.00	100.00
10	98.08	1.92	0.00	100.00
11	97.62	2.38	0.00	100.00
12	94.12	5.88	0.00	100.00
全年	62.53	17.05	20.41	100.00

表 7 - 52　2017 年江苏单锚张纲张网作业银鲳性腺成熟度百分比（%）

月份	性腺成熟度（%）				合计
	Ⅱ期	Ⅲ期	Ⅳ期	Ⅵ期	
1	80.58	19.42	0.00	0.00	100.00
2	51.11	48.89	0.00	0.00	100.00
3	12.33	83.56	4.11	0.00	100.00
4	3.94	63.78	32.28	0.00	100.00
5	1.79	41.07	57.14	0.00	100.00
9	100.00	0.00	0.00	0.00	100.00
10	96.74	2.17	0.00	1.09	100.00
11	100.00	0.00	0.00	0.00	100.00
12	98.82	1.18	0.00	0.00	100.00
全年	60.14	29.17	10.56	0.14	100.00

表 7 - 53　2018 年江苏单锚张纲张网作业银鲳性腺成熟度百分比（%）

月份	性腺成熟度（%）			合计
	Ⅱ期	Ⅲ期	Ⅳ期	
1	92.50	7.50	0.00	100.00
3	93.81	5.15	1.03	100.00
4	30.99	53.52	15.49	100.00
9	100.00	0.00	0.00	100.00
10	100.00	0.00	0.00	100.00
11	95.24	4.76	0.00	100.00
12	76.92	20.51	2.56	100.00
全年	81.98	14.62	3.39	100.00

表 7 - 54　2019 年江苏单锚张纲张网作业银鲳性腺成熟度百分比（%）

月份	性腺成熟度（%）			合计
	Ⅱ期	Ⅲ期	Ⅳ期	
1	88.9	11.10	0.00	100.00
2	69.10	30.90	0.00	100.00
3	42.70	57.30	0.00	100.00
4	21.10	63.40	15.50	100.00
9	100.00	0.00	0.00	100.00
10	100.00	0.00	0.00	100.00
11	100.00	0.00	0.00	100.00
12	98.80	1.20	0.00	100.00
全年	78.80	19.40	1.80	100.00

（4）摄食强度：2016～2019 年银鲳摄食等级全年以 1 级比例最高，2 级比例次之，4 级饱胃样品未出现。2016～2019 年平均摄食等级分别为 1.45 级、1.46 级、1.08 级和 0.80 级。见表 7-55、表 7-56、表 7-57、表 7-58。

表 7-55　2016 年江苏单锚张纲张网作业银鲳摄食等级

月份	比例（%）						平均摄食等级
	0 级	1 级	2 级	3 级	4 级	合计	
1	22.00	58.00	18.00	2.00	0.00	100.00	1.00
2	13.00	76.00	11.00	0.00	0.00	100.00	0.98
4	11.00	17.00	72.00	0.00	0.00	100.00	1.61
5	13.00	32.00	26.00	29.00	0.00	100.00	1.71
9	5.00	35.00	44.00	16.00	0.00	100.00	1.71
10	6.00	52.00	35.00	7.00	0.00	100.00	1.43
11	6.00	45.00	38.00	11.00	0.00	100.00	1.54
12	4.00	37.00	52.00	7.00	0.00	100.00	1.62
全年	10.00	44.00	37.00	9.00	0.00	100.00	1.45

表 7-56　2017 年江苏单锚张纲张网作业银鲳摄食等级

月份	比例（%）						平均摄食等级
	0 级	1 级	2 级	3 级	4 级	合计	
1	8.00	52.00	32.00	8.00	0.00	100.00	1.40
2	9.00	70.00	20.00	1.00	0.00	100.00	1.13
3	2.00	39.50	46.50	12.00	0.00	100.00	1.69
4	1.67	32.67	44.67	21.00	0.00	100.00	1.85
5	7.00	35.00	49.00	9.00	0.00	100.00	1.60
9	3.00	44.00	45.00	8.00	0.00	100.00	1.58
10	11.00	56.00	26.00	7.00	0.00	100.00	1.29
11	21.50	49.00	27.50	2.00	0.00	100.00	1.10
12	15.00	48.50	34.00	2.50	0.00	100.00	1.24
全年	8.69	46.06	36.25	9.00	0.00	100.00	1.46

表 7-57　2018 年江苏单锚张纲张网作业银鲳摄食等级

月份	比例（%）						平均摄食等级
	0 级	1 级	2 级	3 级	4 级	合计	
1	27.00	52.00	21.00	0.00	0.00	100.00	0.94
3	19.50	47.50	31.00	2.00	0.00	100.00	1.16
4	20.00	48.50	25.50	6.00	0.00	100.00	1.18

(续表)

月份	比例(%)						平均摄食等级
	0 级	1 级	2 级	3 级	4 级	合计	
9	24.00	40.00	34.00	2.00	0.00	100.00	1.14
10	24.00	47.00	28.00	1.00	0.00	100.00	1.06
11	27.00	42.00	31.00	0.00	0.00	100.00	1.04
12	34.00	46.00	20.00	0.00	0.00	100.00	0.86
全年	23.89	46.56	27.44	2.11	0.00	100.00	1.08

表 7‑58　2019 年江苏单锚张纲张网作业银鲳摄食等级

月份	比例(%)						平均摄食等级
	0 级	1 级	2 级	3 级	4 级	合计	
1	51.00	48.00	1.00	0.00	0.00	100.00	0.50
2	29.50	54.50	15.50	0.50	0.00	100.00	0.87
3	39.00	52.00	8.50	0.50	0.00	100.00	0.71
4	28.00	46.50	25.50	0.00	0.00	100.00	0.98
9	37.50	54.50	8.00	0.00	0.00	100.00	0.71
10	29.00	57.00	14.00	0.00	0.00	100.00	0.85
11	23.50	53.00	22.50	0.00	0.00	100.00	1.00
12	24.00	57.50	18.50	0.00	0.00	100.00	0.95
全年	31.50	53.30	15.10	0.20	0.00	100.00	0.84

(5)年龄结构:2016～2019 年期间单锚张纲张网作业共测定银鲳 4 711 尾,平均年龄为 0.99 龄,1 龄鱼占比最高,为 86.87%。2016 年测定银鲳 800 尾,1 龄比例最高,占 87.31%,最高年龄为 2 龄,占 11.69%,平均年龄为 1.11 龄。2017 年测定银鲳 1 600 尾,1 龄比例最高,占 88.84%,最高年龄为 5 龄,占 0.06%,平均年龄为 1.09 龄。2018 年共测定银鲳 900 尾,1 龄比例最高,占 87.98%,最高年龄为 3 龄,占 0.19%,平均年龄为 0.95 龄。2019 年共测定银鲳 1 411 尾,1 龄比例最高,占 83.69%,最高年龄为 4 龄,占 0.04%,平均年龄为 0.89 龄。见表 7‑59。

表 7‑59　2016～2019 年江苏单锚张纲张网作业银鲳年龄组成(%)

年份	样本量(ind.)	比例(%)						平均年龄(龄)
		0 龄	1 龄	2 龄	3 龄	4 龄	5 龄	
2016	800	1.00	87.31	11.69	0.00	0.00	0.00	1.11
2017	1 600	3.89	88.84	6.63	0.34	0.23	0.06	1.04
2018	900	8.11	87.98	3.72	0.19	0.00	0.00	0.96
2019	1 411	13.59	83.69	2.64	0.04	0.04	0.00	0.89
合计	4 711	7.11	86.87	5.74	0.16	0.09	0.02	0.99

7.4.2 定置刺网作业

7.4.2.1 渔获状况

（1）产量：2016～2019 年江苏定置刺网作业银鲳产量为 994～8 959 kg，2018 年产量最高，以 8 月份产量最高，为 4 054.5 kg，12 月份产量高于 9～11 月份为 2 714.5 kg（图 7 - 31）。

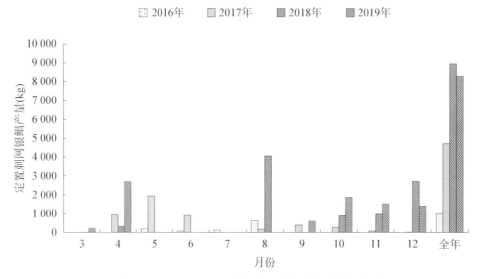

▲ 图 7 - 31　2016～2019 年江苏定置刺网作业银鲳产量

（2）平均网产：2016～2019 年江苏定置刺网作业银鲳平均网产为 0.41～2.92 kg/ent，2018 年平均网产最高，以 12 月份平均网产最高，为 6.97 kg/ent，8 月份为 9.94 kg/ent。2019 年全年各月份银鲳平均网产仅在 2 kg/ent 左右（图 7 - 32）。

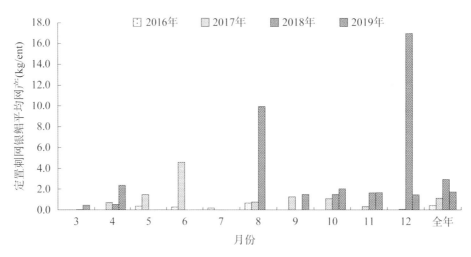

▲ 图 7 - 32　2016～2019 年江苏定置刺网作业银鲳平均网产

（3）渔获比例：2016～2019 年江苏定置刺网作业银鲳渔获比例为 14.44～26.06％，2016 年渔获比例最高，2016 年 5～8 月份的渔获比例超过 25％。2017 年 5 月份渔获比例为 66.42％，为所有年份的最高月份（图 7 - 33）。

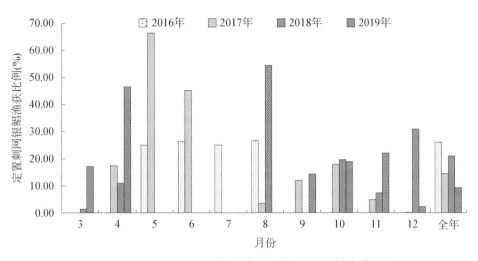

▲ 图 7-33 2016～2019 年江苏定置刺网作业银鲳渔获比例

7.4.2.2 生物学

（1）叉长体重和雌雄性比：2017 年 4～6 月份定置刺网作业银鲳叉长 144～243 mm，叉长优势组 141～170 mm，占比 83.0％，平均叉长 196 mm；体重 91.7～411.7 g，体重优势组 101～300 g，占比 86.7％，平均体重 209.9 g。4～6 月份定置刺网作业银鲳雌鱼叉长 163～243 mm，平均叉长 203.3 mm；体重 111.7～411.7 g，平均体重 239.0 g。银鲳雄鱼叉长 144～231 mm，平均叉长 186.8 mm；体重 91.7～322.7 g，平均体重 172.8 g。4～6 月份定置刺网作业银鲳雌雄性比为 1∶0.8，4 月、5 月雌鱼居多，6 月份雄鱼多于雌鱼（表 7-60、表 7-61、表 7-62）。

表 7-60 2017 年 4～6 月份江苏定置刺网作业银鲳叉长、体重

月份	样本量 (ind.)	叉长（mm）				体重（g）				雌雄性比 (♀∶♂)
		范围	优势组	比例（％）	平均	范围	优势组	比例（％）	平均	
4	50	167～243	181～220	74.0	199.3	131.4～411.7	151～300	74.0	230.0	1∶0.7
5	50	178～230	181～220	90.0	202.3	142.8～362.8	151～300	90.0	221.6	1∶0.5
6	50	144～239	181～220	71.3	186.5	91.7～323.2	101～300	86.0	178.1	1∶1.4
4～6	150	144～243	141～170	83.0	196.0	91.7～411.7	101～300	86.7	209.9	1∶0.8

表 7-61 2017 年 4～6 月份江苏定置刺网作业银鲳雌鱼叉长和体重

月份	叉长（mm）		体重（g）		样本量 (ind.)
	范围	平均	范围	平均	
4	179～243	205.2	164.8～411.7	259.3	29
5	178～230	204.5	142.8～362.8	232.2	34
6	163～239	198.9	111.7～323.2	221.9	21
4～6	163～243	203.3	111.7～411.7	239.0	84

表 7-62　2017 年 4～6 月份江苏定置刺网作业银鲳雄鱼叉长和体重

月份	叉长（mm）		体重（g）		样本量（ind.）
	范围	平均	范围	平均	
4	167～231	191.2	131.4～322.7	189.4	21
5	186～216	197.8	151.3～248.5	199.0	16
6	144～217	177.5	91.7～285.6	146.3	29
4～6	144～231	186.8	91.7～322.7	172.8	66

（2）性腺成熟度：2017 年 4 月份银鲳性腺发育以Ⅳ最高，占 89.66%，仅有 3.45% 的Ⅲ期，性腺发育为ⅤA 的占比 6.9%。5 月份以即将产卵和已经产卵的个体为主，6 月份总体上与 5 月份相似（表 7-63）。

表 7-63　2017 年 4～6 月份江苏定置刺网银鲳性腺成熟度

月份	性腺成熟度（%）						合计
	Ⅲ期	Ⅳ期	ⅤA 期	ⅤB 期	Ⅵ～Ⅲ期	Ⅵ～Ⅳ期	
4	3.45	89.66	6.90	0.00	0.00	0.00	100.00
5	0.00	2.94	8.80	29.41	23.53	35.30	100.00
6	14.29	23.80	4.76	33.33	23.80	100.00
4～6	1.19	35.71	11.90	13.10	17.86	20.20	100.00

（3）摄食强度：定置刺网作业银鲳 2017 年 4 月份摄食等级以 1 级和 2 级为主，5 月份和 6 月份以 0 级和 1 级为主。4～6 月份摄食等级为 1 级、0 级、2 级的比例分别 43.33%、27.33%、24.00%，平均摄食等级为 1.07（表 7-64）。

表 7-64　2017 年 4～6 月份江苏定置刺网银鲳摄食等级

月份	比例（%）						平均摄食等级
	0 级	1 级	2 级	3 级	4 级	合计	
4	4.00	46.00	38.00	12.00	0.00	100.00	1.58
5	30.00	52.00	18.00	0.00	0.00	100.00	0.88
6	48.00	32.00	16.00	4.00	0.00	100.00	0.76
4～6	27.33	43.33	24.00	5.33	0.00	100.00	1.07

7.4.3　单桩张纲张网作业

7.4.3.1　渔获状况

（1）产量：2016～2019 年江苏单桩张纲张网作业银鲳产量为 4 519～15 087 kg，产量逐年递增。最高为 2019 年 4 月份的 5 379 kg。伏休开捕后的 9、10 月份基本上为银鲳全年产量最高的月份。银鲳全年各月份均有渔获（图 7-34）。

（2）平均网产：2016～2019 年江苏单桩张纲张网作业银鲳平均网产为 1.49～3.29 kg/ent，2016 年最低，2019 年最高。平均网产最高为 2017 年 9 月份的 8.53 kg。伏休开捕后的 9、10 月份基本上为全年平均网产最高的月份（图 7-35）。

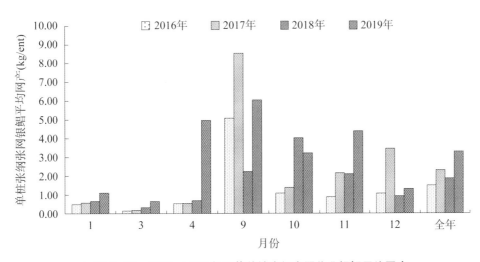

▲ 图 7 – 34 2016～2019 年江苏单桩张纲张网作业银鲳产量

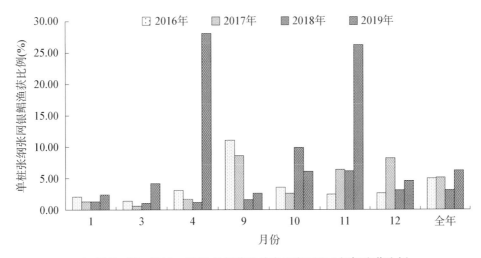

▲ 图 7 – 35 2016～2019 年江苏单桩张纲张网作业银鲳平均网产

（3）渔获比例：2016～2019 年江苏单桩张纲张网作业银鲳渔获比例为 3.12～6.22％,渔获比例最高为 2019 年,2018 年最低。渔获比例最高为 2016 年 9 月份达到 11.06％（图 7 – 36）。

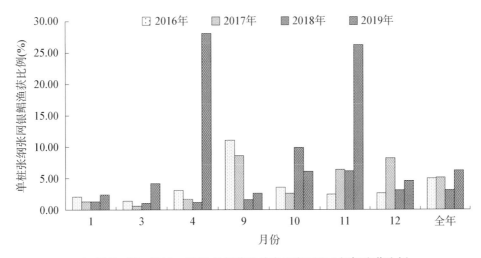

▲ 图 7 – 36 2016～2019 年江苏单桩张纲张网作业银鲳渔获比例

7.4.3.2 生物学

（1）叉长体重和雌雄性比：2016年江苏单桩张纲张网作业银鲳叉长102～215 mm，优势组叉长121～170 mm，占比77.2%，平均叉长152.5 mm；体重29.4～231.6 g，优势组体重51～150 g，占比80.8%，平均体重100.8 g。雌雄性比为1:1.2。雌鱼叉长102～202 mm，平均叉长154.6 mm，体重31.4～231.6 g，平均体重108.4 g；雄鱼叉长102～215 mm，平均叉长150.8 mm，体重29.4～231.4 g，平均体重94.4 g（表7-65、表7-66、表7-67）。

表 7-65 2016 年江苏单桩张纲张网作业银鲳叉长、体重及雌雄性比

月份	样本量(ind.)	叉长（mm）				体重（g）				雌雄性比（♀:♂）
		范围	优势组	比例（%）	平均	范围	优势组	比例（%）	平均	
4	200	119～215	121～190	92.5	156.7	37.8～231.4	51～200	87.0	103.1	1:1.7
5	200	102～203	121～170	71.0	150.3	29.4～231.6	51～200	87.0	102.0	1:0.5
8	100	121～172	131～160	77.0	143.0	49.5～137.8	51～150	75.0	87.0	1:2.9
9	50	136～185	151～180	72.0	161.7	67.1～180.5	51～150	84.0	120.7	1:0.9
10	50	138～188	141～180	94.0	159.9	68.9～186.1	51～150	90.0	112.5	1:1.5
11	50	121～192	131～160	70.0	147.4	35.9～188.1	51～100	74.0	82.3	1:1.4
合计	650	102～215	121～170	77.2	152.5	29.4～231.6	51～150	80.8	100.8	1:1.2

表 7-66 2016 年江苏单桩张纲张网作业银鲳雌鱼叉长、体重

月份	样本量(ind.)	叉长（mm）		体重（g）	
		范围	平均	范围	平均
4	73	119～202	162.7	41.1～222.1	120.7
5	130	102～195	148.8	31.4～231.6	101.2
8	26	125～172	146.8	61.3～137.8	95.0
9	26	136～185	165.7	67.1～180.5	131.2
10	20	146～188	163.5	78.2～186.1	118.6
11	21	121～192	150.0	35.9～188.1	88.0
合计	296	102～202	154.6	31.4～231.6	108.4

表 7-67 2016 年江苏单桩张纲张网作业银鲳雄鱼叉长、体重

月份	样本量(ind.)	叉长（mm）		体重（g）	
		范围	平均	范围	平均
4	127	119～215	153.2	37.8～231.4	92.9
5	70	102～203	153.1	29.4～219.4	103.4
8	74	121～170	141.7	49.5～134.6	84.3
9	24	137～179	157.5	72.9～169.5	109.4
10	30	138～179	157.6	68.9～166.6	108.5
11	29	123～182	145.6	40.9～127.2	78.2
合计	354	102～215	150.8	29.4～231.4	94.4

2017 年江苏单桩张纲张网作业银鲳叉长 103～246 mm,优势组叉长 131～190 mm,占比 75.1%,平均叉长 166.8 mm;体重 23.3～470.5 g,优势组体重 51～150 g,占比 68.5%,平均体重 130.1 g。雌雄性比为 1:1.8。雌鱼叉长 112～246 mm,平均叉长 178.8 mm,体重 36.8～470.5 g,平均体重 174.2 g;雄鱼叉长 103～222 mm,平均叉长 160.2 mm,体重 23.3～304.3 g,平均体重 105.7 g(表 7 – 68、表 7 – 69、表 7 – 70)。

表 7 – 68　2017 年江苏单桩张纲张网作业银鲳叉长、体重及雌雄性比

月份	样本量 (ind.)	叉长(mm)				体重(g)				雌雄性比 (♀:♂)
		范围	优势组	比例(%)	平均	范围	优势组	比例(%)	平均	
3	50	122～214	131～180	82.0	159.5	43.8～394.9	51～150	84.0	103.7	1:1.2
4	350	103～243	131～190	75.7	164.9	23.3～470.5	51～150	71.1	123.3	1:2.6
5	200	112～246	141～210	74.5	179.0	40.9～469.8	51～200	71.0	167.2	1:1.8
6	50	127～225	131～210	90.0	173.4	46.9～279.3	51～200	80.0	140.2	1:0.9
10	100	121～175	131～160	79.0	149.7	49.6～144.1	51～100	74.0	87.5	1:1.1
合计	750	103～246	131～190	75.1	166.8	23.3～470.5	51～150	68.5	130.1	1:1.8

表 7 – 69　2017 年江苏单桩张纲张网作业银鲳雌鱼叉长、体重

月份	样本量(ind.)	叉长(mm)		体重(g)	
		范围	平均	范围	平均
3	23	141～214	167.3	64～394.9	125.6
4	98	112～243	181.9	36.8～470.5	183.3
5	71	115～246	196.9	40.9～469.8	238.6
6	27	127～225	179.6	56～279.3	161.6
10	48	121～175	151.0	49.6～144.1	90.6
合计	267	112～246	178.8	36.8～470.5	174.2

表 7 – 70　2017 年江苏单桩张纲张网作业银鲳雄鱼叉长、体重

月份	样本量(ind.)	叉长(mm)		体重(g)	
		范围	平均	范围	平均
3	27	122～187	152.7	43.8～132.5	85.0
4	252	103～205	158.3	23.3～224.4	100.0
5	129	112～222	169.2	41.8～304.3	127.9
6	23	130～202	166.1	46.9～195.5	115.1
10	52	128～172	148.5	55～131.4	84.7
合计	483	103～222	160.2	23.3～304.3	105.7

2018 年江苏单桩张纲张网作业银鲳叉长 100～256 mm,优势组叉长 141～180 mm,占比 73.2%,平均叉长 162.3 mm;体重 24.7～512.4 g,优势组体重 51～150 g,占比 80.6%,平均体重 120.7 g。雌雄性比为 1:1.7。雌鱼叉长 121～256 mm,平均叉长 171.8 mm,体重 53.1～512.4 g,平均体重 154.3 g;雄鱼叉长 100～207 mm,平均叉长 156.8 mm,体重 24.7～248.8 g,平均体重 101.3 g(表 7 – 71、表 7 – 72、表 7 – 73)。

表 7‑71　2018 年江苏单桩张纲张网作业银鲳叉长、体重及雌雄性比

月份	样本量（ind.）	叉长（mm）				体重（g）				雌雄性比（♀：♂）
		范围	优势组	比例（%）	平均	范围	优势组	比例（%）	平均	
4	260	100～256	141～180	61.9	167.9	24.7～512.4	51～150	69.9	135.7	1：2.0
5	100	132～220	141～190	74.0	170.3	56～341.6	51～200	80.0	140.6	1：2.7
9	100	137～214	141～170	81.0	160.0	69.5～289.8	51～150	87.0	114.7	1：1.6
10	200	121～187	141～170	83.0	152.1	53.1～183	51～150	98.0	94.3	1：1.2
合计	660	100～256	141～180	73.2	162.3	24.7～512.4	51～150	80.6	120.7	1：1.7

表 7‑72　2018 年江苏单桩张纲张网作业银鲳雌鱼叉长、体重

月份	样本量（ind.）	叉长（mm）		体重（g）	
		范围	平均	范围	平均
4	86	135～256	186.2	59.4～512.4	200.8
5	27	135～220	196.5	70.7～341.6	235.5
9	38	147～214	166.5	80.9～289.8	128.8
10	91	121～181	153.0	53.1～177.2	97.0
合计	242	121～256	171.8	53.1～512.4	154.3

表 7‑73　2018 年江苏单桩张纲张网作业银鲳雄鱼叉长、体重

月份	样本量（ind.）	叉长（mm）		体重（g）	
		范围	平均	范围	平均
4	174	100～202	158.9	24.7～238.5	103.6
5	73	132～207	160.6	56～248.8	105.5
9	62	137～177	156.0	69.5～157.8	106.0
10	109	127～187	151.3	54.9～183	92.1
合计	418	100～207	156.8	24.7～248.8	101.3

　　2019 年调查监测表明银鲳主要出现的月份为 4 月份和 11 月份。4 月份银鲳叉长为 116～252 mm，优势组叉长为 141～220 mm，比例 79.8%，平均叉长 181.8 mm；体重为 40.4～545.5 g，优势组体重为 71～270 g，比例 74.3%，平均体重 183.4 g。11 月份叉长 100～181 mm，优势组叉长 111～150 mm，比例 88.0%，平均叉长为 131.5 mm；体重为 23.4～137.4 g，体重优势组为 21～70 g，比例为 82.0%，平均体重 54.4 g（表 7‑74）。

表 7‑74　2019 年江苏单桩张纲张网作业银鲳叉长和体重

月份	样本量（ind.）	叉长（mm）				体重（g）			
		范围	优势组	比例（%）	平均	范围	优势组	比例（%）	平均
4	400	116～252	141～220	79.8	181.8	40.4～545.5	71～270	74.3	183.4
11	100	100～181	111～150	88.0	131.5	23.4～137.4	21～70	82.0	54.4
合计	500	100～252	121～220	83.8	171.7	23.4～545.5	21～220	76.6	157.6

2016～2019 年银鲳平均叉长和平均体重年间有波动,2016 年个体平均总体偏小。见图 7 – 37。

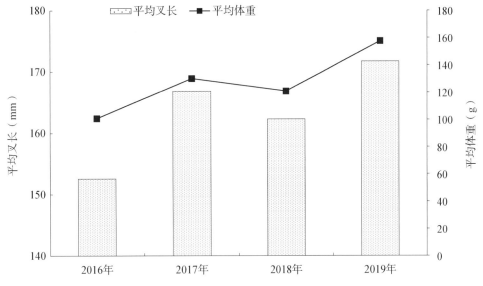

▲ 图 7 – 37　2016～2019 年江苏单桩张纲张网作业银鲳叉长体重平均值

（2）性腺成熟度:2016～2019 年江苏单桩张纲张网作业银鲳 4、5 月份性腺发育主要为Ⅳ期,8～11 月基本上全为Ⅱ期,2017 年 6 月份多数已产卵,尚有少量的Ⅱ～Ⅳ期群体(表 7 – 75、表 7 – 76、表 7 – 77、表 7 – 78)。

表 7 – 75　2016 年江苏单桩张纲张网作业银鲳性腺成熟度

月份	性腺成熟度（%）					合计
	Ⅱ期	Ⅲ期	Ⅳ期	ⅤA 期	Ⅵ期	
4	0.00	4.11	94.52	0.00	1.37	100.00
5	0.00	6.15	87.69	6.15	0.00	100.00
8	100.00	0.00	0.00	0.00	0.00	100.00
9	100.00	0.00	0.00	0.00	0.00	100.00
10	100.00	0.00	0.00	0.00	0.00	100.00
11	100.00	0.00	0.00	0.00	0.00	100.00
合计	31.42	3.72	61.82	2.70	0.34	100.00

表 7 – 76　2017 年江苏单桩张纲张网作业银鲳性腺成熟度

月份	性腺成熟度（%）								合计
	Ⅱ期	Ⅲ期	Ⅳ期	ⅤA 期	ⅤB 期	Ⅵ～Ⅲ期	Ⅵ～Ⅳ期	Ⅵ期	
3	17.39	78.26	4.35	0.00	0.00	0.00	0.00	0.00	100.00
4	0.00	20.41	73.47	6.12	0.00	0.00	0.00	0.00	100.00
5	0.00	1.41	25.35	32.39	29.58	0.00	9.86	1.41	100.00
6	3.70	11.11	14.81	0.00	18.52	25.93	11.11	14.81	100.00
10	100.00	0.00	0.00	0.00	0.00	0.00	0.00	0.00	100.00
合计	19.85	15.73	35.58	10.86	9.74	2.62	3.75	1.87	100.00

表 7 - 77　2018 年江苏单桩张纲张网作业银鲳性腺成熟度

月份	性腺成熟度（%）					合计
	Ⅱ期	Ⅲ期	Ⅳ期	ⅤA期	Ⅵ期	
4	9.30	22.09	46.51	20.93	1.16	100.00
5	0.00	0.00	44.44	48.15	7.41	100.00
9	100.00	0.00	0.00	0.00	0.00	100.00
10	100.00	0.00	0.00	0.00	0.00	100.00
合计	56.61	7.85	21.49	12.81	1.24	100.00

表 7 - 78　2019 年江苏单桩张纲张网作业银鲳性腺成熟度

月份	性腺成熟度（%）								合计
	Ⅱ期	Ⅲ期	Ⅳ期	ⅤA期	ⅤB期	Ⅵ～Ⅲ期	Ⅵ～Ⅳ期	Ⅵ期	
4	1.5	2.3	67.7	21.8	2.3	0.8	3.0	0.8	100.0
11	100.0	0.0	0.0	0.0	0.0	0.0	0.0	0.0	100.0
合计	24.7	1.7	51.7	16.7	1.7	0.6	2.3	0.6	100.0

（3）摄食等级：2016～2019 年江苏单桩张纲张网作业银鲳摄食等级 2016 年以 1 级为主，占 44.92%，0 级和 2 级分别占 22.31% 和 25.54%；2017 年同样以 1 级为主，占 43.87%，其次为 2 级，占 39.33%；2018 年 1 级占 45.15%，0 级和 2 级分别占 29.09% 和 23.94%；2019 年主要为 0 级和 1 级，分别占 45.40% 和 41.00%。2016～2019 年平均摄食等级分别为 1.18、1.38、0.98 和 0.70，2019 年偏低（表 7 - 79、表 7 - 80、表 7 - 81、表 7 - 82）。

表 7 - 79　2016 年江苏单桩张纲张网作业银鲳摄食强度

月份	比例（%）						平均摄食等级
	0级	1级	2级	3级	4级	合计	
4	19.50	47.00	22.50	11.00	0.00	100.00	1.25
5	34.00	36.50	21.50	8.00	0.00	100.00	1.04
8	22.00	50.00	26.00	2.00	0.00	100.00	1.08
9	16.00	52.00	26.00	6.00	0.00	100.00	1.22
10	8.00	36.00	50.00	6.00	0.00	100.00	1.54
11	8.00	62.00	28.00	2.00	0.00	100.00	1.24
合计	22.31	44.92	25.54	7.23	0.00	100.00	1.18

表 7 - 80　2017 年江苏单桩张纲张网作业银鲳摄食强度

月份	比例（%）						平均摄食等级
	0级	1级	2级	3级	4级	合计	
3	4.00	48.00	44.00	4.00	0.00	100.00	1.48
4	13.14	41.43	40.57	4.86	0.00	100.00	1.37
5	11.50	40.50	41.50	6.50	0.00	100.00	1.43

(续表)

月份	比例(%)						平均摄食等级
	0级	1级	2级	3级	4级	合计	
6	8.00	58.00	30.00	4.00	0.00	100.00	1.30
10	13.00	50.00	33.00	4.00	0.00	100.00	1.28
合计	11.73	43.87	39.33	5.07	0.00	100.00	1.38

表 7-81 2018 年江苏单桩张纲张网作业银鲳摄食强度

月份	比例(%)						平均摄食等级
	0级	1级	2级	3级	4级	合计	
4	39.62	46.15	12.69	1.54	0.00	100.00	0.76
5	45.00	36.00	18.00	1.00	0.00	100.00	0.75
9	10.00	38.00	49.00	3.00	0.00	100.00	1.45
10	17.00	52.00	29.00	2.00	0.00	100.00	1.16
合计	29.09	45.15	23.94	1.82	0.00	100.00	0.98

表 7-82 2019 年江苏单桩张纲张网作业银鲳摄食强度

月份	比例(%)						平均摄食等级
	0级	1级	2级	3级	4级	合计	
4	51.8	37.30	10.80	0.30	0.00	100.00	0.60
11	20.00	56.00	24.00	0.00	0.00	100.00	1.00
合计	45.40	41.00	13.40	0.20	0.00	100.00	0.70

7.4.4 双桩竖杆张网作业

渔获状况

(1)产量:2016～2019 年双桩竖杆张网作业银鲳产量较低,产量仅为 45.5～195.0 kg,2019 年产量稍高。主要渔获月份为春季夏季汛 4、5 月份和伏休开捕后的 8、9 月份。2019 年银鲳在近岸持续到 11 月份才消失(图 7-38)。

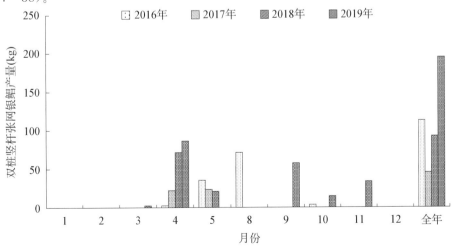

▲ 图 7-38 2016～2019 年双桩竖杆张网作业银鲳单船产量

（2）平均网产：2016～2019 年双桩竖杆张网作业银鲳平均网产很低，仅为 0.02～0.09 kg/ent，2019 年平均网产稍高。最高平均网产为 2016 年伏休开捕后的 8 月份，但仅有 0.37 kg/ent，可见银鲳在吕泗渔场南部近岸海域分布较少（图 7 - 39）。

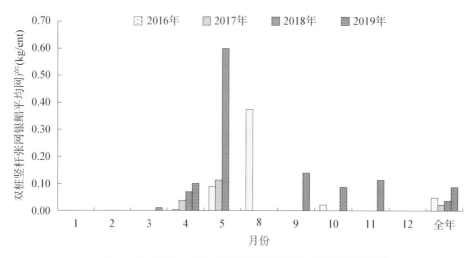

▲ 图 7 - 39　2016～2019 年双桩竖杆张网作业银鲳平均网产

（3）渔获比例：2016～2019 年双桩竖杆张网作业银鲳渔获比例很低，仅为 0.14～0.95%，2019 年渔获比例稍高，全年渔获比例不足 1%。渔获比例最高的月份为 2018 年 5 月份，渔获比例为 14.29%（图 7 - 40）。

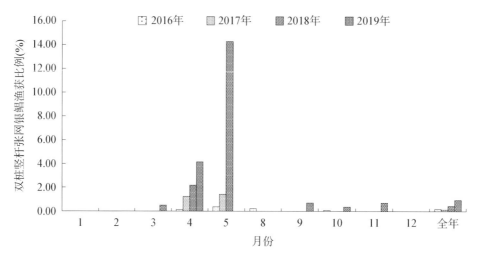

▲ 图 7 - 40　2016～2019 年双桩竖杆张网作业银鲳渔获比例

7.4.5　多锚单片张网作业

渔获状况

（1）产量：2016～2019 年多锚单片张网作业银鲳产量为 70～3 027 kg，从 4 年调查监测结果看，除 2 月份外（春季节期间未作业），每月均有渔获，产量与作业区域有关，全年产量以 9 月份以后为主。最高月产量为 2017 年 9 月份 1 660 kg（图 7 - 41）。

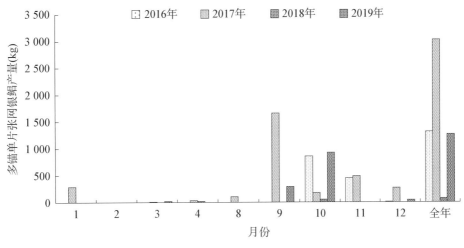

▲ 图 7 - 41　2016～2019 年多锚单片张网作业银鲳单船产量

（2）平均网产：2016～2019 年多锚单片张网作业银鲳平均网产为 0.03～0.70 kg/ent。最高为 2017 年 9 月份，平均网产为 2.43 kg/ent，其余月份平均网产均较低（图 7 - 42）。

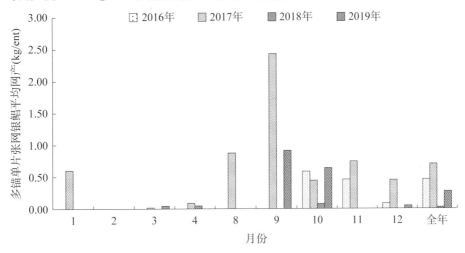

▲ 图 7 - 42　2016～2019 年多锚单片张网作业银鲳平均网产

（3）渔获比例：2016～2019 年多锚单片张网作业银鲳渔获比例为 0.02～1.36%。最高为 2016 年 10 月份，渔获比例为 2.12%（图 7 - 43）。

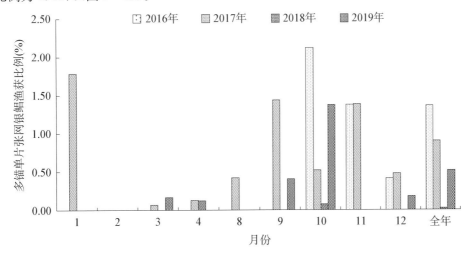

▲ 图 7 - 43　2016～2019 年多锚单片张网作业银鲳渔获比例

7.5 鮸

7.5.1 单锚张纲张网作业

7.5.1.1 渔获状况

(1) 产量:鮸在单锚张纲张网作业中产量较低,根据 2016～2019 年的调查监测,该作业鮸年产量为 4～1 677 kg。2019 年 10 月份鮸渔获量相对较高,达到 1 516 kg,2019 年仅 10 月份和 12 月份有产量。2017 年该作业中鮸基本上未有渔获(图 7 - 44)。

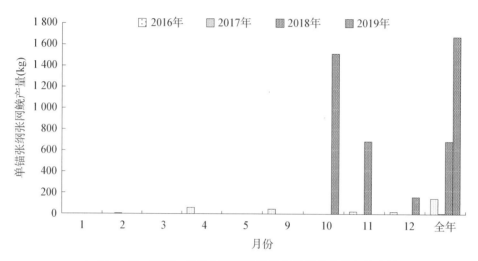

▲ 图 7 - 44　2016～2019 年江苏单锚张纲张网作业单船鮸产量

(2) 平均网产:由于鮸在单锚张纲张网中的渔获量很低,因此平均网产很小,2016～2019 年鮸平均网产为 0～1.15 kg/ent。2019 年 10 月份平均网产最高,仅 5.76 kg/ent。有时由于鮸数量少,与其他偶见的鱼类混拣在一起,因此在渔获记录中没有反映(图 7 - 45)。

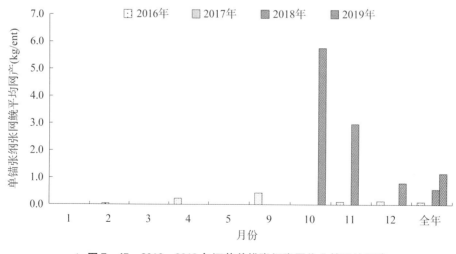

▲ 图 7 - 45　2016～2019 年江苏单锚张纲张网作业鮸平均网产

(3) 渔获比例:鮸在单锚张纲张网中的渔获比例很低,2016～2019 年鮸年平均渔获比例为 0～0.44%。最高渔获比例为 2019 年 10 月份的 1.96%(图 7 - 46)。

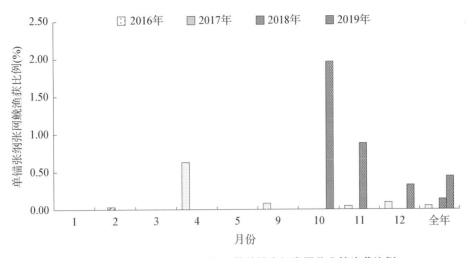

▲ 图 7 - 46　2016～2019 年江苏单锚张纲张网作业鮸渔获比例

7.5.1.2　生物学

（1）体长、体重和雌雄性比：2017 年 4 月份单锚张纲张网渔获鮸体长为 366～830 mm，平均体长为 600 mm，体重为 646～8 505 g，平均体重为 3 492 g。雌鱼平均体长 622.2 mm，平均体重 3 823.7 mm，雄鱼平均体长 552.9 mm，平均体重 2 787 g，雌鱼个体平均要大于雄鱼。

鮸雌雄性比为 1∶0.47，4 月份主要以雌鱼为主（表 7 - 83）。

表 7 - 83　2017 年 4 月份江苏单锚张纲张网作业鮸体长与体重

雌雄	体长（mm）			体重（g）			雌雄性比（♀∶♂）
	范围	优势组	平均	范围	优势组	平均	
雌鱼	398～830	离散	622.2	910.1～8 505.2	离散	3 823.7	
雄鱼	366～740	离散	552.9	645.9～5 049.5	离散	2 787.0	1∶0.47
合计	366～830	离散	600.0	645.9～8 505.2	离散	3 492.0	

体长与体重呈幂指数关系（图 7 - 47），$W = 2 \times 10^{-5} L^{2.946\,3}$（$R^2 = 0.984\,3$）。

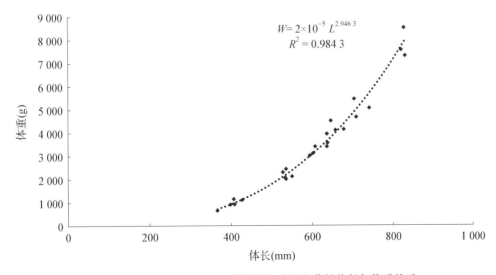

▲ 图 7 - 47　2017 年 4 月份单锚张纲张网渔获鮸体长与体重关系

（2）性腺成熟度：2017年4月底单锚张纲张网渔获的鮸雌鱼性腺发育以Ⅱ期为主，占76.47%，Ⅲ期占23.53%（表7-84）。

表7-84　2017年4月份单锚张纲张网作业鮸性腺成熟度

性腺成熟度	Ⅱ期	Ⅲ期	合计
比例（%）	76.47	23.53	100.00

（3）摄食强度：2017年4月底单锚张纲张网渔获的鮸摄食等级以1级和0级占多数，比例为60%，其余2～4级比例为40%。平均摄食等级为1.40（表7-85）。

表7-85　2017年4月份单锚张纲张网鮸摄食等级

摄食等级	0级	1级	2级	3级	4级	合计	平均摄食等级
比例（%）	28.00	32.00	20.00	12.00	8.00	100.00	1.40

（4）年龄结构：2017年4月份单锚张纲张网作业鮸测定25尾，最高年龄为10龄，平均年龄为4.6龄（表7-86）。

表7-86　2017年4月单锚张纲张网作业鮸年龄组成

样本量（ind.）	比例（%）										平均年龄（龄）
	1龄	2龄	3龄	4龄	5龄	6龄	7龄	8龄	9龄	10龄	
25	0.00	20.00	20.00	12.00	20.00	8.00	8.00	4.00	4.00	4.00	4.60

7.5.2　定置刺网作业

7.5.2.1　渔获状况

（1）产量：根据2016～2019年江苏定置刺网作业调查监测，鮸产量很低，全年渔获量为0～580 kg，2016年和2018年基本上未有产量。2017年4月份产量570 kg，10月份产量10 kg；2019年仅10月份有11 kg的产量（图7-48）。

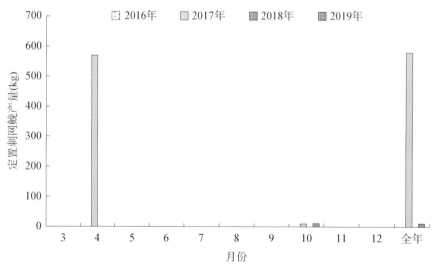

▲ 图7-48　2016～2019年江苏定置刺网作业单船鮸产量

（2）平均网产:2016～2019 年江苏定置刺网作业全年平均网产为 0～0.14 kg/ent,平均网产最高为 2017 年 4 月份的 0.43 kg/ent。2016 年和 2018 年鮸未有渔获(图 7 - 49)。

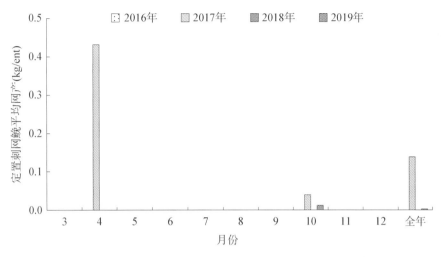

▲ 图 7 - 49 2016～2019 年江苏定置刺网作业鮸平均网产

（3）渔获比例:2016～2019 年江苏定置刺网鮸渔获比例为 0～1.78%,2017 年 4 月份鮸渔获比例 10.55%,10 月份为 0.66%。2016 年和 2018 年未有渔获(图 7 - 50)。

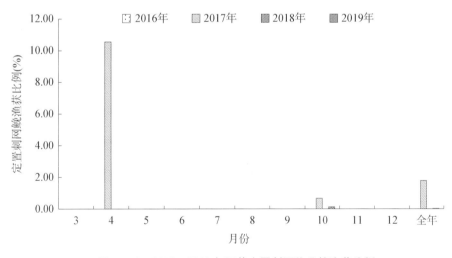

▲ 图 7 - 50 2016～2019 年江苏定置刺网作业鮸渔获比例

7.5.2.2 生物学

（1）叉长体重雌雄性比:2017 年 10 月份和 12 月份鮸合计体长为 248～885 mm,体长优势组 251～400 mm,占比 75.0%,平均体长 395.6 mm;合计体重为 217.8～7505.1 g,体重优势组 251～1000 g,占比 78.9%,平均体重 1206.4 g。雌鱼体长为 280～885 mm,平均体长 420.2 mm;体重为 344.6～7505.1 g,平均体重 1502.0 g。雄鱼体长为 248～600 mm,平均体长 357.8 mm;体重为 217.8 g～3700 g,平均体重 753.1 g。10～12 月份鮸雌雄性比为 1:0.65,雌鱼数量多于雄鱼(表 7 - 87、表 7 - 88)。

表 7-87 2017 年江苏定置刺网作业鮸体长、体重及雌雄性比

月份	样本量(ind.)	体长(mm)				体重(g)				雌雄性比(♀:♂)
		范围	优势组	比例(%)	平均	范围	优势组	比例(%)	平均	
10	60	248~885	251~400	90.0	349.0	217.8~7 505.1	251~1 000	93.3	742.5	1:0.71
12	16	315~762	351~750	87.5	570.1	514.3~5 753.1	251~4 000	75.0	2 946.0	1:0.45
合计	76	248~885	251~400	75.0	395.6	217.8~7 505.1	251~1 000	78.9	1 206.4	1:0.65

表 7-88 2017 年江苏定置刺网作业鮸雌鱼和雄鱼体长、体重和雌雄性比

月份	雌鱼				雄鱼			
	体长(mm)		体重(g)		体长(mm)		体重(g)	
	范围	平均	范围	平均	范围	平均	范围	平均
10	280~885	363.8	344.6~7 505.1	892.1	248~435	328.2	217.8~1 088.8	532.9
12	315~762	599.5	514.3~5 753.1	3 442.5	393~600	505.6	579.6~3 700	1 853.8
合计	280~885	420.2	344.6~7 505.1	1 502	248~600	357.8	217.8~3 700	753.1

（2）性腺成熟度：2017 年 10、12 月份江苏定置刺网作业鮸雌鱼性腺成熟度均为Ⅱ期。见表 7-89。

表 7-89 2017 年江苏定置刺网作业雌鱼鮸性腺成熟度百分比(%)

月份	Ⅱ期	合计
10	100.00	100.00
12	100.00	100.00
合计	100.00	100.00

（3）摄食强度：2017 年江苏定置刺网作业鮸 10 月份摄食等级 0 级和 1 级各占 35.0%，2 级和 3 级合计占 30.0%。12 月份摄食强度高于 10 月份，以 1 级和 2 级占多数，分别为 43.75% 和 31.25%，0 级和 3 级各占 12.5%。10 月份鮸平均摄食等级为 1.17，12 月份为 1.44，合计为 1.22（表 7-90）。

表 7-90 2017 年江苏定置刺网作业鮸摄食等级

月份	比例(%)						平均摄食等级
	0 级	1 级	2 级	3 级	4 级	合计	
10	35.00	35.00	8.33	21.67	0.00	100.00	1.17
12	12.50	43.75	31.25	12.50	0.00	100.00	1.44
合计	30.26	36.84	13.16	19.74	0.00	100.00	1.22

（4）年龄结构：2017 年 10、12 月份定置刺网作业鮸测定 76 尾，最高年龄为 10 龄，平均年龄为 2.01 龄（表 7-91）。

表 7 - 91 2017 年江苏定置刺网作业鮸年龄结构

样本量	年龄	1 龄	2 龄	3 龄	4 龄	5 龄	6 龄	7 龄	8 龄	9 龄	10 龄	平均年龄(龄)
76	比例(%)	57.24	24.34	5.26	2.63	3.95	1.32	3.95	0.00	0.00	1.32	2.01

7.5.3 单桩张纲张网作业

渔获状况

(1) 产量:2016~2019 年江苏单桩张纲张网作业鮸产量为 68~313 kg,产量主要来自伏休开捕后的 9 月份。最高月产量为 2017 年 9 月份的 313 kg。11、12 月份其至 10 月份基本上没有渔获。2016 年鮸产量全部来自 4 月份,2019 年有产量的月份为 4 月份和 10 月份(图 7 - 51)。

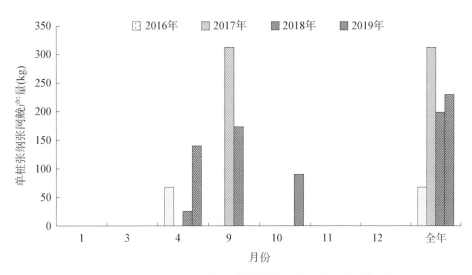

▲ 图 7 - 51 2016~2019 年江苏单桩张纲张网作业单船鮸产量

(2) 平均网产:2016~2019 年江苏单桩张纲张网作业鮸平均网产为 0.02~0.12 kg/ent,因产量不高,平均网产总体上很低,最高平均网产为 2017 年 9 月份的 0.77 kg/ent(图 7 - 52)。

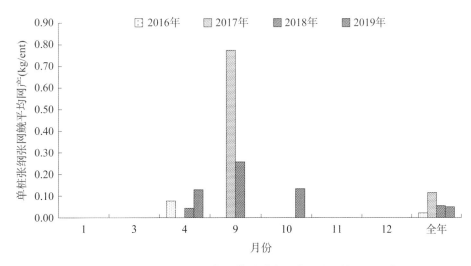

▲ 图 7 - 52 2016~2019 年江苏单桩张纲张网作业鮸平均网产

（3）渔获比例：2016～2019 年江苏单桩张纲张网作业鮸渔获比例为 0.07～0.26%，最高渔获比例为 2017 年 9 月份的 0.78%（图 7‑53）。

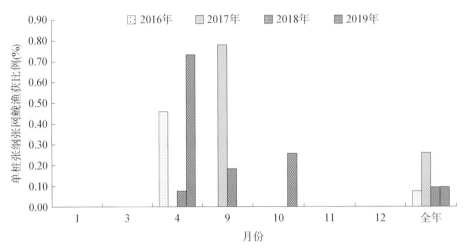

▲ 图 7‑53　2016～2019 年江苏单桩张纲张网作业鮸渔获比例

7.5.4　桁杆拖网作业

7.5.4.1　渔获状况

（1）产量：2016～2019 年桁杆拖网作业鮸产量较高，为 2494～17330 kg，产量主要来自伏休开捕后的 8～11 月份，2019 年持续到 12 月份。2017 年产量最低，2019 年产量最高。最高月产量为 2019 年 8 月份 16175 kg（图 7‑54）。

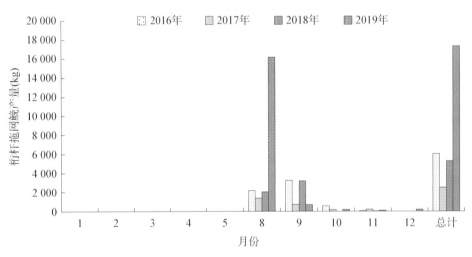

▲ 图 7‑54　2016～2019 年桁杆拖网作业单船鮸产量

（2）CPUE（单位小时渔获量）：2016～2019 年桁杆拖网作业鮸 CPUE 为 1.02～7.01 kg/h，2019 年平均 CPUE 最高。CPUE 最高月份为 2019 年 8 月份，达到 35.83 kg/h，8、9 月份的 CPUE 高于其余月份（图 7‑55）。

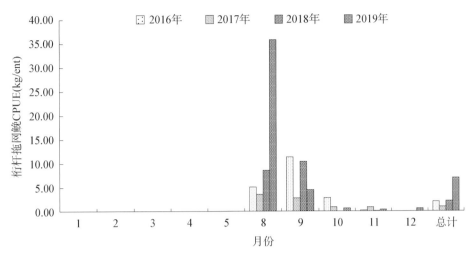

▲ 图 7-55 2016~2019 年桁杆拖网作业鮸 CPUE

（3）渔获比例：2016~2019 年桁杆拖网作业鮸全年渔获比例为 1.85~14.14%，2019 年渔获比例最高。最高为 2019 年 8 月份，达到 29.79%（图 7-56）。

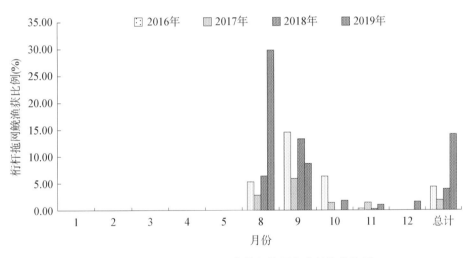

▲ 图 7-56 2016~2019 年桁杆拖网作业鮸渔获比例

7.5.4.2 体长体重

2016 年桁杆拖网作业渔获鮸平均体长为 131.2 mm，平均体重为 37.9 g；2018 年渔获的鮸平均体长为 136.9 mm，平均体重为 44.3 g，渔获个体全部为幼鱼（表 7-92）。

表 7-92 2016 年、2018 年桁杆拖网作业鮸体长体重

月份	2016 年		2018 年	
	平均体长（mm）	平均体重（g）	平均体长（mm）	平均体重（g）
8	125.6	32	131.7	38.8
9	179.4	88.7		
10			178	87.5
11			204	116.7
合计	131.2	37.9	136.9	44.3

7.5.5 多锚单片张网作业

渔获状况

(1) 产量:2016～2019 年多锚单片张网作业鮸单船产量平均为 0～1 625 kg,2016 年和 2018 年未有产量。2017 年仅 2 月份有产量为 1 625 kg,2019 年仅 10 月份有产量为 880 kg(图 7 - 57)。

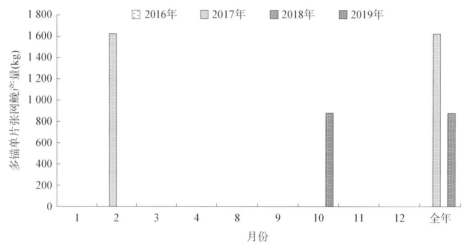

▲ 图 7 - 57　2016～2019 年多锚单片张网作业单船鮸产量

(2) 平均网产:2016～2019 年多锚单片张网作业鮸平均网产为 0～0.38 kg/ent,2016 年和 2018 年未有产量。2017 年 2 月份平均网产为 3.66 kg/ent,2019 年 10 月份平均网产为 0.61 kg/ent(图 7 - 58)。

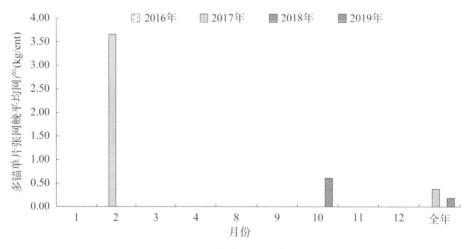

▲ 图 7 - 58　2016～2019 年多锚单片张网作业鮸平均网产

(3) 渔获比例:2016～2019 年多锚单片张网作业鮸渔获比例为 0～0.48%,2016 年和 2018 年未有产量。2017 年 2 月份渔获比例为 15.03%,年平均为 0.48%,2019 年 10 月份渔获比例为 1.31%,年平均为 0.36%。见图 7 - 59。

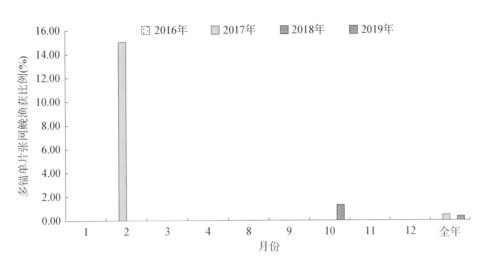

▲ 图 7 - 59 2016～2019 年多锚单片张网作业鮸渔获比例

7.6 带鱼

7.6.1 单锚张纲张网作业

7.6.1.1 渔获状况

（1）产量：带鱼是单锚张纲张网的主要经济品种，2016～2019 年带鱼单船产量年平均为 88 818～125 871 kg，2016 年、2017 年、2018 年带鱼产量有递减趋势，2019 年带鱼产量超过前 3 年。上半年 1～5 月份带鱼产量很低，几乎可以忽略不计。主要渔获季节为伏休开捕后的 9～11 月份。2019 年伏休开捕后带鱼生产持续了至少有 5 个航次，且 11 月份单船产量达到 41 352 kg（图 7 - 60）。

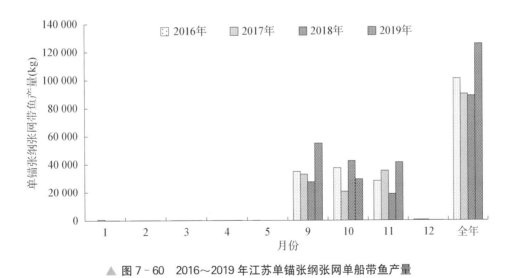

▲ 图 7 - 60 2016～2019 年江苏单锚张纲张网单船带鱼产量

（2）平均网产：单锚张纲张网作业带鱼平均网产年平均为 63.9～86.4 kg/ent，伏休开捕后的 9 月份平均网产为全年最高，达到 254～423.5 kg/ent，2017 年 9 月份平均网产最高。2017 年和 2019 年 11 月份的带鱼平均网产超过了 10 月份，说明带鱼汛持续时间长（图 7 - 61）。

（3）渔获比例：单锚张纲张网作业带鱼 2016～2019 年全年渔获比例为 25.38～33.29％，2017 年渔获比例相对较低，2016 年和 2019 年带鱼渔获比例相当。带鱼渔获比例最高的月份为 2017 年的 11 月份，达

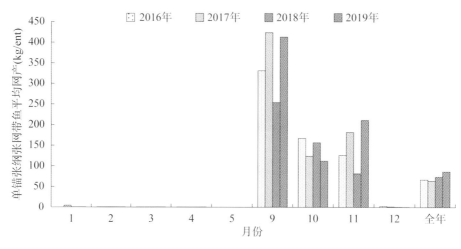

▲ 图 7 - 61　2016～2019 年江苏单锚张纲张网带鱼平均网产

到 65.58%,2019 年 11 月份也达到 64.85%,2018 年 9 月份的带鱼渔获比例仅 38.02%,因此全年带鱼产量在近 4 年来为最低(图 7 - 62)。

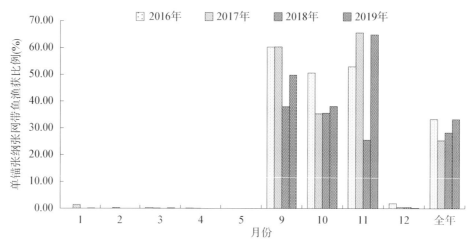

▲ 图 7 - 62　2016～2019 年江苏单锚张纲张网带鱼渔获比例

7.6.1.2　生物学

(1)肛长和体重:2016～2019 年江苏单锚张纲张网作业带鱼肛长为 122～458 mm,平均肛长分别为 200.5 mm、208.8 mm、226.8 mm、204.7 mm,平均体重分别为 129.5 g、171.7 g、216.6 g、148.0 g。优势组体重 51～150 g、51～200 g、101～300 g。2016 年、2017 带鱼优势肛长组为 171～210 mm,说明带鱼幼鱼比例较高(表 7 - 93、表 7 - 94、表 7 - 95、表 7 - 96)。

表 7 - 93　2016 年江苏单锚张纲张网作业带鱼肛长和体重

月份	肛长(mm)				体重(g)				样本量 (ind.)
	范围	优势组	比例(%)	平均	范围	优势组	比例(%)	平均	
9	150～269	181～240	77.0	209.1	39.3～323.0	81～220	85.0	142.0	100
10	172～243	181～220	88.0	200.9	71.5～285.7	81～160	86.0	134.3	100
11	163～243	171～210	84.0	191.5	67.0～219.6	61～140	88.0	112.1	100
9～11	150～269	171～210	74.3	200.5	39.3～323	51～150	78.0	129.5	300

表 7 - 94　2017 年江苏单锚张纲张网作业带鱼肛长和体重

月份	肛长(mm)				体重(g)				样本量 (ind.)
	范围	优势组	比例(%)	平均	范围	优势组	比例(%)	平均	
9	156~284	171~200	55.0	199.5	48.1~314.8	61~120	60.0	120.3	100
10	122~282	171~220	74.0	200.3	50.6~390.0	51~200	85.3	143.6	300
11	143~404	181~240	66.5	219.6	57.7~1 106.8	51~300	82.3	209.9	200
12	160~458	161~240	82.0	217.8	78.9~1 688.2	51~300	85.3	211.3	150
9~12	122~458	171~220	66.5	208.8	23.0~1 688.6	51~200	77.1	171.7	750

表 7 - 95　2018 年江苏单锚张纲张网作业带鱼肛长和体重

月份	肛长(mm)				体重(g)				样本量 (ind.)
	范围	优势组	比例(%)	平均	范围	优势组	比例(%)	平均	
9	167~283	181~230	71.5	213.6	75.7~408.1	101~250	76.0	180.0	200
10	186~285	211~260	71.0	233.6	106.9~412.6	151~300	70.5	239.3	200
11	181~315	211~270	80.5	233.3	101.0~484.9	151~300	77.0	230.4	200
9~11	167~315	191~260	81.8	226.8	75.7~484.9	101~300	83.0	216.6	600

表 7 - 96　2019 年江苏单锚张纲张网作业带鱼肛长和体重

月份	肛长(mm)				体重(g)				样本量 (ind.)
	范围	优势组	比例(%)	平均	范围	优势组	比例(%)	平均	
9	145~312	171~220	78.50	204.4	61.9~492.8	71~160	73.5	136.9	200
10	158~273	181~230	76.00	210.4	78~371.8	101~180	68.0	163.4	200
11	159~268	171~230	89.00	199.2	68.8~341.3	91~180	76.0	143.8	200
9~11	145~312	171~220	76.50	204.7	61.9~492.8	71~180	78.67	148.0	600

（2）雌雄性比：2016~2019 年江苏单锚张纲张网作业渔获带鱼雌雄性比♀：♂分别为 1：1.1、1：0.9、1：1.1 和 1：0.8,9~11 月份期间雌雄性比年间有差异,2017 年 9 月份带鱼雌雄性比为 1：0.3,而 2016 年和 2018 年均为 1：1.4,2019 年则为 1：1(表 7 - 97)。

表 7 - 97　2016~2019 年江苏单锚张纲张网作业带鱼雌雄性比

月份	雌雄性比(♀：♂)			
	2016 年	2017 年	2018 年	2019 年
9	1：1.4	1：0.3	1：1.4	1：1.0
10	1：1.3	1：1.3	1：0.8	1：0.8
11	1：0.7	1：0.7	1：1.2	1：0.8
12		1：1.1		
全年	1：1.1	1：0.9	1：1.1	1：0.8

（3）性腺成熟度：9 月份开捕以后,带鱼性腺发育程度年间存在差异,2016 年开捕后带鱼性腺发育较

2017 年和 2018 年要提早，在 9 月份形成生殖高峰期。2016 年 9 月份以Ⅳ期为主，占 43.90%，Ⅴ期和Ⅵ期占有一定的比例。2017 年 9 月份Ⅱ期占 44.16%，2018 年 9 月份Ⅱ期占 44.16%，2019 年 9 月份Ⅱ期占 74.3%。从近 4 年看，在 9 月份带鱼性腺发育存在Ⅳ期、Ⅴ期甚至Ⅵ期，因此说明带鱼存在春季生群和秋季生群（表 7-98、表 7-99、表 7-100、表 7-101）。

表 7-98 2016 年江苏单锚张纲张网作业带鱼性腺成熟度百分比(%)

月份	比例(%)						
	Ⅱ期	Ⅲ期	Ⅳ期	Ⅴ_A 期	Ⅴ_B 期	Ⅵ期	合计
9	31.71	9.76	43.90	9.76	2.44	2.44	100.00
10	83.72	9.30	6.98	0.00	0.00	0.00	100.00
11	100.00	0.00	0.00	0.00	0.00	0.00	100.00
9~11	75.52	5.59	14.69	2.80	0.70	0.70	100.00

表 7-99 2017 年江苏单锚张纲张网作业带鱼性腺成熟度百分比(%)

月份	比例(%)						
	Ⅱ期	Ⅲ期	Ⅳ期	Ⅴ_A 期	Ⅴ_B 期	Ⅵ期	合计
9	44.16	32.47	15.58	7.79	0.00	0.00	100.00
10	72.52	12.98	7.63	0.00	0.76	6.11	100.00
11	65.22	23.48	10.43	0.87	0.00	0.00	100.00
12	89.04	6.85	0.00	0.00	0.00	4.11	100.00
9~12	67.93	18.69	8.59	1.77	0.25	2.78	100.00

表 7-100 2018 年江苏单锚张纲张网作业带鱼性腺成熟度百分比(%)

月份	比例(%)				
	Ⅱ期	Ⅲ期	Ⅳ期	Ⅵ期	合计
9	60.71	11.90	27.38	0.00	100.00
10	60.18	30.09	9.73	0.00	100.00
11	79.35	13.04	6.52	1.09	100.00
9~11	66.44	19.38	13.84	0.35	100.00

表 7-101 2019 年江苏单锚张纲张网作业带鱼性腺成熟度百分比(%)

月份	比例(%)					
	Ⅱ期	Ⅲ期	Ⅳ期	Ⅴ_A 期	Ⅵ期	合计
9	74.3	9.9	7.9	6.9	1.0	100.0
10	91.9	3.6	3.6	0.9	0.0	100.0
11	96.4	3.6	0.0	0.0	0.0	100.0
9~11	88.0	5.6	3.7	2.5	0.3	100.0

（4）摄食强度：2016～2019年9月份开捕以后带鱼摄食等级各月份主要以1级和2级为主，3级列第3位，0级（空胃）和4级（饱胃）分列其后。根据取样数量计算各年度平均摄食等级，2016～2019年平均值分别为1.52、1.78、1.47（表7-102、表7-103、表7-104、表7-105）。

表7-102　2016年江苏单锚张纲张网作业带鱼摄食等级

月份	比例（%）						平均摄食等级
	0级	1级	2级	3级	4级	合计	
9	8.00	35.00	39.00	18.00	0.00	100.00	1.67
10	1.00	35.00	39.00	25.00	0.00	100.00	1.88
11	23.00	55.00	20.00	2.00	0.00	100.00	1.01
9～11	10.67	41.67	32.67	15.00	0.00	100.00	1.52

表7-103　2017年江苏单锚张纲张网作业带鱼摄食等级

月份	比例（%）						平均摄食等级
	0级	1级	2级	3级	4级	合计	
9	5.00	60.00	23.00	12.00	0.00	100.00	1.42
10	2.67	38.33	36.67	20.67	1.67	100.00	1.80
11	2.50	42.50	23.50	25.50	6.00	100.00	1.90
12	19.33	22.00	32.00	12.00	14.67	100.00	1.81
9～12	6.27	39.07	30.40	19.07	5.20	100.00	1.78

表7-104　2018年江苏单锚张纲张网作业带鱼摄食等级

月份	比例（%）						平均摄食等级
	0级	1级	2级	3级	4级	合计	
9	3.00	56.00	26.50	14.50	0.00	100.00	1.53
10	15.00	47.00	21.00	14.00	3.00	100.00	1.43
11	5.50	55.00	28.00	11.00	0.50	100.00	1.46
9～11	7.83	52.67	25.17	13.17	1.17	100.00	1.47

表7-105　2019年江苏单锚张纲张网作业带鱼摄食等级

月份	比例（%）						平均摄食等级
	0级	1级	2级	3级	4级	合计	
9	11.50	49.00	27.50	12.00	0.00	100.00	1.40
10	28.00	43.00	21.00	8.00	0.00	100.00	1.10
11	9.00	55.50	27.50	8.00	0.00	100.00	1.40
9～11	16.20	49.20	25.30	9.30	0.00	100.00	1.30

（5）年龄结构：2016～2019年期间单锚张纲张网作业共测定带鱼2 377尾。2016年测定带鱼300尾，1龄比例最高，占85.75%，最高年龄为2龄，占13.92%，平均年龄为1.14龄。2017年测定带鱼750尾，1龄比例最高，占74.03%，最高年龄为5龄，占0.27%，平均年龄为1.28龄。2018年共测定带鱼600尾，1

龄比例最高,占 74.03%,最高年龄为 3 龄,占 0.17%,平均年龄为 0.95 龄。2019 年共测定带鱼 727 尾,1 龄比例最高,占 77.68%,最高年龄为 3 龄,占 0.14%,平均年龄为 1.11 龄。2016~2019 年期间带鱼平均年龄为 1.28 龄,各年龄组占比见表 7-106。

表 7-106 2016~2019 年江苏单锚张纲张网作业带鱼年龄组成

年份	样本量 (ind.)	比例(%)						平均 年龄(龄)
		0 龄	1 龄	2 龄	3 龄	4 龄	5 龄	
2016	300	0.33	85.75	13.92	0.00	0.00	0.00	1.14
2017	750	0.40	74.03	23.70	1.20	0.40	0.27	1.28
2018	600	0.00	44.75	55.08	0.17	0.00	0.00	1.55
2019	727	5.50	77.68	16.68	0.14	0.00	0.00	1.11
合计	2 377	1.85	69.23	28.24	0.46	0.13	0.09	1.28

7.6.2 单桩张纲张网作业

7.6.2.1 渔获状况

(1) 产量:2016~2019 年江苏单桩张纲张网作业带鱼单船产量为 3 128~67 054 kg,主要渔获月份为开捕后的 9 月份,2019 年 9 月份单船产量达到 48 452 kg,10 月份产量仍有 18 553 kg。上半年 1~4 月份和 12 月份仅有零星产量(图 7-63)。

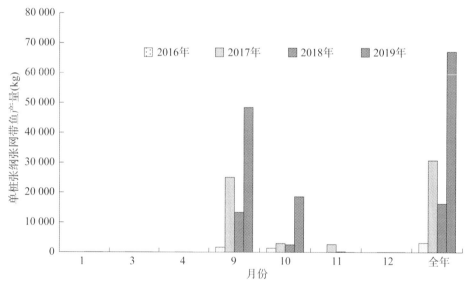

▲ 图 7-63 2016~2019 年江苏单桩张纲张网作业单船带鱼产量

(2) 平均网产:2016~2019 年江苏单桩张纲张网作业带鱼平均网产为 1.03~4.64 kg/ent,2019 年最高。平均网产最高的月份为 2019 年 9 月份,达到 87.14 kg/ent,而 2016 年、2018 年同期仅有 3.3 kg/ent 和 19.89 kg/ent(图 7-64)。

(3) 渔获比例:2016~2019 年江苏单桩张纲张网作业带鱼渔获比例为 3.44~27.66%,2019 全年带鱼渔获比例最高。渔获比例最高的月份为 2017 年 9 月份,达到 62.50%(图 7-65)。

7.6.2.2 生物学

(1) 肛长体重、雌雄性比:2017 年 10 月份单桩张纲张网作业带鱼肛长为 172~247 mm,优势组肛长

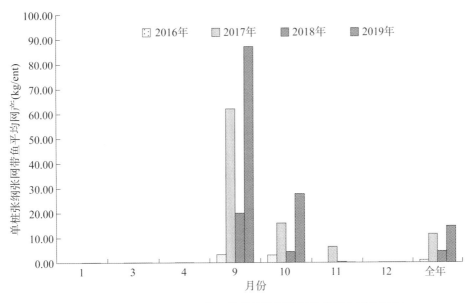

▲ 图 7 - 64 2016～2019 年江苏单桩张纲张网作业带鱼平均网产

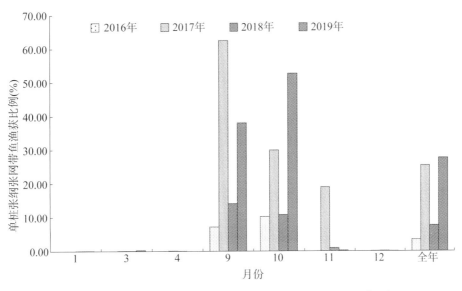

▲ 图 7 - 65 2016～2019 年江苏单桩张纲张网作业带鱼渔获比例

组 181～230 mm，占比 84.0%，平均肛长 201.8 mm；体重为 72.1～243.9 g，体重优势组 101～250 g，占比 86.0%，平均体重 134.3 g。雌雄性比为 1∶1.08。雌鱼平均肛长 206.2 mm，平均体重 144.4 g；雄鱼平均肛长 197.9 mm，平均体重 125.0 g（表 7 - 107）。

表 7 - 107 2017 年 10 月份单桩张纲张网作业带鱼肛长、体重及雌雄性比

雌雄	样本量 (ind.)	肛长（mm）				体重（g）				雌雄性比 （♀∶♂）
		范围	优势组	比例（%）	平均	范围	优势组	比例（%）	平均	
雌鱼	48	172～247			206.2	90.7～243.1			144.4	
雄鱼	52	172～231			197.9	72.1～243.9			125.0	1∶1.08
合计	100	172～247	181～230	84.0	201.8	72.1～243.9	101～250	86.0	134.3	

（2）性腺成熟度：2017年10月份单桩张纲张网作业渔获带鱼性腺发育Ⅱ期占95.83％,2.08％为Ⅴ$_A$期（表7-108）。

表 7-108　2017 年 10 月份单桩张纲张网作业带鱼雌鱼性腺成熟度

性腺成熟度	Ⅱ期	Ⅲ期	Ⅴ$_A$期	合计
比例（％）	95.83	2.08	2.08	100.00

（3）摄食强度：2017年10月份单桩张纲张网作业渔获带鱼摄食等级以1级为主,占64.0％,平均摄食等级为1.32（表7-109）。

表 7-109　2017 年 10 月份单桩张纲张网作业带鱼摄食等级

摄食强度	0级	1级	2级	3级	4级	合计	平均摄食等级
比例（％）	9.00	64.00	13.00	14.00	0.00	100.00	1.32

7.6.3　多锚单片张网作业

7.6.3.1　渔获状况

（1）产量：2016～2019年多锚单片张网作业带鱼产量为0～9 652 kg,2016年未有带鱼产量,应该与作业区域有关,产量全部来自下半年。最高月产量为2017年9月份7 360 kg（图7-66）。

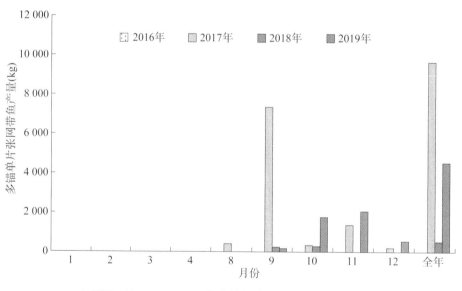

▲ 图 7-66　2016～2019 年多锚单片张网作业单船带鱼产量

（2）平均网产：2016～2019年多锚单片张网作业带鱼平均网产为0～2.24 kg/ent。最高为2017年9月份,平均网产为10.78 kg/ent（图7-67）。

（3）渔获比例：2016～2019年多锚单片张网作业带鱼渔获比例为0～2.88％。最高为2017年9月份,渔获比例为6.38％（图7-68）。

7.6.3.2　生物学

（1）肛长体重与雌雄性比：2017年9月份多锚单片张网作业渔获带鱼肛长为150～206 mm,优势组肛长组151～170 mm,占比73.0％,平均肛长168 mm;体重为66.3～204.9 g,优势组体重71～100 g,占比

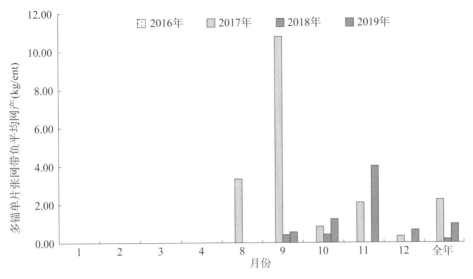

▲ 图 7 - 67 2016～2019 年多锚单片张网作业带鱼平均网产

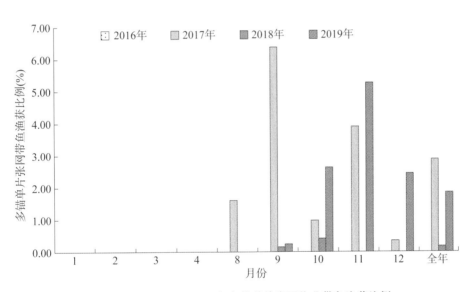

▲ 图 7 - 68 2016～2019 年多锚单片张网作业带鱼渔获比例

73.0%,平均体重 99.1g。雌雄性比为 1∶3.4(表 7 - 110)。

表 7 - 110 2017 年 9 月份多锚单片张网作业带鱼肛长、体重及雌雄性比

雌雄	样本量 (ind.)	肛长(mm)				体重(g)				雌雄性比 (♀∶♂)
		范围	优势组	比例(%)	平均	范围	优势组	比例(%)	平均	
雌鱼	23	168～206			190.3	93.4～204.9			146.5	
雄鱼	77	150～178			161.3	66.3～111.3			84.9	1∶3.4
合计	100	150～206	151～170	73.0	168.0	66.3～204.9	71～100	73.0	99.1	

(2)性腺成熟度(秋季产卵群):2017 年 9 月份带鱼雌鱼性腺发育主要为 V_B 期,即将产卵,占比 78.26%,8.70%的为Ⅵ期已经产卵,说明带鱼秋季产卵为 9 月份(表 7 - 111)。

表 7 - 111　2017 年 9 月份多锚单片张网作业带鱼雌鱼性腺成熟度

性腺成熟度	Ⅱ期	V_A 期	V_B 期	Ⅵ期	合计
比例(%)	4.35	8.70	78.26	8.70	100.00

（3）摄食强度：2017 年 9 月份带鱼摄食等级以 1 级为主，占比 54.0%，其次为 2 级，占比 32.0%，平均摄食等级为 1.47（表 7 - 112）。

表 7 - 112　2017 年 9 月份多锚单片张网作业带鱼摄食等级

摄食等级	0 级	1 级	2 级	3 级	4 级	合计	平均摄食等级
比例(%)	5.00	54.00	32.00	7.00	2.00	100.00	1.47

7.7　灰鲳

7.7.1　单锚张纲张网作业

7.7.1.1　渔获状况

（1）产量：2016～2019 年江苏单锚张纲张网作业灰鲳产量为 0～162 kg，产量很低，上半年没有渔获，产量主要出现在伏休开捕后，尤其是 10 月份。最高产量为 2016 年 10 月份的 148 kg。2017～2019 年近 3 年江苏单锚张纲张网作业灰鲳基本上未有渔获（图 7 - 69）。

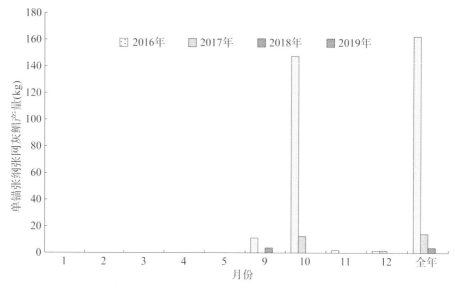

▲ 图 7 - 69　2016～2019 年江苏单锚张纲张网作业单船灰鲳产量

（2）平均网产：2016～2019 年江苏单锚张纲张网作业灰鲳平均网产为 0～0.11 kg/ent，最高平均网产为 2016 年 10 月份的 0.66 kg/ent（图 7 - 70）。

（3）渔获比例：2016～2019 年江苏单锚张纲张网作业灰鲳渔获比例为 0～0.05%，比例很低。最高为 2016 年 10 月份，仅占 0.20%（图 7 - 71）。

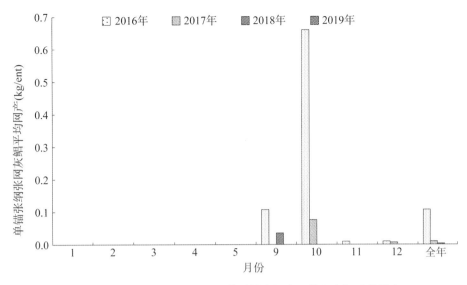

▲ 图 7 - 70 2016～2019 年江苏单锚张纲张网作业灰鲳平均网产

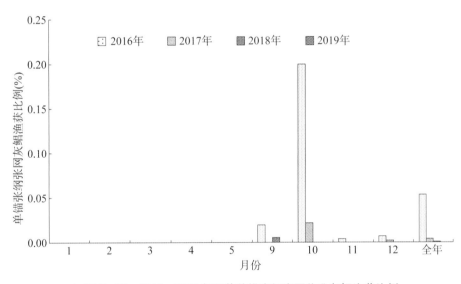

▲ 图 7 - 71 2016～2019 年江苏单锚张纲张网作业灰鲳渔获比例

7.7.1.2 生物学

（1）叉长体重：2017 年 10 月份单锚张纲张网灰鲳叉长为 217～363 mm，叉长优势组 251～320 mm，占 81.6%，平均叉长 292.1 mm；体重为 303.1～1 383.4 g，体重优势组 551～1 050 g，占 79.0%，平均体重 783.4 g。雌鱼平均叉长 301.1 mm，平均体重 851.1 g；雄鱼平均叉长 252.0 mm，平均体重 483.3 g。见表 7 - 113。

表 7 - 113 2017 年 10 月份单锚张纲张网作业灰鲳叉长、体重

雌雄	叉长（mm）				体重（g）				样本量（ind.）
	范围	优势组	比例（%）	平均	范围	优势组	比例（%）	平均	
雌鱼	268～363			301.1	590.1～1 383.4			851.1	31
雄鱼	217～271			252.0	303.1～596.5			483.3	7
合计	217～363	251～320	81.6	292.1	303.1～1 383.4	551～1 050	79.0	783.4	38

叉长与体重呈幂指数关系(图 7-72),$W = 2 \times 10^{-5} L^{3.0723}$,$(R^2 = 0.9412)$。

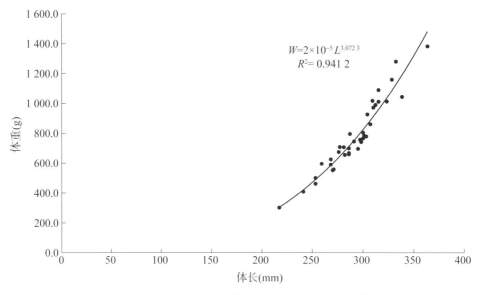

$$W = 2 \times 10^{-5} L^{3.0723}$$
$$R^2 = 0.9412$$

▲ 图 7-72　2017 年 10 月份单锚张纲张网作业灰鲳体长体重关系

(2)雌雄性比:雌雄性比为 1 : 0.23,10 月份雌鱼数量远多于雄鱼。

(3)性腺成熟度:2017 年 10 月份单锚张纲张网作业灰鲳性腺成熟度主要为 Ⅳ 期和 Ⅵ 期,分别占 48.39% 和 45.16%(表 7-114)。

表 7-114　2017 年 10 月份单锚张纲张网作业灰鲳体长、体重

性腺成熟度	Ⅲ 期	Ⅳ 期	Ⅵ 期	合计
比例(%)	6.45	48.39	45.16	100.00

(4)摄食等级:2017 年 10 月份单锚张纲张网作业灰鲳摄食等级以 1 级为主,占 63.16%,0 级、2 级、3 级和 4 级的比例分别为 10.53%、15.79%、10.53% 和 0%。平均摄食等级 1.26(表 7-115)。

表 7-115　2017 年 10 月份单锚张纲张网作业灰鲳摄食等级

摄食等级	0 级	1 级	2 级	3 级	4 级	合计	平均摄食等级
比例(%)	10.53	63.16	15.79	10.53	0.00	100.00	1.26

7.7.2　定置刺网作业

7.7.2.1　渔获状况

(1)产量:灰鲳在定置刺网作业中的产量较低。2016～2019 年江苏定置刺网作业灰鲳单船产量为 0～698 kg,2018 年和 2019 年基本上未捕到,灰鲳出现在 6～9 月份,2016 年产量为 350 kg,2017 年灰鲳产量 698 kg(图 7-73)。

(2)平均网产:2016～2019 年江苏定置刺网作业灰鲳平均网产为 0～0.17 kg/ent,最高 2017 年 6 月份仅 2.86 kg/ent。2018 年和 2019 年各月份基本上未有渔获(图 7-74)。

(3)渔获比例:2016～2019 年江苏定置刺网作业灰鲳渔获比例为 0～9.17%,最高为 2017 年 6 月份,渔获比例 28.21%,其次为 2016 年 7 月份的 24.56%,2018 年和 2019 年已连续两年灰鲳未有渔获(图 7-75)。

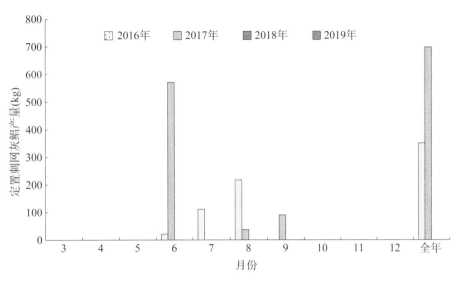

▲ 图 7-73 2016～2019 年江苏定置刺网作业单船灰鲳产量

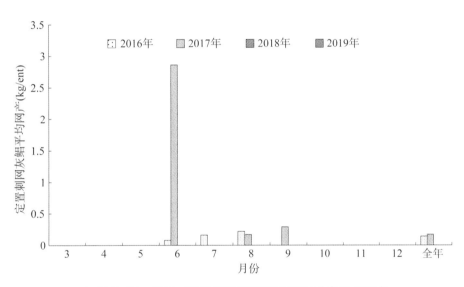

▲ 图 7-74 2016～2019 年江苏定置刺网作业灰鲳平均网产

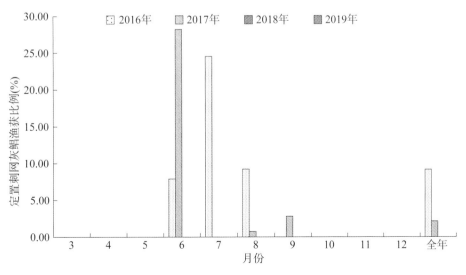

▲ 图 7-75 2016～2019 年江苏定置刺网作业灰鲳渔获比例

7.7.2.2 生物学

（1）叉长、体重和雌雄性比：2017年6、8月份定置刺网作业灰鲳叉长为218～296 mm，叉长优势组231～280 mm，占比84.8%，平均叉长255.0 mm；体重为308.3～889.7 g，体重优势组401～650 g，占比71.7%，平均体重531.8 g。灰鲳雌鱼叉长为245～296 mm，平均叉长270.6 mm；体重为439.9～835.7 g，平均体重642.4 g。灰鲳雄鱼叉长为218～295 mm，平均叉长246.7 mm；体重为308.3～889.7 g，平均体重472.9 g。6、8月份灰鲳雌雄性比为1∶1.9，雄鱼数量多于雌鱼数量。6月份雄鱼数量为雌鱼数量的5倍，8月份雌鱼数量为雄鱼数量的2倍（表7-116、表7-117、表7-118）。

表 7-116 2017年江苏定置刺网作业灰鲳叉长、体重和雌雄性比

月份	样本量 (ind.)	叉长（mm）				体重（g）				雌雄性比 （♀∶♂）
		范围	优势组	比例（%）	平均	范围	优势组	比例（%）	平均	
6	30	218～295	231～250	63.3	249.6	308.3～889.7	351～550	70.0	504.4	1∶5.0
8	16	242～296	241～280	87.5	265.1	434.5～835.7	401～650	87.5	583.2	1∶0.5
合计	46	218～296	231～280	84.8	255.0	308.3～889.7	401～650	71.7	531.8	1∶1.9

表 7-117 2017年江苏定置刺网作业雌鱼灰鲳叉长和体重

月份	叉长（mm）		体重（g）	
	范围	平均	范围	平均
6	260～285	274.0	592.6～778.6	690.3
8	245～296	269.0	439.9～835.7	620.6
合计	245～296	270.6	439.9～835.7	642.4

表 7-118 2017年江苏定置刺网作业雄鱼灰鲳叉长和体重

月份	叉长（mm）		体重（g）	
	范围	平均	范围	平均
6	218～295	244.7	308.3～889.7	467.3
8	242～273	256.6	434.5～620.2	500.9
合计	218～295	246.7	308.3～889.7	472.9

（2）性腺成熟度：定置刺网作业6月份灰鲳性腺发育Ⅳ期占60%，Ⅲ期占40%。8月份已经产卵的个体占72.73%，未产卵的个体均为Ⅳ期，占27.27%，说明灰鲳产卵期集中在6～8月份（表7-119）。

表 7-119 2017年江苏定置刺网作业灰鲳性腺成熟度

月份	比例（%）				合计
	Ⅲ期	Ⅳ期	Ⅵ～Ⅳ期	Ⅵ期	
6	40.00	60.00	0.00	0.00	100.00
8	0.00	27.27	45.45	27.27	100.00
合计	12.50	37.50	31.25	18.75	100.00

（3）摄食强度：定置刺网作业6月份灰鲳摄食等级以1级为主，占66.67%，0级和2级占23.33%、10%。8月份1级、2级、3级分别占37.50%、25.00%、37.50%。6月和8月平均摄食等级为1.26（表7-120）。

表 7-120　2017 年江苏定置刺网作业灰鲳摄食等级

月份	比例(%)						平均摄食等级
	0 级	1 级	2 级	3 级	4 级	合计	
6	23.33	66.67	10.00	0.00	0.00	100.00	0.87
8	0.00	37.50	25.00	37.50	0.00	100.00	2.00
合计	15.22	56.52	15.22	13.04	0.00	100.00	1.26

（4）年龄结构：定置刺网作业渔获的灰鲳测定 46 尾，年龄结构为 2～4 龄，2 龄占 52.17%，3 龄占 34.24%，平均年龄为 2.61 龄（表 7-121）。

表 7-121　2017 年江苏定置刺网作业灰鲳年龄组成(%)

年龄	样本量(ind.)	1 龄	2 龄	3 龄	4 龄	平均年龄(龄)
比例(%)	46	0.00	52.17	34.24	13.59	2.61

7.7.3　单桩张纲张网作业

7.7.3.1　渔获状况

（1）产量：2016～2019 年江苏单桩张纲张网作业灰鲳单船产量为 8～2 176 kg，2016 年最高，2019 年最低。单月最高为 2016 年伏休开捕后的 9 月份，产量为 2 159 kg，产量主要出现在下半年，尤其是 9 月份（图 7-76）。

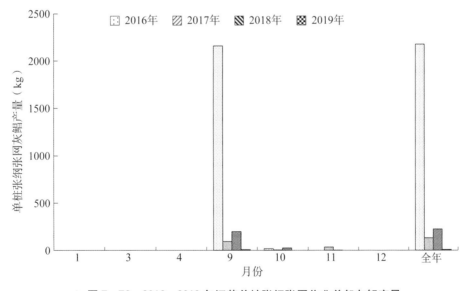

▲ 图 7-76　2016～2019 年江苏单桩张纲张网作业单船灰鲳产量

（2）平均网产：2016～2019 年江苏单桩张纲张网作业灰鲳平均网产 0～0.72 kg/ent，年平均网产总体上很低，2016 年最高，2019 年最低。平均网产最高为 2016 年伏休开捕后的 9 月份，为 4.17 kg/ent（图 7-77）。

（3）渔获比例：2016～2019 年江苏单桩张纲张网作业灰鲳渔获比例为 0～2.40%，渔获比例最高为 2016 年伏休开捕后的 9 月份，为 9.08%（图 7-78）。

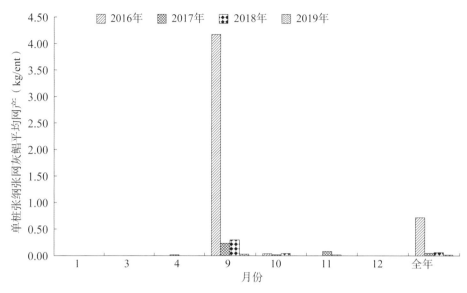

▲ 图 7-77　2016～2019 年江苏单桩张纲张网作业灰鲳平均网产

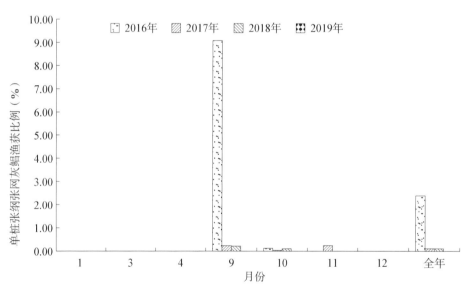

▲ 图 7-78　2016～2019 年江苏单桩张纲张网作业灰鲳渔获比例

7.7.3.2　生物学

（1）叉长体重和雌雄性比：2017 年 6 月份单桩张纲张网作业监测（专项捕捞），灰鲳叉长为 220～422 mm，叉长优势组 221～260 mm，占 84.0%，平均叉长 250.9 mm；体重为 318.1～2 274 g，体重优势组 301～550 g，占 84.0%，平均体重 528.9 g，雌雄性比为 1：4.0。雌鱼平均叉长 303.4 mm，平均体重 1 003.8 g；雄鱼平均叉长 237.8 mm，平均体重 528.9 g。雌雄个体重量相差近 1 倍（表 7-122）。

（2）性腺成熟度：2017 年 6 月份单桩张纲张网作业灰鲳雌鱼性腺发育仅有 Ⅲ 期和 Ⅳ 期，分别占 40% 和 60%（表 7-123）。

（3）摄食等级：2017 年 6 月份单桩张纲张网作业灰鲳摄食等级 0～4 级分别占 12.0%、44.0%、36.0%、8.0%、0%，以 1 级占比最高，平均摄食等级为 1.40（表 7-124）。

表7-122　2017年6月份单桩张纲张网作业灰鲳叉长、体重和雌雄性比

雌雄	样本量 (ind.)	叉长(mm)				体重(g)				雌雄性比 (♀∶♂)
		范围	优势组	比例(%)	平均	范围	优势组	比例(%)	平均	
雌鱼	5	251～422			303.4	470.3～2 274			1 003.8	
雄鱼	20	220～257			237.8	318.1～561.6			410.2	1∶4.0
合计	25	220～422	221～260	84.0	250.9	318.1～2 274	301～550	84.0	528.9	

表7-123　2017年6月份单桩张纲张网作业灰鲳雌鱼性腺成熟度

性腺成熟度	Ⅲ期	Ⅳ期	合计
比例(%)	40.00	60.00	100.00

表7-124　2017年6月份单桩张纲张网作业灰鲳摄食强度

摄食等级	0级	1级	2级	3级	4级	合计	平均摄食等级
比例(%)	12.00	44.00	36.00	8.00	0.00	100.00	1.40

（4）年龄结构：单桩张纲张网作业渔获的灰鲳共测定30尾，年龄结构为2～11龄，2龄占60.00%,3龄占31.00%,平均年龄为2.81龄(表7-125)。

表7-125　2017年6月份单桩张纲张网作业灰鲳年龄组成(%)

年龄	样本量(ind.)	1龄	2龄	3龄	4龄	5龄	6龄	7龄	8龄	9龄	10龄	11龄	平均年龄(龄)
比例(%)	30	0.00	60.00	31.00	1.00	4.00	0.00	0.00	0.00	0.00	0.00	4.00	2.81

7.7.4 双桩竖杆张网作业

渔获状况

（1）产量：2016～2019年双桩竖杆张网作业灰鲳产量较低，仅2016年有产量，为205 kg,产量为伏休开捕后的8月份，全部为幼鱼。2017～2019年几乎没有产量(图7-79)。

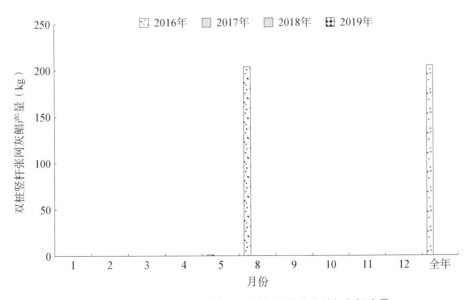

▲ 图7-79　2016～2019年双桩竖杆张网作业单船灰鲳产量

（2）平均网产：2016 年双桩竖杆张网作业灰鲳平均网产全年为 0.09 kg/ent，伏休开捕后的 8 月份为 1.07 kg/ent，其余月份几乎无产量。2017～2019 年全年灰鲳基本未有渔获（图 7 - 80）。

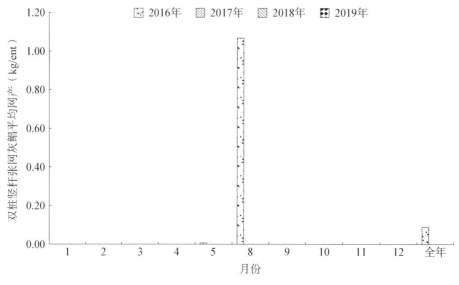

▲ 图 7 - 80　2016～2019 年双桩竖杆张网作业灰鲳平均网产

（3）渔获比例：2016 年双桩竖杆张网作业灰鲳全年渔获比例为 0.33%，伏休开捕后的 8 月份为 0.61%。2017～2019 年全年灰鲳基本未有渔获（图 7 - 81）。

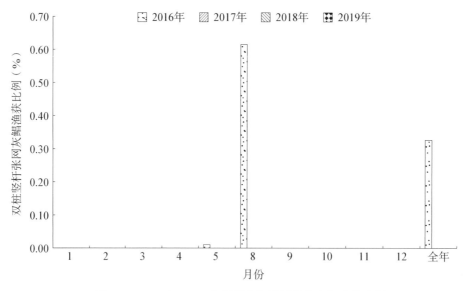

▲ 图 7 - 81　2016～2019 年双桩竖杆张网作业灰鲳渔获比例

7.7.5　多锚单片张网作业

7.7.5.1　渔获状况

（1）产量：2016～2019 多锚单片张网作业灰鲳产量为 0～480 kg，2017 年和 2018 年基本上未有渔获。2016 年仅 10 月份有渔获，2019 年 10 月份产量最高为 460 kg（图 7 - 82）。

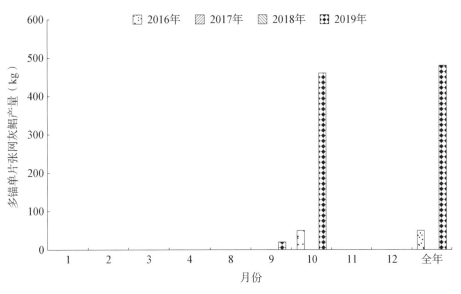

▲ 图 7 - 82　2016～2019 年多锚单片张网作业单船灰鲳产量

（2）平均网产：2016～2019 多锚单片张网作业灰鲳平均网产为 0～0.10 kg/ent，2019 年 10 月份平均网产为 0.32 kg/ent。2017 年和 2018 年灰鲳基本上未有渔获（图 7 - 83）。

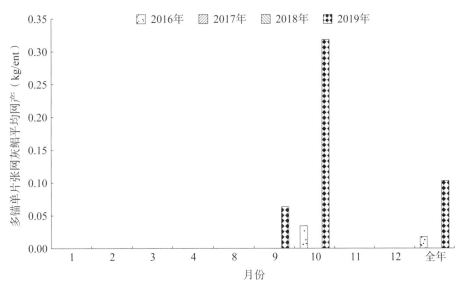

▲ 图 7 - 83　2016～2019 年多锚单片张网作业灰鲳平均网产

（3）渔获比例：2016～2019 多锚单片张网作业灰鲳渔获比例为 0～0.20%，2019 年 10 月份平均网产为 0.69%。2017 年和 2018 年灰鲳基本上未有渔获（图 7 - 84）。

7.7.5.2　生物学

（1）叉长和体重：2017 年 9 月份多锚单片张网作业灰鲳叉长为 115 mm～165 mm，叉长优势组 121 mm～160 mm，比例为 84.6%，平均叉长 135.6 mm，体重为 44.6 g～148.8 g，优势组体重 51 g～80 g，比例为 61.5%，平均体重 82.2 g（表 7 - 126）。

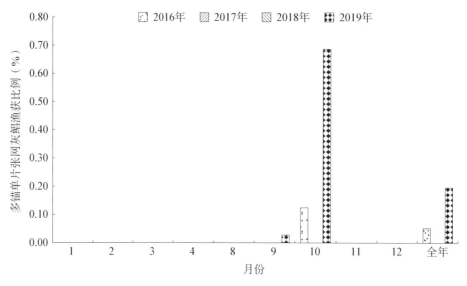

▲ 图 7‐84   2016～2019 年多锚单片张网作业灰鲳渔获比例

表 7‐126   2017 年 9 月份多锚单片张网作业灰鲳、叉长体重

样本量 (ind.)	叉长(mm)				体重(g)			
	范围	优势组	比例	平均	范围	优势组	比例	平均
39	115～165	121～160	84.6	135.6	44.6～148.8	51～80	61.5	82.2

（2）年龄结构：2017 年 9 月份多锚单片张网作业渔获的灰鲳测定 39 尾，年龄结构简单，均为 1 龄。

7.8   蓝点马鲛

7.8.1   单锚张纲张网作业

7.8.1.1   渔获状况

（1）产量：蓝点马鲛在单锚张纲张网作业中的产量较低，2016～2019 年单船产量为 355～827 kg，与鲅的产量是同一个数量级，单船年产量不足 1 000 kg，产量主要来自 10～12 月份。2018 年 11 月份产量 410 kg，是近 4 年蓝点马鲛产量最高的月份。上半年除 4 月份有少量渔获外，其余月份基本上没有产量（图 7‐85）。

（2）平均网产：蓝点马鲛在单锚张纲张网作业中的平均网产很低，2016～2019 年年平均网产为 0.24～0.59 kg/ent，2018 年产量最高的 11 月份，平均网产仅 1.77 kg/ent（图 7‐86）。

（3）渔获比例：2016～2019 年江苏单锚张纲张网作业蓝点马鲛渔获比例为 0.09～0.23%，最高为 2018 年 11 月份的 0.53%（图 7‐87）。

7.8.1.2   生物学

（1）体长、体重和雌雄性比：根据 2017 年 4 月份单锚张纲张网作业蓝点马鲛取样测定结果，叉长为 355～821 mm，叉长优势组 451～550 mm，占 63%，平均叉长 520.9 mm；体重为 335.2～4 262.3 g，体重优势组 301.0 g～1 300.0 g，平均体重 1 259.7 g。雌鱼平均叉长 599.8 mm，平均体重 1 852.9 mm，雄鱼平均叉长 484.7 mm，平均体重 987.1 g。4 月份雌雄性比为 1∶2.2，雌鱼少于雄鱼（表 7‐127）。

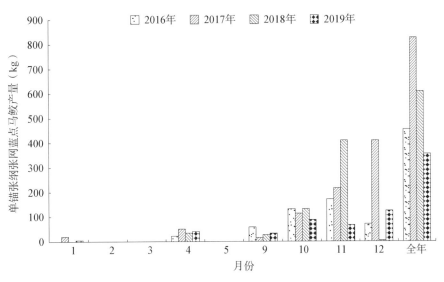

▲ 图 7‑85　2016～2019 年江苏单锚张纲张网作业单船蓝点马鲛产量

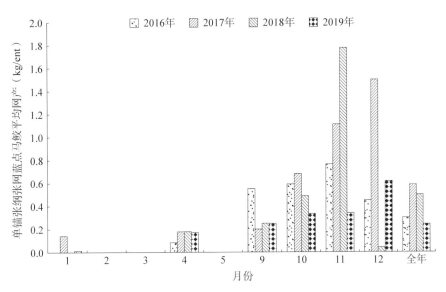

▲ 图 7‑86　2016～2019 年江苏单锚张纲张网作业蓝点马鲛平均网产

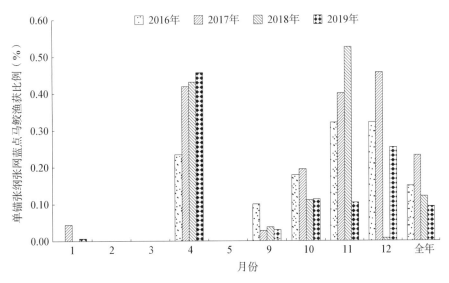

▲ 图 7‑87　2016～2019 年江苏单锚张纲张网作业蓝点马鲛渔获比例

表 7 - 127　2017 年 4 月份单锚张纲张网作业蓝点马鲛叉长、体重及雌雄性比

| 雌雄 | 样本量(ind.) | 叉长(mm) | | | | 体重(g) | | | | 雌雄性比(♀：♂) |
		范围	优势组	比例(%)	平均	范围	优势组	比例(%)	平均	
雌鱼	17	473～821	451～650	70.6	599.8	826.4～4 262.3	801～1 800	64.7	1 852.9	
雄鱼	37	355～770	351～550	89.2	484.7	355.2～3 428.7	301～1 300	89.2	987.1	1：2.2
合计	54	355～821	451～550	63.0	520.9	335.2～4 262.3	301～1 300	75.9	1 259.7	

（2）性腺成熟度：2017 年江苏单锚张纲张网作业蓝点马鲛性腺发育以Ⅳ期为主，占 64.70%，Ⅱ期和Ⅲ期各占 17.65%。根据性腺发育情况说明可说明 5 月份为马鲛产卵高峰期（表 7 - 128）。

表 7 - 128　2017 年 4 月份单锚张纲张网作业蓝点马鲛性腺成熟度

性腺成熟度	Ⅱ期	Ⅲ期	Ⅳ期	合计
比例(%)	17.65	17.65	64.70	100.00

（3）摄食强度：2017 年 4 月份单锚张纲张网作业蓝点马鲛摄食等级以 1 级为主，占 62.96%，其次为 2 级，占 18.52%，0 级占 12.96%，3 级仅占 5.56%。平均摄食等级为 1.17（表 7 - 129）。

表 7 - 129　2017 年 4 月份单锚张纲张网作业蓝点马鲛摄食等级

摄食等级	0 级	1 级	2 级	3 级	4 级	合计	平均摄食等级
比例(%)	12.96	62.96	18.52	5.56	0.00	100.00	1.17

（4）年龄结构：2017 年 4 月份单锚张纲张网共测定蓝点马鲛 54 尾，以 2 龄鱼为主，占 77.78%，平均年龄为 2.31 龄（表 7 - 130）。

表 7 - 130　2017 年 4 月份单锚张纲张网作业蓝点马鲛年龄组成(%)

样本量(ind.)	0	1 龄	2 龄	3 龄	4 龄	5 龄	平均年龄(龄)
54	0.00	2.78	77.78	8.33	8.33	2.78	2.31

7.8.2　定置刺网作业

7.8.2.1　渔获状况

（1）产量：2016～2019 年江苏定置刺网作业蓝点马鲛单船产量为 360～3 687 kg，2017 年产量最高，主要渔获月份为 4 月份，最高月产量为 2017 年 4 月份 2 288 kg。产量主要集中在 4～6 月份，下半年仅 2019 年有产量（图 7 - 88）。

（2）平均网产：2016～2019 年江苏定置刺网作业蓝点马鲛平均网产为 0.15～0.88 kg/ent。2018 年 4 月份平均网产最高为 3.14 kg/ent（图 7 - 89）。

（3）渔获比例：2016～2019 年江苏定置刺网作业蓝点马鲛渔获比例为 3.07～11.30%。高产月份渔获比例相对也高，2018 年 4 月份蓝点马鲛渔获比例达到 66.07%（图 7 - 90）。

7.8.2.2　生物学

（1）叉长、体重和雌雄性比：2017 年 4、5 月份定置刺网作业蓝点马鲛叉长为 420～642 mm，叉长优势组 451～570 mm，占比 77.50%，平均叉长 523.4 mm；体重为 625.0～1 942.2 g，体重优势组 751.0 g～1 300 g，

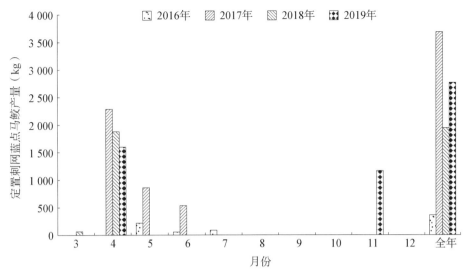

▲ 图 7 - 88 　2016～2019 年江苏定置刺网作业单船蓝点马鲛产量

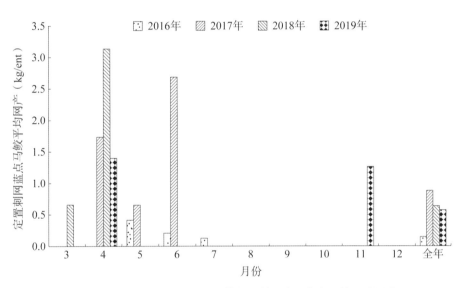

▲ 图 7 - 89 　2016～2019 年江苏定置刺网作业蓝点马鲛平均网产

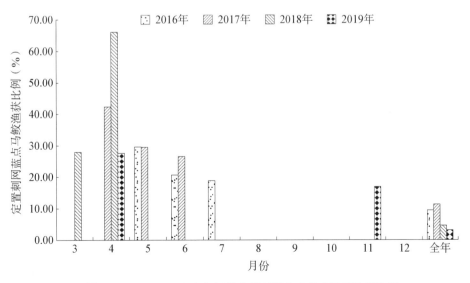

▲ 图 7 - 90 　2016～2019 年江苏定置刺网作业蓝点马鲛渔获比例

占比 70.0%,平均体重 1 152.0 g。

蓝点马鲛雌鱼叉长为 450~642 mm,叉长优势组 491~570 mm,占比 69.57%,平均叉长 537.2 mm;体重为 752~1 942.2 g,体重优势组 951.0~1 500 g,占比 71.74%,平均体重 1 251.0 g。蓝点马鲛雄鱼叉长为 420~610 mm,叉长优势组 451~610 mm,占比 99.18%,平均叉长 504.8 mm;体重为 625.0~1 631.5 g,体重优势组 751.0~1 200 g,占比 76.47%,平均体重 1 018.0 g。

4、5 月份蓝点马鲛雌雄性比为 1:0.74,雌鱼数量多于雄鱼数量。4 月份蓝点马鲛雄鱼多于雌鱼,5月份产卵高峰期,雌鱼数量为雄鱼数量的 4 倍(表 7 - 131)。

表 7 - 131　2017 年江苏定置刺网蓝点马鲛叉长、体重及雌雄性比

月份	雌雄	样本量(ind.)	叉长(mm)				体重(g)				雌雄性比(♀:♂)
			范围	优势组	比例(%)	平均	范围	优势组	比例(%)	平均	
4	雌鱼	22	450~640	491~610	77.27	534.0	752~1 907	751~1 550	90.91	1 176.8	1:1.27
	雄鱼	28	420~605	451~610	89.29	497.9	625~1 540.3	751~1 200	78.57	990.4	
	合计	50	420~640	451~610	90.00	513.8	625~1 907	751~1 550	92.00	1 072.4	
5	雌鱼	24	481~642	511~550	66.67	540.1	957.5~1 942.2	951~1 500	87.50	1 319.0	1:0.25
	雄鱼	6	467~610	461~610	100.00	537.0	778.4~1 631.5	751~1 650	100.00	1 146.9	
	合计	30	467~642	491~570	76.70	539.5	778.4~1 942.2	951~1 500	80.00	1 284.6	
4~5	雌鱼	46	450~642	491~570	69.57	537.2	752~1 942.2	951~1 500	71.74	1 251.0	1:0.74
	雄鱼	34	420~610	451~610	99.18	504.8	625.0~1 631.5	751~1 200	76.47	1 018.0	
	总计	80	420~642	451~570	77.50	523.4	625~1 942.2	751~1 300	70.00	1 152.0	

(2)性腺成熟度:4 月份蓝点马鲛性腺发育主要为Ⅳ期占 59.09%,其余为Ⅲ期占 40.91%;5 月份仍以Ⅳ期为主,占 83.33%,Ⅴ_A 期和Ⅵ~Ⅳ期各占 8.33%(表 7 - 132)。

表 7 - 132　2017 年江苏定置刺网作业蓝点马鲛性腺成熟度

月份	比例(%)				合计
	Ⅲ期	Ⅳ期	Ⅴ_A 期	Ⅵ~Ⅳ期	
4	40.91	59.09	0.00	0.00	100.00
5	0.00	83.33	8.33	8.33	100.00
合计	19.57	71.74	4.35	4.35	100.00

(3)摄食强度:定置刺网作业 4 月和 5 月蓝点马鲛摄食等级均以 1 级为主,占 85.0% 和 70.0%,其余基本上为 0 级,少量的 2 级。4~5 月份平均摄食等级为 0.80(表 7 - 133)。

表 7 - 133　2017 年江苏定置刺网作业蓝点马鲛摄食等级

月份	比例(%)						平均摄食等级
	0 级	1 级	2 级	3 级	4 级	合计	
4	15.00	85.00	0.00	0.00	0.00	100.00	0.85
5	26.67	70.00	3.33	0.00	0.00	100.00	0.77
合计	22.00	76.00	2.00	0.00	0.00	100.00	0.80

（4）年龄结构：2017年4～5月份定置刺网作业渔获的蓝点马鲛测定100尾,年龄结构为2～3龄,2龄占81.88%,平均年龄为2.18龄(表7-134)。

表7-134 2017年4～5月份定置刺网作业蓝点马鲛年龄组成(%)

年龄	样本量(ind.)	1龄	2龄	3龄	平均年龄(龄)
比例(%)	100	0.00	81.88	18.12	2.18

7.8.3 单桩张纲张网作业

7.8.3.1 渔获状况

（1）产量：2016～2019年江苏单桩张纲张网作业蓝点马鲛产量为117～1589 kg,最高月产量为2019年9月份的673 kg。下半年9～12月份均有渔获,上半年与下半年产量相差不大(图7-91)。

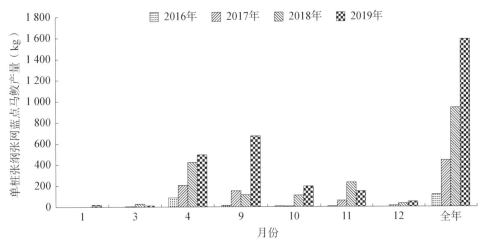

▲ 图7-91 2016～2019年江苏单桩张纲张网作业单船蓝点马鲛产量

（2）平均网产：2016～2019年江苏单桩张纲张网作业蓝点马鲛平均网产为0.04～0.35 kg/ent,因产量不高,平均网产总体上很低,最高平均网产为2019年9月份的1.21 kg/ent(图7-92)。

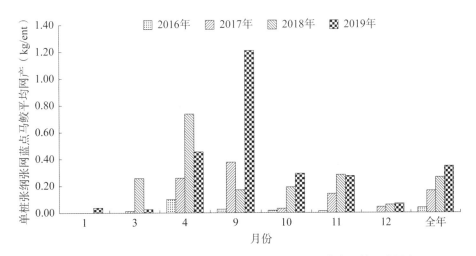

▲ 图7-92 2016～2019年江苏单桩张纲张网作业蓝点马鲛平均网产

（3）渔获比例：2016～2019 年江苏单桩张纲张网作业蓝点马鲛渔获比例为 0.13～0.66%，渔获比例最高的月份为 2019 年 11 月份的 1.64%（图 7 - 93）。

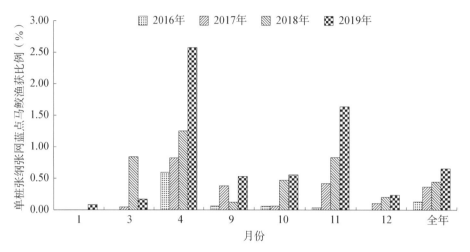

▲ 图 7 - 93 　2016～2019 年江苏单桩张纲张网作业蓝点马鲛渔获比例

7.8.3.2 生物学

（1）叉长、体重和雌雄性比：2017 年江苏单桩张纲张网作业 4～5 月份蓝点马鲛叉长为 325～890 mm，叉长优势组 351～600 mm，占比 82.4%，平均叉长 502.9 mm，体重为 234.2～5 275.3 g，体重优势组 501～2 000 g，占比 77.8%，平均体重 1 119.3 g。4～5 月份雌雄性比为 1∶3.2，4 月份雌雄性比为 1∶5，5 月份为 1∶1。4 月份雄鱼数量远多于雌鱼，5 月份产卵高峰期雌雄数量接近。

4～5 月份蓝点马鲛雌鱼叉长为 325～890 mm，平均叉长 554.3 mm，体重为 234.2 g～5 275.3 g，平均体重 1 599.2 g；蓝点马鲛雄鱼叉长为 340～848 mm，平均叉长 486.6 mm，体重为 296.5～4 528.5 g，平均体重967.1 g，雌雄个体大小相差很大（表 7 - 135、表 7 - 136、表 7 - 137）。

表 7 - 135 　2017 年江苏单桩张纲张网作业蓝点马鲛叉长、体重及雌雄性比

月份	样本量 (ind.)	叉长（mm）				体重（g）				雌雄性比 (♀∶♂)
		范围	优势组	比例（%）	平均	范围	优势组	比例（%）	平均	
4	84	325～890	401～600	79.8	517.6	234.2～5 275.3	501～1 500	77.4	1 193.2	1∶5.0
5	24	340～781	351～500	66.7	451.5	296.5～3 819.4	301～1 000	70.8	860.8	1∶1.0
合计	108	325～890	351～600	82.4	502.9	234.2～5 275.3	501～2 000	77.8	1 119.3	1∶3.2

表 7 - 136 　2017 年江苏单桩张纲张网作业蓝点马鲛雌鱼叉长、体重

月份	叉长（mm）		体重（g）	
	范围	平均	范围	平均
4	325～890	600.5	234.2～5 275.3	1 938.9
5	353～781	500.3	301.8～3 819.4	1 202.8
合计	325～890	554.3	234.2～5 275.3	1 599.2

表 7-137　2017 年江苏单桩张纲张网作业蓝点马鲛雄鱼叉长、体重

月份	叉长(mm)		体重(g)	
	范围	平均	范围	平均
4	363～848	501.0	381.4～4 528.5	1 044.0
5	340～543	402.8	296.5～1 047.1	518.7
合计	340～848	486.6	296.5～4 528.5	967.1

（2）性腺成熟度：2017 年江苏单桩张纲张网作业蓝点马鲛 4、5 月份性腺发育主要为Ⅳ期，分别占 57.14％和 41.67％，合计占 50.0％（表 7-138）。

表 7-138　2017 年江苏单桩张纲张网作业蓝点马鲛性腺成熟度

月份	比例(%)				合计
	Ⅱ期	Ⅲ期	Ⅳ期	V_A期	
4	21.43	14.29	57.14	7.14	100.00
5	25.00	25.00	41.67	8.33	100.00
合计	23.08	19.23	50.00	7.69	100.00

（3）摄食强度：2017 年江苏单桩张纲张网作业蓝点马鲛 4、5 月份摄食等级为 1 级的分别占 75.0％和 66.7％，占多数。4、5 月份平均摄食等级分别为 0.85 和 1.08，平均为 0.90（表 7-139）。

表 7-139　2017 年江苏单桩张纲张网作业蓝点马鲛摄食等级

月份	比例(%)						平均摄食等级
	0 级	1 级	2 级	3 级	4 级	合计	
4	20.24	75.00	4.76	0.00	0.00	100.00	0.85
5	12.50	66.67	20.83	0.00	0.00	100.00	1.08
合计	18.52	73.15	8.33	0.00	0.00	100.00	0.90

（4）年龄结构：2017 年 4 月份单桩张纲张网作业渔获的蓝点马鲛测定 108 尾，年龄结构为 1～7 龄，2 龄占 71.76％，平均年龄为 2.26 龄（表 7-140）。

表 7-140　2017 年 4 月份单桩张纲张网作业蓝点马鲛年龄组成(%)

年龄	样本量(ind.)	1 龄	2 龄	3 龄	4 龄	5 龄	6 龄	7 龄	平均年龄(龄)
比例(%)	108	8.33	71.76	13.43	2.31	1.39	1.85	0.93	2.26

7.8.4　双桩竖杆张网作业

渔获状况

（1）产量：2016～2019 年双桩竖杆张网作业蓝点马鲛产量较低，为 35.5～131 kg，产量全部来自 4、5 月份，以 4 月份为主，5 月份有少许产量，2018 年产量高于前两年（图 7-94）。

（2）平均网产：2016～2019 年双桩竖杆张网作业蓝点马鲛平均网产为 0.02～0.05 kg/ent，2018 年 5 月份平均网产最高，为 0.23 kg/ent（图 7-95）。

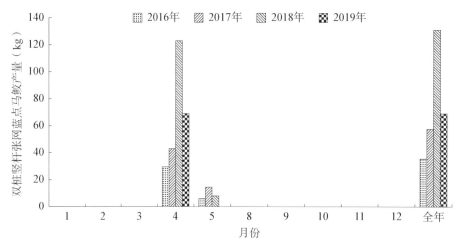

▲ 图 7‑94　2016～2019 年双桩竖杆张网作业单船蓝点马鲛产量

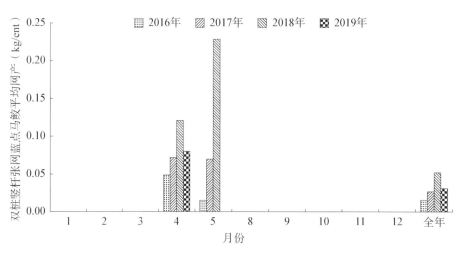

▲ 图 7‑95　2016～2019 年双桩竖杆张网作业单船蓝点马鲛产量

（3）渔获比例：2016～2019 年双桩竖杆张网作业蓝点马鲛渔获比例很低，仅为 0.06～0.64%，2018 年渔获比例稍高。渔获比例最高的月份为 2018 年 5 月份，渔获比例为 5.44%（图 7‑96）。

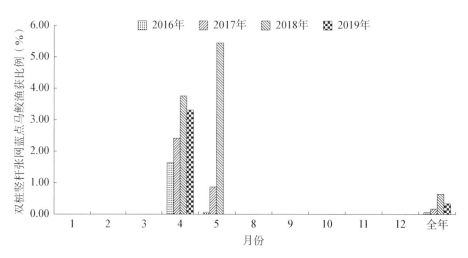

▲ 图 7‑96　2016～2019 年双桩竖杆张网作业蓝点马鲛渔获比例

7.9　大黄鱼

7.9.1　单锚张纲张网作业

7.9.1.1　渔获状况

（1）产量：2016～2019 年江苏单锚张纲张网作业大黄鱼单船产量为 164～793 kg，与鲀和蓝点马鲛产量在一个量级，不足 1 000 kg。2016 年产量最高，为 793 kg，2019 年产量最低，为 13 kg，产量最高的月份为 2016 年的 9 月份，单船产量达到 788 kg。大黄鱼出现月份为 3～11 月份（图 7‑97）。

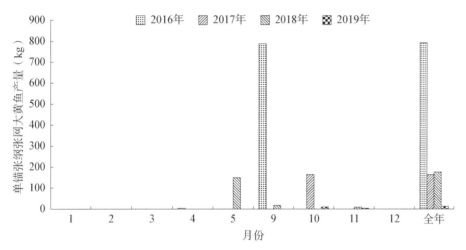

▲ 图 7‑97　2016～2019 年江苏单锚张纲张网作业单船大黄鱼产量

（2）平均网产：2016～2019 年江苏单锚张纲张网作业大黄鱼平均网产年平均为 0.01～0.52 kg/ent，2018 年 5 月份平均网产最高，为 11.11 kg/ent，2016 年 9 月大黄鱼平均网产为 7.47 kg/ent（图 7‑98）。

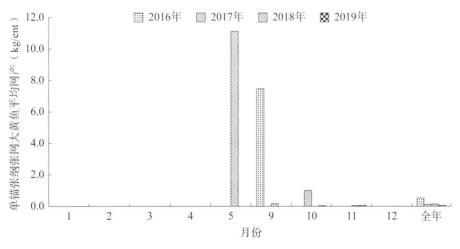

▲ 图 7‑98　2016～2019 年江苏单锚张纲张网作业大黄鱼平均网产

（3）渔获比例：2016～2019年江苏单锚张纲张网作业大黄鱼渔获比例为0～0.26%，2018年5月份因网次数量少，大黄鱼渔获比例达到19.47%（图7-99）。

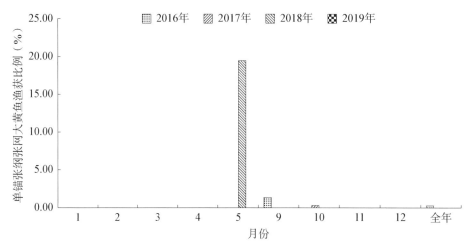

▲ 图7-99　2016～2019年江苏单锚张纲张网作业大黄鱼渔获比例

7.9.1.2　生物学

（1）体长和体重：2017年江苏单锚张纲张网作业大黄鱼生物学测定结果表明，10～12月份大黄鱼体长为128～342mm，体长优势组181～230mm，占74.0%，平均体长205.2mm；体重为32.8～605.1mm，体重优势组101～200g，占76.9%，平均体重146.3g。雌鱼体长为137～340mm，平均体长为207.8mm，体重为38.5～605.1g，平均体重152.2g；雄鱼体长为128～342mm，平均体长为198.4mm，体重为32.8～571.9g，平均体重130.7g（表7-141、表7-142、表7-143）。

表7-141　2017年江苏单锚张纲张网大黄鱼体长、体重及雌雄性比

月份	体长（mm）				体重（g）				样本量（ind.）
	范围	优势组	比例（%）	平均	范围	优势组	比例（%）	平均	
10	154～342	181～230	78.6	208.9	62.8～605.1	101～200	82.1	152.4	285
11	181～277	181～230	88.9	207.4	98～296.3	101～200	88.9	147.0	36
12	128～310	131～170	72.4	166.2	32.8～389.2	30～100	82.8	85.5	29
10～12	128～342	181～230	74.0	205.2	32.8～605.1	101～200	76.9	146.3	350

表7-142　2017年江苏单锚张纲张网大黄鱼雌鱼体长与体重

月份	体长（mm）		体重（g）		样本量（ind.）
	范围	平均	范围	平均	
10	154～340	211.1	62.8～605.1	158.0	202
11	181～277	206.0	98.0～296.3	146.0	27
12	137～217	160.9	38.5～173.3	74.8	14
10～12	137～340	207.8	38.5～605.1	152.2	243

表 7-143 2017 年江苏单锚张纲张网大黄鱼雄鱼体长与体重

月份	体长(mm)		体重(g)		样本量(ind.)
	范围(%)	平均	范围(%)	平均	
10	158~342	203.7	67.1~571.9	138.7	83
11	185~241	211.7	118.7~209.9	150.0	9
12	128~247	161.3	32.8~214.2	74.4	15
10~12	128~342	198.4	32.8~571.9	130.7	107

体长与体重呈幂指数关系,$W = 8 \times 10^{-5} L^{2.709}$,($R^2 = 0.948\,9$)(图 7-100)。

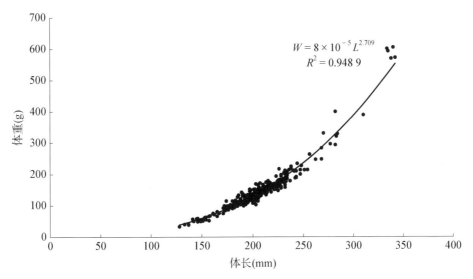

▲ 图 7-100 2017 年 10~12 月份单锚张纲张网作业大黄鱼体长体重关系

(2)雌雄性比:2017 年 10~12 月份单锚张纲张网渔获大黄鱼的雌雄性比为 1:0.4,各月份的雌雄性比依次为 1:0.4、1:0.3、1:1.2(表 7-144)。

表 7-144 2017 年江苏单锚张纲张网作业大黄鱼雌雄性比

月份	雌雄性比(♀:♂)
10	1:0.4
11	1:0.3
12	1:1.2
10~12	1:0.4

(3)性腺成熟度:大黄鱼除春季产卵外,还有秋季产卵的群体。2017 年 10 月份大黄鱼性腺发育基本上各个发育期都有,Ⅳ期比例最高为 42.08%,其次为 Ⅱ期,占比 35.15%,1.98% 已产卵;11 月份已产卵个体占 33.33%;12 月份以 Ⅱ期个体为主占 69.23%(表 7-145)。

(4)摄食等级:2017 年江苏单锚张纲张网作业大黄鱼 10~12 月份 1 级占 48.63%、0 级占 30.40%。10~12 月份摄食等级平均值分别为 0.94、1.25、0.86,总体摄食等级平均为 0.95(表 7-146)。

表 7 - 145　2017 年江苏单锚张纲张网作业大黄鱼雌鱼性腺成熟度百分比（%）

月份	比例（%）							
	Ⅱ期	Ⅲ期	Ⅳ期	Ⅴ_A期	Ⅴ_B期	Ⅵ～Ⅲ期	Ⅵ期	合计
10	35.15	10.89	42.08	4.95	4.95	0.00	1.98	100.00
11	11.11	22.22	18.52	0.00	0.00	14.81	33.33	100.00
12	69.23	15.38	15.38	0.00	0.00	0.00	0.00	100.00
10～12	34.30	12.40	38.02	4.13	4.13	1.65	5.37	100.00

表 7 - 146　2017 年江苏单锚张纲张网作业大黄鱼摄食等级

月份	比例（%）						平均摄食等级
	0级	1级	2级	3级	4级	合计	
10	29.12	50.88	17.19	2.46	0.35	100.00	0.94
11	25.00	37.50	25.00	12.50	0.00	100.00	1.25
12	46.43	32.14	10.71	10.71	0.00	100.00	0.86
10～12	30.40	48.63	17.02	3.65	0.30	100.00	0.95

（5）年龄结构：2017 年 10～12 月份单锚张纲张网作业渔获大黄鱼测定 350 尾，年龄结构为 1～5 龄，1 龄占 64.57%，2 龄鱼占 30.86%，平均年龄为 1.42 龄（表 7 - 147）。

表 7 - 147　2017 年 10～12 月份单锚张纲张网作业大黄鱼年龄组成（%）

年龄	样本量（ind.）	0 龄	1 龄	2 龄	3 龄	4 龄	5 龄	平均年龄（龄）
比例（%）	350	0.29	64.57	30.86	2.57	0.29	1.43	1.42

7.9.2　定置刺网作业

渔获状况

（1）产量：定置刺网作业大黄鱼产量主要出现在下半年的 8～10 月份。2016～2019 年江苏定置刺网大黄鱼产量为 0～719 kg，2018 年产量较高，8、9、10 月份的大黄鱼产量分别为 338 kg、259 kg、122 kg（图 7 - 101）。

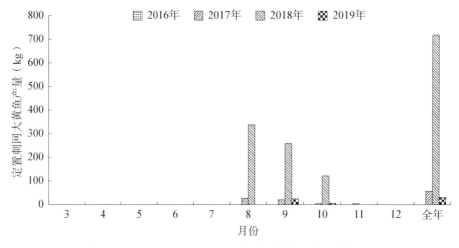

▲ 图 7 - 101　2016～2019 年江苏定置刺网作业单船大黄鱼产量

（2）平均网产:2016～2019年江苏定置刺网大黄鱼平均网产为0～0.23 kg/ent,2018年比例较高,8、9、10月份的大黄鱼平均网产分别为0.83 kg/ent、0.43 kg/ent、0.20 kg/ent(图7-102)。

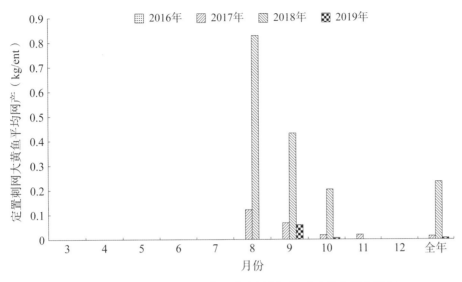

▲ 图7-102 2016～2019年江苏定置刺网作业大黄鱼平均网产

（3）渔获比例:2016～2019年江苏定置刺网大黄鱼渔获比例为0～1.68%,2018年比例较高,8、9、10月份的大黄鱼渔获比例分别为4.54%、4.80%、2.69%(图7-103)。

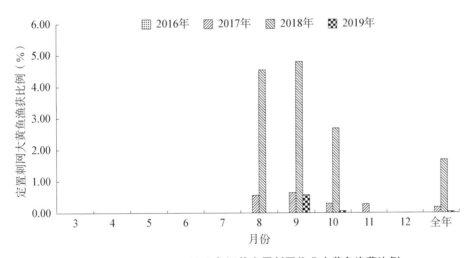

▲ 图7-103 2016～2019年江苏定置刺网作业大黄鱼渔获比例

7.9.3 单桩张纲张网作业

7.9.3.1 渔获状况

（1）产量:根据2016～2019年江苏单桩张纲张网作业监测调查,大黄鱼在该作业中偶有渔获,2018年有6 kg的产量,渔获为9、10月份。2019年10月份有9.5 kg的大黄鱼产量。2016年和2017年基本上未有渔获。见图7-104。

（2）平均网产:2016～2019年江苏单桩张纲张网作业由于产量低,平均网产更小,2018年10月份平均网产0.006 kg/ent,2019年10月份为0.014 kg/ent(图7-105)。

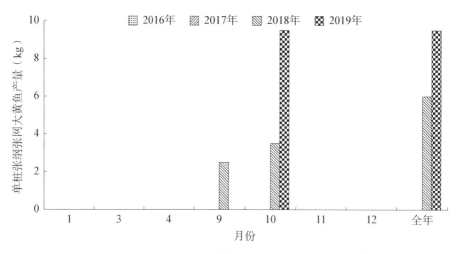

▲ 图 7 - 104　2016～2019 年江苏单桩张纲张网作业单船大黄鱼产量

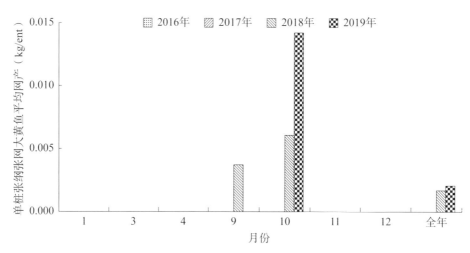

▲ 图 7 - 105　2016～2019 年江苏单桩张纲张网作业大黄鱼平均网产

（3）渔获比例：2016～2019 年江苏单桩张纲张网作业由于产量低,渔获比例非常低,2018 年 10 月份渔获比例为 0.015%,2019 年 10 月份渔获比例为 0.027%（图 7 - 106）。

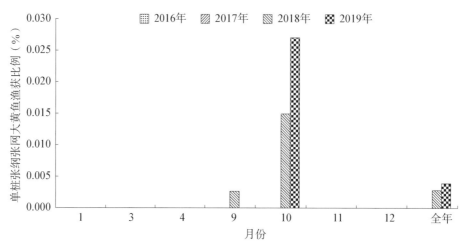

▲ 图 7 - 106　2016～2019 年江苏单桩张纲张网作业大黄鱼平渔获比例

7.9.3.2 生物学

（1）体长和体重：根据取样测定，2017年10月份单桩张纲张网作业大黄鱼体长为115～177 mm，优势组体长141～170 mm，占比84.0%，平均体长150.9 mm；体重为25.8～89.8 g，优势组体重41～80 g，占比86.0%，平均体重57.5 g。雌鱼平均体长153.3 mm，平均体重59.0 g；雄鱼平均体长146.7 mm，平均体重54.8 g。雌雄性比为1:0.56（表7－148）。

表7－148 2017年10月份单桩张纲张网作业大黄鱼体长、体重及雌雄性比

雌雄	样本量（ind.）	体长（mm）				体重（g）				雌雄性比（♀:♂）
		范围	优势组	比例（%）	平均	范围	优势组	比例（%）	平均	
雌鱼	32	136～177			153.3	39.8～89.8			59.0	
雄鱼	18	115～163			146.7	25.8～74.7			54.8	1:0.56
合计	50	115～177	141～170	84.0	150.9	25.8～89.8	41～80	86.0	57.5	

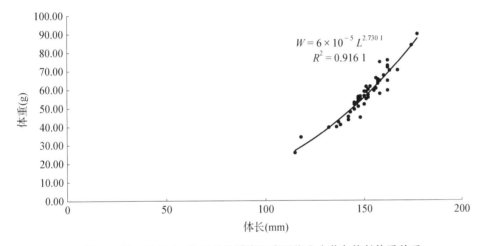

▲ 图7－107 2017年10月份单桩张纲张网作业大黄鱼体长体重关系

体长与体重呈幂指数关系，$W = 6 \times 10^{-5} L^{2.7301}$（$R^2 = 0.9161$），见图7－107。

（2）性腺成熟度：2017年10月份单桩张纲张网作业大黄鱼雌鱼性腺成熟度主要为Ⅱ期，占96.88%，Ⅲ期仅占3.12%（表7－149）。

表7－149 2017年10月份单桩张纲张网作业大黄鱼雌鱼性腺成熟度

性腺成熟度	Ⅱ期	Ⅲ期	合计
比例（%）	96.88	3.12	100.00

（3）摄食强度：2017年10月份桩张纲张网作业大黄鱼摄食等级以0级为主，占52.0%，1级次之，占32%，其余占16%。平均摄食等级为0.78（表7－150）。

表7－150 2017年10月份单桩张纲张网作业大黄鱼摄食等级

摄食等级	0级	1级	2级	3级	4级	合计	平均摄食等级
比例（%）	52.00	32.00	4.00	10.00	2.00	100.00	0.78

（4）年龄结构：2017年10月份单桩张纲张网渔获大黄鱼测定50尾，年龄结构仅为0龄和1龄，分别占4.00%和96.00%，平均年龄0.96龄（表7－151）。

表 7 - 151　2017 年 10 月份单桩张纲张网作业大黄鱼年龄组成(%)

年龄	样本量(ind.)	0 龄	1 龄	平均年龄(龄)
比例(%)	50	4.00	96.00	0.96

7.10　海鳗

7.10.1　单锚张纲张网作业

渔获状况

(1) 产量:根据单锚张纲张网作业监测调查,海鳗产量很低,2016 年和 2017 年几乎没有产量,2018 年单船产量仅有 279 kg,主要出现月份为 11 月份,其次为 4 月份。2019 年产量为 1 328 kg,全部为 9 月份所渔获(图 7 - 108)。

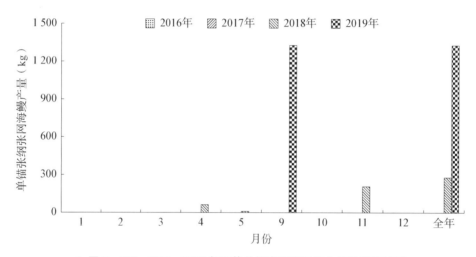

▲ 图 7 - 108　2016~2019 年江苏单锚张纲张网作业单船海鳗产量

(2) 平均网产:单锚张纲张网作业海鳗平均网产很低,全年平均网产 0.23 kg/ent。2018 年 4、5、11 月份平均网产仅 0.32 kg/ent、0.74 kg/ent 和 0.90 kg/ent。2019 年 9 月份海鳗平均网产 9.98 kg/ent,年平均为 0.91 kg/ent(图 7 - 109)。

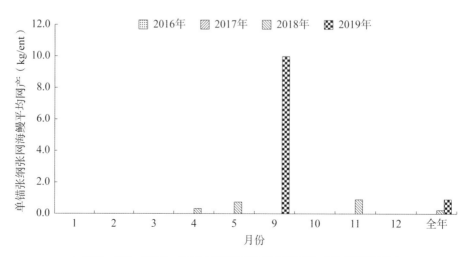

▲ 图 7 - 109　2016~2019 年江苏单锚张纲张网作业海鳗平均网产

（3）渔获比例：单锚张纲张网作业海鳗渔获比例很低，2018年全年渔获比例0.06％。2018年4、5、11月份渔获比例分别为0.78％、1.30％、0.27％。2019年9月份渔获比例为1.20％，全年渔获比例为0.35％（图7-110）。

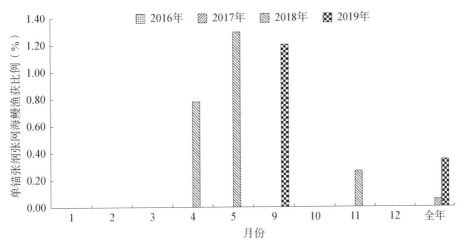

▲ 图7-110　2016～2019年江苏单锚张纲张网作业海鳗渔获比例

7.10.2　单桩张纲张网作业

渔获状况

（1）产量：2016～2019年期间，江苏单桩张纲张网作业仅在2018年伏休开捕后的9月份有产量，为114 kg，其余时间均没有产量（图7-111）。

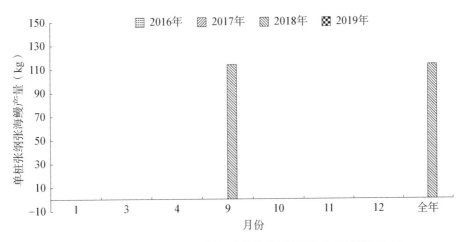

▲ 图7-111　2016～2019年江苏单桩张纲张网作业单船海鳗产量

（2）平均网产：2016～2019年江苏单桩张纲张网作业海鳗平均网产为0～0.03 kg/ent，仅2018年伏休开捕后的9月份有产量，平均网产为0.17 kg/ent（图7-112）。

（3）渔获比例：2016～2019年江苏单桩张纲张网作业海鳗渔获比例为0～0.05％，仅2018年伏休开捕后的9月份有产量，渔获比例为0.12％（图7-113）。

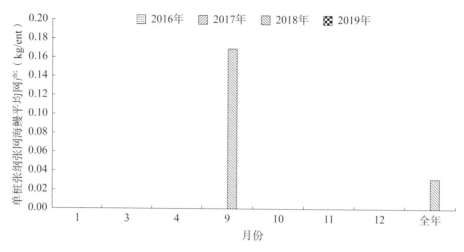

▲ 图 7 - 112　2016～2019 年江苏单桩张纲张网作业海鳗平均网产

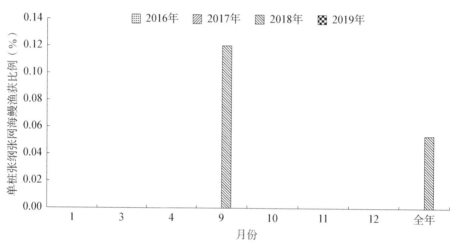

▲ 图 7 - 113　2016～2019 年江苏单桩张纲张网作业海鳗渔获比例

7.10.3　桁杆拖网作业

渔获状况

（1）产量：2016～2019 年桁杆拖网作业海鳗产量较高，为 1 618.5～7 943.5 kg，产量主要来自伏休开捕后的 8～11 月份。2017 年产量最高，最高月产量为 2017 年 8 月份的 4 742.5 kg(图 7 - 114)。

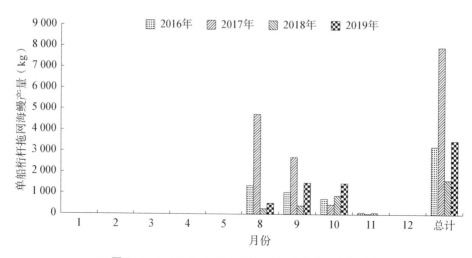

▲ 图 7 - 114　2016～2019 年桁杆拖网作业单船海鳗产量

（2）CPUE（单位小时渔获量）：2016～2019年桁杆拖网作业海鳗CPUE为0.67～3.23 kg/h，2018年平均CPUE最高。CPUE最高月份为2017年8月份，达到12.03 kg/h（图7-115）。

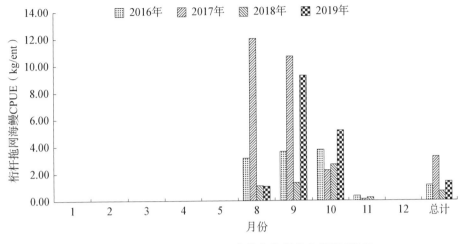

▲ 图7-115 2016～2019年桁杆拖网作业海鳗CPUE

（3）渔获比例：2016～2019年桁杆拖网作业海鳗渔获比例为1.20～5.91%，2017年全年渔获比例最高。比例最高月份为2017年9月份，达到22.60%（图7-116）。

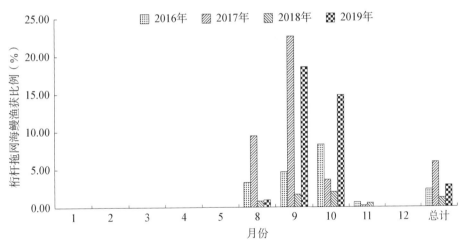

▲ 图7-116 2016～2019年桁杆拖网作业海鳗渔获比例

7.10.4 多锚单片张网作业

渔获状况

（1）产量：2016～2019年多锚单片张网作业海鳗产量为0～1 310 kg，2017年和2018年未有产量，2016年仅10月份有产量，为1 310 kg，2019年9月份海鳗产量为110 kg（图7-117）。

（2）平均网产：2016～2019年多锚单片张网作业海鳗平均网产为0～0.46 kg/ent，2017年和2018年未有产量，2016年10月份平均网产为0.89 kg/ent，2019年9月份平均网产0.35 kg/ent（图7-118）。

（3）渔获比例：2016～2019年多锚单片张网作业海鳗平均渔获比例为0～1.36%，2016年10月份渔获比例为3.25%，2019年9月份渔获比例为0.15%（图7-119）。

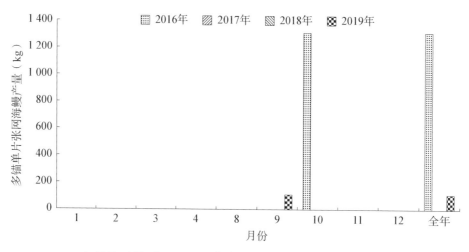

▲ 图 7 – 117　2016～2019 年多锚单片张网作业单船海鳗产量

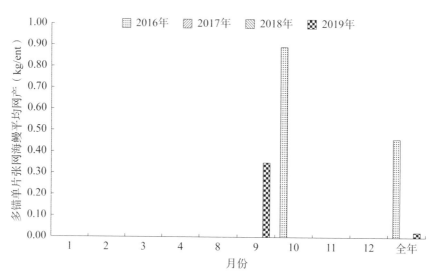

▲ 图 7 – 118　2016～2019 年多锚单片张网作业海鳗平均网产

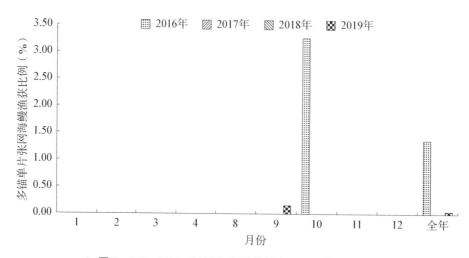

▲ 图 7 – 119　2016～2019 年多锚单片张网作业海鳗渔获比例

第八章

游泳动物综合评价

8.1 资源总体状况

8.1.1 种类数量中长期波动明显,珍稀野生动物难觅踪影

江苏省海洋水生野生动物资源普查和专项监测调查表明,海洋渔业资源利用过度,游泳动物中鱼类种类较 20 世纪 80 年代减少,80 年代调查出现的珍稀野生动物在此次调查中绝迹。

8.1.1.1 鱼类种类减少 1981～1982 年调查共收集到鱼类 17 目、73 科、119 属计 150 种,2006～2007 年"江苏 908"专项调查(调查站位布设见图 8-1)(含补充调查)共出现鱼类 16 目、58 科、93 属计 118 种。2017～2018 年禁渔区线内侧共采集到鱼类 14 目、52 科、77 属计 90 种,总体上说明经过多年鱼类种类数量在减少。

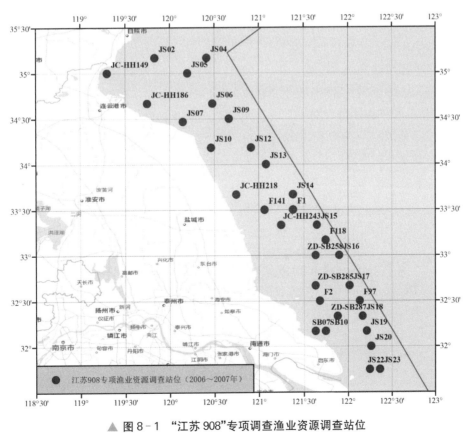

▲ 图 8-1 "江苏 908"专项调查渔业资源调查站位

8.1.1.2 珍稀野生动物难觅踪影 在 1981～1982 年的海岸带和海涂综合调查中出现了包括 3 种海

产龟类、2 种齿鲸类和 1 种鳍脚类共 6 种国家二级保护动物,龟类为蠵(xī)、丽龟、棱皮龟,海兽为江豚、大海豚,鳍脚类为环海豹。在 2006～2007 年"江苏 908"专项调查和本次江苏海洋水野普查中,海龟、海兽、鳍脚类等种类均未出现。

8.1.2　小黄鱼个体小型化、低龄化和性早熟现象明显

海洋渔业资源不合理利用的危机日益显现出来,主要经济鱼类生物学特征表现为低龄化、小型化、性早熟。

8.1.2.1　个体小型化　2017～2018 年江苏海洋水野普查结果表明,春季小黄鱼体长为 20～190 mm,体重为 0.04～71.2 g,雌雄性比为 1∶1.52。平均体长 78.95 mm,平均体重 13.68 g。分成两个优势组,幼鱼组和 1 龄组。1 龄组优势体长 91～130 mm,占 46.74%,优势体重 11～40 g,占 50.96%。

20 世纪 50 年代,吕泗渔场小黄鱼产卵群体体长优势组一般为 190～240 mm,平均体长 214.2～225 mm,平均体重 190～211 g;60 年代初体长优势组一般为 200～270 mm,平均体长为 221.0～239.2 mm;至 70 年代中期平均体长 171.4 mm,平均体重 91.6 g;80 年代平均体重 47.5 g;90 年代平均体重 41.6 g;2000 年以来,吕泗渔场小黄鱼产卵群平均体长不足 140 mm,平均体重不足 40 g。生物学测定结果显示了自 20 世纪 50 年代以来小黄鱼个体小型化的表征。

8.1.2.2　群体组成低龄化　2017～2018 年江苏省水生野生动物资源普查中小黄鱼最高年龄为 3 龄,绝大多数小黄鱼为幼鱼。20 世纪 50 年代吕泗渔场小黄鱼产卵群年龄组成为 1～20 龄,10 龄以上高龄鱼比例为 5.2～14.4%,平均年龄为 5.17 龄;60 年代 10 龄以上高龄鱼比例为 1.8～19.5%,平均年龄同样为 5.17 龄,但 60 年代中后期,高龄鱼比例明显下降,优势组年龄组为 3～4 龄;70 年代中期(1975 年),平均年龄 2.1 龄,最高年龄仅为 4 龄;80 年代初以 1～2 龄鱼为主,平均 1.69 龄,4 龄鱼在渔获物中尚有一定的比例,80 年代末平均年龄 1.09 龄;90 年代平均年龄为 1.04 龄,2000 年以来,平均年龄仅为 0.90 龄。从小黄鱼产卵后出现幼鱼至伏休后开捕仅 6 个月的生长期,主要利用群体一般仅 0.5 年龄,处于当年生当年捕的状态。

8.1.2.3　性成熟提早状况未有改观　2017～2018 年江苏海洋水野普查结果表明小黄鱼最小性成熟体长为 105 mm,体重为 19.9 g。吕泗渔场产卵群体多年取样测定结果表明,20 世纪 80 年代末小黄鱼雌鱼性成熟最小平均体长和平均体重分别为 119.3 mm、26.3 g,90 年代为 123.9 mm、28.4 g,2001～2010 年为 108.5 mm、17.8 g,2011～2020 年为 99.3 mm、13.8 g(图 8-2、图 8-3),说明吕泗渔场小黄鱼性早熟现象越来越明显,且未有所改观。根据 1959 年研究结果,吕泗渔场小黄鱼初次性成熟的雌鱼最小体长为 140～150 mm。

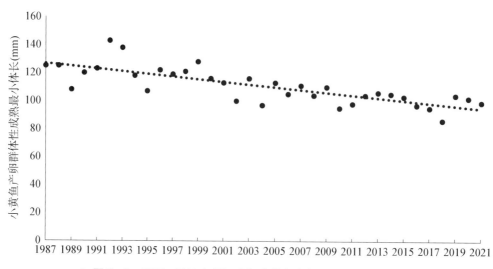

▲ 图 8-2　1987～2021 年吕泗渔场小黄鱼产卵群体性成熟最小体长

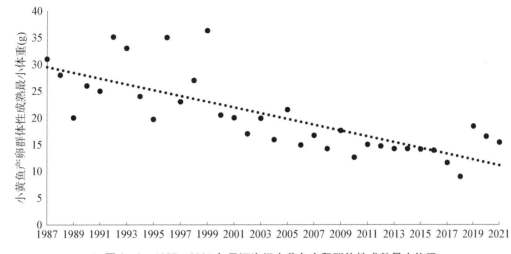

▲ 图 8 - 3 1987～2021 年吕泗渔场小黄鱼产卵群体性成熟最小体重

8.1.3 近岸海域总体资源量呈上升趋势

（1）重量资源量：2017～2018 年春夏秋冬四季总体资源量分别为 1.865×10^4 t、4.605×10^4 t、0.622×10^4 t 和 0.197×10^4 t（表 8-1），呈夏季＞春季＞秋季＞冬季；2006 年～2007 年春夏秋冬四季总体重量资源量分别为 0.741×10^4 t、2.645×10^4 t、1.044×10^4 t 和 0.456×10^4 t，呈夏季＞秋季＞春季＞冬季。2017～2018 年与 2006～2007 年各季节相比，春夏秋冬四季总体资源量分别增加 1.52 倍、增加 74.13％、减少 40.44％和减少 56.82％。春季和夏季呈幅度增加，但秋冬季重量资源量减少也明显（图 8-4）。具体各大类各季节的增减幅度见表 8-2。

表 8 - 1 江苏近岸海域重量资源量

种类	2006～2007 年（10^4 t）				2017～2018 年（10^4 t）			
	春季	夏季	秋季	冬季	春季	夏季	秋季	冬季
鱼类	0.406	1.858	0.566	0.280	1.284	3.834	0.266	0.159
虾类	0.087	0.145	0.068	0.050	0.124	0.09	0.05	0.017
蟹类	0.198	0.579	0.335	0.086	0.424	0.655	0.279	0.011
头足类	0.050	0.063	0.077	0.040	0.033	0.027	0.027	0.01
合计	0.741	2.645	1.044	0.456	1.865	4.605	0.622	0.197

表 8 - 2 2017～2018 年较 2006～2007 年重量资源量增减比例

种类 \ 增减（％）	春季	夏季	秋季	冬季
鱼类	215.94	106.32	−52.96	−43.23
虾类	43.02	−37.93	−26.14	−66.14
蟹类	114.68	13.22	−16.62	−87.15
头足类	−34.13	−56.94	−64.75	−75.19
合计	151.82	74.13	−40.44	−56.82

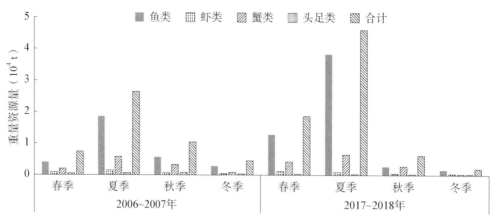

▲ 图 8 - 4 江苏近岸海域重量资源量年间对比

（2）尾数资源量：2017～2018 年春夏秋冬四季尾数资源量分别为 90.89×10^8 ind.、26.59×10^8 ind.、4.96×10^8 ind. 和 2.34×10^8 ind.（表 8 - 3），呈春季＞夏季＞秋季＞冬季；2006～2007 年春夏秋冬四季尾数重量资源量分别为 31.73×10^8 ind.、33.01×10^8 ind.、10.00×10^8 ind. 和 8.67×10^8 ind.，呈夏季＞春季＞秋季＞冬季。2017～2018 年与 2006～2007 年各季节相比，春夏秋冬四季总体尾数资源量分别增加 1.86 倍、减少 19.45%、减少 50.39%、和减少 73.01%（图 8 - 5）。具体各大类各季节的增减幅度见表 8 - 4。

表 8 - 3 江苏近岸海域尾数资源量

种类	2006～2007 年（10^8 ind.）				2017～2018 年（10^8 ind.）			
	春季	夏季	秋季	冬季	春季	夏季	秋季	冬季
鱼类	14.82	24.62	4.36	3.50	83.42	22.27	1.75	1.07
虾类	15.38	3.81	3.43	4.60	5.63	2.94	0.98	1.12
蟹类	0.99	3.70	1.56	0.33	1.6	0.96	2.08	0.12
头足类	0.54	0.89	0.65	0.24	0.24	0.42	0.15	0.03
合计	31.73	33.01	10.00	8.67	90.89	26.59	4.96	2.34

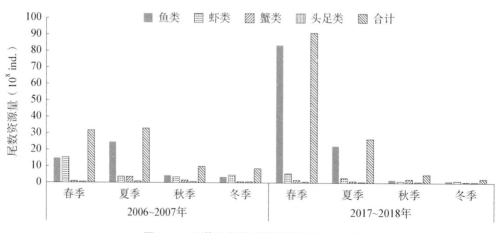

▲ 图 8 - 5 江苏近岸海域尾数资源量年间对比

表8-4 2017～2018年较2006～2007年尾数资源量增减百分比

种类	增减（%） 春季	夏季	秋季	冬季
鱼类	463.04	−9.53	−59.90	−69.44
虾类	−63.40	−22.77	−71.39	−75.65
蟹类	61.78	−74.03	33.76	−63.30
头足类	−55.64	−52.76	−76.99	−87.60
合计	186.46	−19.45	−50.39	−73.01

8.1.4 主要经济种类中长期变动趋势

中长期数据对比显示,江苏近岸海域主要经济种类资源密度和资源量有增有减。与20世纪80年代初相比,大黄鱼、灰鲳、蓝点马鲛资源密度和资源量下降,海鳗、小黄鱼、银鲳增加。与2006～2007年("江苏908"专项调查数据)相比,灰鲳、蓝点马鲛资源密度和资源量则继续下降,大黄鱼、带鱼、海鳗、鮸、小黄鱼、银鲳资源密度和资源量上升(表8-5、图8-6)。

表8-5 江苏近岸海域主要经济种类资源密度中长期数据对比

种类	1981～1982年资源密度（kg/km²）	2006～2007年资源密度（kg/km²）	2017～2018年资源密度（kg/km²）	较1981～1982年增减（%）	较2006～2007年增减（%）
大黄鱼	140.20	0.23	0.59	−99.58	156.52
带鱼	缺数据	11.88	59.87	缺数据	403.84
海鳗	31.20	26.34	89.82	187.88	241.00
灰鲳	79.00	4.06	1.45	−98.16	−64.29
蓝点马鲛	69.40	13.19	3.65	−94.74	−72.33
鮸	缺数据	102.15	155.76	缺数据	52.48
小黄鱼	24.20	142.67	255.78	956.94	79.28
银鲳	272.60	176.92	816.48	199.52	361.50

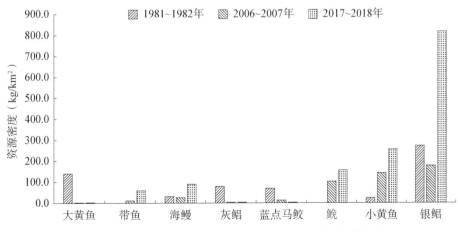

▲ 图8-6 江苏近岸海域主要经济种类资源密度中长期数据对比

在评价面积相同的情况下,与1981~1982年江苏海岸带调查资源密度数据对比,2017~2018年江苏海洋水野普查大黄鱼、灰鲳、蓝点马鲛资源密度分别下降99.58%、98.16%和94.74%;海鳗、小黄鱼、银鲳资源密度分别增加187.88%、956.94%和199.52%(表8-5)。

与2006~2007年"江苏908"专项调查资源密度数据对比,2017~2018年江苏海洋水野普查灰鲳、蓝点马鲛资源密度分别下降64.29%、72.33%;大黄鱼、带鱼、海鳗、鮸、小黄鱼、银鲳资源密度分别增加156.52%、403.84%、241.00%、138.74%、52.48%、361.50%(图8-6)。

在评价面积相同的情况下,与1981~1982年江苏海岸带调查资源量数据对比,2017~2018年江苏海洋水野普查大黄鱼、灰鲳、蓝点马鲛资源量分别下降99.58%、98.16%、94.74%;海鳗、小黄鱼、银鲳资源量分别增加187.88%、956.94%、199.52%(表8-6)。

表8-6 江苏近岸海域主要经济种类资源量中长期数据对比

种类	1981~1982年资源量($\times 10^4$ t)	2006~2007年资源量($\times 10^4$ t)	2017~2018年资源量($\times 10^4$ t)	较1981~1982年增减(%)	较2006~2007年增减(%)
大黄鱼	0.382	0.001	0.002	−99.58	156.52
带鱼	缺数据	0.032	0.163	缺数据	403.84
海鳗	0.085	0.072	0.245	187.88	241.00
灰鲳	0.216	0.011	0.004	−98.16	−64.29
蓝点马鲛	0.189	0.036	0.010	−94.74	−72.33
鮸	缺数据	0.279	0.425	缺数据	52.48
小黄鱼	0.066	0.389	0.698	956.94	79.28
银鲳	0.744	0.483	2.227	199.52	361.50

与2006~2007年"江苏908"专项调查资源量数据对比,2017~2018年江苏海洋水野普查灰鲳、蓝点马鲛资源量分别下降64.29%、72.33%;大黄鱼、带鱼、海鳗、鮸、小黄鱼、银鲳资源量分别增加156.52%、403.84%、241.00%、52.48%、79.28%、361.50%(图8-7)。

▲ 图8-7 江苏近岸海域主要经济种类资源量中长期数据对比

8.1.4.1 江苏近岸海域小黄鱼资源密度和资源量均增加

(1) 重量资源密度:2006~2007年江苏近岸海域基础调查("江苏908"专项调查)小黄鱼重量资源密度季平均为38.24 kg/km²,2017~2018年江苏海洋水野普查近岸海域小黄鱼重量资源密度季平均为89.59 kg/km²,重量资源密度季平均增加1.34倍(图8-8)。

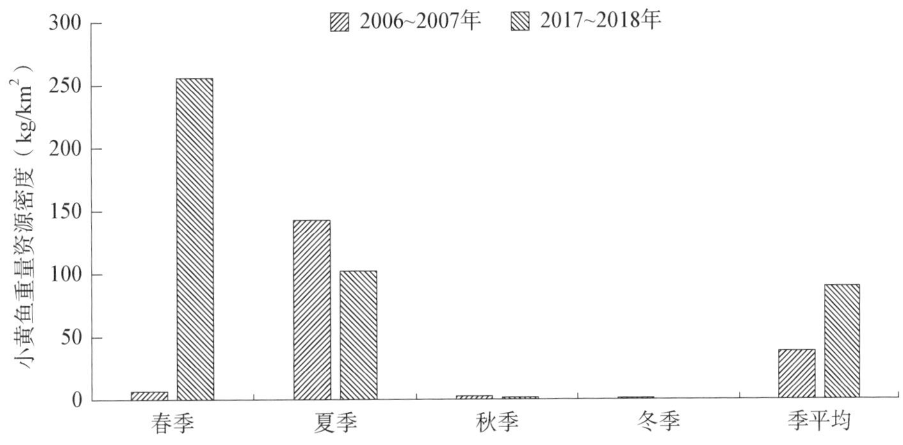

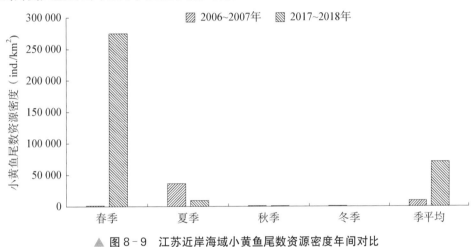

▲ 图 8 - 8 江苏近岸海域小黄鱼重量资源密度年间对比

（2）尾数资源密度：2006～2007 年江苏近岸海域基础调查（"江苏 908"专项调查）小黄鱼尾数资源密度季平均为 9.26×10^3 ind./km²，2017～2018 年江苏海洋水野普查近岸海域小黄鱼尾数资源密度季平均为 71.1×10^3 ind./km²，尾数资源密度季平均增加 6.68 倍（图 8 - 9）。主要原因是 2017 年春季调查在拖网禁渔区线内侧大量的当年生小黄鱼已大量出现。

▲ 图 8 - 9 江苏近岸海域小黄鱼尾数资源密度年间对比

（3）重量资源量：2006～2007 年江苏近岸海域基础调查（"江苏 908"专项调查）小黄鱼重量资源量季平均为 1 043.03 t，2017～2018 年江苏海洋水野普查近岸海域小黄鱼重量资源量季平均为 2 443.92 t，重量资源量季平均增加 1.34 倍（图 8 - 10）。

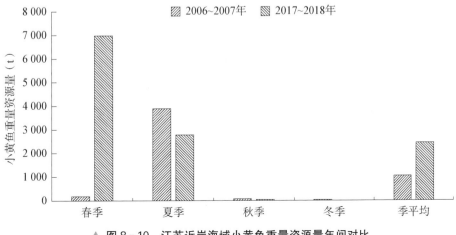

▲ 图 8 - 10 江苏近岸海域小黄鱼重量资源量年间对比

（4）尾数资源量：以同样的评价面积计算，2006～2007 年江苏近岸海域基础调查（"江苏 908"专项调查）小黄鱼尾数资源量季平均为 2.52×10^8 ind.，2017～2018 年江苏海洋水野普查近岸海域小黄鱼尾数资源量季平均为 19.39×10^8 ind.，尾数资源量季平均增加 6.69 倍（图 8-11）。

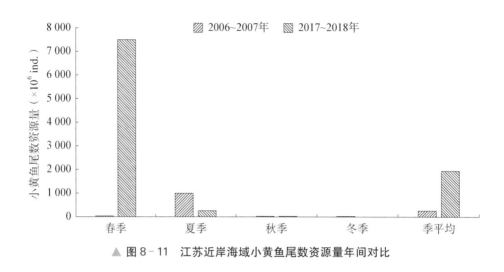

▲ 图 8-11　江苏近岸海域小黄鱼尾数资源量年间对比

8.1.4.2　江苏近岸海域银鲳资源密度和资源量增加

（1）重量资源密度：2006～2007 年江苏近岸海域基础调查（"江苏 908"专项调查）银鲳重量资源密度季平均为 51.46 kg/km²，2017～2018 年江苏海洋水野普查近岸海域银鲳重量资源密度季平均为 214.14 kg/km²，重量资源密度季平均增加 3.16 倍，春季和夏季分别增加 8.44 倍和 3.62 倍（图 8-12）。

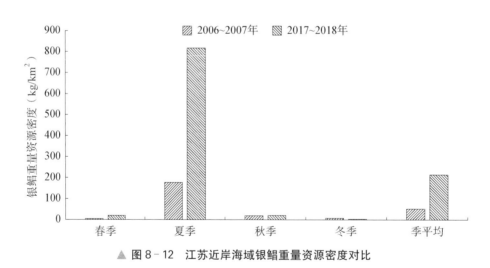

▲ 图 8-12　江苏近岸海域银鲳重量资源密度对比

（2）尾数资源密度：2006～2007 年江苏近岸海域基础调查（"江苏 908"专项调查）银鲳尾数资源密度季平均为 2.13×10^3 ind./km²，2017～2018 年江苏海洋水野普查近岸海域银鲳尾数资源密度季平均为 6.08×10^3 ind./km²，尾数资源密度季平均增加 1.86 倍（图 8-13）。春季、夏季、秋季分别增加 139.46 倍、1.22 倍和 2.84 倍。

（3）重量资源量：2006～2007 年江苏近岸海域基础调查（"江苏 908"专项调查）银鲳重量资源量季平均为 1984.38 t，2017～2018 年江苏海洋水野普查近岸海域银鲳重量资源量季平均为 5841.55 t，重量资源量季平均增加 1.94 倍，春季和夏季分别增加 5.38 倍和 2.24 倍，秋季减少 18.88%（图 8-14）。

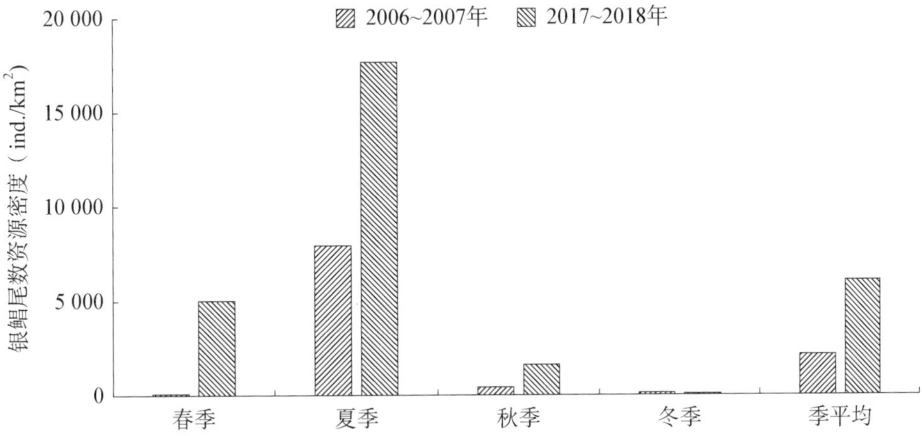

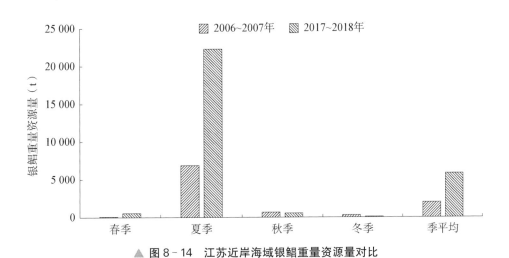

▲ 图8-13 江苏近岸海域银鲳尾数密度对比

▲ 图8-14 江苏近岸海域银鲳重量资源量对比

（4）尾数资源量：2006～2007年江苏近岸海域基础调查（"江苏908"专项调查）银鲳尾数资源量季平均为0.833×10⁸ ind.，2017～2018年江苏海洋水野普查近岸海域银鲳尾数资源量季平均为1.66×10⁸ ind.，尾数资源量季平均增加99.01%（图8-15）。

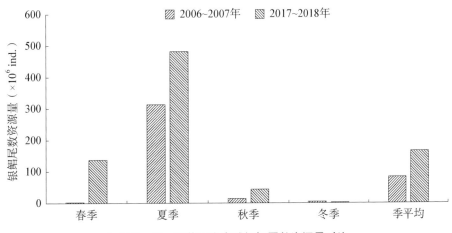

▲ 图8-15 江苏近岸海域银鲳尾数资源量对比

8.1.4.3　江苏近岸海域鮸重量资源量增加尾数资源量减少

(1) 重量资源密度:2006～2007 年江苏近岸海域基础调查("江苏 908"专项调查)鮸重量资源密度季平均为 38.8 kg/km²,2017～2018 年江苏海洋水野普查近岸海域鮸重量资源密度季平均为 48.1 kg/km²,重量资源密度季平均增加 24.03％,春季、夏季、冬季分别增加 61.57％和 52.48％、2.51 倍,秋季则减少 76.28％(图 8 - 16)。

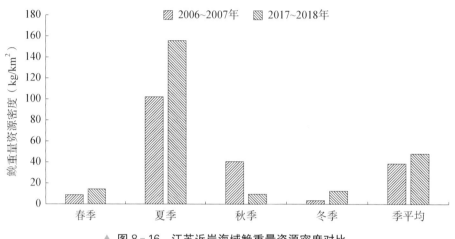

▲ 图 8 - 16　江苏近岸海域鮸重量资源密度对比

(2) 尾数资源密度:2006～2007 年江苏近岸海域基础调查("江苏 908"专项调查)鮸尾数资源密度季平均为 1.29×10^3 ind./km²,江苏海洋水野普查近岸海域鮸尾数资源密度季平均为 0.89×10^3 ind./km²,尾数资源密度季平均减少 21.42％。春季减少 54.03％,夏季、秋季和冬季分别增加 46.39％、19.54％和 83.6 倍(图 8 - 17)。

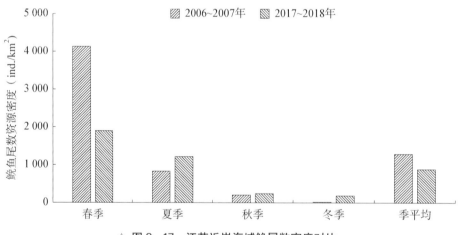

▲ 图 8 - 17　江苏近岸海域鮸尾数密度对比

(3) 重量资源量:2006～2007 年江苏近岸海域基础调查("江苏 908"专项调查)鮸重量资源量季平均为 1 058.45 t,2017～2018 年江苏海洋水野普查近岸海域鮸重量资源量季平均为 1 312.72 t,重量资源量季平均增加 24.02％,春季、夏季和冬季分别增加 61.57％、52.48％和 2.51 倍,秋季减少 76.28％(图 8 - 18)。

(4) 尾数资源量:2006～2007 年江苏近岸海域基础调查("江苏 908"专项调查)鮸尾数资源量季平均为 35.23×10^6 ind.,2017～2018 年江苏海洋水野普查近岸海域鮸尾数资源量季平均为 24.17×10^6 ind.,尾数资源量季平均减少 31.42％。春季减少 54.03％,夏季、秋季和冬季分别增加 46.39％、19.52％和 83.65 倍(图 8 - 19)。

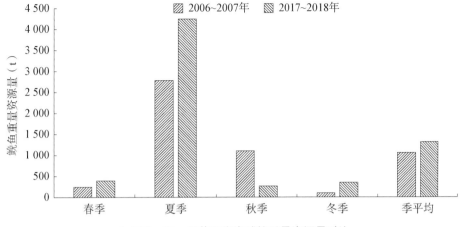

▲ 图 8 - 18　江苏近岸海域鮸重量资源量对比

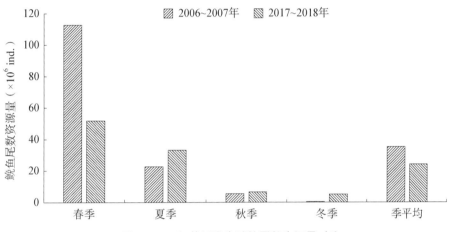

▲ 图 8 - 19　江苏近岸海域鮸尾数资源量对比

8.1.4.4　江苏近岸海域带鱼资源量增加

（1）重量资源密度：2006～2007 年江苏近岸海域基础调查（"江苏 908"专项调查）带鱼重量资源密度季平均为 3.36 kg/km²，2017～2018 年江苏海洋水野普查近岸海域带鱼重量资源密度季平均为 15.09 kg/km²，重量资源密度季平均增加 3.49 倍，春季和夏季分别增加 1.81 倍和 4.03 倍（图 8 - 20）。

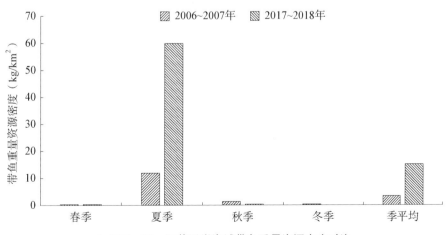

▲ 图 8 - 20　江苏近岸海域带鱼重量资源密度对比

（2）尾数资源密度：2006～2007 年江苏近岸海域基础调查（"江苏 908"专项调查）带鱼尾数资源密度季平均为 0.24×10³ ind./km²，2017～2018 年江苏海洋水野普查近岸海域带鱼尾数资源密度季平均为 0.18×10³ ind./km²，尾数资源密度季平均减少 26.24%（图 8-21）。仅春季增加 44.70%，其余季节均减少。

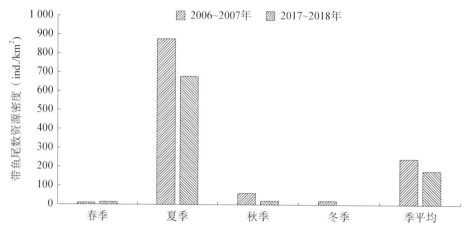

▲ 图 8-21 江苏近岸海域带鱼尾数密度对比

（3）重量资源量：2006～2007 年江苏近岸海域基础调查（"江苏 908"专项调查）带鱼重量资源量季平均为 91.74 t，2017～2018 年江苏海洋水野普查近岸海域带鱼重量资源量季平均为 411.65 t，重量资源量季平均增加 3.49 倍，春季、夏季分别增加 1.81 倍、4.04 倍，秋季减少 88.63%，冬季带鱼未出现（图 8-22）。

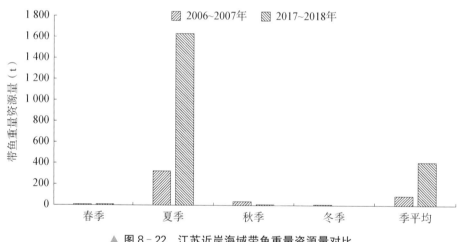

▲ 图 8-22 江苏近岸海域带鱼重量资源量对比

（4）尾数资源量：2006～2007 年江苏近岸海域基础调查（"江苏 908"专项调查）带鱼尾数资源量季平均为 6.60×10⁶ ind.，2017～2018 年江苏海洋水野普查近岸海域带鱼尾数资源量季平均为 4.87×10⁶ ind.，尾数资源量季平均减少 26.22%，春季增加 42.97%，其余季节均减少（图 8-23）。

8.1.4.5　江苏近岸海域灰鲳资源密度和资源量减少

（1）重量资源密度：2006～2007 年江苏近岸海域基础调查（"江苏 908"专项调查）灰鲳重量资源密度季平均为 1.60 kg/km²，2017～2018 年江苏海洋水野普查近岸海域灰鲳重量资源密度季平均为 0.36 kg/km²，重量资源密度季平均减少 77.36%。2006～2007 年调查春季和冬季未有出现，2017～2018 年仅夏季有出现（图 8-24）。

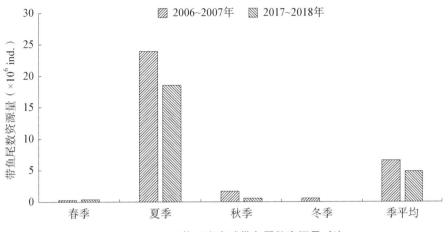

▲ 图 8 - 23 江苏近岸海域带鱼尾数资源量对比

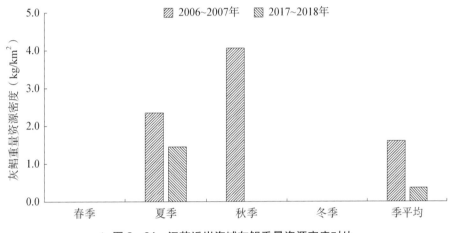

▲ 图 8 - 24 江苏近岸海域灰鲳重量资源密度对比

（2）尾数资源密度：2006～2007 年江苏近岸海域基础调查（"江苏 908"专项调查）灰鲳尾数资源密度季平均为 71.16 ind./km^2，2017～2018 年江苏海洋水野普查近岸海域灰鲳尾数资源密度季平均为 17.31 ind./km^2，尾数资源密度季平均减少 75.67%。夏季减少 38.26%（图 8 - 25）。

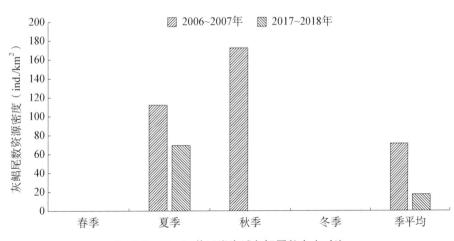

▲ 图 8 - 25 江苏近岸海域灰鲳尾数密度对比

（3）重量资源量：2006～2007 年江苏近岸海域基础调查（"江苏 908"专项调查）灰鲳重量资源量季平均为 43.67 t，2017～2018 年江苏海洋水野普查近岸海域灰鲳重量资源量季平均为 9.86 t，重量资源量季平均减少 77.42%。夏季减少 38.36%（图 8-26）。

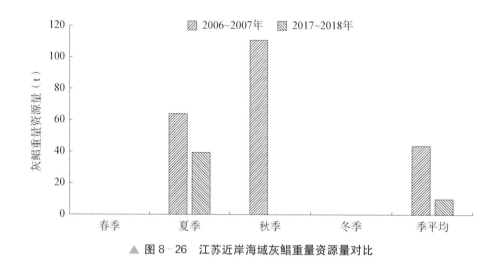

▲ 图 8-26 江苏近岸海域灰鲳重量资源量对比

（4）尾数资源量：2006～2007 年江苏近岸海域基础调查（"江苏 908"专项调查）灰鲳尾数资源量季平均为 1.94×10^6 ind.，2017～2018 年江苏海洋水野普查近岸海域灰鲳尾数资源量季平均为 0.47×10^6 ind.，尾数资源量季平均减少 75.66%，夏季减少 38.22%（图 8-27）。

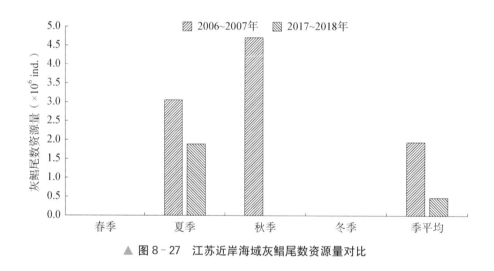

▲ 图 8-27 江苏近岸海域灰鲳尾数资源量对比

8.1.4.6 江苏近岸海域蓝点马鲛资源量减少

（1）重量资源密度：2006～2007 年江苏近岸海域基础调查（"江苏 908"专项调查）蓝点马鲛重量资源密度季平均为 3.3 kg/km²，2017～2018 年江苏海洋水野普查近岸海域蓝点马鲛重量资源密度季平均为 1.03 kg/km²，重量资源密度季平均减少 68.70%（图 8-28）。2006～2007 年调查仅夏季出现，2017～2018 年春季和夏季出现。

（2）尾数资源密度：2006～2007 年江苏近岸海域基础调查（"江苏 908"专项调查）蓝点马鲛尾数资源密度季平均为 78.06 ind./km²，仅夏季出现，2017～2018 年江苏海洋水野普查近岸海域蓝点马鲛尾数资源密度季平均为 1.33 ind./km²，尾数资源密度季平均减少 98.30%。夏季减少 99.39%（图 8-29）。

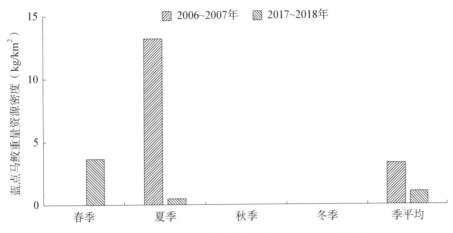

▲ 图 8-28 江苏近岸海域蓝点马鲛重量资源密度对比

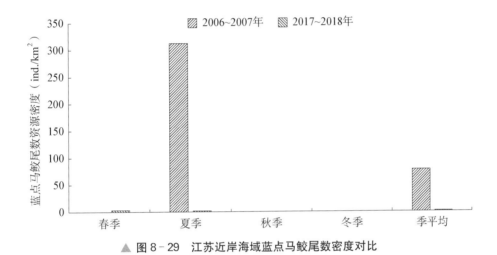

▲ 图 8-29 江苏近岸海域蓝点马鲛尾数密度对比

（3）重量资源量：2006～2007 年江苏近岸海域基础调查（"江苏 908"专项调查）蓝点马鲛重量资源量季平均为 89.98 t，2017～2018 年江苏海洋水野普查近岸海域蓝点马鲛重量资源量季平均为 28.16 t，重量资源量季平均减少 68.70%。夏季减少 96.38%（图 8-30）。

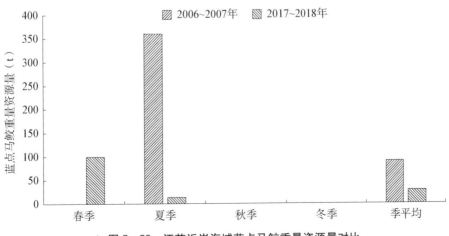

▲ 图 8-30 江苏近岸海域蓝点马鲛重量资源量对比

（4）尾数资源量：2006~2007 年江苏近岸海域基础调查（"江苏 908"专项调查）蓝点马鲛尾数资源量季平均为 $2.13×10^6$ ind.，2017~2018 年江苏海洋水野普查近岸海域蓝点马鲛尾数资源量季平均为 $0.035×10^6$ ind.，尾数资源量季平均减少 98.36%，夏季减少 99.41%（图 8-31）。

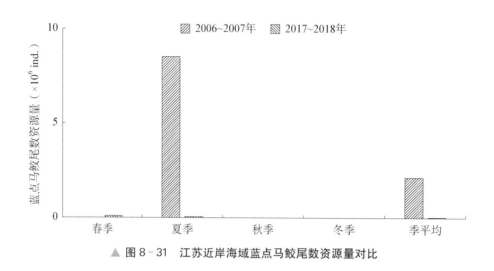

▲ 图 8-31　江苏近岸海域蓝点马鲛尾数资源量对比

8.1.4.7　江苏近岸海域海鳗资源密度和资源量增加

（1）重量资源密度：2006~2007 年江苏近岸海域基础调查（"江苏 908"专项调查）海鳗重量资源密度季平均为 $10.4\,kg/km^2$，2017~2018 年江苏海洋水野普查近岸海域海鳗重量资源密度季平均为 23.54 kg/km^2，重量资源密度季平均增加 1.26 倍（图 8-32）。

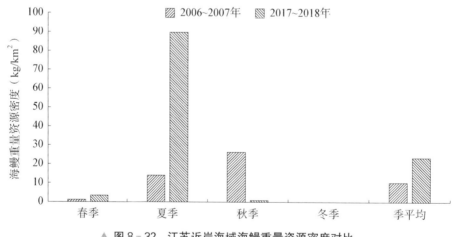

▲ 图 8-32　江苏近岸海域海鳗重量资源密度对比

（2）尾数资源密度：2006~2007 年江苏近岸海域基础调查（"江苏 908"专项调查）海鳗尾数资源密度季平均为 39.39 ind./km^2，2017~2018 年江苏海洋水野普查近岸海域海鳗尾数资源密度季平均为 63.92 ind./km^2，尾数资源密度季平均增加 62.27%（图 8-33）。

（3）重量资源量：2006~2007 年江苏近岸海域基础调查（"江苏 908"专项调查）海鳗重量资源量季平均为 283.67 t，2017~2018 年江苏海洋水野普查近岸海域海鳗重量资源量季平均为 642.11 t，重量资源量季平均增加 126.36%（图 8-34）。

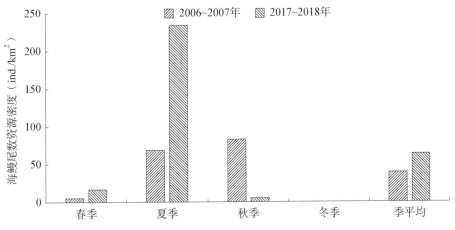

▲ 图 8 - 33 江苏近岸海域海鳗尾数密度对比

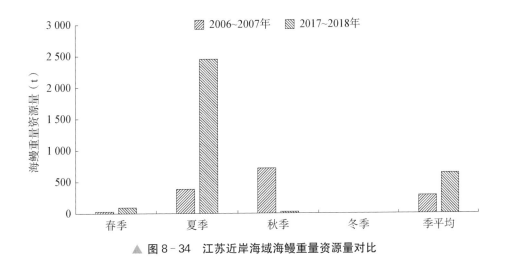

▲ 图 8 - 34 江苏近岸海域海鳗重量资源量对比

（4）尾数资源量：2006～2007 年江苏近岸海域基础调查（"江苏 908"专项调查）海鳗尾数资源量季平均为 1.07×10^6 ind.，2017～2018 年江苏海洋水野普查近岸海域海鳗尾数资源量季平均为 1.75×10^6 ind.，尾数资源量季平均增加 62.39%（图 8 - 35）。

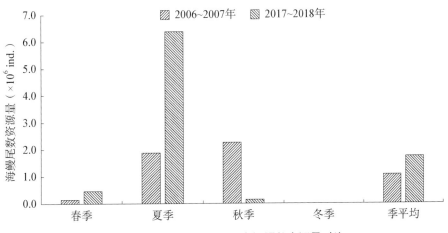

▲ 图 8 - 35 江苏近岸海域海鳗尾数资源量对比

8.1.4.8 江苏近岸海域大黄鱼资源密度和资源量增加

（1）重量资源密度：2006～2007 年江苏近岸海域基础调查（"江苏 908"专项调查）大黄鱼重量资源密度季平均为 0.13 kg/km²，2017～2018 年江苏海洋水野普查近岸海域大黄鱼重量资源密度季平均为 0.15 kg/km²，重量资源密度季平均增加 11.17%（图 8-36）。2006～2007 年调查除夏季外均有出现，2017～2018 年调查仅夏季有出现。

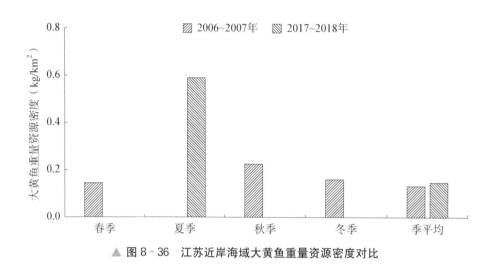

▲ 图 8-36 江苏近岸海域大黄鱼重量资源密度对比

（2）尾数资源密度：2006～2007 年江苏近岸海域基础调查（"江苏 908"专项调查）大黄鱼尾数资源密度季平均为 0.60 ind./km²，2017～2018 年江苏海洋水野普查近岸海域大黄鱼尾数资源密度季平均为 4.29 ind./km²，尾数资源密度季平均增加 6.18 倍（图 8-37）。

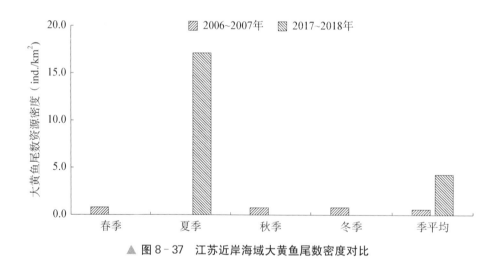

▲ 图 8-37 江苏近岸海域大黄鱼尾数密度对比

（3）重量资源量：2006～2007 年江苏近岸海域基础调查（"江苏 908"专项调查）大黄鱼重量资源量季平均为 3.62 t，2017～2018 年江苏海洋水野普查近岸海域大黄鱼重量资源量季平均为 4.03 t，重量资源量季平均增加 11.21%。夏季资源量明显增加（图 8-38）。

（4）尾数资源量：2006～2007 年江苏近岸海域基础调查（"江苏 908"专项调查）大黄鱼尾数资源量季平均为 0.016×10⁶ ind.，2017～2018 年江苏海洋水野普查近岸海域大黄鱼尾数资源量季平均为 0.118×10⁶ ind.，尾数资源量季平均增加 6.22 倍（图 8-39）。

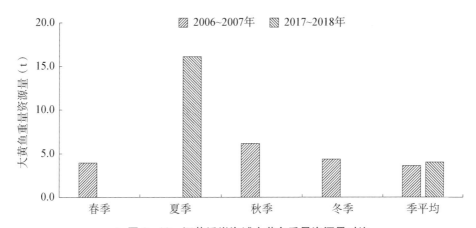

▲ 图 8 - 38　江苏近岸海域大黄鱼重量资源量对比

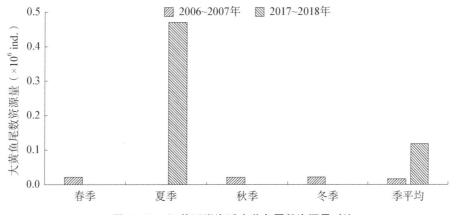

▲ 图 8 - 39　江苏近岸海域大黄鱼尾数资源量对比

8.1.5　主要经济品种拖网禁渔区线内外侧资源状况比较

8.1.5.1　拖网禁渔区线内侧小黄鱼资源密度和资源量低于外侧

（1）重量资源密度：2017～2018 年江苏近岸海域（拖网禁渔区线内侧）小黄鱼重量资源密度季平均为 89.59 kg/km²，江苏外侧海域（拖网禁渔区线外侧）小黄鱼重量资源密度季平均为 410.87 kg/km²，禁渔区线外为禁渔区线内的 4.59 倍。夏季小黄鱼资源密度禁渔区线外为禁渔区线内的 10.6 倍（图 8 - 40）。

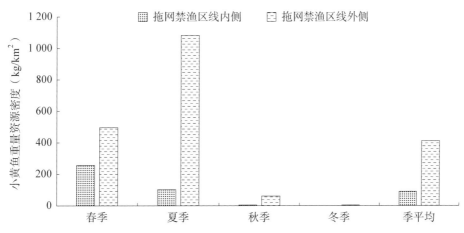

▲ 图 8 - 40　拖网禁渔区线内侧与外侧小黄鱼重量资源密度对比

（2）尾数资源密度：2017～2018 年江苏近岸海域（拖网禁渔区线内侧）小黄鱼尾数资源密度季平均为 71.1×10^3 ind./km²，江苏外侧海域（拖网禁渔区线外侧）小黄鱼尾数资源密度季平均为 49.4×10^3 ind./km²，禁渔区线外为禁渔区线内的 69.5％（图 8 - 41）。除春季外，禁渔区线外的尾数资源密度均高于禁渔区线内，春季大量的幼小黄鱼均集中在近岸。

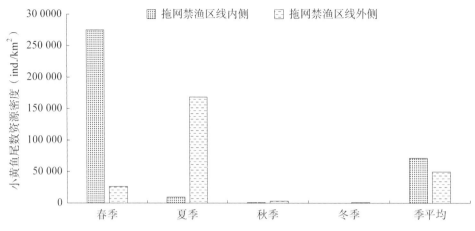

▲ 图 8 - 41 拖网禁渔区线内侧与外侧小黄鱼尾数资源密度对比

（3）重量资源量：2017～2018 年江苏近岸海域（拖网禁渔区线内侧）小黄鱼重量资源量季平均为 2 443.92 t，江苏外侧海域（拖网禁渔区线外侧）小黄鱼重量资源量季平均为 37 164.94 t。季平均禁渔区线外为禁渔区线内的 15.21 倍（图 8 - 42），春季、夏季、秋季禁渔区线外为禁渔区线内的 6.44 倍、35.19 倍、343 倍，冬季禁渔区线内未有小黄鱼出现。禁渔区线内春季重量资源量最高，禁渔区线外夏季重量资源量最高。

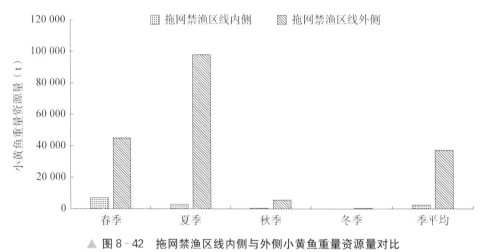

▲ 图 8 - 42 拖网禁渔区线内侧与外侧小黄鱼重量资源量对比

（4）尾数资源量：2017～2018 年江苏近岸海域（拖网禁渔区线内侧）小黄鱼尾数资源量季平均为 19.39×10^8 ind.，江苏外侧海域（拖网禁渔区线外侧）小黄鱼尾数资源量季平均为 44.70×10⁸ ind.。季平均禁渔区线外为禁渔区线内的 2.3 倍（图 8 - 43），春季、夏季、秋季禁渔区线外为禁渔区线内的 31.57％、59.05 倍、490.7 倍，冬季禁渔区线内未有小黄鱼出现。禁渔区线内春季尾数资源量最高，禁渔区线外夏季尾数资源量最高。

8.1.5.2 拖网禁渔区线内侧银鲳资源密度和资源量低于外侧

（1）重量资源密度：2017～2018 年江苏近岸海域（拖网禁渔区线内侧）银鲳重量资源密度季平均为 214.14 kg/km²，江苏外侧海域（拖网禁渔区线外侧）银鲳重量资源密度季平均为 321.36 kg/km²，禁渔区

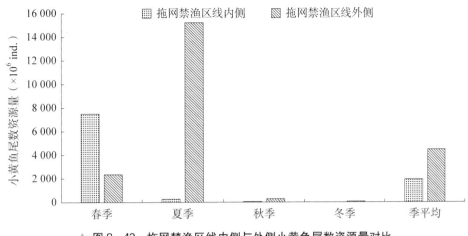

▲ 图 8-43 拖网禁渔区线内侧与外侧小黄鱼尾数资源量对比

线外为禁渔区线内的 1.5 倍。春季、夏季、秋季、冬季银鲳重量资源密度禁渔区线外为禁渔区线内的 4.90 倍、1.18 倍、6.61 倍和 565.88 倍(图 8-44)。

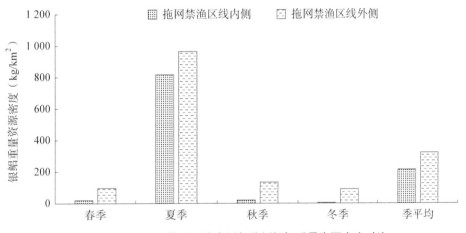

▲ 图 8-44 拖网禁渔区线内侧与外侧银鲳重量资源密度对比

(2)尾数资源密度:2017~2018 年江苏近岸海域(拖网禁渔区线内侧)银鲳尾数资源密度季平均为 6.08×10^3 ind./km², 江苏外侧海域(拖网禁渔区线外侧)银鲳尾数资源密度季平均为 17.88×10^3 ind./km², 禁渔区线外为禁渔区线内的 2.94 倍(图 8-45)。除春季外,禁渔区线外的尾数资源密度均高于禁渔区线内。

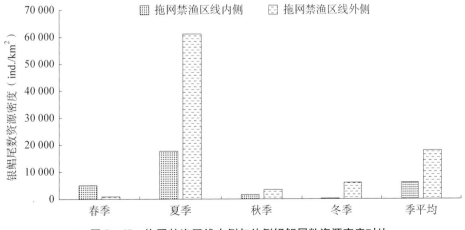

▲ 图 8-45 拖网禁渔区线内侧与外侧银鲳尾数资源密度对比

（3）重量资源量：2017～2018年江苏近岸海域（拖网禁渔区线内侧）银鲳重量资源量季平均为5 841.55 t，江苏外侧海域（拖网禁渔区线外侧）银鲳重量资源量季平均为29 068.85 t。季平均禁渔区线外为禁渔区线内的4.98倍（图8-46），春季、夏季、秋季、冬季禁渔区线外为禁渔区线内的16.26倍、3.92倍、21.92倍和1 820倍。

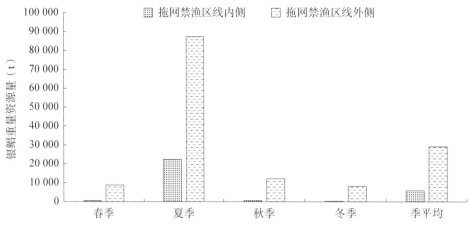

▲ 图8-46 拖网禁渔区线内侧与外侧银鲳重量资源量对比

（4）尾数资源量：2017～2018年江苏近岸海域（拖网禁渔区线内侧）银鲳尾数资源量季平均为1.66×10⁸ ind.，江苏外侧海域（拖网禁渔区线外侧）银鲳尾数资源量季平均为16.17×10⁸ ind.。季平均禁渔区线外为禁渔区线内的9.75倍（图8-47），夏季禁渔区线内和禁渔区线外的资源尾数在四季中均最高。

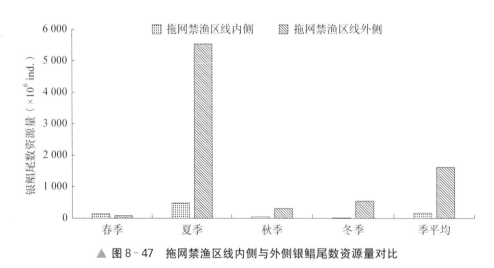

▲ 图8-47 拖网禁渔区线内侧与外侧银鲳尾数资源量对比

8.1.5.3 拖网禁渔区线内侧鮸资源密度和资源量大大高于外侧

（1）重量资源密度：2017～2018年江苏近岸海域（拖网禁渔区线内侧）鮸重量资源密度季平均为48.12 kg/km²，江苏外侧海域（拖网禁渔区线外侧）鮸重量资源密度季平均为0.91 kg/km²，资源密度禁渔区线外仅为禁渔区线内的1.89%。春季禁渔区线外未出现，禁渔区线外重量资源密度夏季、秋季和冬季仅为禁渔区线内的2.00%、2.50%和2.12%（图8-48），说明鮸资源主要分布在拖网禁渔区线内侧海域。

（2）尾数资源密度：2017～2018年江苏近岸海域（拖网禁渔区线内侧）鮸尾数资源密度季平均为0.89×10³ ind./km²，江苏外侧海域（拖网禁渔区线外侧）鮸尾数资源密度季平均为0.034×10³ ind./km²，鮸尾数资源密度禁渔区线外仅为禁渔区线内的3.86%（图8-49）。

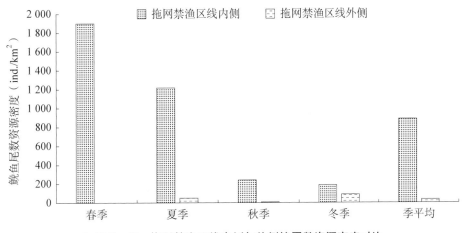

▲ 图 8 - 48 拖网禁渔区线内侧与外侧鮸重量资源密度对比

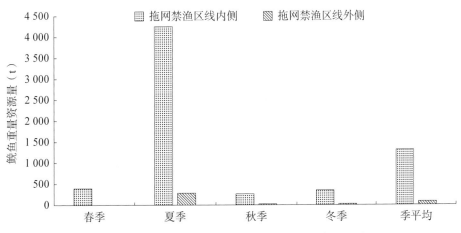

▲ 图 8 - 49 拖网禁渔区线内侧与外侧鮸尾数资源密度对比

（3）重量资源量:2017～2018 年江苏近岸海域(拖网禁渔区线内侧)鮸重量资源量季平均为 1 312.72 t,江苏外侧海域(拖网禁渔区线外侧)鮸重量资源量季平均为 82.06 t。季平均禁渔区线外为禁渔区线内的 6.25%。春季禁渔区线外未出现,夏季、秋季、冬季重量资源量禁渔区线外为禁渔区线内的 6.64%、8.23% 和 7.06%(图 8 - 50)。

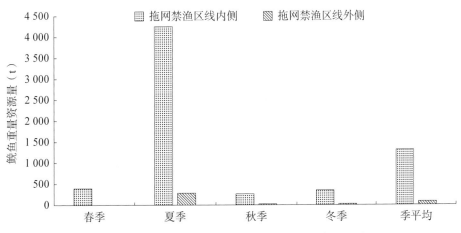

▲ 图 8 - 50 拖网禁渔区线内侧与外侧鮸重量资源量对比

（4）尾数资源量：2017～2018 年江苏近岸海域（拖网禁渔区线内侧）鮸尾数资源量季平均为 24.17×10⁶ ind.，江苏外侧海域（拖网禁渔区线外侧）鮸尾数资源量季平均为 3.10×10⁶ ind.。季平均禁渔区线外为禁渔区线内的 12.82%（图 8‐51）。

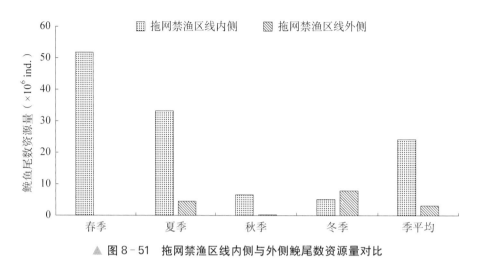

▲ 图 8‐51　拖网禁渔区线内侧与外侧鮸尾数资源量对比

8.1.5.4　拖网禁渔区线内侧带鱼资源密度和资源量远低于外侧

（1）重量资源密度：2017～2018 年江苏近岸海域（拖网禁渔区线内侧）带鱼重量资源密度季平均为 15.09 kg/km²，江苏外侧海域（拖网禁渔区线外侧）带鱼重量资源密度季平均为 384.90 kg/km²，禁渔区线外为禁渔区线内的 25.5 倍。说明江苏海域带鱼主要分布在拖网禁渔区线外侧（图 8‐52）。

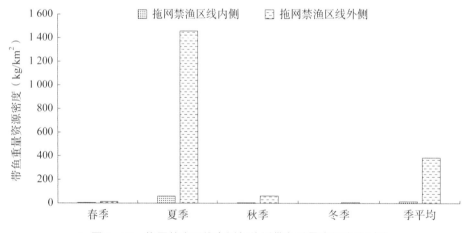

▲ 图 8‐52　拖网禁渔区线内侧与外侧带鱼重量资源密度对比

（2）尾数资源密度：2017～2018 年江苏近岸海域（拖网禁渔区线内侧）带鱼尾数资源密度季平均为 0.18×10³ ind./km²，江苏外侧海域（拖网禁渔区线外侧）带鱼尾数资源密度季平均为 7.10×10³ ind./km²，禁渔区线外为禁渔区线内的 39.79 倍（图 8‐53）。

（3）重量资源量：2017～2018 年江苏近岸海域（拖网禁渔区线内侧）带鱼重量资源量季平均为 411.65 t，江苏外侧海域（拖网禁渔区线外侧）带鱼重量资源量季平均为 34 816.14 t。季平均禁渔区线外为禁渔区线内的 84.58 倍（图 8‐54）。

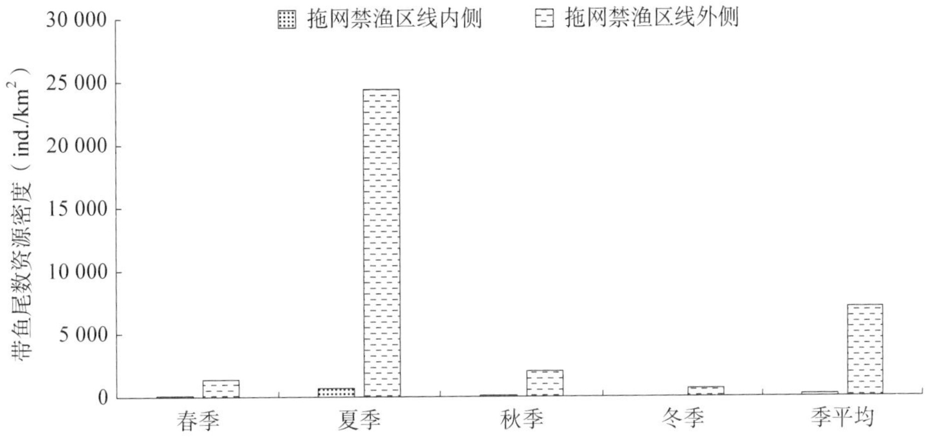

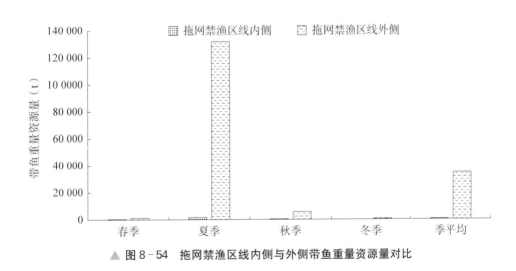

▲ 图 8 - 53 拖网禁渔区线内侧与外侧带鱼尾数资源密度对比

▲ 图 8 - 54 拖网禁渔区线内侧与外侧带鱼重量资源量对比

（4）尾数资源量：2017～2018 年江苏近岸海域（拖网禁渔区线内侧）带鱼尾数资源量季平均为 $4.87×10^6$ ind.，江苏外侧海域（拖网禁渔区线外侧）带鱼尾数资源量季平均为 $6.42×10^8$ ind.。季平均禁渔区线外为禁渔区线内的 131.9 倍（图 8 - 55）。

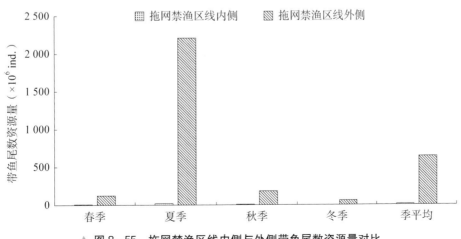

▲ 图 8 - 55 拖网禁渔区线内侧与外侧带鱼尾数资源量对比

8.1.5.5　拖网禁渔区线内侧灰鲳重量资源密度和资源量低于外侧,尾数资源密度和尾数资源量高于外侧

（1）重量资源密度:2017～2018年江苏近岸海域(拖网禁渔区线内侧)灰鲳重量资源密度季平均为0.36 kg/km²,江苏外侧海域(拖网禁渔区线外侧)灰鲳重量资源密度季平均为0.53 kg/km²,季平均禁渔区线外为禁渔区线内的1.46倍(图8-56)。

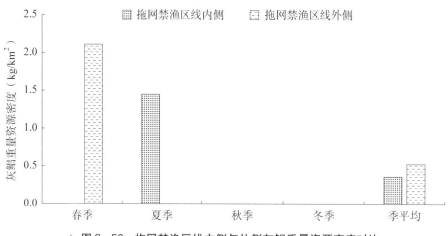

▲ 图8-56　拖网禁渔区线内侧与外侧灰鲳重量资源密度对比

（2）尾数资源密度:2017～2018年江苏近岸海域(拖网禁渔区线内侧)灰鲳尾数资源密度季平均为17.31 ind./km²,江苏外侧海域(拖网禁渔区线外侧)灰鲳尾数资源密度季平均为0.99 ind./km²,季平均禁渔区线外为禁渔区线内的5.72%(图8-57)。

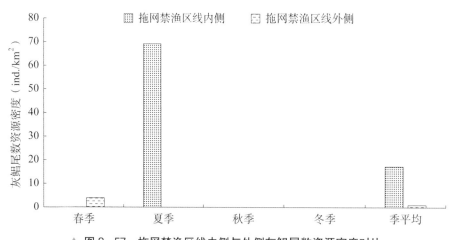

▲ 图8-57　拖网禁渔区线内侧与外侧灰鲳尾数资源密度对比

（3）重量资源量:2017～2018年江苏近岸海域(拖网禁渔区线内侧)灰鲳重量资源量季平均为9.86 t,江苏外侧海域(拖网禁渔区线外侧)灰鲳重量资源量季平均为47.67 t。季平均禁渔区线外为禁渔区线内的4.83倍,禁渔区线内仅夏季出现,禁渔区线外仅春季出现(图8-58)。

（4）尾数资源量:2017～2018年江苏近岸海域(拖网禁渔区线内侧)灰鲳尾数资源量季平均为0.47×10⁶ ind.,江苏外侧海域(拖网禁渔区线外侧)灰鲳尾数资源量季平均为0.09×10⁶ ind.。季平均禁渔区线外为禁渔区线内的19.05%(图8-59)。

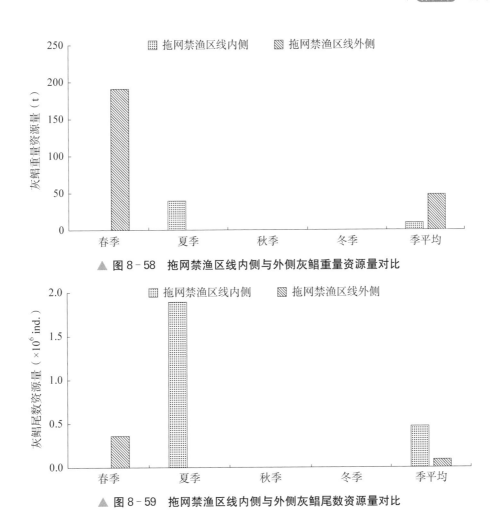

▲ 图 8-58 拖网禁渔区线内侧与外侧灰鲳重量资源量对比

▲ 图 8-59 拖网禁渔区线内侧与外侧灰鲳尾数资源量对比

8.1.5.6 拖网禁渔区线内侧蓝点马鲛资源密度和资源量低于外侧

(1) 重量资源密度:2017~2018 年江苏近岸海域(拖网禁渔区线内侧)蓝点马鲛重量资源密度季平均为 1.03 kg/km²,江苏外侧海域(拖网禁渔区线外侧)蓝点马鲛重量资源密度季平均为 5.82 kg/km²,季平均禁渔区线外为禁渔区线内的 5.63 倍(图 8-60)。

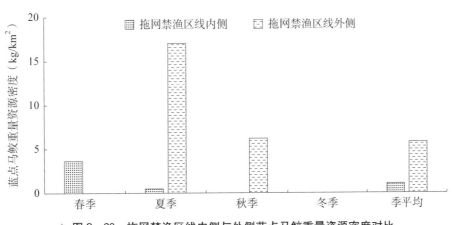

▲ 图 8-60 拖网禁渔区线内侧与外侧蓝点马鲛重量资源密度对比

(2) 尾数资源密度:2017~2018 年江苏近岸海域(拖网禁渔区线内侧)蓝点马鲛尾数资源密度季平均为 1.33 ind./km²,江苏外侧海域(拖网禁渔区线外侧)蓝点马鲛尾数资源密度季平均为 25.29 ind./km²,季平均禁渔区线外为禁渔区线内的 19.08 倍(图 8-61)。

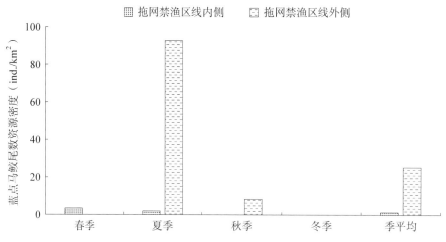

▲ 图 8-61 拖网禁渔区线内侧与外侧蓝点马鲛尾数资源密度对比

（3）重量资源量：2017～2018 年江苏近岸海域（拖网禁渔区线内侧）蓝点马鲛重量资源量季平均为 28.16 t，江苏外侧海域（拖网禁渔区线外侧）蓝点马鲛重量资源量季平均为 526.30 t。季平均禁渔区线外 为禁渔区线内的 18.69 倍（图 8-62）。内侧海域春季资源最高，外侧海域夏季资源量最高。

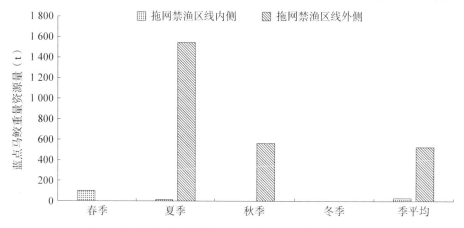

▲ 图 8-62 拖网禁渔区线内侧与外侧蓝点马鲛重量资源量对比

（4）尾数资源量：2017～2018 年江苏近岸海域（拖网禁渔区线内侧）蓝点马鲛尾数资源量季平均为 0.035×10^6 ind.，江苏外侧海域（拖网禁渔区线外侧）蓝点马鲛尾数资源量季平均为 2.29×10^6 ind.。季 平均禁渔区线外为禁渔区线内的 65.35 倍（图 8-63）。

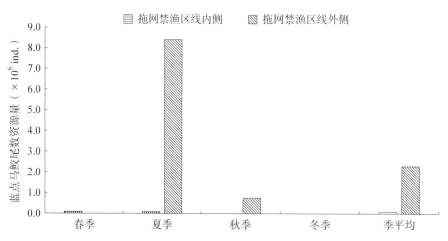

▲ 图 8-63 拖网禁渔区线内侧与外侧蓝点马鲛尾数资源量对比

8.1.5.7　拖网禁渔区线内侧海鳗资源密度和资源量高于外侧

（1）重量资源密度：2017～2018 年江苏近岸海域（拖网禁渔区线内侧）海鳗重量资源密度季平均为 23.54 kg/km²，江苏外侧海域（拖网禁渔区线外侧）海鳗重量资源密度季平均为 3.48 kg/km²，季平均禁渔区线外为禁渔区线内的 14.77%（图 8-64），说明海鳗主要分布在禁渔区线内侧。

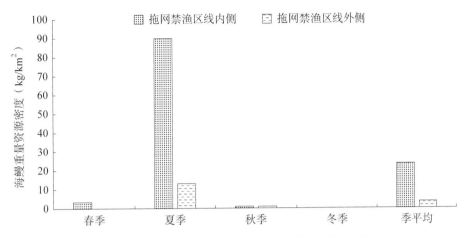

▲ 图 8-64　拖网禁渔区线内侧与外侧海鳗重量资源密度对比

（2）尾数资源密度：2017～2018 年江苏近岸海域（拖网禁渔区线内侧）海鳗尾数资源密度季平均为 63.92 ind./km²，江苏外侧海域（拖网禁渔区线外侧）海鳗尾数资源密度季平均为 12.14 ind./km²，季平均禁渔区线外为禁渔区线内的 18.99%（图 8-65）。

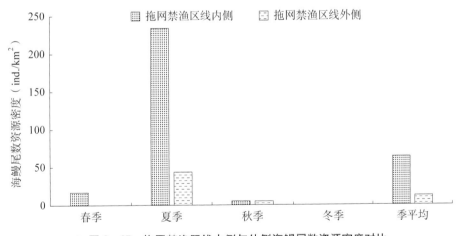

▲ 图 8-65　拖网禁渔区线内侧与外侧海鳗尾数资源密度对比

（3）重量资源量：2017～2018 年江苏近岸海域（拖网禁渔区线内侧）海鳗重量资源量季平均为 642.11 t，江苏外侧海域（拖网禁渔区线外侧）海鳗重量资源量季平均为 314.60 t。季平均禁渔区线外为禁渔区线内的 48.99%（图 8-66）。

（4）尾数资源量：2017～2018 年江苏近岸海域（拖网禁渔区线内侧）海鳗尾数资源量季平均为 1.75×10⁶ ind.，江苏外侧海域（拖网禁渔区线外侧）海鳗尾数资源量季平均为 1.10×10⁶ ind.。季平均禁渔区线外为禁渔区线内的 62.89%（图 8-67）。

8.1.5.8　拖网禁渔区线内侧大黄鱼资源密度和资源量低于外侧

（1）重量资源密度：2017～2018 年江苏近岸海域（拖网禁渔区线内侧）大黄鱼重量资源密度季平均为 0.15 kg/km²，江苏外侧海域（拖网禁渔区线外侧）大黄鱼重量资源密度季平均为 1.50 kg/km²，季平均禁渔区线外为禁渔区线内的 10.15 倍(图 8 - 68)。

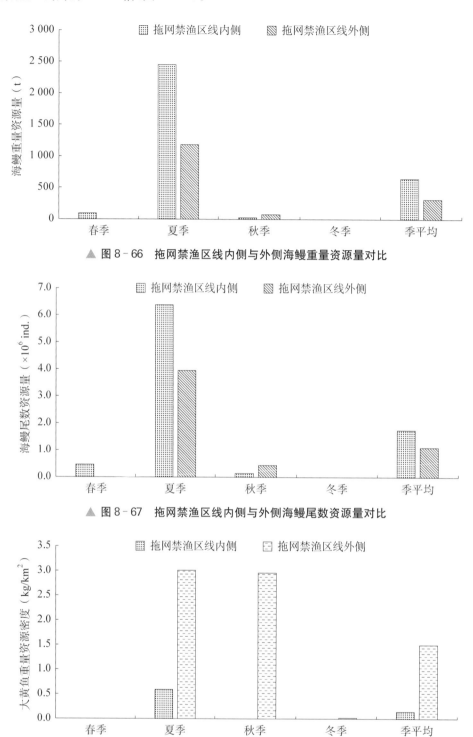

▲ 图 8 - 66　拖网禁渔区线内侧与外侧海鳗重量资源量对比

▲ 图 8 - 67　拖网禁渔区线内侧与外侧海鳗尾数资源量对比

▲ 图 8 - 68　拖网禁渔区线内侧与外侧大黄鱼重量资源密度对比

(2) 尾数资源密度:2017~2018 年江苏近岸海域(拖网禁渔区线内侧)大黄鱼尾数资源密度季平均为 4.29 ind. /km², 江苏外侧海域(拖网禁渔区线外侧)大黄鱼尾数资源密度季平均为 16.57 ind. /km², 季平均禁渔区线外为禁渔区线内的 3.86 倍(图 8 - 69)。春季禁渔区线内和禁渔区线外均未出现,夏季禁渔区线内和禁渔区线外的尾数资源密度较为接近,秋季和冬季禁渔区线内未出现,而禁渔区线外秋季的尾数资源密度要高于夏季,为全年最高。

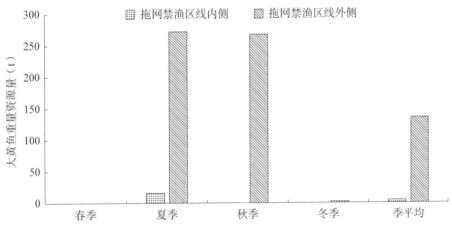

▲ 图 8-69　拖网禁渔区线内侧与外侧大黄鱼尾数资源密度对比

（3）重量资源量：2017～2018 年江苏近岸海域(拖网禁渔区线内侧)大黄鱼重量资源量季平均为 4.03 t，江苏外侧海域(拖网禁渔区线外侧)大黄鱼重量资源量季平均为 135.41 t，季平均禁渔区线外为禁渔区线内的 33.64 倍。禁渔区线外夏季重量资源量最高，略高于秋季(图 8-70)。

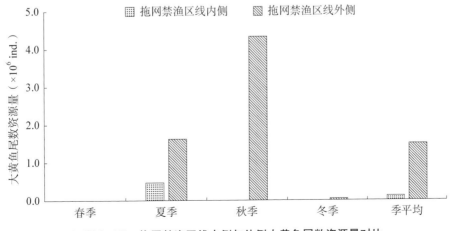

▲ 图 8-70　拖网禁渔区线内侧与外侧大黄鱼重量资源量对比

（4）尾数资源量：2017～2018 年江苏近岸海域(拖网禁渔区线内侧)大黄鱼尾数资源量季平均为 0.12×10^6 ind.，江苏外侧海域(拖网禁渔区线外侧)大黄鱼尾数资源量季平均为 1.50×10^6 ind.。尾数资源量季平均禁渔区线外为禁渔区线内的 12.74 倍(图 8-71)。

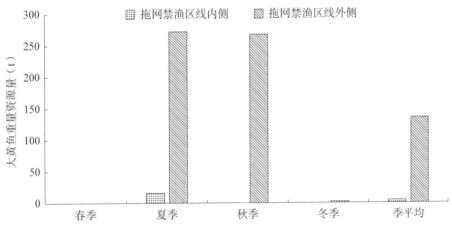

▲ 图 8-71　拖网禁渔区线内侧与外侧大黄鱼尾数资源量对比

8.2 江苏近岸海域鱼类相对重要性指数变化

8.2.1 2006～2007 年相对重要性指数

2006～2007 年"江苏 908"专项调查按夏、冬、春、秋季开展调查,结果表明,2007 年春季相对重要性指数尖海龙 IRI 最高为 7 364。其次为赤鼻棱鳀 IRI 为 3 523,鮻 IRI 为 1 053,其余 IRI 介于 100～1 000 的种类有黄鲫、凤鲚、小黄鱼和大银鱼。

2006 年夏季 IRI 大于 1 000 的有小黄鱼(5 625)、银鲳(2 452)和鮻(1 156);IRI 介于 100～1 000 的种类依次有赤鼻棱鳀、鳀、黄鲫、中颌棱鳀、龙头鱼、皮氏叫姑鱼、刺鲳、斑鰶、带鱼和凤鲚。

2007 年秋季 IRI 大于 1 000 的有黄鲫(2 286)、凤鲚(1 943)、棘头梅童(1 622)和鮻(1 403);IRI 介于 100～1 000 的种类依次有龙头鱼、细条天竺鲷、海鳗、银鲳、皮氏叫姑鱼、灰鲳、短吻舌鳎、尖海龙和半滑舌鳎。

2006 年冬季 IRI 大于 1 000 的有赤鼻棱鳀(3 532)、凤鲚(1 644)和矛尾虾虎鱼(1 435);IRI 介于 100～1 000 的种类依次有皮氏叫姑鱼、尖海龙、细纹狮子鱼、黄鮟鱇、棘头梅童鱼、银鲳、拉氏狼牙鰕虎鱼、焦氏舌鳎、鳀、刀鲚和半滑舌鳎(表 8 - 7)。

表 8 - 7　2006～2007 年江苏近岸海域鱼类相对重要性指数

春季 2007 年 4～5 月		夏季 2006 年 7～8 月		秋季 2007 年 9～11 月		冬季 2006 年 12 月～2007 年 1 月	
种名	IRI	种名	IRI	种名	IRI	种名	IRI
尖海龙	7 364	小黄鱼	5 625	黄鲫	2 286	赤鼻棱鳀	3 532
赤鼻棱鳀	3 523	银鲳	2 452	凤鲚	1 943	凤鲚	1 644
鮻	1 053	鮻	1 156	棘头梅童鱼	1 622	矛尾虾虎鱼	1 435
黄鲫	865	赤鼻棱鳀	417	鮻	1 403	皮氏叫姑鱼	910
凤鲚	649	鳀	322	龙头鱼	868	尖海龙	863
小黄鱼	427	黄鲫	311	细条天竺鲷	680	细纹狮子鱼	744
大银鱼	129	中颌棱鳀	303	海鳗	529	黄鮟鱇	568
		龙头鱼	268	银鲳	513	棘头梅童鱼	390
		皮氏叫姑鱼	260	皮氏叫姑鱼	254	银鲳	377
		刺鲳	234	灰鲳	156	拉氏狼牙鰕虎鱼	371
		斑鰶	171	短吻舌鳎	156	焦氏舌鳎	278
		带鱼	171	尖海龙	135	鳀	208
		凤鲚	110	半滑舌鳎	113	刀鲚	148
						半滑舌鳎	107

8.2.2 2017～2018 年相对重要性指数

2017～2018 年江苏水生野生动物资源普查按春、夏、秋、冬季开展调查,春季 IRI 小黄鱼最高,为 12 432,鳀为 1 077;IRI 介于 100～1 000 的种类依次为银鲳、鮻和黄鲫。

夏季 IRI 大于 1 000 的种类有银鲳(6 840)、棘头梅童鱼(2 928)、鮻(1 475)和小黄鱼(1 396),IRI 介于 100～1 000 的种类依次为带鱼、龙头鱼、海鳗、皮氏叫姑鱼、蓝圆鲹、黄鲫和凤鲚。

秋季 IRI 大于 1 000 的种类有凤鲚(2 526)、银鲳(2 071)和棘头梅童鱼(1 526)，IRI 介于 100～1 000 的种类依次为鮸、刀鲚、矛尾虾虎鱼、龙头鱼、中国花鲈、黄鲫和焦氏舌鳎。

冬季 IRI 大于 1 000 的种类有刀鲚(4 359)、鮸(1 646)、凤鲚(1 250)，IRI 介于 100～1 000 的种类依次为棘头梅童鱼、焦氏舌鳎、矛尾虾虎鱼、细纹狮子鱼、中国花鲈、大银鱼和拉氏狼牙虾虎鱼(表 8-8)。

表 8-8　2017～2018 年江苏近岸海域鱼类相对重要性指数

春季 2017 年 5 月		夏季 2017 年 8 月		秋季 2017 年 11 月		冬季 2018 年 2 月	
种名	IRI	种名	IRI	种名	IRI	种名	IRI
小黄鱼	12 432	银鲳	6 840	凤鲚	2 526	刀鲚	4 359
鳀	1 077	棘头梅童鱼	2 928	银鲳	2 071	鮸	1 646
银鲳	261	鮸	1 475	棘头梅童鱼	1 526	凤鲚	1 250
鮸	228	小黄鱼	1 396	鮸	598	棘头梅童鱼	920
黄鲫	200	带鱼	335	刀鲚	522	焦氏舌鳎	850
		龙头鱼	304	矛尾虾虎鱼	346	矛尾虾虎鱼	272
		海鳗	282	龙头鱼	335	细纹狮子鱼	272
		皮氏叫姑鱼	242	中国花鲈	320	中国花鲈	212
		蓝圆鲹	150	黄鲫	259	大银鱼	142
		黄鲫	135	焦氏舌鳎	117	拉氏狼牙虾虎鱼	120
		凤鲚	120				

8.2.3　2006～2007 年与 2017～2018 年调查鱼类相对重要性指数变化

江苏近岸海域 2007 年春季主要优势种依次有尖海龙、赤鼻棱鳀和鮸；2017 年春季主要优势种有小黄鱼、鳀。2017 年春季主要优势种较 2007 年春季发生很大变化，没有共有优势种。

2006 年夏季主要优势种有小黄鱼、银鲳和鮸；2017 年夏季主要优势种银鲳、棘头梅童鱼、鮸和小黄鱼。2017 年夏季与 2006 年夏季相比主要优势种变化不大，增加了棘头梅童鱼，但相对重要性指数 IRI 有所变化。

2007 年秋季主要优势种有黄鲫、凤鲚、棘头梅童和鮸；2017 年秋季主要优势种有凤鲚、银鲳和棘头梅童鱼。2017 年秋季与 2006 年秋季对比有凤鲚和棘头梅童鱼为共有优势种。

2006 年冬季主要优势种有赤鼻棱鳀、凤鲚和矛尾虾虎鱼；2018 年冬季主要优势种有刀鲚、鮸、凤鲚。2018 年冬季与 2006 年冬季相比，无共有优势种。

8.3　鱼类生物多样性指数

鱼类多样性指数是表示群落多样性的指标值，取决于鱼类种类多少、个体丰度、分布均匀性和结构单纯性。

8.3.1　鱼类生物多样性指数年际变化

8.3.1.1　根据生物量计算的鱼类生物多样性指数变化

(1) Shannon-Wiener 指数：2006～2007 年"江苏 908"专项调查鱼类 Shannon-Wiener 指数秋季站位

平均值最高为 2.373,夏季站位平均值最低为 2.079,季平均为 2.234。

2017～2018 年江苏水生野生动物普查鱼类 Shannon-Wiener 指数秋季站位平均值最高为 2.251,春季站位平均值最低为 1.531,季平均值为 1.849。

根据生物量计算的鱼类 Shannon-Wiener 指数 2017～2018 年季平均值低于 2006～2007 年(图 8-72)。

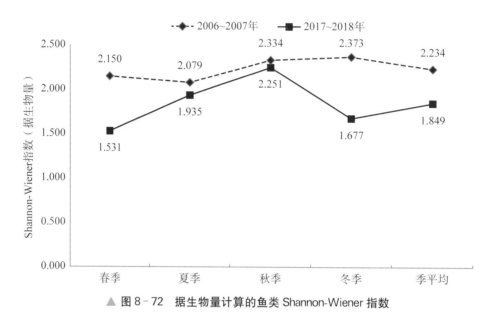

▲ 图 8-72 据生物量计算的鱼类 Shannon-Wiener 指数

(2) 丰富度指数:2006～2007 年"江苏 908"专项调查鱼类丰富度指数冬季站位平均值最高为 2.232,夏季站位平均值最低为 1.553,季平均为 1.923。

2017～2018 年江苏水生野生动物普查调查鱼类丰富度指数秋季站位平均值最高为 3.108,春季站位平均值最低为 2.002,季平均为 2.447。

根据生物量计算的鱼类丰富度指数 2017～2018 年季平均值高于 2006 年～2007 年(图 8-73)。

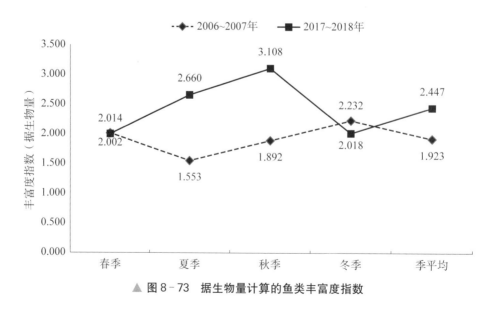

▲ 图 8-73 据生物量计算的鱼类丰富度指数

(3) 均匀度指数:2006～2007 年"江苏 908"专项调查鱼类均匀度指数秋季站位平均值最高为 0.621,夏季站位平均值最低为 0.547,季平均为 0.589。

2017～2018 年江苏水生野生动物普查调查鱼类均匀度指数冬季站位平均值最高为 0.625,春季站位平均值最低为 0.459,季平均为 0.546。

根据生物量计算的鱼类均匀度指数 2017～2018 年季平均值低于 2006～2007 年(图 8-74)。

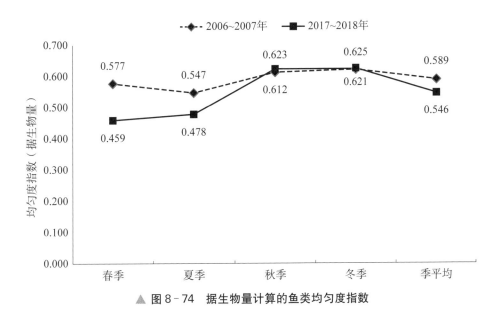

▲ 图 8-74　据生物量计算的鱼类均匀度指数

（4）单纯度指数:2006～2007 年"江苏 908"专项调查鱼类单纯度指数春季站位平均值最高为 0.357,秋季站位平均值最低为 0.293,季平均为 0.327。

2017～2018 年江苏水生野生动物普查调查鱼类单纯度指数春季站位平均值最高为 0.520,秋季站位平均值最低为 0.323,季平均为 0.419。

根据生物量计算的鱼类单纯度指数 2017～2018 年季平均值高于 2006～2007 年(图 8-75)。

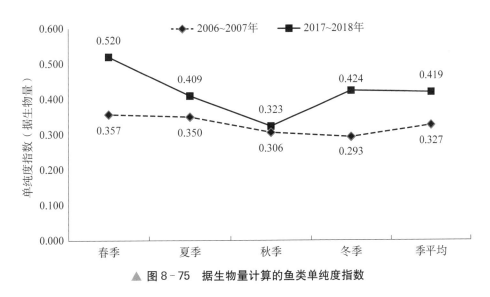

▲ 图 8-75　据生物量计算的鱼类单纯度指数

8.3.1.2　根据丰度计算的鱼类生物多样性指数变化

（1）Shannon-Wiener 指数:2006～2007 年"江苏 908"专项调查鱼类 Shannon-Wiener 指数秋季站位平均值最高为 2.251,夏季站位平均值最低为 1.651,季平均为 1.975。

2017～2018 年江苏水生野生动物普查鱼类 Shannon-Wiener 指数秋季站位平均值最高为 2.232,春季站位平均值最低为 1.378,季平均值为 1.733。

根据丰度计算的鱼类 Shannon-Wiener 指数 2017～2018 年季平均值低于 2006～2007 年(图 8-76)。

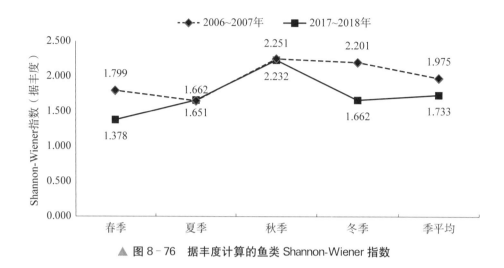

▲ 图 8-76 据丰度计算的鱼类 Shannon-Wiener 指数

(2) 丰富度指数:2006～2007 年"江苏 908"专项调查鱼类丰富度指数冬季站位平均值最高为 1.075,夏季站位平均值最低为 0.839,季平均为 0.957。

2017～2018 年江苏水生野生动物普查调查鱼类丰富度指数夏季站位平均值最高为 1.496,冬季站位平均值最低为 0.748,季平均为 1.149。

根据丰度计算的鱼类丰富度指数 2017～2018 年季平均值高于 2006～2007 年(图 8-77)。

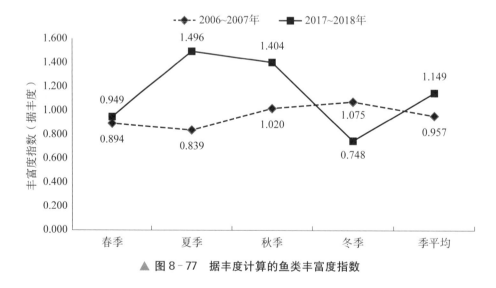

▲ 图 8-77 据丰度计算的鱼类丰富度指数

(3) 均匀度指数:2006～2007 年"江苏 908"专项调查鱼类均匀度指数秋季站位平均值最高为 0.590,夏季站位平均值最低为 0.439,季平均为 0.524。

2017～2018 年江苏水生野生动物普查调查鱼类均匀度指数秋季站位平均值最高为 0.621,夏季站位平均值最低为 0.414,季平均为 0.517。

根据丰度计算的鱼类均匀度指数 2017～2018 年季平均值略高于 2006～2007 年。各季节间均匀度变动趋势相同(图 8-78)。

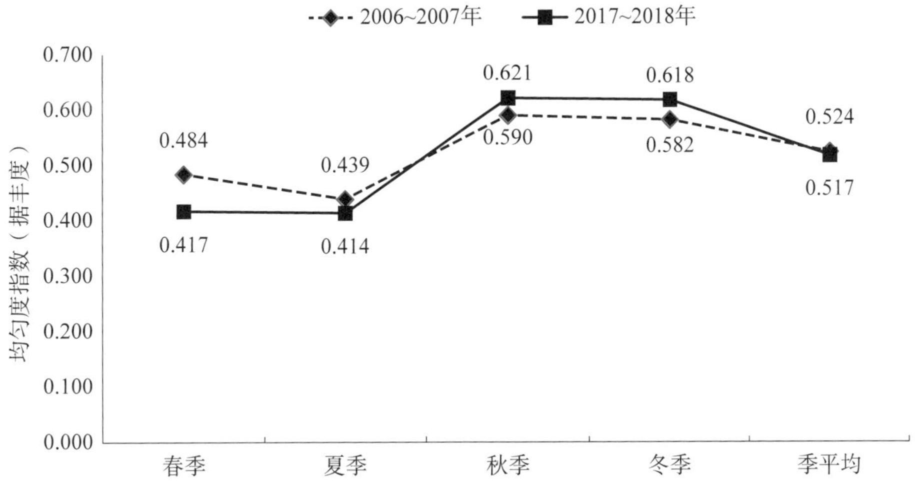

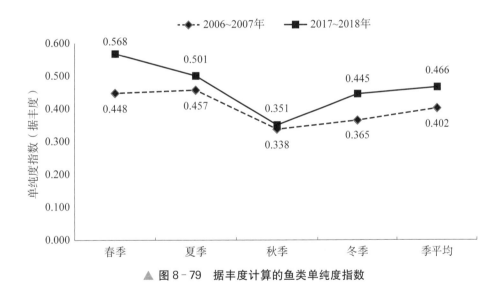

▲ 图 8-78 据丰度计算的鱼类均匀度指数

（4）单纯度指数：2006～2007 年"江苏 908"专项调查鱼类单纯度指数夏季站位平均值最高为 0.457，秋季站位平均值最低为 0.338，季平均为 0.402。

2017～2018 年江苏水生野生动物普查调查鱼类单纯度指数春季站位平均值最高为 0.568，秋季站位平均值最低为 0.351，季平均为 0.466。

根据丰度计算的鱼类单纯度指数 2017～2018 年季平均值高于 2006～2007 年（图 8-79）。

▲ 图 8-79 据丰度计算的鱼类单纯度指数

8.3.1.3 鱼类生物多样性指数间关系

2006～2007 年与 2017～2018 年的江苏近海调查结果类似，以鱼类丰度和生物量计算的 Shannon-Wiener 指数与单纯度指数间呈负相关关系，物种多样性指数越高，单纯度指数越低；Shannon-Wiener 指数与均匀度指数间呈正相关关系；Shannon-Wiener 指数与丰富度指数间呈正相关关系。

8.3.1.3.1 根据 2006～2007 年调查生物量计算的鱼类多样性指数

（1）2006～2007 年 Shannon-Wiener 指数与单纯度指数关系：2006～2007 年江苏近岸海域各季节 Shannon-Wiener 指数与单纯度指数呈线性负相关关系，相关系数在 -0.962 1～-0.975 7 之间，均在 0.01 水平上相关性显著。夏季因其中 1 个站位大型水母非常多，没有渔获物，各类多样性指数值为 0。见表 8-9、图 8-80。

表 8-9　2006～2007 年 Shannon-Wiener 指数与单纯度指数线性关系

指标	春季	夏季	秋季	冬季
相关系数 r	−0.975 7	−0.965 5	−0.962 1	−0.965 5
决定系数 r²	0.952 0	0.932 1	0.925 6	0.932 2
Sig. 值	0.000	0.000	0.000	0.000
站位数	32	31	32	32
＊＊	相关性显著	相关性显著	相关性显著	相关性显著
＊				

注:"＊"表示 0.05 显著性水平,"＊＊"表示 0.01 显著性水平。

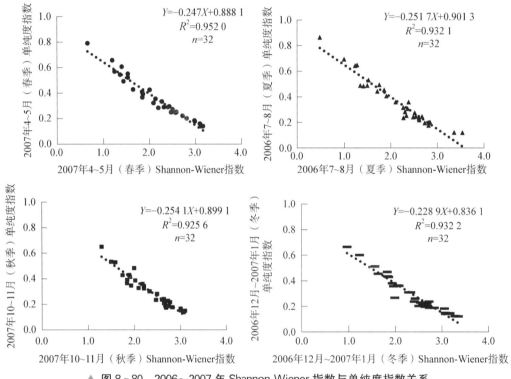

▲ 图 8-80　2006～2007 年 Shannon-Wiener 指数与单纯度指数关系

（2）2006～2007 年 Shannon-Wiener 指数与均匀度指数关系:2006～2007 年江苏近岸海域各季节 Shannon-Wiener 指数与均匀度指数,呈线性正相关关系,相关系数在 0.894 2～0.953 8 之间,均在 0.01 水平上相关性显著。夏季因其中 1 个站位大型水母非常多,没有渔获物,各类多样性指数值为 0(表 8-10、图 8-81)。

表 8-10　2006～2007 年 Shannon-Wiener 指数与均匀度指数线性关系

指标	春季	夏季	秋季	冬季
相关系数 r	0.953 8	0.911 7	0.906 3	0.894 2
决定系数 r²	0.909 8	0.831 2	0.821 4	0.799 6
Sig. 值	0.000	0.000	0.000	0.000
站位数	32	31	32	32
＊＊	相关性显著	相关性显著	相关性显著	相关性显著

注:"＊"表示 0.05 显著性水平,"＊＊"表示 0.01 显著性水平。

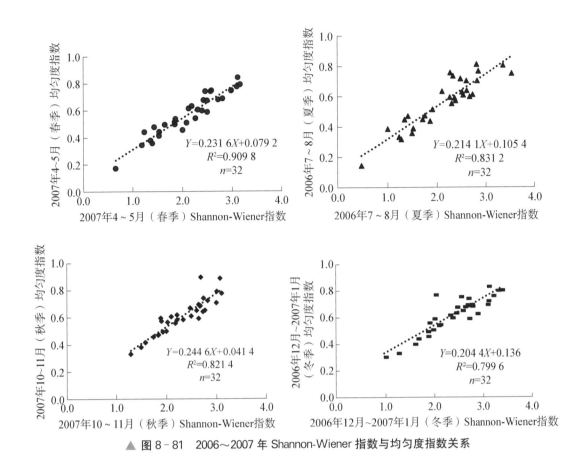

▲ 图 8 - 81　2006～2007 年 Shannon-Wiener 指数与均匀度指数关系

（3）2006～2007 年 Shannon-Wiener 指数与丰富度指数关系：2006～2007 年江苏近岸海域各季节 Shannon-Wiener 指数与丰富度指数呈线性正相关关系，相关系数在 0.405 7～0.828 7 之间，春季、夏季和冬季均在 0.01 水平上相关性显著。夏季在 0.05 水平上相关性显著（表 8 - 11、图 8 - 82）。

表 8 - 11　2006～2007 年 Shannon-Wiener 指数与丰富度指数线性关系

指标	春季	夏季	秋季	冬季
相关系数 r	0.828 7	0.759 1	0.405 7	0.656 7
决定系数 r^2	0.686 7	0.576 2	0.164 6	0.431 2
Sig. 值	0.000	0.000	0.021	0.000
站位数	32	31	32	32
＊＊	相关性显著	相关性显著		相关性显著
＊			相关性显著	

注：“＊”表示 0.05 显著性水平，“＊＊”表示 0.01 显著性水平。

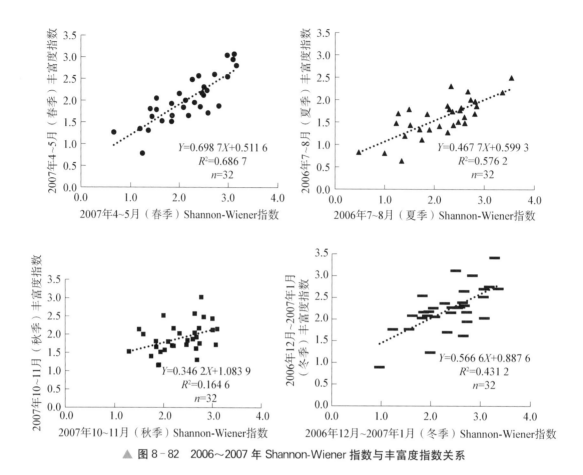

▲ 图 8-82　2006～2007 年 Shannon-Wiener 指数与丰富度指数关系

8.3.1.3.2　根据 2006～2007 年调查丰度计算的鱼类多样性指数

（1）2006～2007 年 Shannon-Wiener 指数与单纯度指数关系：2006～2007 年江苏近岸海域各季节 Shannon-Wiener 指数与单纯度指数呈线性负相关关系，相关系数在 -0.952 6～-0.976 1 之间，均在 0.01 水平上相关性显著。夏季因其中 1 个站位大型水母非常多，没有渔获物，各类多样性指数值为 0（表 8-12、图 8-83）。

表 8-12　2006～2007 年 Shannon-Wiener 指数与单纯度指数线性关系

指标	春季	夏季	秋季	冬季
相关系数 r	-0.969 5	-0.976 1	-0.952 6	-0.972 9
决定系数 r^2	0.939 9	0.952 9	0.907 5	0.946 4
Sig. 值	0.000	0.000	0.000	0.000
站位数	32	31	32	32
＊＊	相关性显著	相关性显著	相关性显著	相关性显著
＊				

注："＊"表示 0.05 显著性水平，"＊＊"表示 0.01 显著性水平。

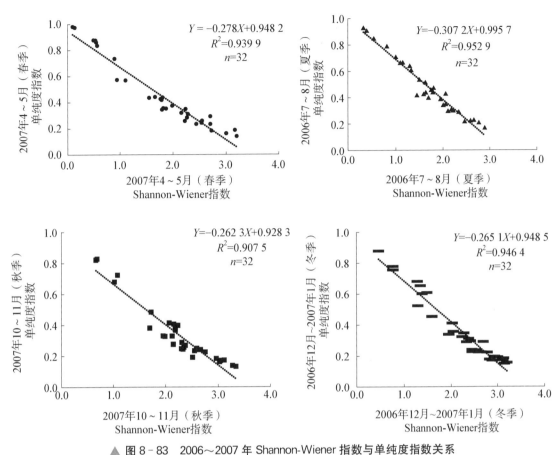

▲ 图 8 - 83　2006～2007 年 Shannon-Wiener 指数与单纯度指数关系

（2）2006～2007 年 Shannon-Wiener 指数与均匀度指数关系：2006～2007 年江苏近岸海域各季节 Shannon-Wiener 指数与均匀度指数呈线性正相关关系，相关系数在 0.914 8～0.978 8 之间，均在 0.01 水平上相关性显著。夏季因其中 1 个站位大型水母非常多，没有渔获物，各类多样性指数值为 0（表 8-13、图 8-84）。

表 8 - 13　2006～2007 年 Shannon-Wiener 指数与均匀度指数线性关系

指标	春季	夏季	秋季	冬季
相关系数 r	0.978 8	0.914 8	0.948 7	0.947 6
决定系数 r^2	0.958 1	0.836 8	0.900 0	0.898 0
Sig. 值	0.000	0.000	0.000	0.000
站位数	32	31	32	32
＊＊	相关性显著	相关性显著	相关性显著	相关性显著
＊				

注：" ＊ "表示 0.05 显著性水平，" ＊＊ "表示 0.01 显著性水平。

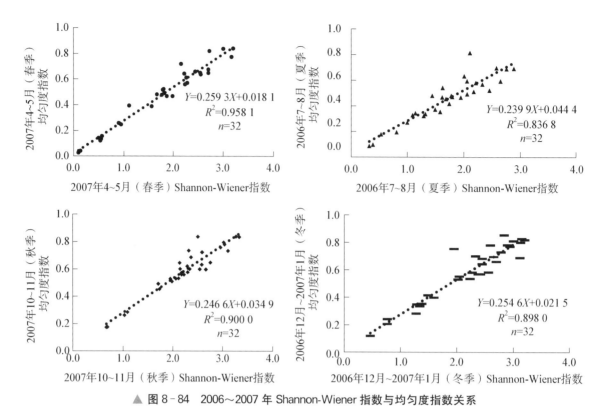

▲ 图 8-84 2006～2007 年 Shannon-Wiener 指数与均匀度指数关系

（3）2006～2007 年 Shannon-Wiener 指数与丰富度指数关系：2006～2007 年江苏近岸海域各季节 Shannon-Wiener 指数与丰富度指数呈线性正相关关系，相关系数在 0.454 7～0.581 7 之间，春季、秋季和冬季均在 0.01 水平上相关性显著，夏季在 0.05 水平上相关性显著（表 8-14、图 8-85）。

表 8-14 2006～2007 年 Shannon-Wiener 指数与丰富度指数线性关系

指标	春季	夏季	秋季	冬季
相关系数 r	0.581 7	0.454 7	0.489 2	0.487 8
决定系数 r²	0.338 4	0.206 8	0.239 3	0.238 0
Sig. 值	0.000	0.010 2	0.004	0.005
站位数	32	31	32	32
＊＊	相关性显著		相关性显著	相关性显著
＊		相关性显著		

注："＊"表示 0.05 显著性水平，"＊＊"表示 0.01 显著性水平。

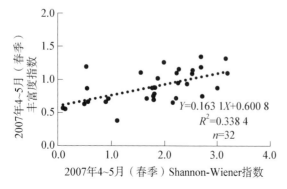

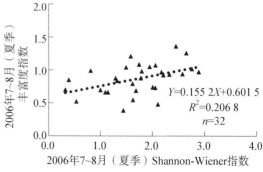

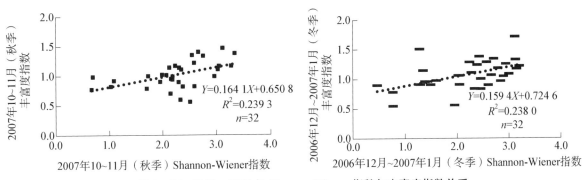

▲ 图 8-85　2006～2007 年 Shannon-Wiener 指数与丰富度指数关系

8.3.1.3.3　根据 2017～2018 年调查鱼类生物量计算多样性指数

（1）2017～2018 年 Shannon-Wiener 指数与单纯度指数关系：2017～2018 年江苏近岸海域各季节 Shannon-Wiener 指数与单纯度指数呈线性负相关关系，相关系数在 -0.962 0～-0.977 9 之间，在 0.01 水平上相关性显著（表 8-15、图 8-86）。

表 8-15　2017～2018 年 Shannon-Wiener 指数与单纯度指数线性关系

指标	春季	夏季	秋季	冬季
相关系数 r	-0.977 9	-0.969 4	-0.965 0	-0.962 0
决定系数 r^2	0.956 3	0.939 8	0.931 3	0.925 4
Sig. 值	0.000	0.000	0.000	0.000
站位数	29	29	29	29
＊＊	相关性显著	相关性显著	相关性显著	相关性显著
＊				

注："＊"表示 0.05 显著性水平，"＊＊"表示 0.01 显著性水平。

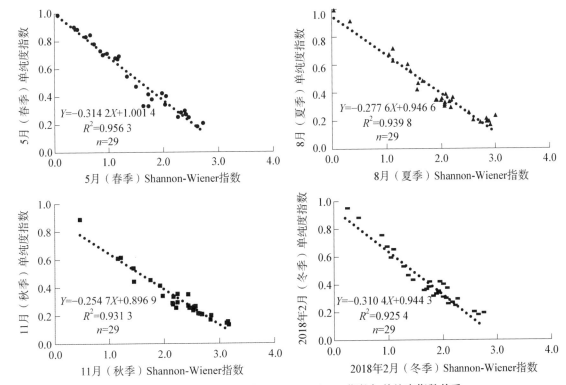

▲ 图 8-86　2017～2018 年 Shannon-Wiener 指数与单纯度指数关系

（2）2017～2018 年 Shannon-Wiener 指数与均匀度指数关系：2017～2018 年江苏近岸海域各季节 Shannon-Wiener 指数与均匀度指数呈线性正相关关系，相关系数在 0.846 9～0.949 5 之间，在 0.01 水平上相关性显著（表 8 – 16、图 8 – 87）。

表 8 – 16　2017～2018 年 Shannon-Wiener 指数与均匀度指数线性关系

指标	春季	夏季	秋季	冬季
相关系数 r	0.944 3	0.949 5	0.915 7	0.846 9
决定系数 r^2	0.891 7	0.901 5	0.838 6	0.717 2
Sig. 值	0.000	0.000	0.000	0.000
站位数	29	29	29	29
＊＊	相关性显著	相关性显著	相关性显著	相关性显著
＊				

注：“＊”表示 0.05 显著性水平，“＊＊”表示 0.01 显著性水平。

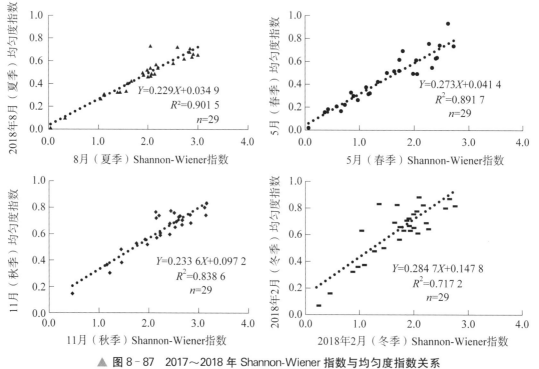

▲ 图 8 – 87　2017～2018 年 Shannon-Wiener 指数与均匀度指数关系

（3）2017～2018 年 Shannon-Wiener 指数与丰富度指数关系：2017～2018 年江苏近岸海域各季节 Shannon-Wiener 指数与丰富度指数呈线性正相关关系，相关系数在 0.445 4～0.685 9 之间。春季、夏季和秋季在 0.01 水平上相关性显著，冬季在 0.05 水平上相关性显著（表 8 – 17、图 8 – 88）。

表 8 – 17　2017～2018 年 Shannon-Wiener 指数与丰富度指数线性关系

指标	春季	夏季	秋季	冬季
相关系数 r	0.685 9	0.666 3	0.497 3	0.445 4
决定系数 r^2	0.470 5	0.444	0.247 4	0.198 4
Sig. 值	0.000	0.000	0.006	0.017

（续表）

指标	春季	夏季	秋季	冬季
站位数	29	29	29	29
＊＊	相关性显著	相关性显著	相关性显著	
＊				相关性显著

注:"＊"表示 0.05 显著性水平,"＊＊"表示 0.01 显著性水平。

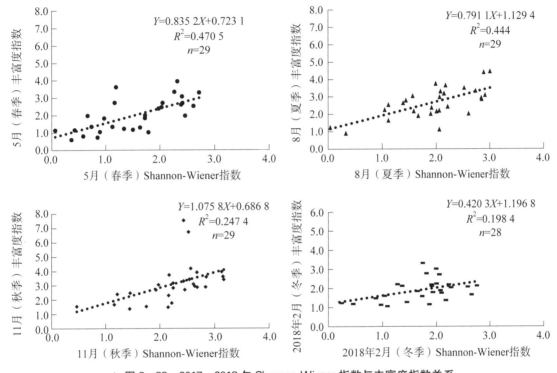

▲ 图 8-88 2017～2018 年 Shannon-Wiener 指数与丰富度指数关系

8.3.1.3.4 根据 2017～2018 年调查丰度计算鱼类多样性指数

（1）2017～2018 年 Shannon-Wiener 指数与单纯度指数关系:根据 2017～2018 年江苏近岸海域各季节 29 个调查站位的鱼类丰度计算了 Shannon-Wiener 指数与单纯度,呈线性负相关关系,相关系数在 −0.977 0～−0.980 8 之间,在 0.01 水平上相关性显著(表 8-18、图 8-89)。

表 8-18 2017～2018 年 Shannon-Wiener 指数与单纯度指数线性关系

指标	春季	夏季	秋季	冬季
相关系数 r	−0.980 2	−0.980 8	−0.977 0	−0.979 8
决定系数 r^2	0.960 8	0.962 0	0.954 6	0.960 1
Sig. 值	0.000	0.000	0.000	0.000
站位数	29	29	29	29
＊＊	相关性显著	相关性显著	相关性显著	相关性显著
＊				

注:"＊"表示 0.05 显著性水平,"＊＊"表示 0.01 显著性水平。

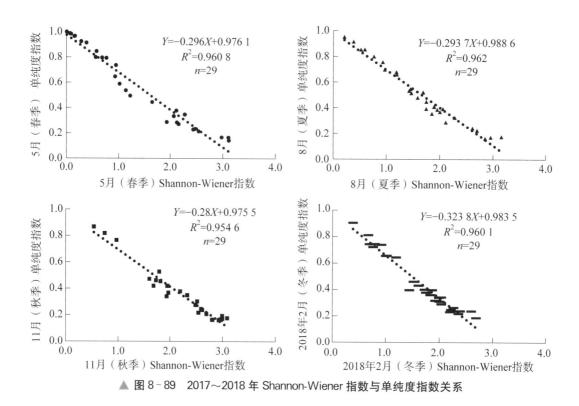

▲ 图 8 - 89　2017～2018 年 Shannon-Wiener 指数与单纯度指数关系

（2）2017～2018 年 Shannon-Wiener 指数与均匀度指数关系：根据 2017～2018 年江苏近岸海域各季节 Shannon-Wiener 指数与均匀度指数呈线性正相关关系，相关系数在 0.886 1～0.969 9 之间，在 0.01 水平上相关性显著（表 8 - 19、图 8 - 90）。

表 8 - 19　2017～2018 年 Shannon-Wiener 指数与均匀度指数线性关系

指标	春季	夏季	秋季	冬季
相关系数 r	0.969 9	0.959 4	0.930 1	0.886 1
决定系数 r^2	0.940 8	0.920 4	0.865 2	0.785 2
Sig. 值	0.000	0.000	0.000	0.000
站位数	29	29	29	29
＊＊	相关性显著	相关性显著	相关性显著	相关性显著
＊				

注："＊"表示 0.05 显著性水平，"＊＊"表示 0.01 显著性水平。

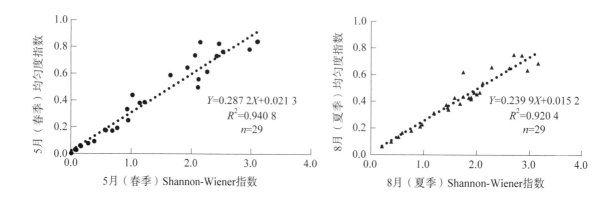

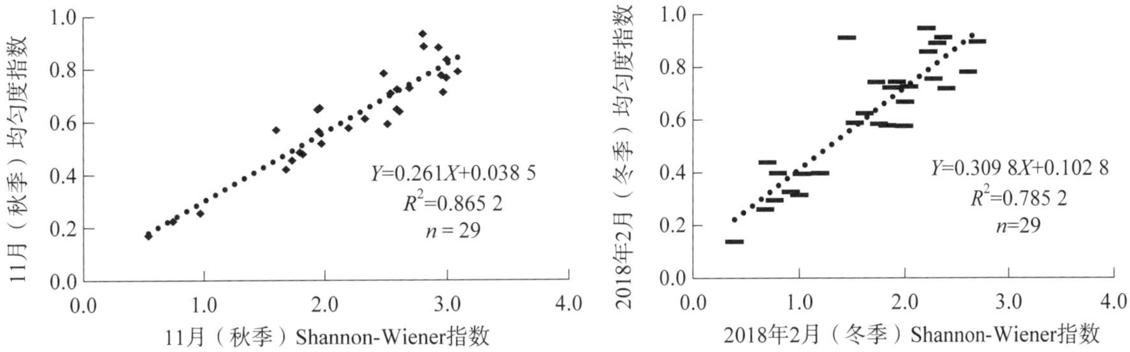

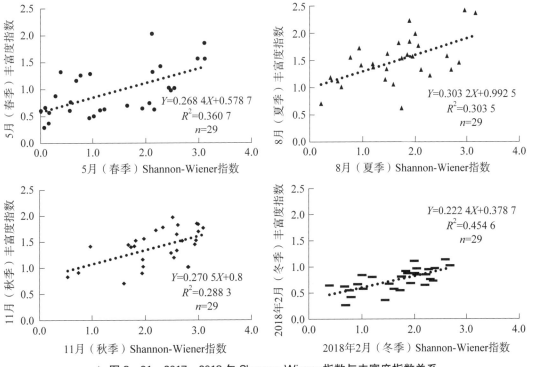

▲ 图 8-90 2017~2018 年 Shannon-Wiener 指数与均匀度指数关系

（3）2017~2018 年 Shannon-Wiener 指数与丰富度指数关系：2017~2018 年江苏近岸海域各季节 Shannon-Wiener 指数与丰富度指数呈线性正相关关系，相关系数在 0.537 0~0.674 2 之间，在 0.01 水平上相关性显著（表 8-20、图 8-91）。

表 8-20 2017~2018 年 Shannon-Wiener 指数与丰富度指数线性关系

指标	春季	夏季	秋季	冬季
相关系数 r	0.600 5	0.550 9	0.537 0	0.674 2
决定系数 r^2	0.360 7	0.303 5	0.288 3	0.454 6
Sig. 值	0.000	0.000	0.000	0.000
站位数	29	29	29	29
＊＊	相关性显著	相关性显著	相关性显著	相关性显著
＊				

注：“＊”表示 0.05 显著性水平，“＊＊”表示 0.01 显著性水平。

▲ 图 8-91 2017~2018 年 Shannon-Wiener 指数与丰富度指数关系

8.3.2 江苏近海鱼类生物多样性指数季节分布

8.3.2.1 根据生物量计算的鱼类多样性指数

8.3.2.1.1 2006～2007 年

（1）物种多样性指数：春季渔业资源调查拖网禁渔区线以西海域，鱼类重量多样性指数高值区位于吕泗渔场南部禁渔区线附近和海州湾渔场南部近岸海域。低值区位于海州湾渔场 121°E 以西海域附近。其他水域基本上处于低值区与高值区过渡地带。

夏季渔业资源调查拖网禁渔区线以西海域，鱼类重量多样性指数高值区位于吕泗渔场南部近岸海域和海州湾渔场 35°N 线附近，120°E～120°30′E 之间的小范围。低值区位于海州湾渔场南部近岸海域。

秋季渔业资源调查拖网禁渔区线以西海域，鱼类重量多样性指数高值区位于吕泗渔场中部近岸海域。低值区位于海州湾渔场中部近岸海域和吕泗渔场南部近岸海域。

冬季渔业资源调查拖网禁渔区线以西海域，鱼类重量多样性指数高值区分散，分别位于吕泗渔场南部和中北部海域及海州湾渔场近岸海域。低值区位于吕泗渔场中部和海州湾渔场禁渔区线附近及北部海域（图 8 - 92）。

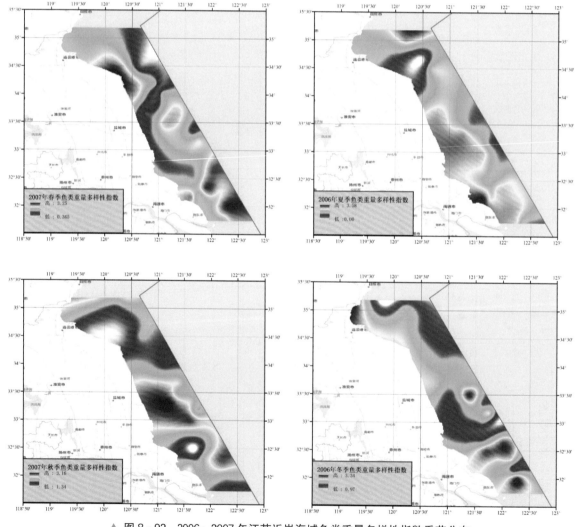

▲ 图 8 - 92 2006～2007 年江苏近岸海域鱼类重量多样性指数季节分布

（2）均匀度指数：春季渔业资源调查拖网禁渔区线以西海域，鱼类重量均匀度指数高值区位于吕泗渔场中南部禁渔区线附近海域以及海州湾渔场南部沿岸海域。低值区位于海州湾渔场禁渔区线附近海域。

夏季渔业资源调查拖网禁渔区线以西海域，鱼类重量均匀度指数高值区位于吕泗渔场中北部沿海海域及海州湾渔场北部外侧海域。低值区位于海州湾渔场南部近岸海域。受大型水母影响，该范围内基本上没有鱼类和其他游泳动物，重量均匀度指数为"0"。

秋季渔业资源调查拖网禁渔区线以西海域，鱼类重量均匀度指数高值区位于吕泗渔场中北部海域。低值区位于海州湾渔场中南部海域和吕泗渔场南部部分海域。

冬季渔业资源调查拖网禁渔区线以西海域，鱼类重量均匀度指数高值区主要位于吕泗渔场南部海域及海州湾渔场湾内沿岸海域。低值区位于海州湾渔场北部与禁渔区线连接处附近部分海域及吕泗渔场中部外侧海域（图8-93）。

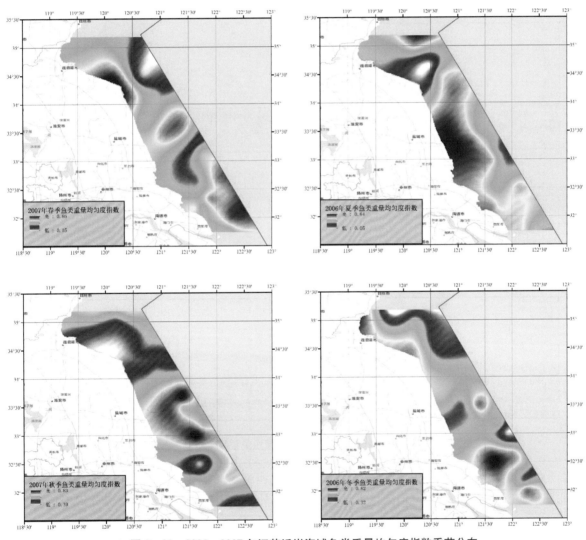

▲ 图8-93 2006～2007年江苏近岸海域鱼类重量均匀度指数季节分布

（3）丰富度指数：春季渔业资源调查拖网禁渔区线以西海域，鱼类重量丰富度指数高值区位于海州湾渔场南部沿岸水域，吕泗渔场南部外侧海域为次密区。低值区位于海州湾渔场121°E以西34°30′N以北部分海域。

夏季渔业资源调查拖网禁渔区线以西海域,鱼类重量丰富度指数高值区位于吕泗渔场南部沿岸海域和海州湾渔场北部外侧海域。低值区主要位于海州湾渔场中部外侧海域。

秋季渔业资源调查拖网禁渔区线以西海域,鱼类重量丰富度指数高值区位于吕泗渔场北部沿岸海域。低值区位于海州湾渔场和吕泗渔场北部禁渔区线附近海域及吕泗渔场中南部部分海域。

冬季渔业资源调查拖网禁渔区线以西海域,鱼类重量丰富度指数高值区主要位于吕泗渔场和长江口渔场交汇的沿岸海域及吕泗渔场中北部外侧海域。低值区位于海州湾渔场北部的中部海域和吕泗渔场中部近岸海域(图8-94)。

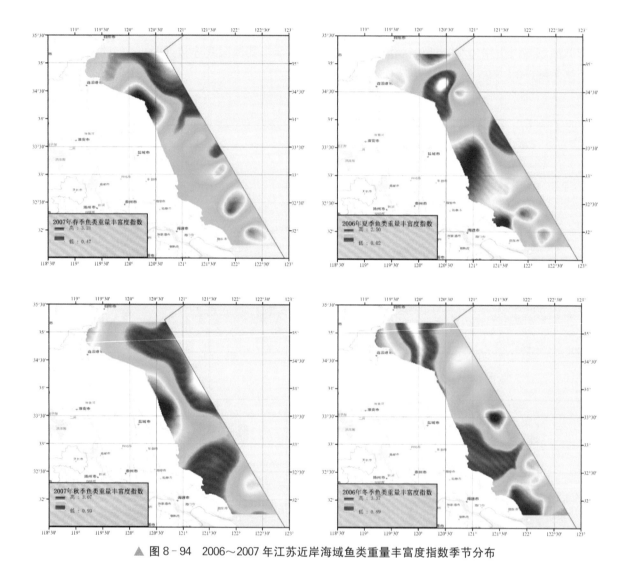

▲ 图8-94 2006~2007年江苏近岸海域鱼类重量丰富度指数季节分布

(4)单纯度指数:春季渔业资源调查拖网禁渔区线以西海域,鱼类重量单纯度指数高值区位于海州湾渔场北部禁渔区线附近海域。低值区位于吕泗渔场南部外侧禁渔区线附近海域和海州湾渔场南部沿岸海域。

夏季渔业资源调查拖网禁渔区线以西海域,鱼类重量单纯度指数高值区主要位于海州湾渔场南部沿岸海域。低值区位于海州湾渔场北部外侧海域。受大型水母影响,该范围内基本上没有鱼类和其他游泳动物,重量单纯度指数几乎为"0"。

秋季渔业资源调查拖网禁渔区线以西海域,鱼类重量单纯度指数高值区位于吕泗渔场南部近岸海域和海州湾渔场南部沿岸海域。低值区主要位于吕泗渔场北部大范围海域和南部禁渔区线附近海域。

冬季渔业资源调查拖网禁渔区线以西海域,鱼类重量单纯度指数高值区主要位于海州湾渔场北部近岸海域及吕泗渔场中部外侧海域。低值区覆盖了吕泗渔场南部海域和海州湾中南部沿岸海域(图8-95)。

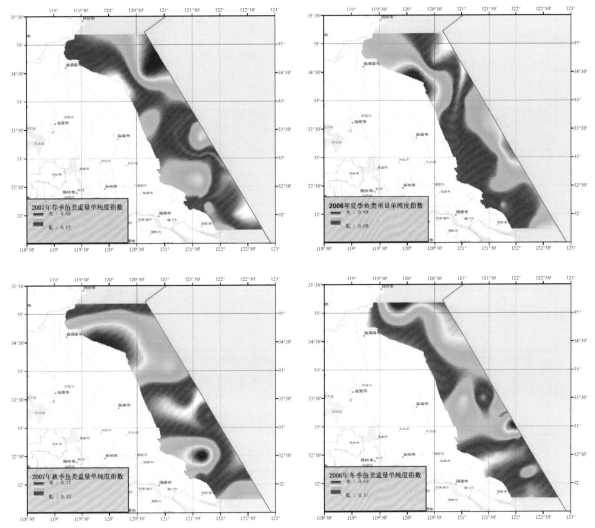

▲ 图8-95　2006～2007年江苏近岸海域鱼类重量单纯度指数季节分布

8.3.2.1.2　2017～2018年

(1)物种多样性指数:春季渔业资源调查拖网禁渔区线以西海域,鱼类重量多样性指数高值区位于吕泗渔场近岸中部海域和海州湾渔场南部近岸与禁渔区线之间海域。低值区位于吕泗渔场东部禁渔区线附近和海州湾渔场沿岸水域。中间区域属于过渡地带。

夏季渔业资源调查拖网禁渔区线以西海域,鱼类重量多样性指数高值区位于吕泗渔场中部及南部近岸海域。低值区位于吕泗渔场北部近岸海域和南部外侧海域。其余基本属于高值区向低值区过渡地带。

秋季渔业资源调查拖网禁渔区线以西海域,鱼类重量多样性指数高值区主要位于吕泗渔场南部外侧海域及海州湾渔场近岸海域中部。低值区位于海州湾渔场北部附近海域。

冬季渔业资源调查拖网禁渔区线以西海域,鱼类重量多样性指数高值区主要位于吕泗渔场外侧禁渔区线附近海域。低值区位于海州湾渔场外侧海域和吕泗渔场中部近岸海域(图8-96)。

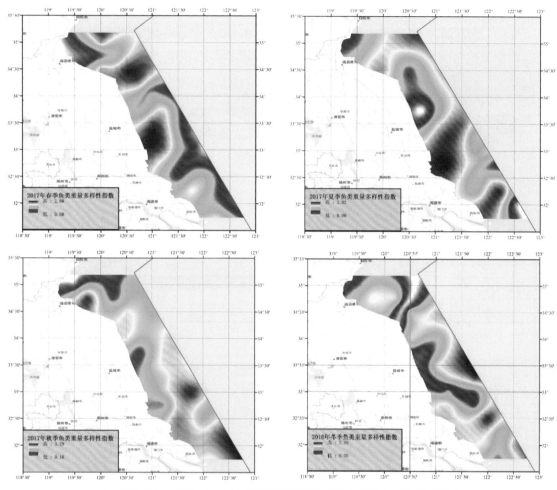

▲ 图 8-96 2017～2018 年江苏近岸海域鱼类重量多样性指数季节分布

（2）均匀度指数：春季渔业资源调查拖网禁渔区线以西海域，鱼类重量均匀度指数高值区主要位于吕泗渔场中部沿岸海域。低值区位于吕泗渔场中南部禁渔区线附近海域以及海州湾渔场内湾沿岸海域。其余水域基本属于高值区向低值区过渡地带。

夏季渔业资源调查拖网禁渔区线以西海域，鱼类重量均匀度指数高值区位于海州湾渔场东北部海域及吕泗渔场中部近岸海域。低值区位于吕泗渔场北部沿岸海域。

秋季渔业资源调查拖网禁渔区线以西海域，鱼类重量均匀度指数高值区位于海州湾渔场南部沿岸海域及吕泗渔场禁渔区线内侧海域。低值区位于海州湾渔场西北部沿海海域。

冬季渔业资源调查拖网禁渔区线以西海域，鱼类重量均匀度指数高值区主要位于吕泗渔场北部禁渔区线及海州湾渔场中南部近岸海域。低值区位于海州湾渔场东北部海域（图 8-97）。

（3）丰富度指数：春季渔业资源调查拖网禁渔区线以西海域，鱼类重量丰富度指数高值区位于海州湾渔场 120°E～121°E，34°30′N 海域附近。低值区位于吕泗渔场东部大部分海域以及海州湾渔场北部沿岸海域和外侧北部海域。其余水域基本属于高值区向低值区过渡地带。

夏季渔业资源调查拖网禁渔区线以西海域，鱼类重量丰富度指数高值区位于吕泗渔场中南部近岸海域。低值区位于吕泗渔场和长江口渔场交汇的禁渔区线西侧海域和吕泗渔场北部沿岸海域、海州湾渔场沿岸海域及外侧海域。

秋季渔业资源调查拖网禁渔区线以西海域，鱼类重量丰富度指数高值区位于吕泗渔场北部禁渔区线附近及海州湾渔场 120°30′E 和 34°30′N 交界处。低值区位于海州湾渔场近岸至禁渔区线之间除高值区外所围成的区域以及吕泗渔场全部近岸海域。

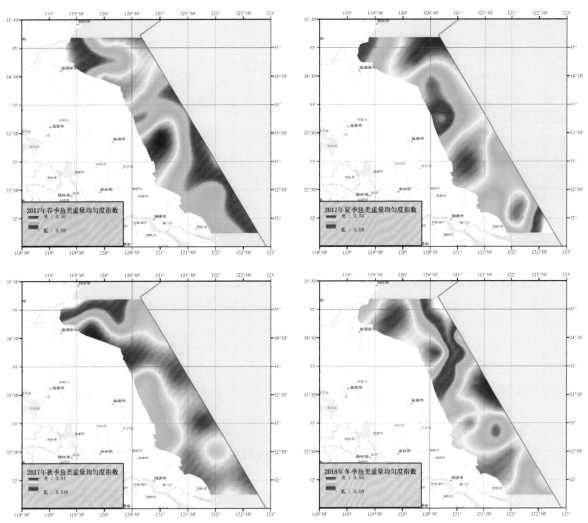

▲ 图 8－97 2017～2018 年江苏近岸海域鱼类重量均匀度指数季节分布

冬季渔业资源调查拖网禁渔区线以西海域,鱼类重量丰富度指数高值区主要位于海州湾渔场北部小范围海域。低值区范围很广,除海州湾渔场中部属于高值区向低值区过渡区域外,其余海域属低值区(图 8－98)。

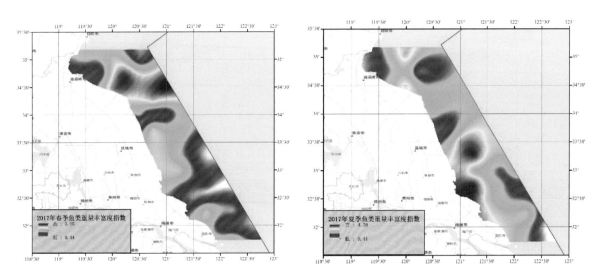

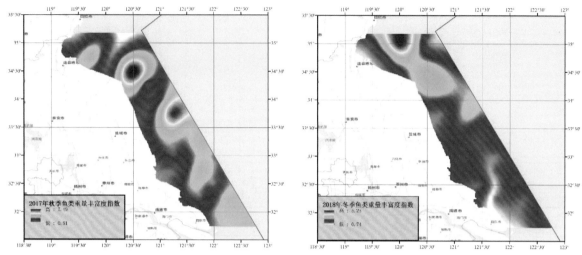

▲ 图 8‑98　2017～2018 年江苏近岸海域鱼类重量丰富度指数季节分布

（4）单纯度指数：春季渔业资源调查拖网禁渔区线以西海域，鱼类重量单纯度指数高值区主要位于海州湾渔场湾内沿岸海域，吕泗渔场中南部禁渔区线附近海域属次高值区。低值区位于吕泗渔场中部近岸水域及海州湾渔场南部至禁渔区线附近海域。其余水域基本属于高值区向低值区过渡地带。

夏季渔业资源调查拖网禁渔区线以西海域，鱼类重量单纯度指数高值区位于吕泗渔场南部外侧海域和北部近岸海域。低值区位于吕泗渔场沿岸直至禁渔区线附近海域和海州湾渔场中南部沿岸向东北延伸至禁渔区线附近海域。

秋季渔业资源调查拖网禁渔区线以西海域，鱼类重量单纯度指数高值区位于海州湾渔场北部海域。低值区位于海州湾渔场东南部及吕泗渔场北部、中部和南部的沿岸至禁渔区线附近海域。

冬季渔业资源调查拖网禁渔区线以西海域，鱼类重量单纯度指数高值区位于海州湾渔场北部沿岸海域。低值区位于吕泗渔场禁渔区线内大部分海域和海州湾渔场南部部分海域（图 8‑99）。

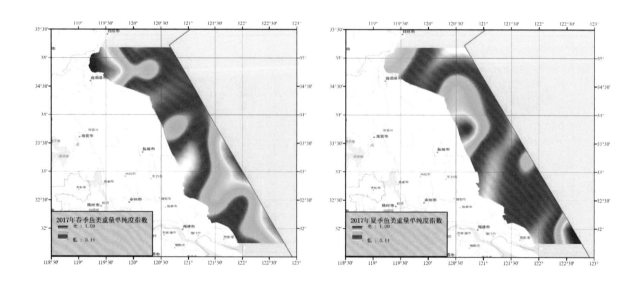

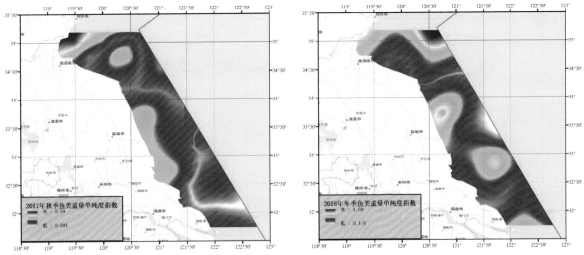

▲ 图 8 - 99 2017~2018 年江苏近岸海域鱼类重量单纯度指数季节分布

8.3.2.2 根据丰度计算的鱼类多样性指数

8.3.2.2.1 2006~2007 年

(1)物种多样性指数:春季渔业资源调查拖网禁渔区线以西海域,鱼类尾数多样性指数高值区位于吕泗渔场近岸 121°30′E 以西海域。低值区位于海州湾渔场 121°E 以西中部海域。其余水域基本上处于低值区与高值区过渡地带。

夏季渔业资源调查拖网禁渔区线以西海域,鱼类尾数多样性指数高值区位于吕泗渔场南部近岸海域和海州湾渔场 35°N 线附近,120°E~120°30′E 之间的小范围。低值区位于拖网禁渔区线附近海域。

秋季渔业资源调查拖网禁渔区线以西海域,鱼类尾数多样性指数高值区位于吕泗渔场和海州湾渔场交界的近岸海域和吕泗渔场南部禁渔区线附近海域。低值区位于海州湾渔场中北部附近海域。

冬季渔业资源调查拖网禁渔区线以西海域,鱼类尾数多样性指数高值区主要位于吕泗渔场近岸海域,范围较广。低值区位于海州湾渔场北部附近海域和禁渔区线附近海域(图 8 - 100)。

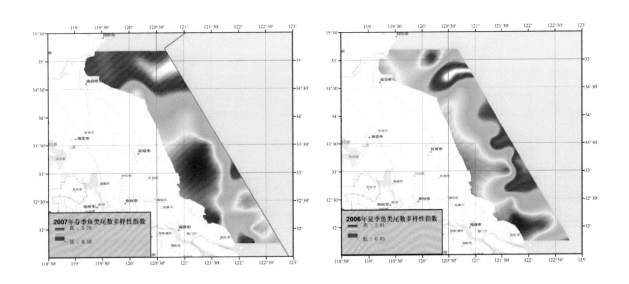

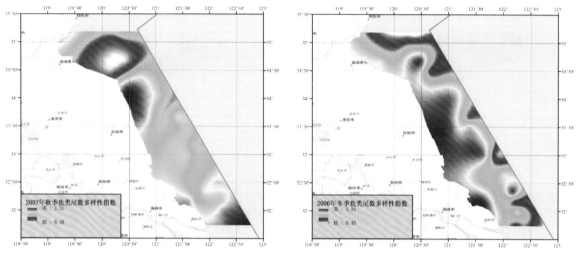

▲ 图 8-100 2006～2007 年江苏近岸海域鱼类尾数多样性指数季节分布

（2）均匀度指数：春季渔业资源调查拖网禁渔区线以西海域，鱼类尾数均匀度指数高值区位于吕泗渔场近岸中南部近岸海域。低值区位于海州湾渔场 121°E 以西 34°30′N 以北几乎全部海域。

夏季渔业资源调查拖网禁渔区线以西海域，鱼类尾数均匀度指数高值区位于吕泗渔场与海州湾相接的沿岸海域。低值区位于吕泗渔场中部禁渔区线附近内侧海域和海州湾渔场中部外侧海域。受大型水母影响，该范围内基本上没有鱼类和其他游泳动物，均匀度指数为"0"。

秋季渔业资源调查拖网禁渔区线以西海域，鱼类尾数均匀度指数高值区位于吕泗渔场和海州湾渔场交界的近岸海域至禁渔区线部分海域和吕泗渔场南部与长江口渔场毗邻的近岸至禁渔区线附近海域。低值区位于海州湾渔场中北部附近海域。

冬季渔业资源调查拖网禁渔区线以西海域，鱼类尾数均匀度指数高值区主要位于吕泗渔场及海州湾渔场南部沿岸海域，范围较广。低值区位于海州湾渔场北部与禁渔区线连接处附近部分海域及吕泗渔场中南部外侧海域（图 8-101）。

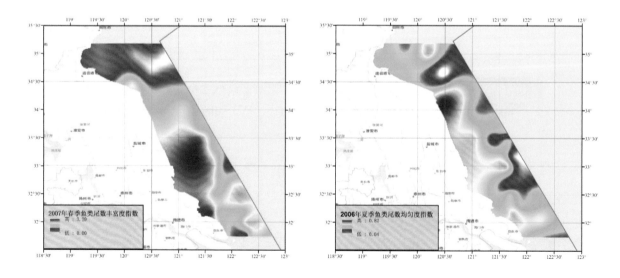

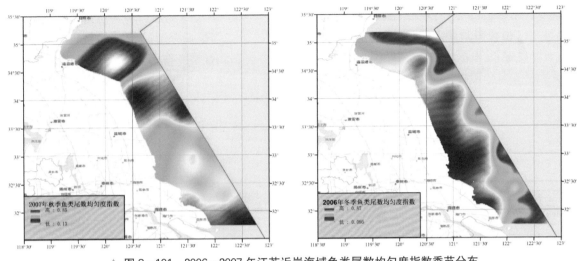

▲ 图 8-101 2006～2007 年江苏近岸海域鱼类尾数均匀度指数季节分布

（3）丰富度指数：春季渔业资源调查拖网禁渔区线以西海域，鱼类尾数丰富度指数高值区位于吕泗渔场近岸 121°30′E 左右海域，33°30′N 以南海域。低值区位于海州湾渔场 120°E～121°E 34°30′N 以北海域。

夏季渔业资源调查拖网禁渔区线以西海域，鱼类尾数丰富度指数高值区位于吕泗渔场南部近岸海域以及海州湾渔场 35°N 线附近的 120°E～120°30′E 之间的小范围。低值区位于海州湾渔场中部外侧海域。

秋季渔业资源调查拖网禁渔区线以西海域，鱼类尾数丰富度指数高值区位于吕泗渔场和海州湾渔场交界的近岸海域和海州湾渔场北部近岸海域。低值区位于吕泗渔场和海州湾交界的拖网禁渔禁渔区线附近海域。

冬季渔业资源调查拖网禁渔区线以西海域，鱼类尾数丰富度指数高值区主要位于吕泗渔场南部近岸海域，范围较广。低值区位于海州湾渔场北部附近海域和吕泗渔场中南部禁渔区线附近部分海域（图 8-102）。

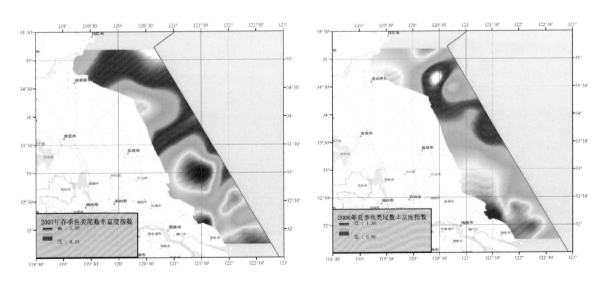

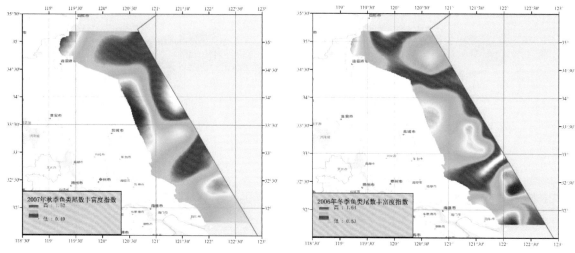

▲ 图 8-102 2006～2007 年江苏近岸海域鱼类尾数丰富度指数季节分布

(4)单纯度指数:春季渔业资源调查拖网禁渔区线以西海域,鱼类尾数单纯度指数高值区位于海州湾渔场北部禁渔区线至湾口海域。低值区位于吕泗渔场近岸几乎全部海域。

夏季渔业资源调查拖网禁渔区线以西海域,鱼类尾数单纯度指数高值区位于吕泗渔场中部禁渔区线附近海域。低值区位于海州湾渔场北部外侧海域。受大型水母影响,该范围内基本上没有鱼类和其他游泳动物,单纯度指数为"0"。

秋季渔业资源调查拖网禁渔区线以西海域,鱼类尾数单纯度指数高值区位于吕泗渔场和海州湾渔场交界的近岸海域至禁渔区线部分海域和吕泗渔场南部与长江口渔场毗邻的近岸至禁渔区线附近海域。低值区位于海州湾渔场中北部附近海域。

冬季渔业资源调查拖网禁渔区线以西海域,鱼类尾数单纯度指数高值区主要位于海州湾渔场中部近岸海域。低值区位于吕泗渔场尤其是南部外侧海域,以及海州湾南部海域(图 8-103)。

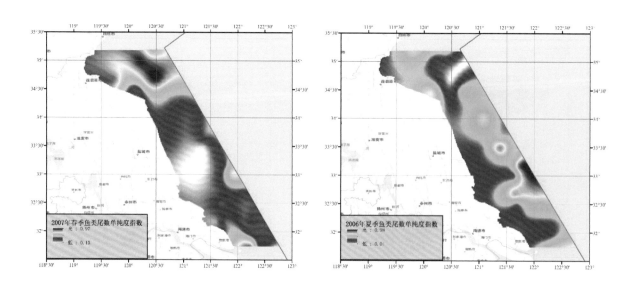

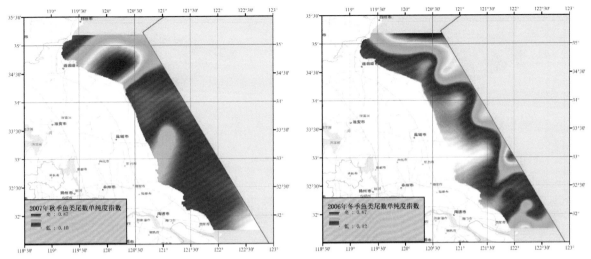

▲ 图 8 - 103 2006～2007 年江苏近岸海域鱼类尾数单纯度指数季节分布

8.3.2.2.2 2017～2018 年

（1）物种多样性指数：春季渔业资源调查拖网禁渔区线以西海域,鱼类尾数多样性指数高值区位于海州湾渔场 120°E～120°30′E, 34°30′～35°N 海域。低值区位于吕泗渔场东部和南部海域以及海州湾渔场沿岸水域。其余水域基本属于高值区向低值区过渡地带。

夏季渔业资源调查拖网禁渔区线以西海域,鱼类尾数多样性指数高值区位于吕泗渔场近岸海域,主要位于 32°30′～33°N, 121°30′E 以西海域。低值区位于拖网禁渔区线附近海域。

秋季渔业资源调查拖网禁渔区线以西海域,鱼类尾数多样性指数高值区出现 4 处,海州湾渔场中部和南部近岸海域 2 处,吕泗渔场北部和南部禁渔区线附近 2 处。低值区位于海州湾渔场中北部附近海域。

冬季渔业资源调查拖网禁渔区线以西海域,鱼类尾数多样性指数高值区主要位于吕泗渔场中南部近岸海域,其次为海州湾渔场南部近岸海域。低值区位于海州湾渔场北部附近海域和吕泗渔场中部和南部禁渔区线附近海域(图 8 - 104)。

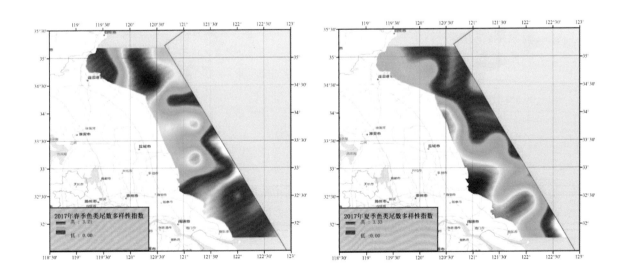

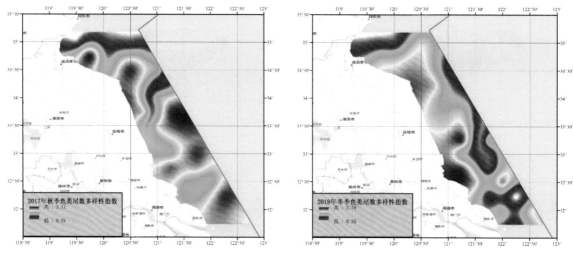

▲ 图 8-104　2017～2018 年江苏近岸海域鱼类尾数多样性指数季节分布

（2）均匀度指数：春季渔业资源调查拖网禁渔区线以西海域，鱼类尾数均匀度指数高值区主要位于海州湾渔场 120°E～121°E，34°30′N～35°N 海域。低值区位于吕泗渔场中南部大部分海域以及海州湾渔场内湾近岸海域。其余水域基本属于高值区向低值区过渡地带。

夏季渔业资源调查拖网禁渔区线以西海域，鱼类尾数均匀度指数高值区位于吕泗渔场近岸和南部外侧海域。低值区位于吕泗渔场北部与海州湾渔场相接的禁渔区线内侧海域。

秋季渔业资源调查拖网禁渔区线以西海域，鱼类尾数均匀度指数高值区位于吕泗渔场南部禁渔区线附近。低值区位于海州湾渔场近岸至禁渔区线包络线围成的区域，吕泗渔场中南部近岸至外侧的部分海域。

冬季渔业资源调查拖网禁渔区线以西海域，鱼类尾数均匀度指数高值区主要位于吕泗渔场和海州湾渔场南部沿岸海域。低值区位于海州湾渔场北部海域和吕泗渔场及海州湾渔场禁渔区线内侧海域（图8-105）。

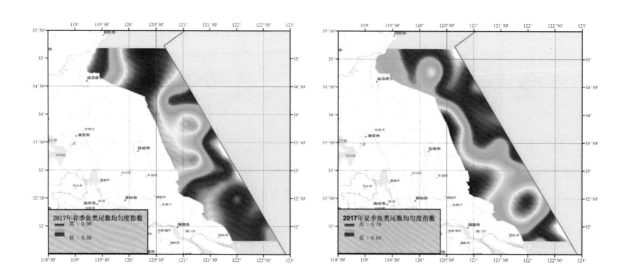

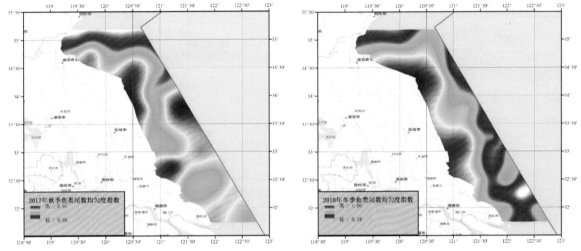

▲ 图 8-105　2017～2018 年江苏近岸海域鱼类尾数均匀度指数季节分布

（3）丰富度指数：春季渔业资源调查拖网禁渔区线以西海域，鱼类尾数丰富度指数高值区位于海州湾渔场 120°E～121°E，34°30′N 海域附近。低值区位于吕泗渔场大部分海域以及海州湾渔场中部沿岸海域和外侧北部海域。其余水域基本属于高值区向低值区过渡地带。

夏季渔业资源调查拖网禁渔区线以西海域，鱼类尾数丰富度指数高值区位于吕泗渔场中南部近岸海域。低值区位于海州湾渔场北部外侧海域。

秋季渔业资源调查拖网禁渔区线以西海域，鱼类尾数丰富度指数高值区位于吕泗渔场南部禁渔区线附近。低值区位于海州湾渔场近岸至禁渔区线包络线围成的区域，吕泗渔场中南部近岸至外侧的部分海域。

冬季渔业资源调查拖网禁渔区线以西海域，鱼类尾数丰富度指数高值区主要位于吕泗渔场中南部近岸海域和禁渔区线附近海域。低值区位于海州湾渔场北部近岸海域和吕泗渔场与海州湾渔场交界处东西向海域（图 8-106）。

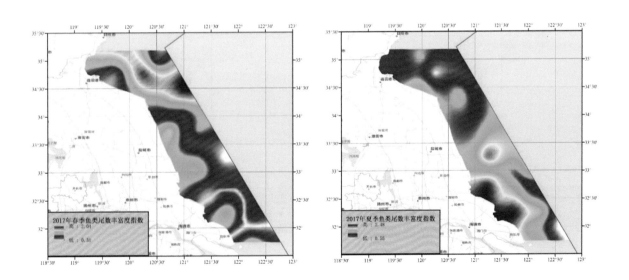

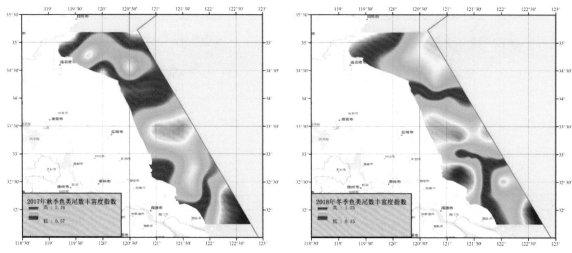

▲ 图 8 - 106　2017~2018 年江苏近岸海域鱼类尾数丰富度指数季节分布

（4）单纯度指数：春季渔业资源调查拖网禁渔区线以西海域,鱼类尾数单纯度指数高值区主要位于吕泗渔场南部近岸海域和禁渔区线附近海域以及海州湾渔场湾内沿岸海域。低值区位于吕泗渔场中部至海州湾渔场北部的大范围海域。其余水域基本属于高值区向低值区过渡地带。

夏季渔业资源调查拖网禁渔区线以西海域,鱼类尾数单纯度指数高值区位于吕泗渔场南部外侧海域和海州湾渔场外侧海域。低值区位于吕泗渔场沿岸直至禁渔区线附近海域。

秋季渔业资源调查拖网禁渔区线以西海域,鱼类尾数单纯度指数高值区位于海州湾渔场北部海域。低值区位于海州湾渔场东南部及吕泗渔场北部、中部和南部的沿岸至禁渔区线附近海域。

冬季渔业资源调查拖网禁渔区线以西海域,鱼类尾数单纯度指数高值区主要位于吕泗渔场中南部外侧海域和海州湾渔场北部近岸海域。低值区位于海州湾渔场南部海域和吕泗渔场中部近岸海域（图8 - 107）。

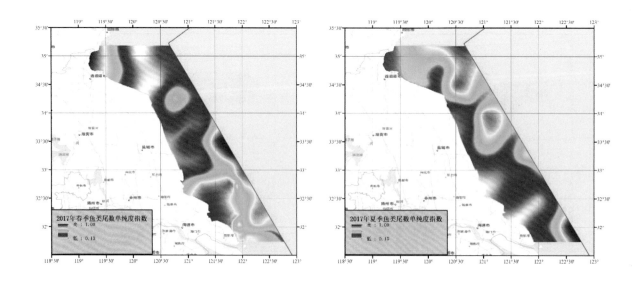

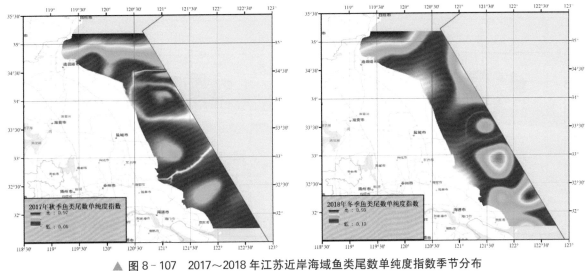

▲ 图 8 - 107　2017～2018 年江苏近岸海域鱼类尾数单纯度指数季节分布

8.4　鱼类物种丰富度年际变化

生物多样性是多样化的生命实体群(entity group)的特征。每一级实体—基因、细胞、种群、物种、群落乃至生态系统都不止一类,亦即都存在着多样性。因此,多样性是所有生命系统(living system)的基本特征。

8.4.1　2006～2007 年

春季江苏近岸海域鱼类物种丰富度高的区域为长江口渔场近海海域和吕泗渔场南部近岸海域、吕泗渔场中部海域以及海州湾渔场近岸海域;鱼类物种丰富度低的区域为海州湾渔场中部海域,呈带状分布。

夏季江苏近岸海域鱼类物种丰富度高的区域为长江口渔场近海海域和吕泗渔场南部近岸海域;鱼类物种丰富度低的区域为海州湾渔场中部海域,由于大量水母的存在,致使鱼类物种丰富度降为零。

秋季江苏近岸海域鱼类物种丰富度高的区域为海州湾渔场近岸海域和吕泗渔场北部近岸海域;鱼类物种丰富度低的区域为吕泗渔场与海州湾渔场交界的禁渔区线附近海域。

冬季江苏近岸海域鱼类物种丰富度高的区域为长江口渔场近岸海域和吕泗渔场南部禁渔区线附近的外侧海域以及海州湾渔场湾内的近岸海域;鱼类物种丰富度低的区域为吕泗渔场中南部近岸海域至吕泗渔场北部禁渔区线附近呈带状分布的海域(图 8 - 108)。

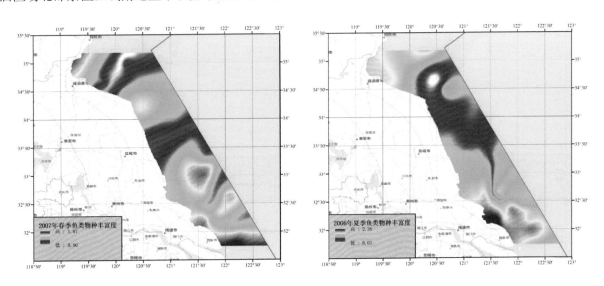

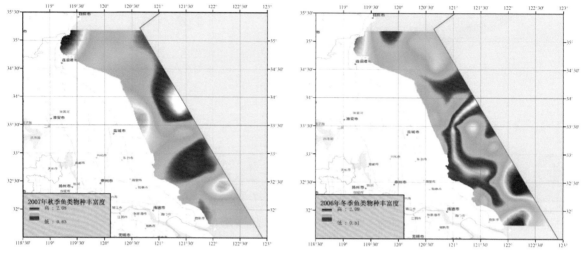

▲ 图 8‐108 2006～2007 年江苏近岸海域鱼类物种丰富度分布

8.4.2 2017～2018 年

春季江苏近岸海域鱼类物种丰富度高的区域为吕泗渔场近岸海域,总体而言江苏近岸大部分海域鱼类物种丰富度偏低。

夏季江苏近岸海域鱼类物种丰富度高的区域为吕泗渔场南部近岸海域和吕泗渔场中部外侧海域;鱼类物种丰富度低的区域为海州湾渔场中部海域,与 2006 年夏季的区域分布基本重合,吕泗渔场北部近岸海域鱼类物种丰富度也偏低。

秋季江苏近岸海域鱼类物种丰富度高的区域为吕泗渔场南部与长江口渔场交界的禁渔区线附近海域;鱼类物种丰富度低的区域为海州湾渔场近岸海域和吕泗渔场中南部近岸海域。

冬季江苏近岸海域鱼类物种丰富度高的区域为吕泗渔场中南部禁渔区线附近海域以及吕泗渔场与长江口渔场交界的禁渔区线附近海域;鱼类物种丰富度低的区域为海州湾渔场近岸海域(图 8‐109)。

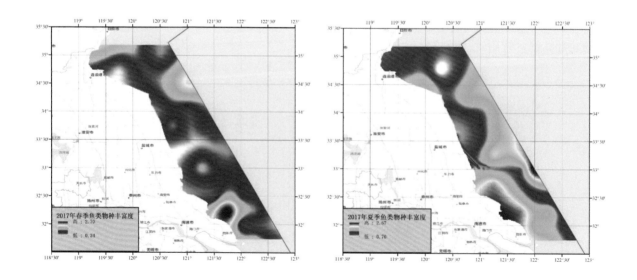

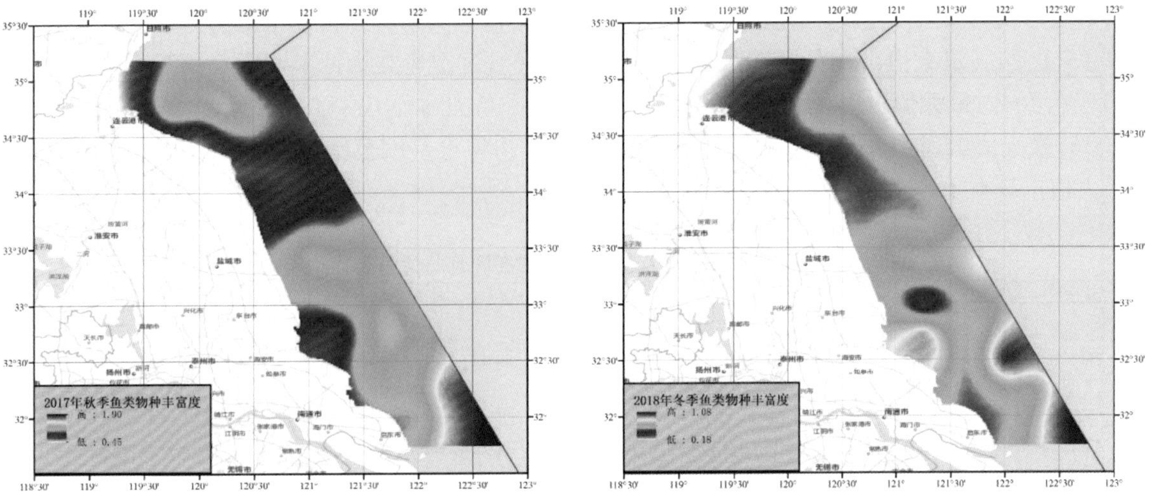

▲ 图 8‑109　2017～2018 年江苏近岸海域鱼类物种丰富度分布

2006～2007 年周年调查结果,春季江苏近岸海域各站位鱼类物种丰富度范围为 0.62～1.88,最小值出现在 JS4 站位,最大值出现在 JS22 站位,平均值为 1.21;夏季鱼类物种丰富度范围为 0～2.33,最小值出现在 JS6 站位,该海域充斥大量水母,游泳动物均未出现,最大值出现在 SB07 站位,平均值为 1.25;秋季鱼类物种丰富度范围为 0.72～2.01,最小值出现在 JS14 站位,最大值出现在 JC‑HH149 站位,平均值为 1.30;冬季鱼类物种丰富度范围为 0.53～2.05,最小值出现在 ZD‑SB285 站位,最大值出现在 JS18 站位,平均值为 1.30(表 8‑21)。

表 8‑21　2006～2007 年江苏近岸海域各调查站位鱼类物种丰富度

站位	春季	夏季	秋季	冬季	站位	春季	夏季	秋季	冬季
F1	1.08	0.71	1.42	1.53	JS14	0.98	0.71	0.72	1.10
F118	1.42	1.16	0.98	1.42	JS15	0.99	1.17	1.44	0.90
F141	0.90	0.81	1.24	1.17	JS16	0.98	1.43	1.18	1.17
F2	0.98	1.23	1.32	1.16	JS17	1.44	1.16	1.15	1.67
F97	1.41	0.99	1.66	1.94	JS18	1.19	1.59	1.71	2.05
JC‑HH149	1.57	1.71	2.01	1.65	JS19	0.99	1.52	1.34	1.15
JC‑HH186	1.01	1.60	1.25	1.25	JS20	1.43	1.95	1.24	1.60
JC‑HH218	0.71	0.96	1.70	1.32	JS22	1.88	1.43	1.32	2.05
JC‑HH243	1.24	1.14	1.43	1.24	JS23	1.71	1.35	1.32	1.45
JS2	1.09	1.45	1.34	0.81	SB07	1.56	2.33	1.38	1.36
JS4	0.62	1.65	1.26	1.35	SB10	1.19	1.62	1.08	0.89
JS5	0.92	1.45	1.35	1.34	ZD‑SB258	1.59	1.15	0.97	1.25
JS6	1.10	0.00	1.28	1.28	ZD‑SB285	1.34	1.60	0.89	0.53
JS7	1.16	0.89	1.32	1.08	ZD‑SB287	1.42	1.93	1.51	1.25
JS9	1.25	1.27	1.37	1.42	最大值	1.88	2.33	2.01	2.05
JS10	1.41	0.54	1.39	1.26	最小值	0.62	0	0.72	0.53
JS12	1.16	0.72	1.11	0.88	平均值	1.21	1.25	1.30	1.30
JS13	1.02	0.89	0.81	1.16					

2017～2018 年周年调查结果,春季江苏近岸海域各站位鱼类物种丰富度范围为 0.43～2.77,最小值出现在 JS11 站位,最大值出现在 JS60 站位,平均值为 1.00;夏季鱼类物种丰富度范围为 0.68～2.77,最小值出现在 JS12,最大值出现在 JS44,平均值为 1.53;秋季鱼类物种丰富度范围为 0.60～1.75,最小值出现在 JS13,最大值出现在 JS63,平均值为 1.11;冬季鱼类物种丰富度范围为 0.25～1.03,最小值出现在 JS1,最大值出现在 JS53,平均值为 0.60(表 8 - 22)。

表 8-22 2017～2018 年江苏近岸海域各调查站位鱼类物种丰富度

站位	春季	夏季	秋季	冬季	站位	春季	夏季	秋季	冬季
JS1	1.38	1.13	0.78	0.25	JS41	0.52	1.99	1.11	0.77
JS2	1.20	1.28	1.22	0.34	JS42	1.28	1.38	1.12	0.26
JS3	0.52	1.02	0.88	0.68	JS43	0.86	1.28	1.30	0.61
JS11	0.43	1.30	1.29	0.43	JS44	0.95	2.77	1.02	0.69
JS12	1.11	0.68	1.37	0.67	JS50	0.85	2.12	0.68	0.86
JS13	0.69	1.75	0.60	0.43	JS51	1.02	1.32	1.37	0.52
JS14	1.19	1.28	1.03	0.50	JS52	0.60	2.06	1.19	0.68
JS15	1.96	1.80	0.96	0.76	JS53	0.96	1.22	1.18	1.03
JS22	1.27	1.67	0.67	0.50	JS60	2.77	2.22	1.20	0.52
JS23	0.60	1.04	0.84	0.51	JS61	1.20	1.79	1.63	0.60
JS24	0.69	1.28	0.76	0.51	JS62	0.77	1.61	1.04	0.53
JS31	1.19	0.93	0.78	0.50	JS63	0.60	1.22	1.75	0.94
JS32	0.85	1.64	0.94	0.51	JS68	1.37	1.79	1.52	0.70
JS33	0.59	1.15	1.31	0.69	最大值	2.77	2.77	1.75	1.03
JS34	0.69	1.80	1.27	0.70	最小值	0.43	0.68	0.60	0.25
JS40	0.86	1.92	1.27	0.69	平均值	1.00	1.53	1.11	0.60

2017 年春季鱼类物种丰富度平均值低于 2007 年春季,2017 年夏季平均值高于 2006 年夏季,2017 年秋季平均值低于 2007 年秋季,2018 年冬季平均值低于 2006 年冬季。2017～2018 年周年调查鱼类物种丰富度除夏季外总体低于 2006～2007 年周年调查结果。

8.5 江苏近海鱼类群落干扰度

Warwick 于 1986 年提出用丰度生物量比较曲线(abundance-biomass comparison curves,简称 ABC 曲线)方法通过数量和生物量优势度指数曲线比较来调查干扰(主要是污染影响)对底栖无脊椎动物群落的影响。近年来 ABC 曲线法在渔业研究中的应用越来越多,可比较分析不同捕捞历史状况下鱼类群落对不同干扰的反应。

ABC 曲线方法反映了 r 选择(生长快、个体小种类)和 k 选择(生长慢、个体大种类)的传统进化的理论背景。在未受干扰(稳定)状态下,群落主要是以 k 选择种类为主,生物量(Biomass)优势度指数曲线高于丰度(Abundance)优势度指数曲线。随着干扰(如人类捕捞活动)的增加,k 选择物种无法应对,其生物量或数量逐渐减少,r 选择物种的生物量或数量则逐渐增加,当处于中度干扰(或不稳定)状态时,两条曲线将相交。当群落结构逐渐变为由 r 选择的物种为主,生物量的优势度指数曲线在数量优势度指数曲线之下,则表明群落处于严重干扰(不稳定)的状态。图 8 - 110 中表示了未受干扰、中度干扰和严重干扰三种情形下的 ABC 理论曲线。

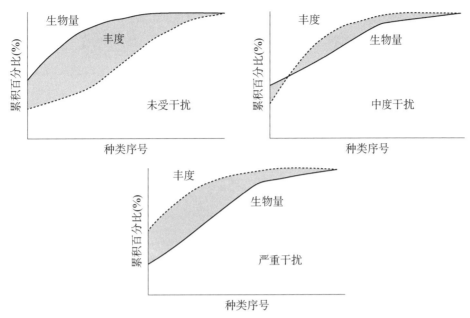

▲ 图 8 - 110 不同干扰程度下的 ABC 理论曲线(依 Clarke 和 Warwick, 1994)

数量(即丰度)和生物量比较的 ABC 曲线方法是在同一坐标系中比较生物量优势度指数曲线和数量优势度指数曲线,通过两条曲线的分布情况来分析判断鱼类群落在不同干扰状况下的特征。

优势度指数曲线(k-dominance curves)是调查中出现物种的生物量和数量的百分比进行降序排列,用图示的方法表示依物种降序排列的物种生物量和数量的累积百分比,其 X 轴为物种累积百分比降序排列序号的对数,y 轴为物种生物量和数量的累积百分比,用公式表示为:

$$\begin{cases} Y_i = \sum_{j=1}^{i} P_j, \ i = 1, 2, \cdots, S \\ X_i = \log_i \end{cases}$$

式中:S 是调查出现的物种数目;

P_j 为以生物量或数量递减顺序排列的第 j 种的生物量或数量(丰度)百分比。

两条曲线之间的差异用 W 统计量表示,它表示两条曲线之间的面积。负号表明生物量曲线低于数量(丰度)曲线,表明群落受到扰动。

用 W 统计量(W-statistic)作为 ABC 曲线方法的一个统计量公式为:

$$W = \sum_{i=1}^{S} \frac{B_i - A_i}{50(S-1)}$$

式中:B_i 和 A_i 为 ABC 曲线中种类序号对应的生物量和丰度的累积百分比;

S 为调查区域出现的物种数。

当生物量优势组曲线在数量优势度指数曲线之上时,W 为正,反之 W 为负。

ABC 曲线绘制和 W 值统计计算均采用 PRIMER 6.0 软件进行。

8.5.1 "江苏908"专项调查鱼类群落状况

通过 2006~2007 年 4 个季度的渔业资源调查结果,分别绘制了 ABC 曲线,见图 8-111~图 8-114,2006 年夏季的 W 值为 -0.023,生物量优势度指数曲线与数量(丰度)曲线存在交叉,说明存在一定程度的干扰活动,尚属轻度干扰。2006 年冬季 W 值为 -0.07,2007 年春季 W 值为 -0.127,2007 年秋季 W 值为 -0.049,这 3 个季度属严重干扰(表 8-23)。

表 8-23　2006～2007 年江苏近岸渔业资源调查鱼类群落状况

季节	2007 年春季	2006 年夏季	2007 年秋季	2006 年冬季
W 值	−0.127	−0.023	−0.049	−0.07
干扰活动	严重干扰	轻度干扰	严重干扰	严重干扰

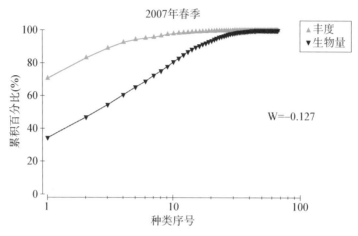

▲ 图 8-111　2007 年春季江苏近海鱼类生物量和数量 ABC 曲线

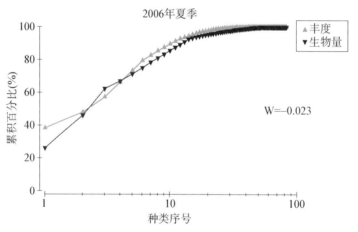

▲ 图 8-112　2006 年夏季江苏近海鱼类生物量和数量 ABC 曲线

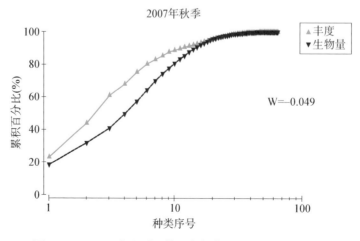

▲ 图 8-113　2007 年秋季江苏近海鱼类生物量和数量 ABC 曲线

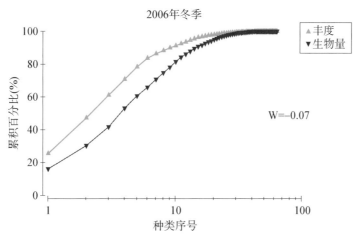

▲ 图 8 - 114　2006 年冬季江苏近海鱼类生物量和数量 ABC 曲线

8.5.2　"江苏海洋水野普查"鱼类群落状况

通过 2017～2018 年 4 个季度的渔业资源调查结果,分别绘制了 ABC 曲线,见图 8 - 115～图 8 - 118,2017 年春季的 W 值为 -0.06,2017 年秋季 W 值为 -0.043,2018 年冬季 W 值为 -0.09,这 3 个季度的人类活动属严重干扰。2017 年夏季 W 值为 0.017,生物量曲线位于数量曲线之上,属未受干扰或轻度干扰(表 8 - 24)。

2006～2007 年与 2017～2018 年的调查结果表明春季、秋季和冬季均受到人类捕捞活动的严重干扰,而夏季则分别为轻度干扰和未受干扰,可以说明伏季休渔对生命周期长、生长缓慢、个体大的种类起到了有效的保护作用。

表 8 - 24　2017～2018 年江苏近岸渔业资源调查鱼类群落状况

季节	春季	夏季	秋季	冬季
W 值	-0.06	0.017	-0.043	-0.09
干扰活动	严重干扰	未受干扰或轻度干扰	严重干扰	严重干扰

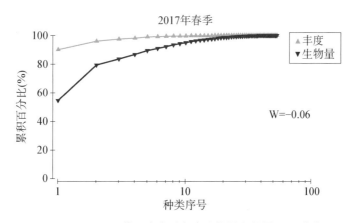

▲ 图 8 - 115　江苏近海春季鱼类生物量和数量 ABC 曲线

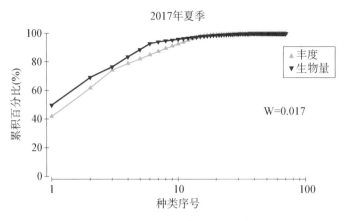

▲ 图 8 - 116 江苏近海夏季鱼类生物量和数量 ABC 曲线

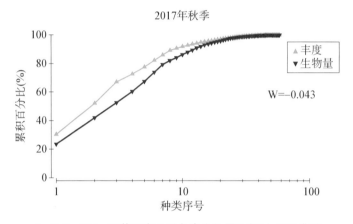

▲ 图 8 - 117 江苏近海秋季鱼类生物量和数量 ABC 曲线

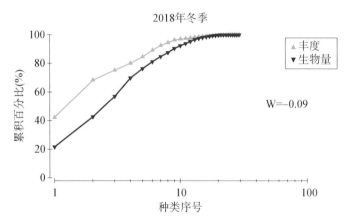

▲ 图 8 - 118 江苏近海冬季鱼类生物量和数量 ABC 曲线

8.6 鱼类生物量粒径谱变化

鱼类生物量粒径谱的计算过程是先计算全部站位各个鱼种的平均体重,以平均体重由小到大排列,若最小鱼类物种的大小为 V,则鱼类粒径谱第一个粒径级为 V~2V,第 2 个粒径级为 2V~4V,依次类推,粒径级的粒径间隔以 2 为公比成等比数列增长,按照大小分成不同的粒径级。鱼类 Sheldon 型生物量粒

径谱是以 $\log_2$ 转换的粒径级上限值来划分粒级作为横坐标,以 $\log_2$ 转换的单位面积上(km²)对应的总生物量作为纵坐标。

鱼类标准化生物量粒径谱(Normalized Biomass size Spectrum,NBSS)是以 $\log_2$ 转换的粒径级上限值来划分粒级作为横坐标,以 $\log_2$ 转换的单位面积上(km²)对应的生物量与粒径间隔宽度的比值为纵坐标作图,代表了鱼类群落的粒径级丰度。

$$\beta(w_i) = \log_2\left[\frac{B(w_i)}{\Delta w_i}\right]$$

式中:$\beta(w_i)$ 为第 i 粒级对应的纵坐标;

$B(w_i)$ 为单位面积上第 i 粒级的总生物量;

Δw_i 为第 i 粒径级粒径级上下限的变化幅度。

鱼类 Sheldon 型生物量粒径谱是将各个散点连接起来形成平滑的曲线,通过曲线上波峰与波谷构成的"峰型"来反映鱼类群落的结构特征。

标准化鱼类生物量粒径谱表示鱼类群落生物量在对应粒径间隔上的转化分布,可代表鱼类群落的粒级丰度,在群落稳定状态下,粒径谱图形呈线性且理论斜率为−1,斜率偏离−1的程度表示群落偏离稳定状态的程度。在受外界干扰状态下,粒径谱图形呈"穹顶"抛物线型,且斜率或曲率的大小与海域生产状况、鱼类粒径大小、捕捞强度及栖息地环境等因素有关。

8.6.1　2006～2007 年调查 Sheldon 型鱼类生物量粒径谱

江苏近海 2006～2007 年周年调查时间顺序为 2006 年夏季、2006 年冬季、2007 年春季、2007 年秋季,以春、夏、秋、冬季度序列对鱼类生物量谱进行描述。2006～2007 年江苏近海周年调查 Sheldon 型鱼类生物量粒径谱见图 8-119。

(1) 2007 年春季:2007 年春季鱼类最小平均体重 0.1 g,为六丝钝尾虾虎鱼,最大平均体重 7 668.3 g,为赤魟,即粒径范围为 0.1～7 668.3 g,粒径级范围为 −3～14 粒径级。峰值对应粒径范围为 6.4～12.8 g,峰值位于 3～4 粒径级,该区间鱼类生物数量占春季总数量的 8.43%,生物量占春季总生物量的 34.78%。粒径范围在 6.4～12.8 g 区间内的主要种类为赤鼻棱鳀和日本鲭,占该区间鱼类数量分别为 62.05% 和 6.95%,占该区间生物量分别为 67.19% 和 8.20%。

(2) 2006 年夏季:2006 年夏季鱼类最小平均体重 0.2 g,为白姑鱼幼鱼,最大平均体重 1 933.9 g,为鲻。粒径范围为 0.2～1 933.9 g,粒径级范围为 −2～12。峰值对应粒径范围为 12.8～25.6 g,峰值位于 4～5 粒径级,该区间鱼类数量占夏季总数量 10.05%,生物量占夏季总生物量 22.97%。粒径范围为 12.8～25.6 g 的主要种类为银鲳和刺鲳,分别占该区间鱼类数量比例为 55.15% 和 17.42%,占该区间生物量比例为 52.98% 和 18.70%。

(3) 2007 年秋季:2007 年秋季鱼类最小平均体重 0.1 g,为海马和大银鱼,最大平均体重 26 000 g,为赤魟。粒径范围为 0.1～26 000 g,粒径级范围为 −3～15。粒径级从 2～9 总体作为峰值,对应的粒径范围为 3.2～409.6 g,鱼类数量占秋季总数量的 58.54%,生物量占秋季总生物量的 73.57%。在 3.2～409.6 g 粒径范围内,鮸、银鲳、黄鲫、海鳗和棘头梅童鱼生物量分别占区间内生物量的 18.12%、13.08%、11.62%、10.61% 和 9.15%,数量分别占区间内数量 1.45%、4.29%、38.94%、0.65% 和 11.23%。

(4) 2006 年冬季:2006 年冬季鱼类最小平均体重 0.1 g,为大银鱼、拉氏狼牙鰕虎鱼和尖海龙,最大平均体重 4 279.2 g,为鮸。粒径范围为 0.1～4 279.2 g,粒径级范围为 −3～13。峰值对应粒径范围为 12.8～25.6 g,峰值位于 4～5 粒径级,该区间鱼类数量占冬季总数量 11.10%,生物量占冬季总生物量的 22.52%。粒径范围在 12.8～25.6 g 区间内的主要种类为赤鼻棱鳀和矛尾鰕虎鱼,占该区间数量为 49.37% 和 21.02%,占该区间生物量为 50.76% 和 19.46%。

（5）2006～2007年周年:2006～2007年江苏近海周年调查鱼类最小平均体重0.1g,种类有六丝钝尾鰕虎鱼、日本海马、大银鱼、拉氏狼牙鰕虎鱼和尖海龙;最大平均体重26000g,为赤魟。粒径范围为0.1～26000g,粒径级范围为−3～15。峰值对应的粒径范围为6.4～25.6g,粒径级3～5。该区间鱼类数量占周年总数量的19.57%,生物量占周年总生物量37.33%。该区间主要种类有银鲳、小黄鱼、赤鼻棱鳀、斑鰶、黄鲫和刺鲳,占该区间鱼类数量分别为18.68%、24.51%、14.31%、9.31%、6.88%和4.87%,占该区间生物量分别为24.33%、16.90%、13.96%、8.08%、7.66%和7.25%。全年粒径大的种类有黄鮟鱇、鲻、中国花鲈、鮸、半滑舌鳎和赤魟。

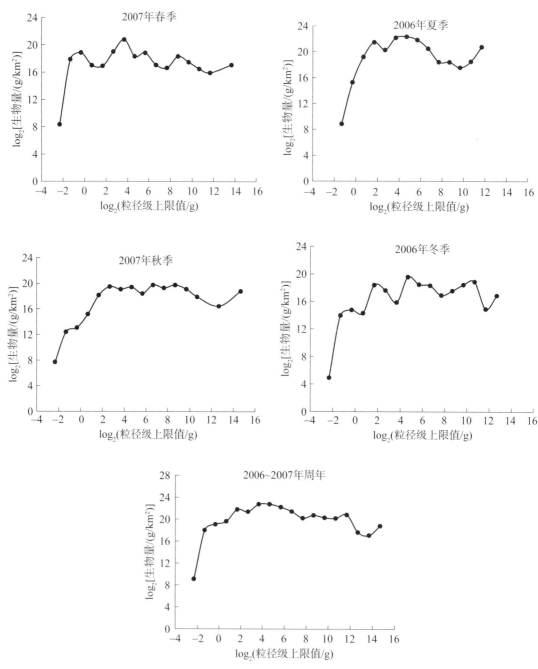

▲ 图8-119　2006～2007年江苏近海周年调查Sheldon型鱼类生物量粒径谱

2006～2007年江苏近海四季叠加的Sheldon型鱼类生物量粒径谱和标准化型鱼类生物量粒径谱见图8-120。

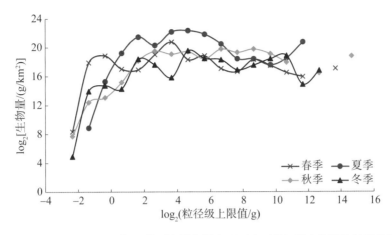

▲ 图 8 - 120 2006～2007 年江苏近海周年调查 Sheldon 型鱼类生物量粒径谱叠加图

8.6.2 "江苏 908"专项调查标准化型鱼类生物量粒径谱

标准化鱼类生物量粒径谱表面上反映鱼类群落生物量的转化分布，而本质上代表鱼类群落的粒级丰度，表示生物量与粒径之间的关系。2006～2007 年江苏近海周年调查标准化型鱼类生物量粒径谱见图 8 - 121。

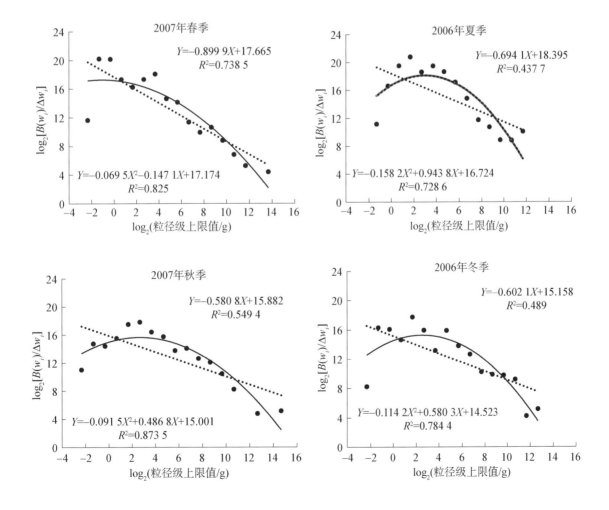

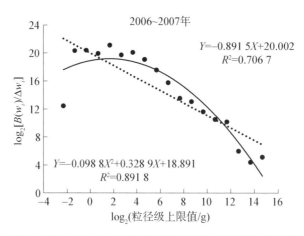

▲ 图 8-121　2006～2007 年江苏近海周年调查标准化型鱼类生物量粒径谱

(1) 春季:江苏近岸春季调查表明,标准化鱼类生物量粒径谱拟合的直线斜率为 $-0.8999 > -1$,鱼类生物量随着粒径的增大而增大。$R^2 = 0.7385$,$P < 0.001$,相关性极显著。根据粒径的分类,12.8 g 以下的小型鱼类(含小型经济鱼类)生物量占春季总生物量的 64.10%,数量占 98.17%。

标准化鱼类生物量粒径谱拟合的二项式图形呈"穹顶"抛物线型。

(2) 夏季:夏季标准化鱼类生物量粒径谱拟合的直线斜率为 $-0.6941 > -1$,鱼类生物量随着粒径的增大而增大。$R^2 = 0.4377$,$P < 0.01$,相关性显著。根据粒径的分类,12.8 g 以下的小型鱼类(含小型经济鱼类)生物量占夏季总生物量的 41.27%,数量占 86.17%。

(3) 秋季:秋季标准化鱼类生物量粒径谱拟合的直线斜率为 $-0.5808 > -1$,鱼类生物量随着粒径的增大而增大。$R^2 = 0.5494$,$P < 0.05$,相关性显著。根据粒径的分类,12.8 g 以下的小型鱼类(含小型经济鱼类)生物量占秋季总生物量的 25.27%,数量占 87.30%。

(4) 冬季:冬季标准化鱼类生物量粒径谱拟合的直线斜率为 $-0.6021 > -1$,鱼类生物量随着粒径的增大而增大。$R^2 = 0.489$,$P < 0.05$,相关性显著。根据粒径的分类,12.8 g 以下的小型鱼类生物量占冬季总生物量的 19.47%,数量占 84.09%。

(5) 2006～2007 年周年:2006～2007 年周年标准化鱼类生物量粒径谱拟合的直线斜率为 $-0.8915 > -1$,鱼类生物量随着粒径的增大而增大。$R^2 = 0.7067$,$P < 0.001$,相关性极显著。全年 12.8 g 以下的小型鱼类生物量占周年调查总生物量的 39.68%,数量占 90.21%。

2006～2007 年江苏近海周年调查标准化型鱼类生物量粒径谱叠加图见图 8-122。

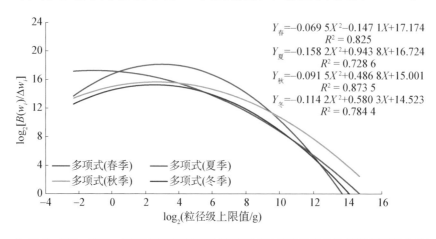

▲ 图 8-122　2006～2007 年江苏近海周年调查标准化型鱼类生物量粒径谱叠加图

8.6.3 "江苏海洋水野普查"Sheldon 型鱼类生物量粒径谱

江苏近海 2017～2018 年周年调查时间顺序为 2017 年夏季、2017 年夏季、2017 年秋季、2018 年冬季，以春、夏、秋、冬季度序列对鱼类生物量谱进行描述。2017 年～2018 年江苏近海周年调查 Sheldon 型鱼类生物量粒径谱见图 8-123。

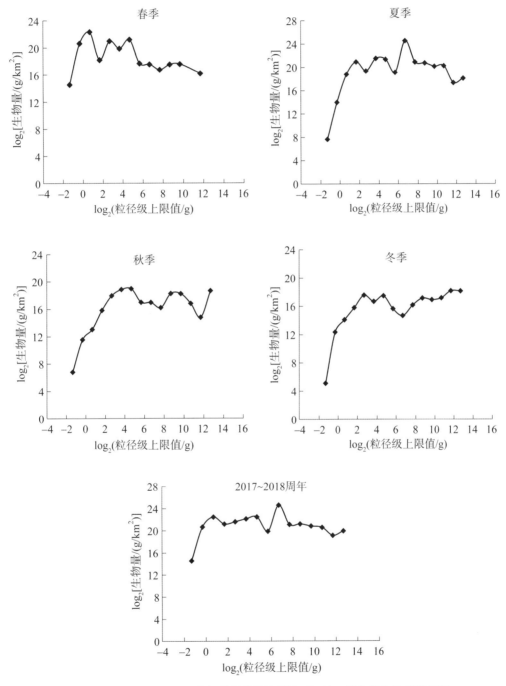

▲ 图 8-123 2017～2018 年江苏近海周年调查 Sheldon 型鱼类生物量粒径谱

（1）春季：春季鱼类最小平均体重为 0.2 g，为小黄鱼幼鱼，最大平均体重为 2 786.3 g，为蓝点马鲛。鱼类粒径范围为 0.2～2 786.3 g，粒径级范围为 -2～12 粒径级。峰值对应粒径范围为 0.8～1.6 g，峰值位于 0～1 粒径级，该区间尾数占春季总尾数的 64.03%，生物量占春季全部生物量的 38.68%。粒径范围为 0.8～1.6 g 区间内主要种类为小黄鱼,平均体重仅 0.9 g,小黄鱼占该区间丰度和生物量分别为 97.84%和96.57%。

(2) 夏季:夏季鱼类最小平均体重为 0.2 g,为大银鱼,最大平均体重为 5 028.6 g,为鮸。鱼类粒径范围为 0.2～5 028.6 g,粒径级范围-2～13。峰值对应粒径范围为 51.2～102.4 g,峰值位于 6～7 粒径级,该区间尾数占夏季总尾数的 18.65%,生物量占夏季全部生物量的 60.57%。粒径范围为 51.2～102.4 g 区间内主要种类为银鲳,平均体重为 54.2 g。银鲳占该区间尾数和生物量分别为 90.94%和87.48%。

(3) 秋季:秋季鱼类最小平均体重 0.3 g,为鮸和尖海龙,最大平均体重 3 977.6 g,为中国花鲈。粒径范围为 0.3～3 977.6 g,粒径级范围-2～13。峰值 1 对应粒径范围为 6.4～12.8 g,位于 3～4 粒径级,该区间尾数占秋季总尾数的 26.41%,生物量占秋季全部生物量的 16.89%。粒径范围为 6.4～12.8 g 区间内主要种类为银鲳,平均体重为 11.2 g,银鲳尾数占该区间总尾数 47.68%,占该区间生物量为 54.80%;峰值 2 对应粒径范围为 12.8～25.6 g,位于 4～5 粒径级,该区间尾数占秋季总尾数的 18.17%,生物量占秋季全部生物量的 18.27%。粒径范围为 6.4～12.8 g 区间内主要种类为银鲳和棘头梅童鱼,银鲳平均体重为 13.9 g,棘头梅童鱼平均体重为 17.5 g,银鲳和棘头梅童鱼占该区间尾数分别为 67.42 和 13.30%,占该区间的生物量分别为 61.53%和15.23%。

(4) 2018 年冬季:冬季鱼类最小平均体重 0.2 g,为拉氏狼牙虾虎鱼,最大平均体重 5 707.8 g,为中国花鲈。粒径范围为 0.2～5 707.8 g,粒径级范围-2～13。峰值对应的粒径范围为 3.2～6.4 g,峰值位于 2～3 粒径级,该区间尾数占冬季总尾数 36.81%,生物量占冬季全部生物量的 11.33%。粒径范围为 3.2～6.4 g 区间内主要种类为刀鲚和凤鲚,刀鲚平均体重 4.8 g,凤鲚平均体重 3.8 g。刀鲚和凤鲚占该区间尾数分别为 74.59%和14.79%,占该区间的生物量分别为 78.10%和12.34%。

(5) 2017～2018 年周年:2017～2018 年江苏近海周年调查鱼类最小平均体重 0.2 g,为拉氏狼牙虾虎鱼,最大平均体重 5 707.8 g,为中国花鲈。粒径范围为 0.2～5 707.8 g,粒径级范围-2～13。峰值对应粒径范围为 51.2～102.4 g,峰值位于 6～7 粒径级,该区间尾数占周年调查总尾数的 3.83%,生物量占周年全部生物量的 42.40%。粒径范围为 51.2～102.4 g 区间内主要种类有银鲳、鮸和带鱼,平均体重分别为 54.2 g、71.8 g 和 89.2 g,占该区间尾数分别为 90.09%、5.33%和 2.92%,占该区间生物量分别为 86.52%和6.78%和4.61%。全年最小粒径 0.2 g 的种类有大银鱼、小黄鱼、拉氏狼牙鰕虎鱼和皮氏叫姑鱼,全年粒径大的种类有中国花鲈、鮸、半滑舌鳎和蓝点马鲛等。

2017～2018 年江苏近海周年调查 Sheldon 型鱼类生物量粒径谱叠加图见图 8-124。

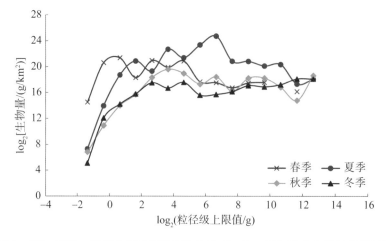

▲ 图 8-124　2017～2018 年江苏近海周年调查 Sheldon 型鱼类生物量粒径谱叠加图

8.6.4 "江苏海洋水野普查"标准化型鱼类生物量粒径谱

2017～2018 年江苏近海周年调查标准化型鱼类生物量粒径谱见图 8－125。

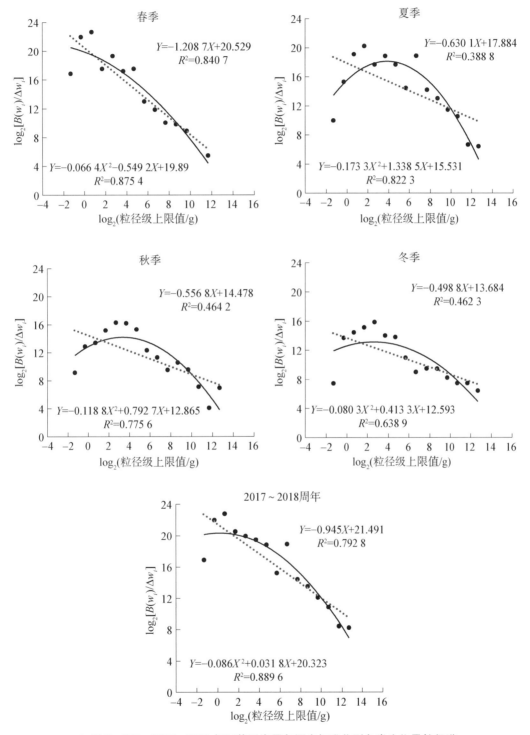

▲ 图 8－125 2017～2018 年江苏近海周年调查标准化型鱼类生物量粒径谱

（1）春季：江苏近岸春季调查表明，标准化鱼类生物量粒径谱拟合的直线斜率为$-1.2087 < -1$，鱼类生物量随着粒径的增大而减少。$R^2 = 0.8407$，$P < 0.001$，相关性极显著。根据粒径的分类，12.8 g 以下的小型鱼类（含小型经济鱼类）生物量占春季总生物量的 75.26%，尾数占春季总尾数的 97.93%。

（2）夏季：夏季标准化鱼类生物量粒径谱拟合的直线斜率为$-0.6301>-1$，鱼类生物量随着粒径的增大而增大。$R^2=0.3888$，$P<0.01$，相关性显著。根据粒径的分类，12.8 g 以下的小型鱼类（含小型经济鱼类）生物量占夏季总生物量的 15.16%，尾数占夏季总尾数的 73.13%。

（3）秋季：秋季标准化鱼类生物量粒径谱拟合的直线斜率为$-0.5568>-1$，鱼类生物量随着粒径的增大而增大。$R^2=0.4642$，$P<0.05$，相关性显著。根据粒径的分类，12.8 g 以下的小型鱼类（含小型经济鱼类）生物量占秋季总生物量的 28.41%，尾数占秋季总尾数的 77.77%。

（4）冬季：冬季标准化鱼类生物量粒径谱拟合的直线斜率为$-0.4623>-1$，鱼类生物量随着粒径的增大而增大。$R^2=0.4623$，$P<0.01$，相关性显著。根据粒径的分类，12.8 g 以下的小型鱼类生物量占冬季总生物量的 22.21%，数量占 88.74%。

（5）2017～2018 年周年：2017～2018 年周年标准化鱼类生物量粒径谱拟合的直线斜率为$-0.945>-1$，鱼类生物量随着粒径的增大而增大。$R^2=0.7928$，$P<0.001$，相关性极显著。全年 12.8 g 以下的小型鱼类生物量占周年调查总生物量的 29.99%，数量占 92.48%。

2017～2018 年江苏近海周年调查标准化型鱼类生物量粒径谱叠加图见图 8 - 126。

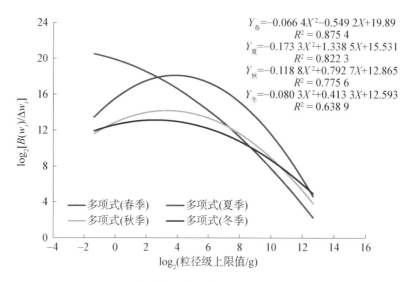

▲ 图 8 - 126　2017～2018 年江苏近海周年调查标准化型鱼类生物量粒径谱叠加图

8.6.5　Sheldon 型鱼类生物量粒径谱年代差异

（1）起始粒径级不同：2006～2007 年江苏近海周年调查鱼类最小平均体重 0.1 g，种类有六丝钝尾虾虎鱼、小头栉孔虾虎鱼、日本海马、大银鱼、拉氏狼牙虾虎鱼和尖海龙。2017～2018 年江苏近海周年调查鱼类最小平均体重 0.2 g，为大银鱼、小黄鱼幼鱼和拉氏狼牙虾虎鱼。2006～2007 年第一个粒径级为 0.1～0.2（图 8 - 127），2017～2018 年第一个粒径级为 0.2～0.4。因此，2017～2018 年与 2006～2007 年相比起始粒径级不同。

（2）粒径级宽度不同：2006～2007 年粒径级范围为-3～15，粒径级宽度为 18，2017～2018 年粒径级范围为-2～13，粒径级宽度为 15，两者相差 3 级。2006～2007 年较 2017～2018 年起始粒径级多出 1 级，大的粒径级多出 2 级，即小个体鱼类比 2017～2018 年更小，大个体鱼类比 2017～2018 年更大，原因是 2007 年秋季捕捞了 1 尾体重达 26 kg 的赤魟。

（3）峰值对应的粒径级不同：2006～2007 年峰值对应的粒径范围为 6.4～12.8 g，峰值位于 3～4 粒径级。主要种类为小黄鱼和赤鼻棱鳀。2017～2018 年峰值对应粒径范围为 51.2～102.4 g，峰值位于 6～7 粒径级，主要种类为银鲳和带鱼。

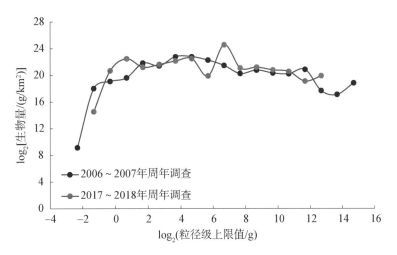

▲ 图 8-127　2006～2007 年、2017～2018 年江苏近海 Sheldon 型鱼类生物量粒径谱对比图

8.6.6　Sheldon 型鱼类生物量粒径谱年间对比

全年标准化型鱼类生物量粒径谱拟合曲线呈"穹顶"抛物线状,2006～2007 年周年决定系数 $R^2 =0.8918(P<0.0001)$,曲线穹顶位于－2～4 粒级,曲率为－0.0988,2017～2018 年周年决定系数 $R^2 =0.8896(P<0.001)$,曲线穹顶位于－1～4 粒级,曲率为－0.086。总体表明江苏近海鱼类群落总体处于受干扰状态。根据"穹顶"的高低可以判断 2017～2018 年周年生物量总体高于 2006～2007 年(图 8－128)。

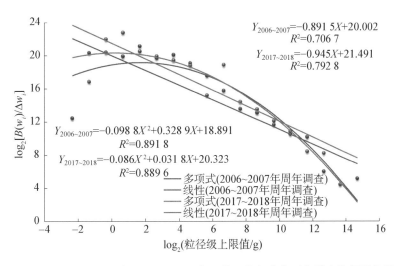

▲ 图 8-128　2006～2007 年、2017～2018 年江苏近海标准化型鱼类生物量粒径谱对比

8.6.7　标准化型鱼类生物量粒径谱年间参数对比

根据 2006～2007 年和 2017～2018 年的调查数据,利用 SPSS Statistics 进行曲线拟合,得到了拟合方程、决定系数以及体现显著性的 P 值。从表 8－25 中可以看出,相关性显示为显著或极显著。

2006～2007 年周年调查鱼类生物量呈现夏季＞秋季＞春季＞冬季,2017～2018 年周年调查鱼类生物量呈现夏季＞春季＞秋季＞冬季。春季与秋季有所差异。

两次调查的春季和夏季鱼类标准化型生物量粒径谱峰值对应的粒径相同,2006～2007 年秋季和冬季鱼类标准化型生物量粒径谱峰值对应的粒径均小于 2017～2018 年同期调查结果。但 2006～2007 年周年调查粒径级区间更大，最小粒径和最大粒径在此次调查结果中。

表 8‒25 江苏近岸海域周年调查鱼类标准化型生物量粒径谱主要参数比较

年份	生物量 (kg/km²)	粒径范围 (g)	峰值对应 粒径(g)	拟合方程	决定系数 R^2	显著性 P 值
2007 年春季	145.1	[0.1, 7 668.3]	[0.4, 0.8]	$Y_{春} = -0.070\,1X^2 - 0.145\,1X + 17.231$	0.825	<0.001
2017 年春季	470.7	[0.2, 2 786.3]	[0.4, 0.8]	$Y_{春} = -0.066\,5X^2 - 0.53X + 19.726$	0.89	<0.001
2006 年夏季	664.2	[0.2, 1 933.9]	[1.6, 3.2]	$Y_{夏} = -0.159\,8X^2 + 0.955\,8X + 16.768$	0.728 6	<0.001
2017 年夏季	1 493.5	[0.2, 5 028.6]	[1.6, 3.2]	$Y_{夏} = -0.200\,7X^2 + 1.652\,7X + 15.511$	0.862 8	<0.001
2007 年秋季	181.9	[0.1, 26 000]	[3.2, 6.4]	$Y_{秋} = -0.095\,6X^2 + 0.535\,3X + 15.081$	0.873 5	<0.001
2017 年秋季	97.5	[0.2, 3 977.6]	[6.4, 12.8]	$Y_{秋} = -0.131\,2X^2 + 0.926\,7X + 12.938$	0.785 3	<0.001
2006 年冬季	95.8	[0.1, 4 279.2]	[1.6, 3.2]	$Y_{冬} = -0.112\,5X^2 + 0.528X + 14.914$	0.784 4	<0.001
2018 年冬季	58.3	[0.2, 5 707.8]	[3.2, 6.4]	$Y_{冬} = -0.086\,2X^2 + 0.487\,5X + 12.55$	0.664 5	<0.05

第九章

资源可持续利用管理建议

9.1 加大最小可捕标准执法力度

2018年2月,农业部发布了《关于实施带鱼等15种重要经济鱼类最小可捕标准及幼鱼比例管理规定的通告》(农业部通告〔2018〕3号),自2018年8月1日起对带鱼等15种重要经济鱼类实施最小可捕标准及幼鱼比例管理,通告中规定在渤海、黄海和东海,带鱼最小可捕标准为肛长≥210 mm,小黄鱼最小可捕标准为体长≥150 mm,银鲳最小可捕标准为叉长≥150 mm。2018年、2019年和2020年,在单航次渔获物中,上述品种幼鱼重量分别不得超过该品种总重量的50%、30%和20%。2020年之后,按2020年要求执行。

从江苏各类作业渔获取样情况看,小黄鱼、银鲳和带鱼等主要经济种类的渔获规格对照通告规定的最小可捕标准尚有较大的差距,如张网作业对渔获物的个体大小无选择性,因此需加大渔政管理的执法力度。

"江苏海洋水野普查"专项调查中小黄鱼、银鲳和带鱼的个体大小距最小可捕标准同样存在较大差距。

9.1.1 小黄鱼

(1)产卵亲体:根据双桩竖杆张网作业取样测定结果,2016~2019年吕泗渔场春汛小黄鱼产卵群中体长≥150 mm比例最高仅为2016年的23.60%,最低为2017年的3.20%(表9-1)。

表9-1 吕泗渔场小黄鱼产卵群体体长和体重

年份	平均体长(mm)	平均体重(g)	体长≥150 mm比例(%)
2016年	137.9	37.6	23.60
2017年	117.0	24.3	3.20
2018年	126.9	33.2	12.90
2019年	125.0	28.2	3.67

(2)全年渔获:2016~2019年江苏张网作业小黄鱼共取样10 080尾,其中单锚张纲张网取样8 030尾,单桩张纲张网取样950尾,双桩竖杆张网取样1 100尾。根据样品测定,2016~2019年,单锚张纲张网全年小黄鱼体长≥150 mm比例为5.61~15.04%;单桩张纲张网全年小黄鱼体长≥150 mm比例为6.00~51.00%;双桩竖杆张网全年小黄鱼体长≥150 mm比例为1.00~19.00%。

由此可见,江苏张网作业小黄鱼的产卵群体和全年渔获个体距离最小可捕标准差距很大(表9-2、图9-1)。

从种质资源保护角度出发,从渔业的可持续发展方面考虑,应当对吕泗渔场产卵群体和幼鱼加以保护,防止种质资源的退化,确保渔业资源的可持续利用。

表 9 - 2　江苏张网作业中小黄鱼体长≥150 mm 比例

年份	取样数量及比例	单锚张纲张网	单桩张纲张网	双桩竖杆张网
2016 年	样本量(ind.)	1 500	300	300
	比例(%)	9.80	19.67	19.00
2017 年	样本量(ind.)	2 400	100	200
	比例(%)	10.96	6.00	1.00
2018 年	样本量(ind.)	1 330	350	300
	比例(%)	15.04	11.43	5.00
2019 年	样本量(ind.)	2 800	200	300
	比例(%)	5.61	51.00	3.67
合计	样本量(ind.)	8 030	950	1 100
	比例(%)	9.55	21.79	7.73

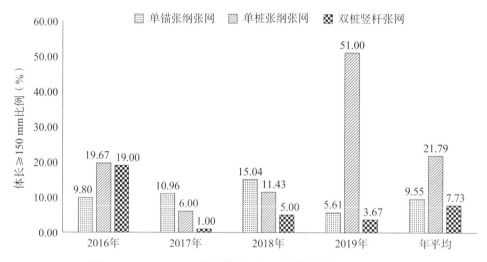

▲ 图 9 - 1　2016～2019 年江苏张网作业小黄鱼体长≥150 mm 比例

9.1.2　银鲳

（1）产卵亲体：根据单桩张纲张网作业取样测定结果，2016～2019 年吕泗渔场春汛银鲳产卵群中叉长≥150 mm 个体比例最高为 2019 年的 87.25%，最低为 2016 年的 52.50%，年间差异较大（表 9 - 3）。

表 9 - 3　2016～2019 年吕泗渔场银鲳产卵群体叉长和体重

年份	平均叉长(mm)	平均体重(g)	叉长≥150 mm 比例(%)
2016 年	153.4	102.3	52.50
2017 年	170.0	139.3	74.00
2018 年	168.6	136.7	75.28
2019 年	181.7	183.4	87.25

（2）全年渔获：根据 2016～2019 年江苏单锚张纲张网银鲳各个月份取样测定结果，其间共取样 4 800尾，银鲳叉长≥150 mm 的比例为 56.73～88.38%，2019 年最低，2016 年最高，4 年合计为 65.04%。

2016～2019 年江苏单桩张纲张网银鲳共取样 2 560 尾,银鲳叉长≥150 mm 的比例为 50.77～72.20%,4 年合计为 65.82%。定置刺网 2017 年取样 150 尾,银鲳叉长≥150 mm 的比例为 99.33%。定置刺网渔获银鲳叉长≥150 mm 的比例远高于张网作业(表 9 - 4、图 9 - 2)。

表 9 - 4 2016～2019 年江苏种类作业中银鲳叉长≥150 mm 比例

年份	取样数量及比例	单锚张纲张网	单桩张纲张网	定置刺网
2016 年	样本量(ind.)	800	650	
	比例(%)	88.38	50.77	
2017 年	样本量(ind.)	1 600	750	150
	比例(%)	63.50	68.80	99.33
2018 年	样本量(ind.)	900	660	
	比例(%)	60.89	68.18	
2019 年	样本量(ind.)	1 500	500	
	比例(%)	56.73	72.20	
合计	样本量(ind.)	4 800	2 560	150
	比例(%)	65.04	65.82	99.33

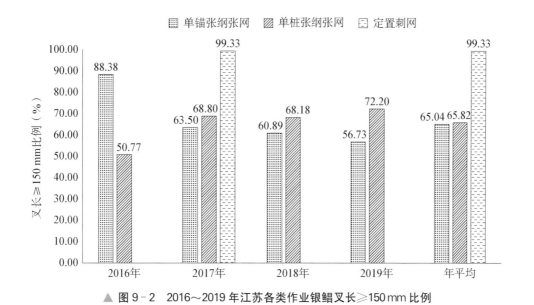

▲ 图 9 - 2 2016～2019 年江苏各类作业银鲳叉长≥150 mm 比例

9.1.3 带鱼

在江苏海域带鱼主要由单锚张纲张网作业所渔获,且上半年的 1～4 月份基本上无产量,带鱼主要由伏休开捕后的秋冬汛所捕获。

根据 2016～2019 年江苏单锚张纲张网作业 9～12 月份渔获带鱼的生物学测定结果,带鱼肛长≥210 mm 的比例,9 月份为 28.00～53.00%,10 月份为 23.00～85.00%,11 月份为 12.00～90.00%,12 月份为 41.33%,9～12 月份合计年间的比例为 25.67～76.00%。带鱼肛长≥210 mm 的比例总体偏低。见表 9 - 5、图 9 - 3。

表9-5 2016～2019年江苏单锚张纲张网作业秋冬汛带鱼肛长≥150 mm比例

年份	9月		10月		11月		12月		9～12月	
	样本量(ind.)	比例(%)	样本量(ind.)	比例(%)	样本量(ind.)	比例(%)	样本量(ind.)	比例(%)	样本量(ind.)	比例(%)
2016年	100	42.00	100	23.00	100	12.00			300	25.67
2017年	100	28.00	300	31.33	200	52.50	150	41.33	750	38.53
2018年	200	53.00	200	85.00	200	90.00			600	76.00
2019年	200	28.50	200	46.00	200	23.50			600	32.67
年合计	600	38.83	800	47.38	700	49.14	150	41.33	2 250	45.25

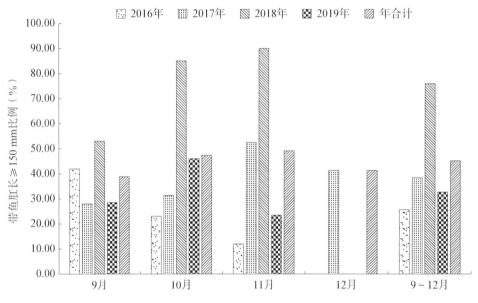

▲ 图9-3 2016～2019年江苏单锚张纲张网作业带鱼肛长≥150 mm比例

9.2 执行最小网目尺寸制度

2013年12月17日中华人民共和国农业部发布了《关于实施海洋捕捞准用渔具和过渡渔具最小网目尺寸制度的通告》,并于2014年6月1日起黄渤海、东海、南海三个海区全面实行准用渔具和过渡渔具最小网目尺寸制度。禁止使用低于最小网目尺寸的网具从事渔业生产。凡使用低于最小网目尺寸网具从事渔业生产的,由各级渔业行政执法机构依据《渔业法》第三十八条及其他相关法规予以处罚。

但目前海上使用的各类网具普遍达不到规定的标准,包括拖网、流刺网、张网(含帆张网),还有一些所谓的杂渔具,有些渔民甚至在网衣内添加密眼的纱窗网以增加渔获量,对经济幼鱼损害特别严重。因此,建议渔政管理部门应广泛宣传,采取抽查办法对渔具仔细核查,限期整改,不予整改的一概予以没收。

多锚单片张网在江苏数量较多,且北方的该种作业方式也到吕泗渔场生产,对资源破坏十分严重,该网具在江苏省渔业管理条例中已明令作为禁用渔具,但在海上执法过程中遭遇到阻挠,难以执行。问题的关键在于任何一种网具,网目尺寸必须达到一定的规格,经济幼鱼比例不得高于限值。就底扒网而言,其实是多锚单片张网,若将网目尺寸放大至国家规定的规格后可以进行作业。

建议渔业主管部门对进出港船只的网目尺寸进行测量,网具最小网目尺寸合格的予以放行,准予捕捞,通过港口检查等手段,禁止不符合规格的网具出港捕捞作业。

9.3　伏休期间特殊经济品种实施专项捕捞

江苏海域 2017 年伏休政策重新调整,由以往的 6 月 1 日调整到 5 月 1 日,并延迟了开捕时间。这一政策不仅保护了小黄鱼银鲳等幼鱼资源,同时也对亲体进行了有效保护。但一些特殊经济品种的资源量高发期时间恰好在休渔期,银鱼、中国毛虾和沙海蜇等可以在伏休期间实施专项捕捞。如果不实施专项捕捞,在利益的驱动下,不少渔民铤而走险,违规违法捕捞,渔政执法部门根本管控不了相当多的渔船违规捕捞作业,因此,采取疏堵结合,根治偷捕顽疾。由科研或高校等部门对拟实行专项捕捞种类的产量进行评估,制定捕捞网具、生产区域、作业时间和总可捕量,对方案进行专家评审,若符合专项捕捞政策,申报农业农村部,地方渔业主管部门进行海上监管和安全生产管理。可为广大渔民增加收入,维护了渔区稳定。此外,专项捕捞渔船应如实填写渔捞日志为专项捕捞提供可靠依据。

9.4　黄渤海区与东海区同步休渔,严禁跨省跨区作业

《中韩渔业协定》生效以后,江苏省失去了传统连东渔场和沙外渔场,连青石渔场、大沙渔场、长江口渔场也失去大部分渔区,传统渔场面积失去约 16.5 万 km²,约占原渔场总面积 1/3。内侧海域有大量的定置作业、流刺网、蟹笼,外侧海域有拖网、单锚张纲张网、流刺网,因此江苏海域捕捞压力加剧。此外大量的外省籍渔船涌入江苏本已十分狭小的捕捞空间,北方的大马力拖网渔轮、多锚单片张网(底扒网),南方的单锚张纲张网、蟹笼、流刺网在江苏海域的渔场作业,使得有限的渔业资源不堪重负,江苏机轮拖网禁渔区线外渔业空间更加狭窄。

黄渤海区拖网休渔结束时间一直较东海区提早半个月,黄渤海区拖网作业在 9 月 1 日后大量压境江苏海域,对江苏沿海渔民存在很强的冲击,建议国家渔业行政管理部门制定关于"禁止外省籍船只跨区作业"渔业法规,加以实施从而维护江苏海域渔业资源的可持续利用。

9.5　实施单品种限额捕捞制度

海洋渔业管理模式有投入控制与产出控制,投入控制主要指划定一定范围的保护区、休渔区、禁渔区,规定禁渔期、休渔期,以及规范渔具渔法等一系列措施。但这些的实施没有从根本上解决捕捞技术提高、捕捞强度增加、渔船功率增大后所产生捕捞能力加大的问题。伏季休渔后开捕期,为渔业资源的集中利用时间,捕捞时间延长,携带网具增加,使得大量当年生补充群体长期处于过度利用。

渔业发达国家已经由投入控制型转为产出控制型,《渔业法》中规定要实施限额捕捞制度,所以实施单品种 TAC 制度势在必行的。

9.6　伏休期间加强普法宣传

近年来,江苏省海洋渔具渔法鉴定部门在伏休期或非伏休期接受海警、渔政和公安的委托,每年出具的渔具渔法鉴定报告在 200 份左右,虽然对非法捕捞形成高压态势,但仍有相当多的不法分子铤而走险从事非法捕捞,其中存在利益链问题。因此,利用沿海渔民伏休空余时间,沿海检察和法院系统的工作人员应深入一线,对广大渔民和水产品收购商进行普法宣传,利用多案例讲解非法捕捞对个人、家庭和子女所造成的伤害,逐步唤起渔区进入风清气正良好氛围,广大渔民以合法守规和文明捕捞为荣作为新时代的渔业显著特征。

9.7 禁止捕捞饵料生物资源

　　高强度的捕捞饵料生物作为增加经济效益的补偿渠道,广大渔民每年 12 月～翌年 4 月渔民在单锚张纲张网网囊内加装衬网的方法捕捞饵料生物(以太平洋磷虾为主)。太平洋磷虾作为渔业资源食物链中的重要一环,高强度捕捞饵料生物阻碍了海洋食物链的能流循环,造成了饵料匮乏,严重破坏海洋生态系统的平衡。与此同时,捕捞网具网眼小,几乎不存在选择性,导致了大量的鱼卵仔稚鱼与太平洋磷虾一起被捕获,对渔业资源补充造成了巨大的破坏。资源衰退使得捕捞饵料生物愈演愈烈,每年捕捞量在几十万吨,长此以往,必然引发渔场生态功能退化。长期从事海洋生态和海洋渔业资源研究的专家们大声疾呼禁止对饵料生物资源的利用,管理部门应尽早并加快出台相关政策,多渠道包括生产、销售、海洋和陆地运输以及养殖环节等禁止太平洋磷虾流通,维持海洋生态平衡。

　　根据 2016～2019 年单锚张纲张网作业小黄鱼的摄食强度取样结果,小黄鱼的平均摄食等级呈严重下降趋势(图 9-4),带鱼的平均摄食等级同样呈下降趋势(图 9-5),太平洋磷虾是小黄鱼和带鱼等主要经济种类的重要饵料,应禁止对太平洋磷虾等饵料生物的利用。

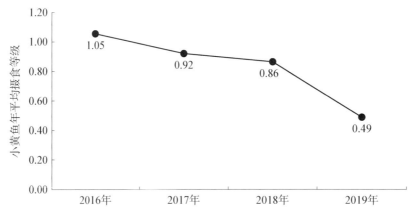

▲ 图 9-4　2016～2019 年单锚张纲张网作业小黄鱼年平均摄食等级

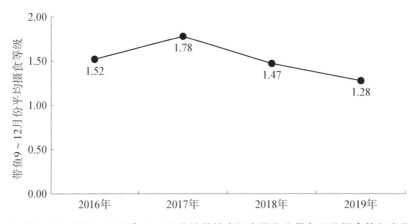

▲ 图 9-5　2016～2019 年 9～12 月份单锚张纲张网作业带鱼平均摄食等级变化

附 录

附表 1　2017～2018 年江苏海域浮游植物名录

序号	门	属名	中文名	拉丁名	春季	夏季	秋季	冬季
1		鞍链藻 *Campylosira*	桥弯形鞍链藻	*Campylosira cymbelliformis*	√			
2		半管藻 *Hemiaulus*	中华半管藻	*Hemiaulus sinensis*		√	√	
3		掌状藻 *Palmeria*	哈德掌状藻	*Palmeria hardmaniana*		√	√	√
4		布纹藻 *Gyrosigma*	波罗的海布纹藻	*Gyrosigma balticum*		√	√	√
5			扭布纹藻	*Gyrosigma distortum*	√			
6		齿状藻 *Odontella*	高齿状藻	*Odontella regia*		√	√	
7		脆杆藻 *Fragilariopsis*	拟脆杆藻	*Fragilariopsis* sp.	√			
8			鼓形拟脆杆藻	*Fragilariopsis doliolus*	√			
9		辐杆藻 *Bacteriastrum*	透明辐杆藻	*Bacteriastrum hyalium*		√	√	
10		辐环藻 *Actinocyclus*	辐环藻	*Actinocyclus* sp.		√	√	
11			束状辐环藻	*Actinocyclus fasciculatus*		√	√	
12			爱氏辐环藻辣氏变种	*Actinocyclus ehrenbergii var. ralfsii*	√			
13			细弱辐环藻	*Actinocyclus subtilis*	√			
14	硅藻门 Bacillariophyta	辐裥藻 *Actinoptychus*	波状辐裥藻	*Actinoptychus undulatus*		√	√	
15			环状辐裥藻	*Actinoptychus annulatus*	√			
16		根管藻 *Rhizosolenia*	笔尖根管藻	*Rhizosolenia styliformis*	√	√	√	√
17			粗根管藻	*Rhizosolenia robusta*				√
18			刚毛根管藻	*Rhizosolenia setigera*		√	√	√
19			克莱根管藻	*Rhizosolenia cleivei*		√	√	
20			斯托根管藻	*Rhizosolenia stolterforthii*		√	√	
21			翼根管藻	*Rhizosolenia alata*		√	√	√
22			翼根管藻纤细变型	*Rhizosolenia alata f. gracillima*		√	√	
23			翼根管藻印度变型	*Rhizosolenia alata f. indica*	√	√	√	
24			圆柱根管藻	*Rhizosolenia cylindrus*		√	√	
25			中华根管藻	*Rhizosolenia sinensis*		√	√	
26		骨条藻 *Skeletonema*	中肋骨条藻	*Skeletonema costatum*	√	√	√	√
27		棍形藻 *Bacilaria*	派格棍形藻	*Bacilaria paxillifera*	√			
28		海链藻 *Thalassiosira*	鼓胀海链藻	*Thalassiosira gravida*	√			

（续表）

序号	门	属名	中文名	拉丁名	春季	夏季	秋季	冬季
29			海链藻	*Thalassiosira* sp.				√
30			离心列海链藻	*Thalassiosira excentrica*	√	√	√	√
31			密联海链藻	*Thalasiosira condensate*	√			
32		海链藻 *Thalassiosira*	太平洋海链藻	*Thalassiosira pacifica*	√			
33			细弱海链藻	*Thalassiosira subtilis*	√			
34			细长列海链藻	*Thalassiosira leptopus*	√		√	
35			圆海链藻	*Thalassiosira rotula*	√			
36		海毛藻 *Thalassiothrix*	佛氏海毛藻	*Thalassiothrix frauenfeldii*	√	√	√	√
37			菱形海线藻	*Thalassionema nitzschioides*	√	√	√	√
38			高盒形藻	*Biddulphia regia*				√
39		盒形藻 *Biddulphia*	活动盒形藻	*Biddulphia mobiliensis*	√	√	√	√
40			菱面盒形藻	*Biddulphia rhombus*	√	√	√	√
41			中华盒形藻	*Biddulphia sinensis*	√	√	√	√
42		棘冠藻 *Corethron*	豪猪棘冠藻	*Corethron hystrix*	√	√	√	√
43		几内亚藻 *Guinardia*	薄壁几内亚藻	*Guinardia flaccida*		√	√	
44			斯氏几内亚藻	*Guinardia striata*		√	√	
45	硅藻门 Bacillario-phyta	假管藻 *Pseudosolenia*	距端假管藻	*Pseudosolenia calcar-avis*		√	√	
46		角管藻 *Cerataulina*	海洋角管藻	*Cerataulina pelagica*		√	√	
47			双角角管藻	*Cerataulina bicornis*		√	√	
48			奥氏角毛藻	*Chaetoceros aurivillii*		√	√	
49			扁面角毛藻	*Chaetoceros compressus*		√	√	
50			并基角毛藻	*Chaetoceros decipiens*	√	√	√	√
51			齿角毛藻瘦胞变型	*Chaetoceros denticulatus* f. *angusta*	√	√		
52			海洋角毛藻	*Chaetoceros pelagicus*		√	√	
53			角毛藻	*Chaetoceros* sp.		√	√	√
54			卡氏角毛藻	*Chaetoceros castracanei*		√	√	
55		角毛藻 *Chaetoceros*	劳氏角毛藻	*Chaetoceros lorenzianus*	√	√	√	√
56			罗氏角毛藻	*Chaetoceros lauderi*		√	√	
57			冕孢角毛藻	*Chaetoceros diadema*		√	√	
58			拟旋链角毛藻	*Chaetoceros pseudocurvisetus*		√	√	
59			扭链角毛藻	*Chaetoceros tortissimus*	√	√	√	√
60			柔弱角毛藻	*Chaetoceros debilis*	√			
61			深环沟角毛藻	*Chaetoceros constrictus*		√	√	
62			细弱角毛藻	*Chaetoceros subtilis*				√

（续表）

序号	门	属名	中文名	拉丁名	春季	夏季	秋季	冬季
63			暹罗角毛藻	*Chaetoceros siamense*		√	√	
64			旋链角毛藻	*Chaetoceros curvisetus*	√	√	√	
65		角毛藻 *Chaetoceros*	印度角毛藻	*Chaetoceros indicus*		√	√	
66			远距角毛藻	*Chaetoceros distans*		√	√	
67			窄面角毛藻	*Chaetoceros paradaxus*		√	√	
68			窄隙角毛藻	*Chaetoceros affinis*	√	√	√	√
69		井字藻 *Eunotogramma*	柔弱井字藻	*Eunotogramma debile*		√	√	
70		伪菱形藻 *Pseudo-Nitzschia*	尖刺伪菱形藻	*Pseudo-Nitzschia pungens*	√	√	√	√
71			柔弱伪菱形藻	*Pseudo-Nitzschia delicatissima*	√			√
72			菱形藻	*Nitzschia* sp.		√	√	
73			洛伦菱形藻	*Nitzschia lorenziana*	√	√	√	√
74		菱形藻 *Nitzschia*	具点菱形藻	*Nitzschia punctata*	√	√		
75			新月菱形藻	*Nitzschia closterium*	√	√	√	√
76			长菱形藻原变种	*Nitzschia longissima*	√	√		
77		娄氏藻 *Lauderia*	环纹娄氏藻	*Lauderia annulata*		√	√	
78		缪氏藻 *Meuniera*	膜状缪氏藻	*Meuniera membranacea*		√	√	√
79	硅藻门 Bacillario-phyta	漂流藻 *Planktoniella*	具翼漂流藻	*Planktoniella blanda*	√	√	√	
80			艾希斜纹藻	*Pleurosigma aestuarii*				
81			端尖斜纹藻	*Pleurosigma acutum*	√			
82		斜纹藻 *Pleurosigma*	海洋斜纹藻	*Pleurosigma pelagicum*	√	√	√	√
83			斜纹藻	*Pleurosigma* sp.	√	√	√	
84		三角藻 *Triceratium*	蜂窝三角藻	*Triceratium favus*	√	√	√	
85		筛盘藻 *Ethmodiscus*	伽氏筛盘藻	*Ethmodiscus gazellae*		√	√	
86			蜂腰双壁藻	*Diploneis bombus*	√			√
87		双壁藻 *Diploneis*	双壁藻	*Diploneis* sp.				
88			威氏双壁藻	*Diploneis wailesii*		√	√	
89		双尾藻 *Ditylum*	布氏双尾藻	*Ditylum brightwellii*	√	√	√	√
90		梯形藻 *Climacodium*	双凹梯形藻	*Climacodium biconcavum*		√	√	
91		弯角藻 *Eucampia*	短角弯角藻	*Eucampia zodiacus*	√			√
92			长角弯角藻	*Eucampia cornuta*				√
93		细柱藻 *Leptocylind. rus*	丹麦细柱藻	*Leptocylindrus danicus*		√	√	√
94		小环藻 *Cyclotella*	扭曲小环藻	*Cyclotella comta*	√	√		
95			小环藻	*Cyclotella* sp.	√	√	√	
96		楔形藻 *Licmophora*	短楔形藻	*Licmophora abbreviata*	√			√

（续表）

序号	门	属名	中文名	拉丁名	春季	夏季	秋季	冬季
97		拟星杆藻 *Asterionellopsis*	冰河拟星杆藻	*Asterionellopsis glacialis*	√	√		
98		星脐藻 *Asteromphalus*	长卵面星脐藻（克氏星脐藻）	*Asteromphalus cleveanus*	√	√		
99		旭氏藻 *Schroderella*	优美旭氏藻矮小变种	*Schroderella delicatula f. schroderi*	√	√		
100		旋鞘藻 *Helicotheca*	泰晤士旋鞘藻	*Helicotheca tamesis*	√	√	√	√
101		羽纹藻 *Pinnularia*	羽纹藻	*Pinnularia* sp.				√
102			辐射圆筛藻	*Coscinodiscus radiatus*	√	√	√	√
103			高圆筛藻	*Coscinodiscus nobilis*	√	√		
104			格氏圆筛藻	*Coscinodiscus granii*	√	√	√	√
105			弓束圆筛藻	*Coscinodiscus curvatulus*	√			√
106			虹彩圆筛藻	*Coscinodiscus oculus-iridis*	√	√	√	√
107			减小圆筛藻	*Coscinodiscus decrescens* var. *decrescens*	√	√		
108			巨圆筛藻	*Coscinodiscus gigas* var. *gigas*	√	√		√
109			具边线型圆筛藻	*Coscinodiscus marginato-lineatus*	√	√		
110	硅藻门 Bacillariophyta	圆筛藻 *Coscinodiscus*	琼氏圆筛藻	*Coscinodiscus jonesianus*	√	√		√
111			蛇目圆筛藻	*Coscinodiscus argus*	√	√	√	√
112			威氏圆筛藻	*Coscinodiscus wailesii*	√	√		
113			细弱圆筛藻	*Coscinodiscus subtilis*	√	√		√
114			星脐圆筛藻	*Coscinodiscus asteromphalus*	√	√	√	√
115			有翼圆筛藻	*Coscinodiscus bipartitus*	√			√
116			圆筛藻	*Coscinodiscus* sp.	√	√		
117			整齐圆筛藻	*Coscinodiscus concinnus*	√			
118			中心圆筛藻	*Coscinodiscus centralis*	√	√	√	√
119		针杆藻 *Synedra*	尖针杆藻	*Synedra acus* var *acus*	√	√		
120			针杆藻	*Synedra* sp.	√	√		
121		直链藻 *Melosira*	具槽直链藻	*Melosira sulcata*	√	√	√	√
122			念珠直链藻	*Melosira moniliformis*	√	√	√	√
123		中鼓藻 *Bellerochea*	锤状中鼓藻	*Bellerochea malleus*	√	√	√	√
124		舟形藻 *Navicula*	龙骨舟形藻	*Navicula carinifera*	√			
125			舟形藻	*Navicula* sp.		√	√	√
126		扁甲藻 *Pyrophacus*	斯氏扁甲藻	*Pyrophacus steinii*	√			√
127	甲藻门 Pyrrophyta	刺尖甲藻 *Oxytoxum*	刺尖甲藻	*Oxytoxum scolopax*	√	√		
128		多甲藻 *Peridinium*	扁平多甲藻	*Peridinium depressum*	√	√	√	
129			多甲藻	*Peridinium* sp.	√	√		

（续表）

序号	门	属名	中文名	拉丁名	春季	夏季	秋季	冬季
130			叉分多甲藻	*Peridinium divergens*	✓	✓	✓	✓
131		多甲藻 *Peridinium*	五角多甲藻	*Peridinium pentagonum*	✓	✓	✓	✓
132			灰甲多甲藻	*Peridinium pellucidum*	✓			
133		冈比藻 *Gambierdiscus*	具毒冈比藻	*Gambierdiscus toxicus*		✓	✓	
134			波氏角藻	*Ceratium bomii*		✓	✓	
135			叉角藻	*Ceratium furca*	✓	✓	✓	✓
136			大角角藻	*Ceratium macroceros*	✓	✓	✓	✓
137			大角角藻海南变种	*Ceratium macroceros* var. *hainanensis*		✓	✓	
138			三角角藻大西洋变种	*Ceratium tripos* var. *atlanticum*	✓	✓	✓	✓
139			短角角藻	*Ceratium breve*		✓	✓	
140			短角角藻凹腹变种	*Ceratium breve* var. *schmidtii*		✓	✓	
141			短角角藻平行变种	*Ceratium breve* var. *parallelum*		✓	✓	
142		角藻 *Ceratium*	短角角藻弯角变种	*Ceratium breve* var. *curvulum*		✓	✓	
143			牛角角藻	*Ceratium buceros*		✓	✓	
144			偏转角藻	*Ceratium deflexum*		✓	✓	
145			三叉角藻	*Ceratium trichoceors*		✓	✓	
146	甲藻门		三角角藻	*Ceratium tripos*	✓	✓	✓	✓
147	Pyrrophyta		纺锤角藻	*Ceratium fusus*	✓	✓	✓	✓
148			卡氏角藻	*Ceratium karstenii*	✓			✓
149			相反角藻	*Ceratium contrarium*		✓	✓	
150		裸甲藻 *Gymnodinium*	裸甲藻	*Gymnodinium* sp.	✓	✓	✓	
151		似翼藻 *Gambierdiscus*	具毒似翼藻	*Gambierdiscus toxicus*		✓	✓	
152		拟多甲藻 *Peridiniopsis*	不对称拟多甲藻	*Peridiniopsis asymmetrica*		✓		
153			倒卵形鳍藻	*Dinophysis fortii*		✓		
154		鳍藻 *Dinophysis*	渐尖鳍藻	*Dinophysis acuminata*	✓	✓	✓	✓
155			具尾鳍藻	*Dinophysis caudada*	✓	✓	✓	
156		舌甲藻 *lingulodinium*	多边舌甲藻	*lingulodinium polyedrum*		✓		
157		斯克里普藻 *Scrippsiella*	锥状斯克里普藻	*Scrippsiella trochoidea*	✓	✓	✓	✓
158			春膝沟藻	*Gonyaulax verior*	✓			
159		膝沟藻 *Gonyaulax*	膝沟藻	*Gonyaulax* sp.				✓
160			多边膝沟藻	*Gonyaulax polyedra*		✓	✓	
161			多纹膝沟藻	*Conyaulax polygramma*		✓	✓	
162		夜光藻属 *Noctiluca*	夜光藻	*Noctiluca scintillans*	✓	✓	✓	✓

（续表）

序号	门	属名	中文名	拉丁名	春季	夏季	秋季	冬季
163		亚历山大藻 *Alexandrium*	链状亚历山大藻	*Alexandrium catenella*	√	√	√	
164			塔玛亚历山大藻	*Alexandrium tamarense*		√	√	
165			宽刺原多甲藻	*Protoperidinium latispinum*		√	√	
166			宽阔原多甲藻	*Protoperidinium latissimum*		√	√	
167	甲藻门 Pyrrophyta	原多甲藻 *Protoperidinium*	球形原多甲藻	*Protoperidinium globulus*		√	√	
168			五角原多甲藻	*Peridinuim. pentagonum*				√
169			原多甲藻	*Protoperidinium* sp.		√	√	√
170			微小原甲藻	*Prorocentrum minimum*	√			
171		原甲藻 *Prorocentrum*	扁豆原甲藻	*Prorocentrum lenticulatum*		√	√	
172			利玛原甲藻	*Prorocentrum lima*		√	√	
173	金藻门 Chrysophyta	小等刺硅鞭藻 *Dictyocha*	硅鞭藻	*Dictyocha fibula*	√	√	√	√
174		颤藻 *Oscillatoria*	颤藻	*Oscillatoria* sp.	√	√	√	√
175	蓝藻门 Cyanophyta	蓝纤维藻 *Dactylococcopsis*	蓝纤维藻	*Dactylococcopsis* sp.	√			
176		席藻 *Phormidium*	席藻	*Phormidium* sp.		√	√	
177	裸藻门 Euglenophyta	裸藻 *Euglena*	裸藻	*Euglena* sp.	√	√	√	√
178		弓形藻 *Schroederia*	弓形藻	*Schroederia* sp.	√			
179	绿藻门 Chlorophyta	唐氏藻 *Donkinia*	唐氏藻 sp.	*Donkinia* sp.	√			
180		栅藻 *Scenedesmus*	栅藻	*Scenedesmus* sp.	√			

附表 2　2017～2018 年江苏海域大型浮游动物名录

序号	类别	属	中文名	拉丁名	春季	夏季	秋季	冬季
1	刺胞类 Cnidaria	侧腕水母 *Pleurobrachia*	球形侧腕水母	*Pleurobrachia globosa*	√	√	√	√
2		多管水母 *Aequorea*	锥形多管水母	*Aequorea conica*		√		
3		范氏水母 *Vannuccia*	端粗范氏水母	*Vannuccia forbesii*	√			√
4		瓜水母 *Beroe*	瓜水母	*Beroe cucumis*		√		
5		和平水母 *Eirene*	塔形和平水母	*Eirene pyramidalis*	√			
6			锡兰和平水母	*Eirene ceylonensis*		√		
7		棱口水母 *Netrostoma*	蝶形棱口水母	*Netrostoma setouchianum*		√	√	√
8		薮枝螅水母 *Obelia*	薮枝螅水母	*Obelia* spp.			√	√
9		五角水母 *Muggiaea*	五角水母	*Muggiaea atlantica*	√	√	√	√
10		小帽水母 *Petasiella*	异距小帽水母	*Petasiella asymmetrica*		√		
11		秀氏水母 *Sugiura*	嵊山秀氏水母	*Sugiura chengshanense*	√	√	√	√
12		异手水母 *Varitentaculata*	烟台异手水母	*Varitentaculata yantaiensis*		√		
13		真瘤水母 *Eutima*	真瘤水母	*Eutima levuka*		√	√	
14		真囊水母 *Euphysora*	真囊水母	*Euphysora bigelowi*		√	√	
15	端足类 Amphipoda	法戎 *Themisto*	细足法戎	*Themisto gracilipes*	√	√	√	√
16		蛮戎 *Lestrigonus*	孟加拉蛮戎	*Lestrigonus bengalensis*		√	√	
17		似泉戎 *Hyperioides*	长足似泉戎	*Hyperioides longipes*		√		
18	多毛类 Polychaeta	浮蚕 *Tomopteris*	太平洋浮蚕	*Tomopteris pacifica*				√
19	脊索类 Chordata	住囊虫 *Oikopleura*	异体住囊虫	*Oikopleura dioica*	√	√	√	
20		纽鳃樽 *Salpidae*	宽肌纽鳃樽	*Iasis zonzria*		√		
21			斑点纽鳃樽	*Ihlea punctata*		√		
22		拟海樽 *Dolioletta*	软拟海樽	*Dolioletta gegenbauri*		√		
23		海樽 *Doliolum*	小齿海樽	*Doliolum denticulatum*		√	√	
24		海马 *Hippocampus*	海马	*Hippocampus* sp.		√		
25	介形类 Ostracoda	真浮萤 *Euconchoecia*	针刺真浮萤	*Euconchoecia aculeata*			√	√
26	糠虾类 Mysidacea	超刺糠虾 *Hyperacanthomysis*	长额超刺糠虾	*Hyperacanthomysis longirostris*	√			
27		新糠虾 *Neomysis*	黑褐新糠虾	*Neomysis awatschensis*	√	√	√	√
28	涟虫类 Cumacea	针尾涟虫 *Diastylis*	三叶针尾涟虫	*Diastylis tricincta*	√		√	√
29	磷虾类 Euphausiace	假磷虾 *Pseudeuphausia*	中华假磷虾	*Pseudeuphausia sinica*	√	√	√	√
30	毛颚类 Chaetognatha	滨箭虫 *Aidanosagitta*	强壮滨箭虫	*Aidanosagitta crassa*	√	√	√	
31		软箭虫 *Flaccisagitta*	肥胖箭虫	*Flaccisagitta enflata*	√	√	√	

(续表)

序号	类别	属	中文名	拉丁名	春季	夏季	秋季	冬季
32	桡足类 Copepoda	唇角水蚤 Labidocera	真刺唇角水蚤	Labidocera euchaeta	✓	✓	✓	✓
33		大眼剑水蚤 Corycaeus	近缘大眼剑水蚤	Corycaeus affinis	✓	✓		✓
34		纺锤水蚤 Acartia	克氏纺锤水蚤	Acartia clausi	✓	✓	✓	
35			太平洋纺锤水蚤	Acartia pacifica		✓		✓
36		华哲水蚤 Sinocalanus	细巧华哲水蚤	Sinocalanus tenellus			✓	
37		宽水蚤 Temora	异尾宽水蚤	Temora discaudata		✓	✓	
38			锥形宽水蚤	Temora turbinata		✓		
39		拟哲水蚤 Paracalanus	小拟哲水蚤	Paracalanus parvus	✓	✓		✓
40		小毛猛水蚤 Microsetella	红小毛猛水蚤	Microsetella rosea		✓		
41		胸刺水蚤 Centropages	墨氏胸刺水蚤	Centropages mcmurrichi			✓	✓
42		许水蚤 Schmackeria	火腿许水蚤	Schmackeria poplesia	✓	✓		✓
43		叶水蚤 Sapphirina	胃叶水蚤	Sapphirina gastrica		✓		
44		长腹剑水蚤 Oithona	拟长腹剑水蚤	Oithona simills	✓	✓		
45		哲水蚤 Calanus	中华哲水蚤	Calanus sinicus	✓	✓		✓
46		真刺水蚤 Euchaeta	海洋真刺水蚤	Euchaeta marina			✓	✓
47			精致真刺水蚤	Euchaeta concinna			✓	✓
48		真宽水蚤 Eurytemora	太平洋真宽水蚤	Eurytemora pacifica	✓			
49	软体类 Mollusca	微鳍乌贼 Idiosepius	玄妙微鳍乌贼	Idiosepius paradoxa		✓		
50		四盘耳乌贼 Euprymna	毛氏四盘耳乌贼	Euprymna morsei				✓
51	十足类 Decapoda	莹虾 Lucifer	正型莹虾	Lucifer typus	✓	✓		
52	枝角目 Cladocera	三角溞 Pseudevadne	肥胖三角溞	Pseudevadne tergestina		✓	✓	
53			诺氏三角溞	Pseudevadne nordmanni		✓	✓	
54		尖头溞 Penilia	鸟喙尖头溞	Penilia avirostris		✓		
55	幼体 larvae	幼体 larvae	阿利玛幼虫	Alima larva		✓	✓	
56			大眼幼虫	Megalopa larva	✓	✓	✓	
57			仔虾	Macruran postlarvae			✓	✓
58			面盘幼虫	Veliger larva	✓			✓
59			溞状幼虫	Zoea larva	✓	✓	✓	✓
60			多毛类幼体	Polychaeta larva	✓	✓		✓
61			无节幼虫	Nauplius				
62			长腕幼虫	Echinopluteus larva				✓
63			桡足幼体	Copepodite	✓	✓		
64			舌贝幼虫	Lingula larva			✓	
65			鱼卵	Fish egg	✓	✓	✓	
66			仔鱼	Fish larva	✓	✓		
67			辐射幼虫	Actinula		✓		

附表 3　2017～2018 年江苏海域中小型浮游动物名录

序号	类别	属	中文名	拉丁名	春季	夏季	秋季	冬季
1		异手水母 Varitentaculata	烟台异手水母	Varitentaculata yantaiensis	√			
2		小帽水母 Petasiella	异距小帽水母	Petasiella asymmetrica	√			
3		五角水母 Muggiaea	五角水母	Muggiaea atlantica	√	√	√	
4		棱口水母 Netrostoma	蝶形棱口水母	Netrostoma setouchianum		√	√	
5	刺胞类	侧腕水母 Pleurobrachia	球形侧腕水母	Pleurobrachia globosa	√	√		√
6	Cnidaria	筐水母 Solmundella	两手筐水母	Solmundella bitentaculata	√			
7		和平水母 Eirene	锡兰和平水母	Eirene ceylonensis	√			
8		薮枝螅水母 Obelia	薮枝螅水母	Obelia spp.		√	√	√
9		秀氏水母 Sugiura	嵊山秀氏水母	Sugiura chengshanense	√	√		√
10		真瘤水母 Eutima	真瘤水母	Eutima levuka	√			
11		似泉戎 Hyperioides	长足似泉戎	Hyperioides longipes		√		√
12	端足类	小泉戎	小泉戎	Hyperietta sp.	√			
13	Amphipoda	蛮戎 Lestrigonus	孟加拉蛮戎	Lestrigonus bengalensis		√		√
14		法戎 Themisto	细足法戎	Themisto gracilipes	√	√	√	
15		住囊虫 Oikopleura	异体住囊虫	Oikopleura dioica	√	√	√	
16		拟海樽 Dolioletta	软拟海樽	Dolioletta gegenbauri		√	√	
17	脊索类 Chordata	海樽 Doliolum	小齿海樽	Doliolum denticulatum		√	√	
18		西雅纽鳃樽 Lasis	宽肌纽鳃樽	Iasis zonzria		√		
19		尹氏纽鳃樽 Ihlea	斑点纽鳃樽	Ihlea punctata		√		
20	介形类	真浮萤 Euconchoecia	针刺真浮萤	Euconchoecia aculeata	√	√	√	√
21	Ostracoda	海萤 Cypridina	齿形海萤	Cypridina dentata		√		
22	糠虾类 Mysidacea	新糠虾 Neomysis	黑褐新糠虾	Neomysis awatschensis	√	√	√	√
23	涟虫类 Cumacea	针尾涟虫 Diastylis	三叶针尾涟虫	Diastylis tricincta	√			√
24	磷虾类 Euphausiace	假磷虾 Pseudeuphausia	中华假磷虾	Pseudeuphausia sinica	√	√	√	√
25	毛颚类	滨箭虫 Aidanosagitta	强壮滨箭虫	Aidanosagitta crassa	√	√	√	√
26	Chaetognatha	软箭虫 Flaccisagitta	肥胖箭虫	Flaccisagitta enflata		√	√	
27		唇角水蚤 Labidocera	真刺唇角水蚤	Labidocera euchaeta	√	√	√	√
28	桡足类		短角长腹剑水蚤	Oithona brevicornis	√	√		
29	Copepoda	长腹剑水蚤 Oithona	拟长腹剑水蚤	Oithona simills	√	√	√	√
30			伪长腹剑水蚤	Oithona fallax		√		

（续表）

序号	类别	属	中文名	拉丁名	春季	夏季	秋季	冬季
31		长腹剑水蚤 *Oithona*	羽长腹剑水蚤	*Oithona plumifera*		√		
32			长腹剑水蚤	*Oithona* sp.	√	√	√	
33		胸刺水蚤 *Centropages*	墨氏胸刺水蚤	*Centropages mcmurrichi*	√	√	√	√
34		拟哲水蚤 *Paracalanus*	小拟哲水蚤	*Paracalanus parvus*	√	√	√	√
35		纺锤水蚤 *Acarti*	克氏纺锤水蚤	*Acartia clausi*	√	√		
36			太平洋纺锤水蚤	*Acartia pacifica*	√	√	√	
37		许水蚤 *Schmackeria*	火腿许水蚤	*Schmackeria poplesia*	√	√		√
38		华哲水蚤 *Sinocalanus*	细巧华哲水蚤	*Sinocalanus tenellus*	√	√		
39		小毛猛水蚤 *Microsetella*	红小毛猛水蚤	*Microsetella rosea*		√		√
40	桡足类	长足猛水蚤 *Longipedia*	斯氏长足猛水蚤	*Longipedia scotti*		√		
41	Copepoda	小毛猛水蚤 *Microsetella*	小毛猛水蚤 sp.	*Microsetella* sp.		√		
42		盔头猛水蚤 *Clytemnestra*	喙额盔头猛水蚤	*Clytemnestra rostrata*	√		√	
43		大眼剑水蚤 *Corycaeus*	近缘大眼剑水蚤	*Corycaeus affinis*	√	√	√	
44			微胖大眼剑水蚤	*Corycaeus carssiusculus*	√	√		
45		宽水蚤 *Temora*	异尾宽水蚤	*Temora discaudata*		√		
46			锥形宽水蚤	*Temora turbinata*		√		
47		宽额猛水蚤 *Zosime*	强壮宽额猛水蚤	*Zosime valida*		√		
48		真刺水蚤 *Euchaeta*	精致真刺水蚤	*Euchaeta concinna*		√	√	√
49			海洋真刺水蚤	*Euchaeta marina*		√		
50		叶水蚤 *Sapphirina*	胃叶水蚤	*Sapphirina gastrica*		√		
51		真哲水蚤 *Eucalanus*	亚强真哲水蚤	*Eucalanus subcrassus*		√		
52	软体类	微鳍乌贼 *Idiosepius*	玄妙微鳍乌贼	*Idiosepius paradoxa*		√		
53	Mollusca	四盘耳乌贼 *Euprymna*	毛氏四盘耳乌贼	*Euprymna morsei*				√
54	十足类 Decapoda	莹虾 *Lucifer*	正型莹虾	*Lucifer typus*	√	√		
55		网纹虫 *Favella*	爱氏网纹虫	*Favella ehrenbergi*		√		
56			厦门网纹虫	*Favella amoyensis*			√	
57	原生动物门 Protozoa		钟状网纹虫	*Favella campanula*		√		
58		肋盾虫 *Pleuraspis*	圆脊肋盾虫	*Pleuraspis costata*		√		
59		类铃虫 *Codonellopsis*	奥氏类铃虫	*Codonellopsis ostenfeldi*		√		
60	枝角类	三角溞 *Pseudevadne*	肥胖三角溞	*Pseudevadne tergestina*			√	√
61	Cladocera		诺氏三角溞	*Pseudevadne nordmanni*		√		
62		尖头溞 *Penilia*	鸟喙尖头溞	*Penilia avirostris*		√	√	
63	幼体 larva		仔虾	Macruran postlarvae		√	√	√
64			桡足幼虫	Copepodite	√	√	√	√

(续表)

序号	类别	属	中文名	拉丁名	春季	夏季	秋季	冬季
65			多毛类幼虫	Polychaeta larva	√	√	√	√
66			大眼幼虫	Megalopa larva	√	√		
67			舌贝幼体	Lingula larva			√	√
68			无节幼虫	Nauplius		√	√	√
69			仔鱼	Fish larvae	√	√	√	
70			溞状幼虫	Zoea larva	√	√	√	
71			壳顶幼虫	Umbo larvae		√	√	
72	幼体 larva		长腕幼虫	Echinopluteus larva		√	√	√
73			耳状幼虫	Auricularia larva	√	√	√	
74			面盘幼虫	Veliger larva	√	√	√	√
75			阿利玛幼虫	Alima larvae		√	√	
76			鱼卵	Fish egg	√	√		
77			疣足幼虫	Nectochaeta	√			
78			辐射幼虫	Actinula	√	√		
79			羽腕幼虫	Bipinnaria larva	√			

(续表)

附表 4　2017～2018 年江苏海域底栖动物名录

序号	类别	属	中文名	拉丁名	春季	夏季	秋季	冬季
1	半索动物门 Hemichordata	柱头虫 Balanoglossus	三崎柱头虫	*Balanoglossus misakiensis*				√
2			柱头虫	*Balanoglossus* sp.			√	
3	扁形动物门 Platyhelminthes	背平涡虫 Notoplana	薄背平涡虫	*Notoplana humilis*				√
4		埃刺梳鳞虫 Ehlersileanira	埃刺梳鳞虫	*Ehlersileanira incisa*		√		
5			黄海埃刺梳鳞虫	*Ehlersileanira hwanghaiensis*		√		
6		半突虫 Phyllodoce	梭须半突虫	*Phyllodoce madeirensis*	√			
7		背蚓虫 Notomastus	背蚓虫	*Notomastus latericeus*				√
8		不倒翁虫 Sternaspis	不倒翁虫	*Sternaspis sculata*		√		√
9		巢沙蚕 Diopatra	智利巢沙蚕	*Diopatra chiliensis*		√	√	√
10		围沙蚕 Perinereis	双齿围沙蚕	*Perinereis aibuhitensis*	√			
11		齿吻沙蚕 Nephtys	齿吻沙蚕	*Nephtys* sp.	√	√	√	√
12		刺沙蚕 Neanthes	日本刺沙蚕	*Neanghes japanica*	√			
13		脆鳞虫 Lepidasthenia	脆鳞虫	*Lepidasthenia* sp.				√
14		拟单指虫 Cossurella	双形拟单指虫	*Cossurella dimorpha*				√
15		多齿磷虫 Polyodontes	多齿磷虫	*Polyodontidae* sp.			√	√
16		管缨虫 Chone	管缨虫	*Chone infundibuliformis*				√
17	多毛类 Polychaeta	哈鳞虫 Harmothe	覆瓦哈鳞虫	*Harmothe imbricata*		√		
18		海扇虫 Pherusa	孟加拉海扇虫	*Pherusa* cf. *bengalensis*		√		
19		海蛹 Ophelia	角海蛹	*Ophelia acuminata*		√		
20		海稚虫 Spio	海稚虫	*Spio* sp.			√	
21		后指虫 Laonice	后指虫	*Laonice cirrata*			√	
22		矶沙蚕 Eunice	矶沙蚕	*Eunice* sp.			√	
23		角吻沙蚕 Goniada	角吻沙蚕	*Goniada* sp.		√		
24			日本角吻沙蚕	*Goniada japonica*	√	√	√	√
25		鳞沙蚕 Aphrodita	澳洲鳞沙蚕	*Aphrodita australis*		√		
26		米列虫 Melinna	米列虫	*Melinna cristata*		√		
27		内卷齿蚕 Aglaophamus	内卷齿蚕	*Aglaophamus* sp.			√	
28		欧努菲虫 Onuphis	欧努菲虫	*Onuphis* sp.	√			
29		强鳞虫 Sthenolepis	强鳞虫	*Sthenolepis* sp.			√	
30		全刺沙蚕 Nectoneanthes	饭岛全刺沙蚕	*Nectoneanthes ijimai*		√		
31		鳃索沙蚕 Ninoe	掌鳃索沙蚕	*Ninoe palmata*	√	√	√	

（续表）

序号	类别	属	中文名	拉丁名	春季	夏季	秋季	冬季
32		沙蚕 *Nereis*	沙蚕	*Nereis* sp.			√	
33		似蛰虫 *Amaeana*	西方似蛰虫	*Amaeana occidentalis*	√	√		
34		梳鳃虫 *Terebellides*	梳鳃虫	*Terebellides stroemii*	√	√	√	
35		树蛰虫 *Pista*	树蛰虫	*Pista* sp.		√		√
36		双边帽虫 *Amphictene*	日本双边帽虫	*Amphictene japonica*	√			
37		双指鳞虫 *Iphione*	双指鳞虫	*Iphione* sp.		√		
38		双栉虫 *Ampharete*	双栉虫	*Ampharete acutifrons*		√		
39		丝鳃虫 *Cirratulus*	丝鳃虫	*Cirratulus cirratus*			√	
40			四索沙蚕	*Lumbrineris tetraura*	√	√		
41		索沙蚕 *Lumbrineris*	索沙蚕	*Lumbrineris* sp.		√	√	
42			异足索沙蚕	*Lumbrineris heteropoda*	√	√	√	
43		吻沙蚕 *Glycera*	吻沙蚕	*Glycera* sp.			√	
44	多毛类 Polychaeta		长吻沙蚕	*Glycera chirori*	√	√	√	√
45		岩虫 *Marphysa*	岩虫	*Marphysa sanguinea*		√		
46		叶须虫 *Phyllodoce*	玛叶须虫	*Phyllodoce malmgreni*				√
47		异蚓虫 *Heteromastus*	异蚓虫	*Heteromastus filiformis*	√	√		
48		异稚虫 *Heterospio*	中华异稚虫	*Heterospio sinica*		√		
49		长手沙蚕 *Magelona*	日本长手沙蚕	*Magelona japonica*		√		
50		蛰龙介 *Terebella*	蛰龙介	*Terebella* sp.	√			
51			持真节虫	*Euclymene annandalei*		√		√
52		真节虫 *Euclymene*	曲强真节虫	*Euclymene lombricoides*	√	√		
53			真节虫	*Euclymene* sp.	√	√	√	
54		征节虫 *Nicomache*	征节虫	*Nicomache* sp.			√	√
55		奇异稚齿虫 *Paraprionospio*	奇异稚齿虫	*Paraprionospio pinnata*	√		√	
56		稚齿虫 *Prionospio*	稚齿虫	*Prionospio* sp.	√	√	√	
57		倍棘蛇尾 *Amphioplus*	日本倍棘蛇尾	*Amphictene japonicus*	√	√		
58			中华倍棘蛇尾	*Amphioplus sinicus*			√	
59		柄板锚参 *Labidoplax*	柄板锚参	*Labidoplax dubia*			√	
60		刺锚参 *Protankyr*	棘刺锚参	*Protankyra bidentata*	√	√	√	
61	棘皮动物门 Echinodermata	刺蛇尾 *Ophiothrix*	刺蛇尾	*Ophiothrix* sp.			√	
62			盖蛇尾	*Stegophiura* sp.			√	
63		盖蛇尾 *Stegophiura*	海南盖蛇尾	*Stegophiura hainanensis*	√			
64			司氏盖蛇尾	*Stegophiura sladeni*	√	√	√	
65		海地瓜 *Acaudina*	海地瓜	*Acaudina molpadioides*		√		

（续表）

序号	类别	属	中文名	拉丁名	春季	夏季	秋季	冬季
66		海羊齿 Antedon	锯羽丽海羊齿	Antedon serrata			√	√
67		沙鸡子 Phyllophorus	正环沙鸡子	Phyllophorus ordinata			√	
68		砂海星 Luidia	砂海星	Luidia quinaria	√			
69		双鳞蛇尾 Amphipholis	双鳞蛇尾	Amphipholis sp.				√
70		阳遂足 Amphiura	滩栖阳遂足	Amphiura vadicola		√	√	√
71			阳遂足	Amphiura sp.		√		
72	棘皮动物门 Echinodermata	硬瓜参 Sclerodactyla	丛足硬瓜参	Sclerodactyla multipes				√
73		海刺猬 Glyptocidaris	海刺猬	Glyptocidaris crenularis				√
74		真蛇尾 Ophiura	金氏真蛇尾	Ophiura kinbergi		√	√	√
75			浅水萨氏真蛇尾	Ophiura sarsii vadicola	√	√		√
76			小棘真蛇尾	Ophiura micracantha	√			
77		指参 Chiridota	指参	Chiridota sp.			√	
78		紫蛇尾 Ophiopholis	紫蛇尾	Ophiopholis mirabilis	√	√	√	√
79		闭口蟹 Cleistostoma	闭口蟹	Cleistostoma sp.				√
80		短眼蟹 Xenophthalmus	豆形短眼蟹	Xenophthalmus pinmotheroides		√	√	√
81		仿对虾 parapenaeopsis	哈氏仿对虾	Parapenaeopsis hardwickii	√			
82			细巧仿对虾	Parapenaeopsis tenella	√			
83		古涟虫 Eocuma	宽甲古涟虫	Eocuma lata		√		
84		鼓虾 Alpheus	短脊鼓虾	Alpheus brevicristatus	√			
85			日本鼓虾	Alpheus japonicus	√			
86			鲜明鼓虾	Alpheus distinguendus	√			
87		褐虾 Crangon	脊腹褐虾	Crangon affinis	√	√		
88		土块蟹 Glebocarcinus	两栖土块蟹	Glebocarcinus amphiaetus	√			
89	甲壳类 Crustacea	黄道蟹 Cancer	隆背黄道蟹	Cancer gibbosulus	√			
90		沙钩虾 Byblis	沙钩虾	Byblis sp.			√	√
91		双眼钩虾 Ampelisca	双眼钩虾	Ampelisca sp.			√	√
92		梭子蟹 Portunus	三疣梭子蟹	Portunus trituberculatus	√		√	
93		细螯虾 Leptochela	细螯虾	Leptochela gracilis	√	√	√	√
94		虾蛄 Oratosquilla	口虾蛄	Oratosquilla oratoria	√			
95		新对虾 Metapenaeus	周氏新对虾	Metapenaeus joyneri	√			
96		蟳 Charybdis	变态蟳	Charybdis variegata	√			
97			日本蟳	Charybdis japonica	√		√	
98			双斑蟳	Charybdis bimaculata	√			
99		异毛蟹 Heteropilumnus	披发异毛蟹	Heteropilumnus ciliatus	√			√

（续表）

序号	类别	属	中文名	拉丁名	春季	夏季	秋季	冬季
100		英雄钩虾 *Hippomedon*	太平英雄钩虾	*Hippomedon pacifica*		√		
101		鹰爪虾 *Trachypenaeus*	鹰爪虾	*Trachypenaeus curvirostris*	√			
102		活额寄居蟹 *diogenes*	闪光活额寄居蟹	*diogenes nitidimanus*	√			
103	甲壳类 Crustacea	圆趾蟹 *Ovalipes*	细点圆趾蟹	*Ovalipes punctatus*	√			
104		藻钩虾 *Ampithoe*	强壮藻钩虾	*Ampithoe valida*			√	
105		长臂虾 *Palaemon*	葛氏长臂虾	*Palaemon gravieri*	√			
106		直铠茗荷 *Litoscalpellum*	直铠茗荷	*Litoscalpellum* sp.	√			
107		脑纽虫 *Cerebratulina*	脑纽虫	*Cerebratulina* sp.		√		
108	纽形动物门 Nemertinea	合孔纽虫 *Amphiporus*	合孔纽虫	*Amphiporus* sp.	√	√	√	
109		潘纽虫 *Pantinonemertes*	鹤嘴潘纽虫	*Pantinonemertes daguilarensis*	√			
110		纵沟纽虫 *Lineus*	纵沟纽虫	*Lineus* sp.	√	√	√	
111		爱氏海葵 *Edwardsia*	星虫爱氏海葵	*Edwardsia sipunculoides*				√
112		海葵 *Actiniaria*	海葵	*Actiniaria* sp.	√			
113	刺胞类 Cnidaria	侧花海葵 *Anthopleura*	黄侧花海葵	*Anthopleura xanthogrammica*	√			
114		沙箸海鳃 *Virgularia*	沙箸海鳃	*Virgularia* sp.				√
115		薮枝螅 *Obelia*	薮枝螅	*Obelia* sp.		√		
116		扁玉螺 *Neverita*	扁玉螺	*Neverita didyma*				√
117			广大扁玉螺	*Neverita reiniana*	√			
118		波纹蛤 *Raetellops*	秀丽波纹蛤	*Raetellops pulchella*	√	√	√	
119		无壳侧鳃 *Pleurobranchaea*	蓝无壳侧鳃	*Pleurbranchaea novaezealandiae*	√			
120		刀蛏 *Phaxas*	小刀蛏	*Cultellus attenuatus*				√
121		短吻蛤 *Periploma*	圆盘短吻蛤	*Periploma otohimeae*			√	
122		蛾螺 *Buccinium*	尖角管蛾螺	*Buccinium undatum plectrum*	√			
123		榧螺 *Oliva*	伶鼬榧螺	*Oliva mustelina*	√	√	√	√
124	软体类 Mollusca	管蛾螺 *Siphonalia*	纺锤管蛾螺	*Siphonalia fusoides*			√	
125		光蛤蜊 *Mactrinula*	斧光蛤蜊	*Mactrinula dolabrata*			√	
126		胡桃蛤 *Nucula*	东京胡桃蛤	*Nucula tokyoensis*		√		
127			日本胡桃蛤	*Nucula nipponica*				√
128		荚蛏 *Siliqua*	薄荚蛏	*Siliqua pulchella*	√			
129		壳蛞蝓 *Philine*	经氏壳蛞蝓	*Philine kinglipini*		√		
130		乐飞螺 *Lophiotoma*	细肋蕾螺	*Lophiotoma deshayesii*	√			
131		丽口螺 *Calliostoma*	口马丽口螺	*Calliostoma koma*	√			
132			丽口螺	*Calliostoma* sp.	√			
133		毛蚶 *Scapharca*	毛蚶	*Scapharca subcrenata*	√			

（续表）

序号	类别	属	中文名	拉丁名	春季	夏季	秋季	冬季
134		明樱蛤 Moerella	彩虹明樱蛤	Moerella iridescens		√	√	√
135		拟锯齿蛤 Arvella	中华拟锯齿蛤	Arvella sinica		√	√	
136		江珧 Atrina	栉江珧	Atrina pectinata			√	
137		绒蛤 Borniopsis	绒蛤	Borniopsis tsurumaru			√	
138		三角口螺 Trigonostoma	白带三角口螺	Trigonostoma scalariformis	√			
139		索足蛤 Thyasira	薄索足蛤	Thyasira tokunagaii		√	√	√
140		梯形蛤 Portlandia	日本梯形蛤	Portlandia japonica	√	√	√	√
141		吻状蛤 Nuculana	粗纹吻状蛤	Nuculana yokoyamai				√
142		香螺 Neptunea	香螺	Neptunea arthritica cumingii	√			
143		小猫眼蛤 Felaniella	灰双齿蛤	Felaniella usta				√
144	软体类 Mollusca	小囊蛤 Saccella	密纹小囊蛤	Saccella gordonis	√			
145		胡桃蛤 Nucula	橄榄胡桃蛤	Nucula tenuis			√	√
146		隐海螂 Cryptomya	侧扁隐海螂	Cryptomya busoensis		√		
147		云母蛤 Yoldia	薄云母蛤	Yoldia similis			√	
148			醒目云母蛤	Yoldia notabilis	√	√	√	√
149		织纹螺 Nassarius	半褶织纹螺	Nassarius semiplicataus				√
150			红带织纹螺	Nassarius succinctus			√	
151		指纹蛤 Acila	奇异指纹蛤	Acila mirabilis	√	√	√	
152			大竹蛏	Solen grandis			√	√
153		竹蛏 Solen	短竹蛏	Solen dunkerianus		√		√
154			长竹蛏	Solen gouldii				√
155	头足类 Cephalopoda	耳乌贼 Sepiola	双喙耳乌贼	Sepiola birostrata		√		
156		蛸 Octopus	短蛸	Octopus ocellatus		√		
157	星虫动物门 Sipuncula	反体星虫 Antillesoma	安岛反体星虫	Antillesoma antillarum				√
158		革囊星虫 Phascolosoma	革囊星虫	Phascolosoma sp.		√		

附表 5　2017～2018 年江苏海域鱼卵、仔稚鱼名录

目	科	种	春季	夏季	秋季	冬季
鳗鲡目 Anguilliformes	海鳗科 Muraenesocidae	海鳗科 Muraenesocidae sp.	√			
鲱形目 Clupeiformes	鳀科 Engraulidae	凤鲚 Coilia mystus		√		
		鳀 Engraulis japonicus		√		√ √
		黄鲫 Setipinna taty		√	√	
		康氏侧带小公鱼 Stolephorus commersoni		√	√	√
		赤鼻棱鳀 Thrissa kammalensis		√		
	鲱科 Clupeidae	斑鰶 Konosirus punctatus		√		
胡瓜鱼目 Osmeriformes	银鱼科 Salangidae	大银鱼 Protosalanx chinensis		√	√	
仙女鱼目 Aulopiformes	龙头鱼科 Harpodontidae	龙头鱼 Harpodon nehereus		√	√	
	狗母鱼科 Synodidae	狗母鱼科 sp. 1 Synodidae sp. 1		√		
		狗母鱼科 sp. 2 Synodidae sp. 2		√		
灯笼鱼目 Myctophiformes	灯笼鱼科 Myctophidae	灯笼鱼科 sp. Myctophidae sp.			√	
鲻形目 Mugiliformes	鲻科 Mugilidae	鮻 Liza haematocheilus（syn. 龟鮻 Chelon haematocheilus）	√		√	
颌针鱼目 Beloniformes	鱵科 Hemiramphidae	间下鱵鱼 Hyporhamphus intermedius		√		
		下鱵属 sp. Hyporhamphus sp.		√		
刺鱼目 Gasterosteiformes	海龙科 Syngnathidae	尖海龙 Syngnathus acus		√	√	
鲉形目 Scorpaeniformes	鲉科 Scorpaenidae	许氏平鲉 Sebastes schlegelii		√		
	鲂鮄科 Triglidae	鲂鮄科 sp. Triglidae sp.		√		
	鲬科 Platycephalidae	鲬 Platycephalus indicus		√		
	六线鱼科 Hexagrammidae	六线鱼科 sp. Hexagrammidae sp.				√
鲈形目 Perciformes	鮨科 Serranidae	中国花鲈 Lateolabrax maculatus				√
	鮨科 Serranidae	鮨科 sp. Serranidae sp.		√	√	
	鱚科 Sillaginidae	多鳞鱚 Sillago sihama		√		
	鲹科 Carangidae	蓝圆鲹(红背圆鲹)Decapterus maruadsi		√		
		鲹科 sp. Carangidae sp.		√		
	鲷科 Sparidae	鲷科 sp. Sparidae sp.	√			
	石首鱼科 Sciaenidae	棘头梅童鱼 Collichthys lucidus		√	√	
		黄姑鱼 Nibea albiflora		√		
		小黄鱼 Larimichthys polyactis	√			
		石首鱼科 sp. 1 Sciaenidae sp. 1	√			
		石首鱼科 sp. 2 Sciaenidae sp. 2	√			
	石鲷科 Oplegnathidae	条石鲷 Oplegnathus fasciatus		√		

（续表）

目	科	种	春季	夏季	秋季	冬季
鲈形目 Perciformes	玉筋鱼科 Ammodytidae	玉筋鱼 *Ammodytes personatus*				√
	鳚科 Blenniidae	美肩鳃鳚 *Omobranchus elegans*		√		
		鳚科 sp. Blenniidae sp.			√	
	虾虎鱼科 Gobiidae	斑尾刺虾虎鱼 *Acanthogobius ommaturus*		√		
		矛尾虾虎鱼 *Chaeturichthys stigmatias*		√	√	
		虾虎鱼科 sp. 1 Gobiidae sp. 1		√		
		虾虎鱼科 sp. 2 Gobiidae sp. 2		√		
		虾虎鱼科 sp. 3 Gobiidae sp. 3			√	
		虾虎鱼科 sp. 4 Gobiidae sp. 4	√			
	带鱼科 Trichiuridae	小带鱼 *Eupleurogrammus muticus*		√	√	
		带鱼 *Trichiurus lepturus*			√	
	金枪鱼科 Thunnidae	狐鲣属 sp. *Sarda* sp.		√		
	鲭科 Scombridae	鲭科 sp. 1 Scombridae sp. 1		√		
	鲭科 Scombridae	鲭科 sp. 2 Scombridae sp. 2		√		
	鲳科 Stromateidae	银鲳 *Pampus argenteus*		√		
		鲳科 sp. Stromateidae sp.		√		
鲽形目 Pleuronectiformes	鲽科 Pleuronectidae	角木叶鲽 *Pleuronichthys cornutus*			√	
		鲽科 sp. 1 Pleuronectidae sp. 1		√		
		鲽科 sp. 2 Pleuronectidae sp. 2		√		
	鳎科 Soleidae	日本条鳎 *Zebrias japonicus*（日本拟鳎 *Pseudaesopia japonicus*）		√		
	舌鳎科 Cynoglossidae	焦氏舌鳎 *Cynoglossus joyneri*		√	√	
		半滑舌鳎 *Cynoglossus semilaevis*		√		
		日本须鳎 *Paraplagusia japonica*		√		
鲀形目 Tetraodontiformes	鲀科 Tetraodontidae	暗纹东方鲀（暗纹多纪鲀）*Takifugu fasciatus*	√			

注：括号内为异名。

附表 6　2017～2018 年江苏海域游泳动物种类名录

目	科	属	种名	拉丁名	春季	夏季	秋季	冬季
虎鲨目 Heterodontiformes	虎鲨科 Heterodontidae	虎鲨属 Heterodontus	狭纹虎鲨	Heterodontus zebra	√			
角鲨目 Squaliformes	角鲨科 Squalidae	角鲨属 Squalus	白斑角鲨	Squalus acanthias	√			
		角鲨属 Squalus	长吻角鲨	Squalus mitsukurii	√			
鲼形目 Myliobatiformes	魟科 Dasyatidae	魟属 Dasyatis	赤魟	Dasyatis akajei		√		
	鲱科 Clupeidae	斑鰶属 Konosirus	斑鰶	Konosirus punctatus	√	√	√	√
		小沙丁鱼属 Sardinella	金色小沙丁鱼	Sardinella aurita	√	√		
			青鳞小沙丁鱼	Sardunella zunasi	√	√	√	√
	锯腹鳓科 Pristigasteridae	鳓属 Ilisha	鳓	Ilisha elongata	√	√	√	√
		后鳍鱼属 Opisthopterus	后鳍鱼	Opisthopterus tardoore		√	√	
		侧带小公鱼属 Stolephorus	康氏侧带小公鱼	Stolephorus commersonnii		√	√	
	鳀科 Engraulidae	黄鲫属 Setipinna	黄鲫	Setipinna taty	√	√	√	√
鲱形目 Clupeiformes		鲚属 Coilia	刀鲚	Coilia nasus	√	√	√	√
			凤鲚	Coilia mystus	√	√	√	√
		棱鳀属 Thrissa	赤鼻棱鳀	Thrissa kammalensis	√	√	√	√
			杜氏棱鳀	Thrissa dussumieri	√			
			黄吻棱鳀	Thrissa vitirostris		√	√	
			中颌棱鳀	Thrissa mystax	√	√	√	√
		鳀属 Engraulis	鳀	Engraulis japonicus	√	√	√	√
鲑形目 Salmoniformes	水珍鱼科 Argentinidae	长颌水珍鱼属 Glossanodon	长颌水珍鱼	Glossanodon semifasciatus	√			
	银鱼科 Salangidae	大银鱼属 Protosalanx	大银鱼	Protosalanx hyalocranius	√	√		√

（续表）

目	科	属	种名	拉丁名	春季	夏季	秋季	冬季
仙女鱼目 Aulopiformes	狗母鱼科 Synodontidae	狗母鱼属 Synodus	叉斑狗母鱼	*Synodus macrops*			✓	
		蛇鲻属 Saurida	长蛇鲻	*Saurida elongata*	✓	✓	✓	
		龙头鱼属 Harpadon	龙头鱼	*Harpadon nehereus*	✓	✓	✓	
灯笼鱼目 Myctophiformes	灯笼鱼科 Scopelidae	底灯鱼属 Benthosema	七星底灯鱼	*Benthosema pterotum*	✓	✓	✓	
	海鳗科 Muraenesocidae	海鳗属 Muraenesox	海鳗	*Muraenesox cinereus*	✓			
鳗鲡目 Anguilliformes	康吉鳗科 Congridae	康吉鳗属 Conger	星康吉鳗	*Conger myriaster*	✓	✓		
	蛇鳗科 Ophichthyidae	豆齿鳗属 Pisodonophis	杂食豆齿鳗	*Pisodonophis boro*		✓		
		蛇鳗属 Ophichthus	尖吻蛇鳗	*Ophichthus apicalis*	✓	✓		
鲇形目 Siluriformes	海鲇科 Ariidae	海鲇属 Arius	中华海鲇	*Arius sinensis*		✓		
银汉鱼目 Atheriniformes	银汉鱼科 Atherinidae	麦银汉鱼属 Atherion	麦银汉鱼	*Atherion elymus*	✓			
颌针鱼目 Beloniformes	鱵科 Hemiramphidae	下鱵属 Hyporhamphus	间下鱵	*Hyporhamphus intermedius*			✓	
			日本下鱵	*Hyporhamphus sajori*	✓			
鳕形目 Gadiformes	深海鳕科 Moridae	小褐鳕属 Physiculus	日本小褐鳕	*Physiculus japonicus*				✓
	鳕科 Gadidae	鳕属 Gadus	大头鳕	*Gadus macrocephalus*	✓	✓	✓	
	长尾鳕科 Macrouridae	腔吻鳕属 Caelorhynchus	多棘腔吻鳕	*Caelorhynchus multispinulosus*	✓		✓	
海鲂目 Zeiformes	海鲂科 Zeidae	海鲂属 Zeus	日本海鲂	*Zeus japonicus*	✓			
		亚海鲂属 Zenopsis	雨印亚海鲂	*Zenopsis personatus*	✓			
刺鱼目 Gasterosteiformes	海龙科 Syngnathidae	海马属 Hippocampus	日本海马	*Hippocampus japonicus*			✓	
		海龙属 Syngnathus	尖海龙	*Syngnathus acus*	✓	✓	✓	
鲻形目 Mugiliformes	鲻科 Mugilidae	鲻属 Mugil	鲻	*Mugil cephalus*	✓		✓	
		鮻属 Liza	鮻	*Liza haematocheila*		✓	✓	
	魣科 Sphyraenidae	魣属 Sphyraena	油魣	*Sphyraena pinguis*	✓		✓	
	马鲅科 Polynemidae	马鲅属 Polynemus	六指马鲅	*Polydactylus sextarius*	✓			

（续表）

目	科	属	种名	拉丁名	春季	夏季	秋季	冬季
	鮨科 Serranidae	赤鲑属 Doederleinia	赤鲑	Doederleinia berycoides	√	√		√
		东洋鲈属 Niphon	东洋鲈	Niphon spinosus	√			
		花鲈属 Lateolabrax	中国花鲈	Lateolabrax maculatus	√	√	√	√
	发光鲷科 Acropomatidae	发光鲷属 Acropoma	发光鲷	Acropoma japonicum	√	√	√	√
		尖牙鲈属 Synagrops	日本尖牙鲈	Synagrops japonicus	√			
	鱚科 Sillaginidae	鱚属 Sillago	多鳞鱚	Sillago sihama	√	√	√	√
	鲹科 Carangidae	沟鲹属 Atropus	沟鲹	Atropus atropus	√			√
		圆鲹属 Decapterus	蓝圆鲹	Decapterus maruadsi	√	√		√
		竹筴鱼属 Trachinotus	竹筴鱼	Trachinotus japonicus	√	√		
		叫姑鱼属 Johnius	皮氏叫姑鱼	Johnius belengerii	√	√		√
		黄姑鱼属 Nibea	黄姑鱼	Nibea albiflora		√		√
鲈形目 Perciformes		鮸属 Miichthys	鮸	Miichthys miiuy	√	√		√
	石首鱼科 Sciaenidae	白姑鱼属 Argyrosomus	白姑鱼	Argyrosomus argentatus	√	√		√
		梅童鱼属 Collichthys	棘头梅童鱼	Collichthys lucidus	√	√		√
			黑鳃梅童鱼	Collichthys niveatus	√	√		√
		黄鱼属 Larimichthys	大黄鱼	Larimichthys crocea	√	√	√	
			小黄鱼	Larimichthys polyactis	√	√	√	√
		鲾属 Leiognathus	短吻鲾	Leiognathus brevirostris	√			
	鲾科 Leiognathidae		条鲾	Leiognathus rivulatus				√
			鹿斑鲾	Leiognathus ruconius	√			
		仰口鲾属 Secutor	静仰口鲾	Secutor insidiator	√			
	鲷科 Sparidae	棘鲷属 Acanthopagrus	黑棘鲷	Acanthopagrus schlegelii			√	√
		赤鲷属 Pagrus	真赤鲷	Pagrus major		√		

（续表）

目	科	属	种名	拉丁名	春季	夏季	秋季	冬季
	石鲈科 Pomadasyidae	髭鲷属 Hapalogenys	横带髭鲷	Hapalogenys mucronatus				√
		矶鲈属 Parapristipoma	三线矶鲈	Parapristipoma trilineatum		√	√	
	蝴蝶鱼科 Chaetodontidae	蝴蝶鱼属 Chaetodon	朴蝴蝶鱼	Chaetodon modestus		√		
	石鲷科 Oplegnathidae	石鲷属 Oplegnathus	条石鲷	Oplegnathus fasciatus		√	√	√
	叉齿鱼科 Chiasmodontidae	拟灯鱼属 Pseudoscopelus	黑体拟灯鱼	Pseudoscopelus scriptus	√			
	䲢科 Uranoscopidae	青䲢属 Gnathagnus	青䲢	Gnathagnus elongatus			√	
	鳄齿䲢科 Champsodontidae	鳄齿䲢属 Champsodon	短鳄齿䲢	Champsodon snyderi		√	√	√
		缘鳚属 Azuna	缘鳚	Azuma emmnion	√			
	锦鳚科 pholidae	锦鳚属 Pholis	云纹锦鳚	Pholis nebulosa	√			
			方氏锦鳚	Pholis fangi		√		√
	绵鳚科 Zoarcidae	绵鳚属 Zoarces	吉氏绵鳚	Zoarces gilli	√	√		√
	玉筋鱼科 Ammodytidae	玉筋鱼属 Ammodytes	玉筋鱼	Ammodytes personatus	√			
	鳉科 Callionymidae	鳉属 Callionymus	绯鳉	Callionymus beniteguri			√	
			香鳉	Callionymus olidus	√	√	√	√
鲈形目 Perciformes	虾虎鱼科 Gobiidae	刺鰕虎鱼属 Acanthogobius	斑尾剌鰕虎鱼	Acanthogobius ommaturus	√	√	√	√
		钝尾鰕虎鱼属 Amblychaeturichthys	六丝钝尾鰕虎鱼	Amblychaeturichthys hexanema	√	√	√	√
		矛尾鰕虎鱼属 Chaeturichthys	矛尾鰕虎鱼	Chaeturichthys stigmatias	√	√	√	√
		丝鰕虎鱼属 Cryptocentrus	长丝鰕虎鱼	Cryptocentrus filifer	√	√	√	√
		蝌蚪鰕虎鱼属 Lophiogobius	睛尾蝌蚪鰕虎鱼	Lophiogobius ocellicauda				√
		缟鰕虎鱼属 Tridentiger	髭缟鰕虎鱼	Tridentiger barbatus	√	√	√	√
		栉孔鰕虎鱼属 Ctenotrypauchen	小头栉孔鰕虎鱼	Ctenotrypauchen microcephalus	√	√	√	√
		狼牙鰕虎鱼属 Odontamblyopus	拉氏狼牙鰕虎鱼	Odontamblyopus lacepedii	√	√	√	√
		孔鰕虎鱼属 Trypauchen	孔鰕虎鱼	Trypauchen vagina	√	√	√	√

（续表）

目	科	属	种名	拉丁名	春季	夏季	秋季	冬季
鲈形目 Perciformes	带鱼科 Trichiuridae	带鱼属 Trichiurus	带鱼	*Trichiurus japonicus*	√	√	√	√
		小带鱼属 Eupleurogrammus	小带鱼	*Eupleurogrammus muticus*		√	√	√
	鲭科 Scombridae	鲭属 Scomber	日本鲭	*Scomber japonicus*	√	√	√	√
		马鲛属 Scomberomorus	蓝点马鲛	*Scomberomorus niphonius*	√	√	√	
		狐鲣属 Sarda	东方狐鲣	*Sarda orientalis*		√		
	长鲳科 Centrolophidae	刺鲳属 Psenopsis	刺鲳	*Psenopsis anomala*	√		√	
	鲳科 Stromateidae	鲳属 Pampus	灰鲳	*Pampus nozawae*	√	√		
			银鲳	*Pampus argenteus*	√	√	√	√
	雀鲷科 Pomacentridae	光鳃鱼属 Chromis	尾斑光鳃鱼	*Chromis notatus*	√			
	天竺鲷科 Apogonidae	天竺鲷属 Apogon	细条天竺鲷	*Apogon lineatus*	√	√	√	√
	豹鲂鮄科 Dactylopteridae	单棘豹鲂鮄属 Daicocus	单棘豹鲂鮄	*Daicocus peterseni*		√		
	鲉科 Scorpaenidae	鲉属 Scorpaena	裸胸鲉	*Scorpaena izensis*		√		√
		菖鲉属 Sebastiscus	褐菖鲉	*Sebastiscus marmoratus*			√	√
	平鲉科 Sebastidae	平鲉属 Sebastes	许氏平鲉	*Sebastes schlegelii*	√	√	√	√
	疣鲉科 Aploactinidae	虻鲉属 Erisphex	虻鲉	*Erisphex potti*	√	√	√	√
鲉形目 Scorpaeniformes	毒鲉科 Synanceiidae	虎鲉属 Minous	单指虎鲉	*Minous monodactylus*	√	√	√	√
	鲂鮄科 Triglidae	绿鳍鱼属 Chelidonichthys	小眼绿鳍鱼	*Chelidonichthys spinosus*	√	√	√	√
	鲬科 Platycephalidae	鲬属 Platycephalus	鲬	*Platycephalus indicus*		√	√	√
		斑头鱼属 Agrammus	斑头鱼	*Agrammus agrammus*		√		
	六线鱼科 Hexagrammidae	六线鱼属 Hexagrammos	大泷六线鱼	*Hexagrammos otakii*	√		√	
	杜父鱼科 Cottidae	绒杜父鱼属 Hemitripterus	绒杜父鱼	*Hemitripterus villosus*		√	√	
	狮子鱼科 Liparidae	狮子鱼属 Liparis	细纹狮子鱼	*Liparis tanakae*	√	√	√	√

（续表）

目	科	属	种名	拉丁名	春季	夏季	秋季	冬季
	鲆科 Bothidae	牙鲆属 Paralichthys	褐牙鲆	*Paralichthys olivaceus*	√	√		√
			牙鲆	*Paralichthys sp.*		√		√
	鲽科 Pleuronectidae	虫鲽属 Eopsetta	虫鲽	*Eopsetta grigorjewi*			√	√
		高眼鲽属 Cleisthenes	高眼鲽	*Cleisthenes herzensteini*	√	√		√
		木叶鲽属 Pleuronichthys	角木叶鲽	*Pleuronichthys cornutus*		√		
鲽形目 Pleuronectiformes	鳎科 Soleidae	条鳎属 Zebrias	带纹条鳎	*Zebrias zebra*	√	√		
			短吻舌鳎	*Cynoglossus abbreviatus*	√	√	√	√
			窄体舌鳎	*Cynoglossus gracilis*	√		√	
			焦氏舌鳎	*Cynoglossus joyneri*	√	√	√	√
	舌鳎科 Cynoglossidae	舌鳎属 Cynoglossus	半滑舌鳎	*Cynoglossus semilaevis*	√	√	√	√
			大鳞舌鳎	*Cynoglossus macrolepidotus*	√	√	√	
			三线舌鳎	*Cynoglossus trigrammus*	√			
		须鳎属 Paraplagusia	日本须鳎	*Paraplagusia japonica*	√	√		
	单角鲀科 Monacanthidae	马面鲀属 Thamnaconus	绿鳍马面鲀	*Thamnaconus modestus*	√	√	√	√
		细鳞鲀属 Stephanolepis	丝背细鳞鲀	*Stephanolepis cirrhifer*			√	√
			网纹东方鲀	*Takifugu reticularis*				√
鲀形目 Tetraodontiformes			红鳍东方鲀	*Takifugu rubripes*		√		√
	鲀科 Tetraodontidae	东方鲀属 Takifugu	黄鳍东方鲀	*Takifugu xanthopterus*		√	√	
			铅点东方鲀	*Takifugu alboplumbeus*			√	√
			星点东方鲀	*Takifugu niphobles*			√	
	刺鲀科 Diodontidae	腹刺鲀属 Gastrophysus	棕斑腹刺鲀	*Gastrophysus spadiceus*		√		
鮟鱇目 Lophiiformes	鮟鱇科 Lophiidae	黄鮟鱇属 Lophius	黄鮟鱇	*Lophius litulon*	√	√	√	√
		黑鮟鱇属 Lophiomus	黑鮟鱇	*Lophiomus setigerus*	√			

（续表）

目	科	属	种名	拉丁名	春季	夏季	秋季	冬季
八腕目 Octopoda	蛸科 Octopodidae	蛸属 Octopus	长蛸	*Octopus variabilis*	√	√	√	√
			短蛸	*Octopus ocellatus*	√	√	√	√
枪形目 Teuthoidea	枪乌贼科 Loliginidae	枪乌贼属 *Loligo*	杜氏枪乌贼	*Loligo duvaucelii*	√			
			火枪乌贼	*Loligo beka*	√			
			剑尖枪乌贼	*Loligo edulis*	√	√	√	√
			日本枪乌贼	*Loligo japonica*	√		√	√
			尤氏枪乌贼	*Loligo uyii*	√		√	
	柔鱼科 Ommastrephidae	褶柔鱼属 *Todarodes*	太平洋褶柔鱼	*Todarodes pacificus*	√		√	√
	乌贼科 Sepiidae	乌贼属 *Sepia*	金乌贼	*Sepia esculenta*	√			√
			朴氏乌贼	*Sepia prashadi*	√			
			针乌贼	*Sepia andreana*		√		
乌贼目 Sepioidea	耳乌贼科 Sepiolidae	无针乌贼属 *Sepiella*	曼氏无针乌贼	*Sepiella maindroni*	√	√	√	√
		耳乌贼属 *Sepiola*	双喙耳乌贼	*Sepiola birostrata*	√		√	√
		四盘耳乌贼属 *Euprymna*	四盘耳乌贼	*Euprymna morsei*	√	√		
口足目 Stomatopoda	虾蛄科 Squillidae	口虾蛄属 *Oratosquilla*	口虾蛄	*Oratosquilla oratoria*	√	√	√	√
	玻璃虾科 Pasiphaeidae	细螯虾属 *Leptochela*	细螯虾	*Ovalipes punctatus*	√	√	√	√
十足目 Decapoda	对虾科 Penaeidae	赤虾属 *Metapenaeopsis*	戴氏赤虾	*Metapenaeopsis dalei*	√	√	√	√
		囊对虾属 *Marsupenaeus*	日本囊对虾	*Marsupenaeus japonicus*		√	√	√
		明对虾属 *Fenneropenaeus*	中国明对虾	*Fenneropenaeus chinensis*	√		√	√
		新对虾属 *Metapenaeus*	刀额新对虾	*Metapenaeus ensis*	√	√	√	√
		仿对虾属 *Parapenaeopsis*	哈氏仿对虾	*Parapenaeopsis hardwickii*	√	√	√	√
			细巧仿对虾	*Apogon tenella*	√		√	√
		拟对虾属 *Parapenaeus*	假长缝拟对虾	*Parapenaeus fissuroides*		√	√	√
		新对虾属 *Metapenaeus*	周氏新对虾	*Metapenaeus joyneri*	√	√	√	√

（续表）

目	科	属	种名	拉丁名	春季	夏季	秋季	冬季
十足目 Decapoda	对虾科 Penaeidae	鹰爪虾属 Trachypenaeus	鹰爪虾	*Trachypenaeus curvirostris*	√		√	√
	管鞭虾科 Solenoceridae	管鞭虾属 Solenocera	高脊管鞭虾	*Solenocera alticarinata*	√		√	√
			中华管鞭虾	*Solenocera crassicornis*	√	√	√	√
	褐虾科 Crangonidae	褐虾属 Crangon	脊腹褐虾	*Crangon affinis*	√		√	√
	樱虾科 Sergestidae	毛虾属 Acetes	中国毛虾	*Acetes chinensis*	√		√	√
		白虾属 Exopalaemon	安氏白虾	*Exopalaemon annandalei*				√
			脊尾白虾	*Exopalaemon carinicauda*	√	√	√	√
			秀丽白虾	*Exopalaemon modestus*				√
	长臂虾科 Palaemonidae		葛氏长臂虾	*Palaemon gravieri*	√		√	√
		长臂虾属 Palaemon	巨指长臂虾	*Palaemon macrodactylus*		√	√	√
			锯齿长臂虾	*Palaemon serrifer*			√	√
		沼虾属 Macrobrachium	日本沼虾	*Macrobrachium nipponense*	√			
	长额虾科 Pandalidae	等腕虾属 Procletes	滑脊等腕虾	*Heterocarpoides levicarina*			√	
		红虾属 Plesiomika	东海红虾	*Plesiomika izumiae*	√		√	√
	鼓虾科 Alpheidae	鼓虾属 Alpheus	日本鼓虾	*Alpheus japonicus*	√		√	√
			鲜明鼓虾	*Alpheus distinguendus*	√	√	√	√
	蝼蛄虾科 Upogebiidae	蝼蛄虾属 Upogebia	伍氏蝼蛄虾	*Upogebia wuhsienweni*	√			
	藻虾科 Hippolytidae	鞭腕虾属 Lysmata	红条鞭腕虾	*Lysmata vittata*			√	√
		深额虾属 Latreutes	水母深额虾	*Latreutes anoplonyx*	√	√	√	√
			疣背深额虾	*Latreutes planirostris*	√		√	√
	瓷蟹科 Porcellanidae	细足蟹属 Raphidopus	绒毛细足蟹	*Raphidopus ciliatus*	√		√	√
	弓蟹科 Varunidae	厚蟹属 Helice	天津厚蟹	*Helice tientsinensis*			√	
		新绒螯蟹属 Neoeriocheir	狭颚绒螯蟹	*Neoeriocheir leptognathus*	√	√	√	√

（续表）

目	科	属	种名	拉丁名	春季	夏季	秋季	冬季
十足目 Decapoda	方蟹科 Grapsidae	绒螯蟹属 Eriocheir	中华绒螯蟹	*Eriocheir sinensis*	✓		✓	✓
	关公蟹科 Dorippoidea	关公蟹属 Dorippe	颗粒关公蟹	*Dorippe granulata*	✓	✓	✓	
	管须蟹科 Albuneidae	仿管须蟹属 Solenocera	长鞭仿管须蟹	*Solenocera melantho*	✓	✓		
	菱蟹科 Parthenopidae	菱蟹属 Parthenope	强壮菱蟹	*Parthenope validus*	✓	✓	✓	✓
	馒头蟹科 Calappidae	虎头蟹属 Orithyia	中华虎头蟹	*Orithyia sinica*		✓	✓	
		黎明蟹属 Matuta	红线黎明蟹	*Matuta planipes*	✓	✓	✓	
	毛刺蟹科 Pilumnidae	毛刺蟹属 Pilumnus	毛刺蟹	*Pilumnus murphyi*				✓
		拟盲蟹属 Typhlocarcinops	沟纹拟盲蟹	*Typhlocarcinops canaliculata*			✓	
		青蟹属 Scylla	锯缘青蟹	*Scylla serrata*	✓		✓	✓
		梭子蟹属 Portunus	三疣梭子蟹	*Portunus trituberculatus*	✓	✓	✓	✓
	梭子蟹科 Portunidae	蟳属 Charybdis	钝齿蟳	*Charybdis hellerii*			✓	
			日本蟳	*Charybdis japonica*	✓	✓	✓	✓
			善泳蟳	*Charybdis natator*		✓		✓
			双斑蟳	*Charybdis bimaculata*	✓		✓	✓
			锈斑蟳	*Charybdis feriatus*			✓	✓
		圆趾蟹属 Ovalipes	细点圆趾蟹	*Ovalipes punctatus*	✓		✓	✓
	玉蟹科 Leucosiidae	拳蟹属 Philyra	豆形拳蟹	*Philyra pisam*	✓	✓		
	长脚蟹科 Goneplacidae	隆背蟹属 Carcinoplax	泥脚隆背蟹	*Carcinoplax vestitus*				✓
	宽背蟹科 Euryplacidae	强蟹属 Eucrate	隆线强蟹	*Eucrate crenata*	✓		✓	✓
	蜘蛛蟹科 Epialtidae	矶蟹属 Pugettia	缺刻矶蟹	*Pugettia incisa*	✓			

参考文献

[1] Clarke K R, Warwick R M. Change in marine communities: An Approach to Statistical Analysis and Interpretation. 2nd edition. PRIMPER－E Ltd: Plymouth 2001

[2] Dawit Yemane, John G. Field, Rob W. Leslie. Exploring the effects of fishing on fish assemblages using abundance biomass comparison (ABC) curves. ICES Journal of Marine Science, 2005, 62:374~379

[3] Leo Pinkas, Malcolm S. Oliphant, Ingrid L. K. Iverson. Food habits of albacore, bluefin tuna, and bonito in California waters. Clif Dep Fish and Game, Fish Bulletin 152, 1971.1~105

[4] R.W. Sheldon, A. Prakash, W.H. Sutcliffe Jr. The size distribution of particles in the ocean. Limnology and Oceanography, 1972, 17(3):327~340

[5] Warwick R M. A new method for detecting pollution effects on marine macrobenthic communities. Mar Biol, 1986, 92:557~562

[6] 费鸿年, 何宝全, 陈国铭. 南海北部大陆架底栖鱼群聚的多样度以及优势种区域和季节变化. 水产学报, 1981, 5(1):1~20

[7] 黄宗国. 中国海洋生物种类与分布. 北京:海洋出版社, 2008

[8] 郭建忠, 陈作志, 徐姗楠. 鱼类粒径谱研究进展. 海洋渔业, 2017, 39(5):582~591

[9] 江苏省 908 专项办公室. 江苏近海海洋调查与评价总报告. 北京:科学出版社, 2012.

[10] 黎燕琼, 郑绍伟, 龚固堂等. 生物多样性研究进展. 四川林业科技, 2011, 32(4):12~19

[11] 李圣法, 程家骅, 李长松等. 东海中部鱼类群落多样性的季节变化. 海洋渔业, 2005, 27(2):113~119

[12] 李圣法. 以数量生物量比较曲线评价东海鱼类群落的状况. 中国水产科学, 2008, 15(1):136~144

[13] 林秋奇, 赵帅营, 韩博平. 广东流溪河水库后生浮游动物生物量谱时空异质性. 湖泊科学, 2006, 18(6):661~669

[14] 刘凯, 徐东坡, 张敏莹等. 崇明北滩鱼类群落生物多样性初探. 长江流域资源与环境, 2005, 14(4):418~421

[15] 刘瑞玉. 中国海洋生物名录. 北京:科学出版社, 2008

[16] 吕振波, 李凡, 王波等. 黄海山东海域春、秋季鱼类群落结构. 水产学报, 2011, 35(5):692~699

[17] 吕振波, 李凡, 徐炳庆等. 黄海山东海域春、秋季鱼类群落多样性. 生物多样性, 2012, 20(2):207~214

[18] 马克平. 生物群落多样性的测度方法 I α 多样性的测度方法(上). 生物多样性, 1994, 2(3):162~168

[19] 马克平. 试论生物多样性的概念. 生物多样性, 1993, 1(1):20~22

[20] 米湘成, 冯刚, 张健等. 中国生物多样性科学研究进展评述. 中国科学院院刊, 2021, 36(4):384~398

[21] 倪勇, 伍汉霖. 江苏鱼类志. 北京:中国农业出版社, 2006.

[22] 农牧渔业部水产局, 农牧渔业部东海区渔业指挥部. 东海区渔业资源调查和区划. 上海:华东师范大学出版社, 1987

[23] 任美锷. 江苏省海岸带和海涂资源综合调查报告. 北京:海洋出版社, 1986

[24] 沈金鳌, 程炎宏. 东海深海底层鱼类群落及其结构的研究. 水产学报, 1987, 11(4):293~306

[25] 田胜艳, 于子山, 刘晓收等. 丰度/生物量比较曲线法监测大型底栖动物群落受污染扰动的研究. 海洋通报, 2006, 25(1):92~96

[26] 王颖. 南黄海辐射沙脊群环境与资源. 北京:海洋出版社, 2014.

[27] 徐姗楠, 郭建忠, 陈作志等. 大亚湾鱼类生物量粒径谱特征. 中国水产科学, 2019, 26(1):34~43

[28] 杨柯迩, 周曦杰, 秦松等. 浙江南部近海鱼类粒径谱特征. 南方水产科学, 2022, 18(1):10~21

[29] 于南京, 俞存根, 菅康康等. 嵊泗列岛邻近海域鱼类种类组成及多样性分析. 渔业研究, 2020, 42(4):293~301

[30] 袁亚楠, 邢美燕, 马小杰等. 水生生物粒径谱研究综述. 中国资源综合利用, 2018, 36(11):117~122

[31] 张秋华, 程家骅, 徐汉祥等. 东海区渔业资源及其可持续利用. 上海:复旦大学出版社, 2007.

[32] 张涛, 庄平, 刘健等. 长江口崇明东滩鱼类群落组成和生物多样性. 生态学杂志, 2009, 28(10):2056~2062.

[33] 张涛, 庄平, 章龙珍等. 长江口近岸鱼类种类组成及其多样性. 应用与环境生物学报, 2010, 16(6):817~821.

[34] 张长宽. 江苏省海洋环境资源基本现状. 北京:海洋出版社, 2013.